ビジネス・インフラの明治

白石直治と土木の世界

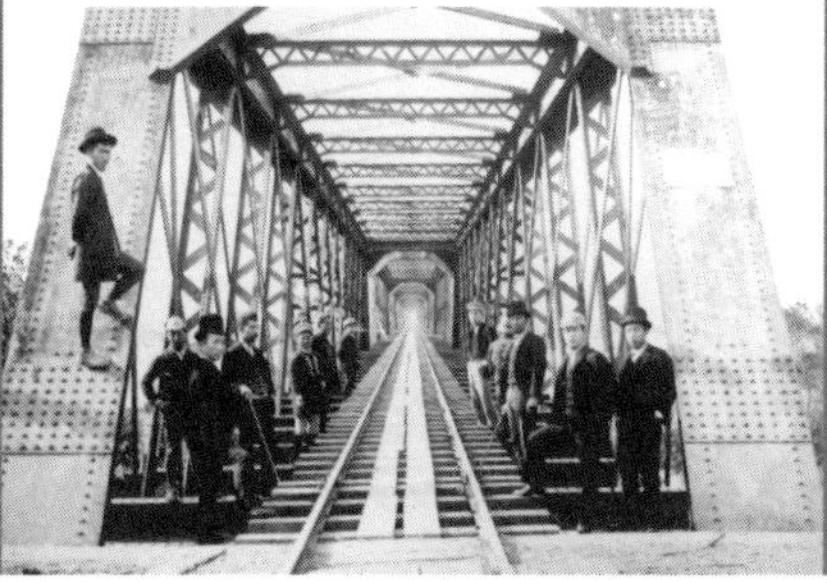

前田裕子……【著】
Hiroko Maeda

名古屋大学出版会

Modern economic growth in Japan has been infrastructure driven.
—— *Carl Mosk, Japanese Industrial History*

ビジネス・インフラの明治

目　次

凡　例

一、原則として、本文の漢字は新字体に、引用文中の片仮名遣いを平仮名に直した。ただし、巻末注の文献については、原則として原文のままにした。

一、外国語の片仮名表記は、なるべく原語の発音に近く、ただし、日本語として定着していると考えられるものについてはその表記とした。

一、年号は和暦を用い、原則としてパラグラフ初出のみ（　）内に西暦年を挿入した。ただし、巻末注においては、原則として日本国内事項の明治年以外は西暦年を記した。

一、『三菱社誌』の引用注記省略について：『三菱社誌』（巻末参考文献参照）からは、正規の職員入退社、異動、それぞれの給与、また主要役職員については年々の役職や給与など、詳細な情報が得られる。本書における三菱関係の人事および給与はすべて『三菱社誌』で確認したものだが、煩雑さを避けるため、この事項について個々の注記を省略した。ただし、場所独自の採用や「見習」期間の設置等により、正規の入社と実際の入職時期とが必ずしも一致しないことを断っておく。

序章　明治期日本のインフラ・ビジネス／ビジネス・インフラと技術者

少年期の白石直治

明治の四五年間は、開国維新の時期から数えてほぼ半世紀間の時間軸を示す。さしあたり、その時間を日本が前近代から近代に向かう制度や組織、インフラストラクチュアなどの社会基盤を整備していく移行期と位置づけて、その過程の一面を考察したい。ただし、ここでいう移行期は多分に明治という元号に付随するイメージであって、厳密な時期区分に言及するものではない。実際、近代化の歩みは社会の諸側面で同時進行するわけではなく、とりわけ民間の動静に関心を持つ本書の時期区分としては、むしろイメージ的なものがふさわしいだろう。

本書はこの時代、すなわち近代移行期の日本において、民間事業体が行った社会資本的性格を持つ近代的な収益事業（たとえば私鉄）――これをインフラストラクチュア・ビジネス、略してインフラ・ビジネスと呼ぼう――の〝建設〟にまつわる物語である。むろん、官あるいは公益団体によるインフラ・ビジネスも想定できるが、本書の関心は民間の営みにある。これらの事業において最初にやるべきことは、その事業《ビジネス》そのものの基盤《インフラストラクチュア》（たとえば私鉄の軌道）――これをビジネス・インフラストラクチュア、略してビジネス・インフラと呼ぶことにする――の建設であった。つまり、本書で扱うビジネス・インフラとは、基本的に土木建設工事の産物である。とりあえず、この恣意的な用語設定を念頭に置いて本書を読み始めていただければ幸いである。

（1）近代的社会資本建設の時代

主として明治期、一八八〇年代から一九一〇年代にかけて民間で活躍した土木技術者／土木工学者、白石直治《なおじ》（一八五七～一九一九）が携わった主要な土木関連事業を概観しつつ、当時後発工業国であった日本のインフラストラクチュア（以下、インフラと表現する）形成と産業化の関係性の一端を検討することが本書の主題である。「インフラ」は狭義には社会資本／物質的社会・経済基盤を、広義には構造基盤全般を指す便利な言葉であり、本書においては特に必要がない限り、社会資本も構造基盤も、もっぱらこの表現に頼ることを断っておく。また、白石直治個人の評伝ではない。そもそも、ひたすら白石という人物を追い続けるに足る一次資料を利用し得ていない。それでもなお白石を展開軸に持ってきたのには理由がある。

一九世紀の近代世界に後発国として登場した日本は、その後発性ゆえに近代化の手法を先進諸国から学ぶことができた。そのことにより、日本の近代化戦略はインフラ主導で進行したと捉えうる。だが、その時代、建設すべきハードのインフラが理解されたとしても、その建設手段としての機構やシステム、あるいは人材が欠けていた。明治という時代はその意味で近代移行期の困難さに満ちていた。インフラとはその企画時点の利害のみならず将来の成長に向けて建設されるべきものだ。白石が関わった大規模な土木事業は、鉄道、港湾、電力、また工業用地造成など、当時の日本のインフラ整備を代表する分野をカバーしており、しかもそれらは政府の主導によるのではなく、民間が自らの力で発展しようとしたエネルギーとその方向性を示している。加えて、当時の人々が移行期の障害を乗り超えて次世代への橋渡しを行った経過の証言でもある。まさしく、白石を取り巻く世界――人、事業、環境――は、近代化の入口に立った日本の胎動とその発展の道筋を、民間の立場から見事に浮かび上がらせる、得難い事例なのだ。

幕末維新期に始まる日本の産業化――より広く捉えれば近代化――の過程については、あらゆる角度から微細にわたって、紹介しきれないほどの研究業績がすでに蓄積されている。しかし、民間のビジネス・インフラという視角から産業化を捉えた研究が十分になされているとはいえないだろう。最大の理由は資料制約が大きいことかもしれず、それが知らず知らずのうちに、民間によるインフラ建設に対する関心そのものを希薄化させたのかもしれない。本書の叙述もさまざまな傍証に頼らざるを得なかった一面がある。

インフラ、すなわち、表面に躍り出る諸産業の「縁の下」に相当する社会・経済基盤の形成は、近代化・産業化の入口に立った日本が最初に取り組むべき仕事で、政府の関心もここに向けられた。より端的にいえば、まずこの領域に主体的に取り組んだことこそが、日本の近代化が周辺諸国とは違う形で成し遂げられた一大要因であった。こうしたコンテクストで使われるインフラといえば、教育や法制度その他のソフト面を含めてさまざまな局面が想定されるが、本書が主として対象とするのは、通常の理解として最もインフラらしいインフラ、つまりハード面における建設工事の所産で社会資本的な性格を持つもの、ということになる。換言すれば、ソフト面における法制度や教育システム、一方でハード面における建設インフラ、この両者が骨格を成すことによって近代日本という国のかたちが決まっていく。本書はその、いわば硬骨の一部分の意義を探索する試みといってもよい。

また、タイトルにある「ビジネス・インフラ」という言葉であるが、昨今、「事業環境」というほどの意味でよく使われる。新たな事業を興そうと思えば、ハードであれソフトであれ環境の整備が必要なのは、いつの時代でも同じである。どんなに小さな事業も、相応の環境があってこそ成り立つ。その環境が建設インフラとは無関係だという場合も多々あろう。だが、本書においては事業基盤となるハードの建設インフラに関心と焦点を絞っている。さらにいうならば、この「事業基盤」とは、今日でいう企業の組織や体制などという意味ではなく、物理的な基礎――まさしくインフラを指している。何といっても、本書の対象は百年以上前の日本なのだ。この後発工業国の離陸期ともいうべき時代、通常理解に準ずるインフラの存否とビジネスとの関係性は強烈であった。ビジネスは一般的な交通・通信手段等々――すなわち、インフラ――の欠如を目の前にして起案されることがしばしばであり、インフラの不在もしくは不足が産業発展そのもののボトルネックになり得た。典型的な例を挙げれば、産業過程で生じるいかなる物資を運ぶためにも――それを大量に、安価に、速く、安全に運ぶためには――道路や鉄道や港が必要となる。近代化以前の社会において、道路網や舟運が相応のレベルで発達している事例は数多くあろうが、近代産業はその原材料や生産物をより多く、より安く、より速く、より遠く、より安全確実に輸送する手段を求める。もとより、機械を製造するために機械が必要なように、インフラを建設するためにもインフラが必要である。

後発国の自助的開発は、この厳しい現実を目の前にして、しばし立ち止まらざるを得ない。つまり、ビジネス構想と既存のインフラとの落差が大きく、それゆえインフラ建設の重要性もまた大きい。

概して、こうしたインフラを建設するための土木工事には、多大な資金と労働力、そしてさまざまなレベルの技術者や技能者が必要であるが、当時の日本においてこれらはみな希少な資源であった。この資源不足もまた後発国の自助的産業化のボトルネックである。建設された機能や建造物は社会資本としての性質を持つ。つまり、公益に資する場合が多く、少なくとも道義的に安全性や信頼性が求められるにもかかわらず合理的な規格が未成立なため、建設コストはさらに膨らみ、かたや権利調整の難しい状況下で大規模な建設工事が強大な監督力のもとに行われるべきものになる。明治期の日本において、民間事業者にはおいそれと手を出せない領域であったし、手を出そうにも容易に許可の下りない領域でもあった。実際、民間が先見性豊かな大規模開発プロジェクトを企画立案し、あらゆる努力を重ねたにもかかわらず、結局政府の許可を得られないために実現に至らなかったケースもある。[1]

むろん、明治政府は率先して社会資本の整備を目指し、いわゆる「お雇い外国人」を招聘したり外債を募ったりと、さまざまな手段を講じてその建設に取り組んだ。コスト的にも技術的にも高度な大規模建設事業に必要な資源は国家組織によって調達するのが最も効率的なはずであった。マクロ的に概観するならば、日本の民間固定資本形成は、最初の企業勃興期渦中の明治一九（一八八六）年に政府固定資本形成を凌駕して以降、一貫してそれを上回り続けている。[2]だが、その中でインフラ投資、特に大規模で技術的にも高度な土木工事を伴うものとなると、明治期にはやはり官主導であった。政府固定資本形成に占めるインフラ投資額のシェアは明治中頃に特に高く、八割にも達している。[3]

一方、こうしたインフラの建設によって可能になる新産業の未来に対する人々の期待は大きかった。見方を変えれば、産業化の時代に突入しようとする日本には、その実現可能性の有無を別として、近代産業の起業機会があふれていた。会社法制が整備されるには時間を要するが、ともかくも有限責任で会社の設立や事業への参加が可能になると、新しい事業に挑戦し、その見返りを期待することへの道が開けた。見方によっては、特別の技術や専門知識を持たない人間でも、その事業に投資することで自身の致富を目指しつつ国を造り社会に貢献しうる機会ができた、ともいえよう。松方財政によって通貨が整理され信用が確立した明治一〇年代末頃から、多くの民間企業が勃興してくる。欧米先進国の情勢を知り、国の将来を見通す力を持った事業家や地域の有志たちは、新たな産業基盤を創成するため、あるいは地域社会の発展のために、まずその前提として必要となるインフラを自力で建設しようとした。財源に悩む政府も、条件付きでこの種の事業への民間の参入を認め始めた。

小川功は「いわゆる社会資本の整備に関して直接事業主体となって、資本主義的経営を行った民間企業者」に「民営社会資本」という呼称を与え、民間セクターが公共事業的分野にどの程度参入してきたかという問題の全体像を示してそれを歴史的に整理した。[4] 小川のいう民営社会資本をより具体的に定義づければ、「公益企業が想定する運輸・通信・電気・ガス・水道等の一般への供給サービスに加えて、交通関連（道路、運河、港湾など）、都市関連（住宅、公園など）、産業関連（農業基盤、林道など）のさまざまな財」ということになる。[5] とすれば、本書で扱う諸事業は、まさしくこの民営社会資本に相当する。しかし、小川が民間による「社会資本」の「経営」という視座から論じるのに対して、本書ではその社会資本的な「事業」の「基盤建設」を視座としている。冒頭の言葉を少し変えて繰り返すなら、本書はそうした社会資本的機能を持つ民間の収益事業に〝インフラ・ビジネス〟という呼称を与え、その起業に付随する土木（場合により建築を含む）建設工事の所産である〝ビジネス・インフラ〟に着目して、その世界を技術者の視点を交えつつ描く試みである。

また、近代日本の地域交通体系をさまざまな視角から明らかにした三木理史は、その研究の中で、ハードの社会資本整備とそのネットワーク性や地域社会との関係、あるいは交通路網の展開と商品流通の実態等をリンクさせて考える必要性を論じた。[6] 本書は学術的な「体系」をテーマとするものではないが、交通インフラに関していえば、個々の事業や技術者たちの営みに寄り添いつつ、それらの結節点の形成過程を追跡する一論でもある。

かたや、起業の意思を持つ事業主体の視座から産業化の問題を論じた諸研究の中で、たとえば中村尚史『地方からの産業革命』は、本書と関わりの深い一面を持つ。資本市場が未だ十分に発達していない時期、地方に所在するさまざまな経済主体——資産家、企業家、官僚、政治家など——が「顔の見える」人間関係を活用して構築した地域社会内外のネットワークを通して人材や資金、資材を調達し、それらを組織化することで地方を舞台とする活発な経済活動が可能になった。その場合、前述の経済主体の間で、地域経済の活性化が日本全体の富国につながるという「地方工業化イデオロギー」が共有されていたことが重要である。このことが、自らの利潤追求を目指し共同体を突き崩す存在である企業家や資本家にとって、資本主義的市場競争に乗り出そうとする際の営利行動を正当化する口実、つまり、イデオロギー装置となっていた。[7]——以上は、中村の議論のごく表層的な部分の概略をまとめたに過ぎず、また、中村はインフラ形成に焦点を当てて論じているわけではない。だがこの構図は、社会資本的な性格を持つ事業においてとりわけ輝きを放つものであり、本書の事例の中で、関西鉄道と若松築港の起業期についてはきわめて当てはまりが良く示唆的である。

実際問題として、事業家や資本家の中には、起業には熱心でも経営が悪化すると即、手を引いてしまう事例がみられる一方、営利行動を是としつつ、より大きなパースペクティヴで事業の意味を捉えていたと思われる人々もいる。そして、大規模な建設工事を伴う鉄道や築港事業となると、地方の範囲内では資金繰りがつかず、中央の資本家が登場する場合が多い。それは市場を通してというよりは、中村のいうように、地方が「顔の見える人的ネットワーク」を駆使して中央資本にアクセスした成果であり、それがまた、中央資本が地域開発に関心を深める契機ともなる。より一般的に企業勃興のコンテクストでこうした問題を考えるとすれば、開発の原点の在処は別として、むしろ中央資本もしくは大企業（特に政商・財閥系企業）側のイニシアティヴで必要に応じて「地方」や「政界」を巻き込みつつ、本来的にはその企業活動の生産資本であるところの社会資本形成を行う場合もあった。本書で登場するのは三菱だが、他に、たとえば三井鉱山の三池築港などもその典型的な事例と考えられる。いずれにせよ、こうした相互作用がマルティ・ラテラルに起こって産業が発展していく――そのような過程が本書の事例にも観察される。

この時代、民間事業者が何か近代的な事業を興そうと思えば、たとえばそれがインフラ・ビジネスならぬ石炭か何かの販売だとしても、そのビジネスのための生産資本として輸送手段を整備する必要があり、そうして立ち上げられたインフラは、それが当初から意図されていたか否かは別として、当時のインフラ不在の社会環境においては多分に社会資本としての役割を担うという展開を示し、結果として社会全体の経済発展に寄与した。地方事業家にせよ中央資本家にせよ、官の利用を計算しつつも、官を待たず、官に頼らず、いやむしろ官を出し抜く積極的な事業展開を試みたこの民間の営みが、その時代を活気づけ、日本の産業化を推し進めた一因でもあった。それは、目先の利害から離れて自らの所属する集団もしくは地域の発展を見据え、そのために何をするべきかを半ば本能的に理解し、かつ行動した、まさしく「民間」の営みだった。

日本列島を鳥瞰すれば、こうした民間の動向は、首都圏を別にすると、西日本で顕著に見られた。本書の事例も、時期的に明治末以降となる水力発電（第6章）を除いて皆関西もしくは北九州地域で展開されたものである。これは偶然ではなく、江戸＝東京圏以外ではこれらの地域にこそ、近代化の入口に立った日本においてハード・ソフト両面で産業革命へのインフラが、在来のレベルで整っていたからでもある。それは、たとえば大坂の街を廻る運河や商人たちの営みに代表されるが、そうした在来のインフラと、その上に成り立つ在来産業の成熟があってこそ、近代的なインフラ建設およびその事業投資へのインセンティヴが高まる。あるいは、近代化の波を受けて、在来のインフラが機能しなくなることへの焦りが新しいインフラへの跳躍を後押しする。逆に、古いインフラの利用価値や既得権益に引きずられて、新しいインフラへの切り替えが遅れる場合も多々あるが、明治という時代を特徴づけるのは、そうした社会的な障害を乗り越える民間エネルギーの発露であろう。インフラが経済発展の契機、そして基盤となり、経済発展は新たなインフラを要求する。近代的かつ民間らしい民間事業は、まずもってこうした地域を中心に発展し始めた。だが、行政主導による近代的な金融や商工業、また高等教育の核となる機関が東京に置かれて人や資本に対する吸引力が増大し、かたや官主導によるインフラ形成が日本各地で徐々に進展するにつれて、この地域傾向もまた少しずつ変化していく。[8]

「民間によるインフラ整備」という事象は、しかし、行政サイドからは別のコンテクストで描きうる。そして、一つの国としての社会資本形成や産業化の歴史は、しばしばこの行政サイドからの視角に収めて描かれる。

社会資本の建設を、いわば本業と認識する政府は、財政難その他の理由からその一部を民間にも開放した。別の表現を使えば、規制緩和により資本、技術その他の民間資源を活用しつつ国土を開発し、インフラを整備した。民間企業が企画するインフラ・ビジネスに対して、補助金その他の公的支援を下付する場合はむろんのこと、全く公的に手を差し伸べない場合にも監督監理を行い、厳しい条件下での免許や認可を必須とさせ、建設工事についても厳格な検査を実施した。つまり、政府は自らが是とする「国の仕事」のうち、ある部分については民間に行わせてきた。このようにして、明治日本は官民力を合わせてインフラ建設を遂行した――これが、行政サイドからみた「民間によるインフラ整備」であろう。その思想は、たとえば明治二五（一八九二）年公布の鉄道敷設法にも顕れている。その種の事業においては、常に官庁が民間の上に君臨してきた。

ここでさしあたり、明治行政の民間への対応の流れを大雑把に振り返るならば、初期には、まず政府が率先して近代産業の糸口を作り、モデルを示そうとした。政府内には、官、特に地方庁が社会資本を建設・整備すべきものという考え方が強かった。官業のイニシアティヴは、交通系社会資本だけでなく官営工場なども同様であったが、そこには民間の経済力や実行能力欠如のための暫定的官営主義的な意味合いも含まれていたという。[9] やがて政府の財政難や官業の経営不振も手伝い、たとえば私設鉄道を認め、あるいは工場その他の施設を民間に払い下げ、民間投資を助長する金融政策をとるなど、いうなれば「民活」による産業発展を奨励することになる。しかし、明治中期以降になると、諸産業、とりわけ社会資本的性格を持つ事業については官有化の動きが顕著になった。特に鉄道に関しては軍事上の重要性が常に取りざたされており、この時期の官有化の背景には外資の支配を恐れる軍部の圧力も大きかった。[10] しかし、その流れの中でも、新たにインフラ・ビジネスを興そうとする事業家は後を絶たなかったし、彼らはその事業を興すために、まずはそのビジネス・インフラを建設しなければならなかった。それが明治という時代であった。

もう一つ、国際情勢に視野を広げることも重要である。帝国主義時代に開国を余儀なくされた後発国の発展、というコンテクストでみると、行政とのつながり如何をひとまず措いて、民間がインフラ・ビジネスに乗り出した意味は大きい。概して初期投資が巨額で、従って経営リスクも大きなこの分野への参入に民間がひたすら消極的であったなら、国土や産業の開発は、ごく低いレベルにとどまるか、外国資本の主導に頼るか、その間を行き来する選択を迫られたであろう。明治という時代は、そのいずれをも潔しとしなかった。新興国インフラ整備への政府開発援助が盛んな今日の世界においても、先進各国の技術系企業は、そうした国々のインフラ・ビジネスへの参入、あるいは、そのビジネス・インフラ建設受注に鎬を削っている。一九世紀世界の後発工業国日本において、政府のみならず、民間企業もまた新たな収益事業や地域経済振興のために自らその基礎を築いたということ自体が、当時の社会活力の一大源泉であり、その後の国家社会の発展の方向を決めていく一因ともなったはずである。確かに、外債の発行やさまざまな形で先進諸国からの技術導入が行われたが、事業の大部分は日本が、官民ともども、貧しいながら信念を持って対価を支払った日本のプロジェクトであった。[11] その時代——一九世紀後半から二〇世紀初頭にかけての世界を見渡すならば、たとえば、一八五〇年代に早くも鉄道が建設されたインド、中近東、南米諸国と比べ、鉄道後発国日本の発展の方向は明らかに異なっていた。誰が何のためにインフラを建設するか、問題はそこにある。そして、インフラの自助的開発力は、その後の自律的な国家・社会の発展に資するとともに、後発の隣国の発展への干渉という力にもなりうる。先に述べた中村尚史の「地方工業化イデオロギー」は、時代が下るとともに少し形を変えて、海外におけるインフラ建設を、その地域を発展させ、それが日本の富国につながるものであるという精神面での支持基盤にもなり得ただろう。本書はこうした問題を直接論じるものではないが、「インフラ建設力」のゆるぎない重要性が多義的であることを常に意識しつつ考察を進めたい。

こうしてインフラ事業、あるいはインフラ・ビジネスの問題を整理してくると、社会資本としての「インフラ」が、実は二重構造になっていることに気づく。たとえば、旅客や貨物を輸送する鉄道はまぎれもなく社会資本であり、あらゆる社会・経済活動のインフラである。だが、ことの本質としては、輸送する機能こそが「生きた社会資本」なのであり、その機能を生み出すために存在するのが軌道というインフラである。すなわち、当該の鉄道事業者にとってみれば、本来の輸送事業の基盤＝生産資本形成として軌道建設がある。

生きた社会資本である輸送機能の経済効果は長期にわたって存続するべきものだが、軌道建設の主たる工事は一回限りで、その後は保守管理の局面に移る。後々新規建設や大規模改修工事が行われるにしても、それまでの工閑期は長い。各事業体の営業報告書には、主たる建設のコストが「建設費」もしくは「興業費」、「起業費」といった名目で、当然ながら営業勘定とは別建てで示される。今日の事業感覚からいえば、インフラの運営と建設とは分けて考えるべきものだろう。だが、景気浮揚策としての公共事業ならいざ知らず、社会資本の建設そのものがいわば本業であった当時の官業の場合には、この両者を分けて考える習性も必要性も、おそらくは希薄であった。たとえ一つの事業の主たる建設工事が一回性の事象だとしても、全国に広がる工事機会に次々と対応せねばならぬとすれば、元締である内務省や鉄道局（庁）は常に「総体としての国のインフラ建設事業」を抱えており、手持ちの資源を有効に活用し得た。すなわち、明治政府は巨大な建設機構を内部化していたのであって、官業においてはすべてが社会資本形成であり「インフラ事業」であった。

一方、民間においては、「インフラ・ビジネス」と「ビジネス・インフラ」の合作が「事業」であった。たとえば鉄道輸送は収益事業であるが、軌道建設は収益事業を興し営業活動を行うための基盤＝ビジネス・インフラであって、その建設行為自体は開業とともに消滅する。時には地域の篤志家たちがリスクを積み資産を抛ってその営みに参加し、地域社会に貢献するケースもありうるだろうが、通常の資本主義的活動の場合には、この部分が「著しく大きい起業コスト」として計上される。だが、事業者たちはこの両者を別建てで捉えてはいなかった。ビジネス・インフラ建設を指導監督する技術者が本来の収益事業の経営者を兼ねるケースはその象徴的な姿でもある。

この一体感の主たる理由は、本書が対象とする時代の起業特性であろう。前述のように、日本が近代化の入口に立ったこの時代、何か近代的な事業を始めようと思えば、まずはそのインフラから建設しなければならないことがしばしばであった。それが与件であったのだから、事業者の発想自体が今日とは異なっていた。理性ある事業者にとって、インフラの不在、あるいはそうしたインフラを整備してくれる組織／機構の不在を嘆く暇はなく、事業を興すということ自体が高難度かつ高コストのビジネス・インフラ建設を伴うことは当然であり、いや、それこそが事業を〝興す〟ことであったに相違ない。

これを裏返すと当時の建設業界事情がみえてくる。すなわち、今日との比較でいえば、近代的な総合一括建設請負＝大手ゼネコン（general contractor）、あるいは建設コンサル（consultant）的な組織の不在である。この時代――とりわけ明治中期までについていうならば、後述するように、日本土木会社という例外的組織が一時的に出現したものの成熟することなく退場した。同様な試みは他にもみられたけれども、インフラ・ビジネスの起業に伴う大規模な建設工事を、その調査、測量、設計から施工、設計監理に至るまで一手に引き受けることのできる組織は、基本的には存在しなかった。あるいは、施工部分を下請や別の請負業者に丸投げする可能性を認めるとしても、さしあたり肝要な調査、企画、測量、設計および設計監理部門の業務を独立して履行できる民間組織は、明治後期からようやくちらほらと現れ始め、とはいえ、その数も規模も未だ微々たるものでしかなかった。よってインフラ・ビジネスは、その縁の下であるビジネス・インフラ＝土木建設部分を含めて、紛れもなく当の事業者の仕事であった。つまり、事業者は本来の事業開始に先立って〝建設業〟に勤しんだ。もし、この部分が別企業の収益事業として独立していれば、その捉え方や記録の残され方も異なっていたと考えられる。

まさしく、官業のインフラ建設についてはその全容に事業主体の関心が示される。また、政府関係機関の肝煎で編纂される全国レベルの記録においては、民間よりも公共事業に重点が置かれる。一方、民業に関しては、当該企業によってインフラ・ビジネスそのものの記録は整理され、保存されるが、そのビジネスのインフラ建設に相当する部分についてはそうした措置が疎かにされやすい。それは歴史ある製造企業において、製品の記録がしっかりと残されていても、その製造過程の記録は散逸しがちなのと似ている。後世に生きるわれわれは、しかし、この基盤形成の部分を抽出して考えることによって、明治期のインフラ・ビジネスにおける起業ハードルの高さと起業の重み、それに挑戦した人々の意思や情念をあらためて問うことが可能になる。起業ハードルが高いのは、初期コストが大きく、高度な技術力が要求されるからであり、それは当該の事業者にとってみれば、まずもってその事業の基盤、すなわちビジネス・インフラ建設に付随する問題なのだ。本書においては、あえて民間のインフラ・ビジネスの舞台から、その建設部分、すなわちビジネス・インフラを切り離し、土木技術者が活躍する場面に光を当てる。それによって民間によるインフラ建設がどのように行われたのか、その内実の一端が姿を現す。

ところで、インフラの建設に必要とされたのは、官民ともに、とりあえず資本と労働力と技術（者）である。資本は全体としては希少で、何より市場が未発達なために集め方が問題だったが、投資先を物色する資産家もまた各地に存在した。労働力は、実にさまざまな問題を内包しながら、ともかくも封建的諸制度の崩壊につれて市場を形成しつつあった。技術（者）は決定的に不足していた。しかし、土木工事の場合、現場技能では在来技術が大いにものをいい、中級レベルならば在来の職人である程度代替がきき、さらに速成で育てることも可能に思われた。この時期、希少な資源のなかで最も希少であったのが、あらゆる意味で高コストの上級お雇い外国人に代替しうる能力を持った日本人技術者であった。この人的資源に関する限り、官民の事業主体が、その必要とする適材を直接即断で生み出すことは不可能だった。

お雇い外国人のコストとは、彼らに支払われるべき破格の高額給与のみではない。彼らを雇う際に派生的に必要となる通訳や翻訳者もやはり希少な資源で高コストであった。加えて、設計現場では専門用語、作業現場では業界用語の飛び交う世界での通訳や翻訳は容易な技ではなく、しばしば齟齬を引き起こした。語学的のみならず、技術／機能的にも中間介在者があらゆる段階で求められた。とりわけ人海戦術的要素が強い土木工事において、末端まで作業を的確に指示していくには、外国人技術者主導の事業は効率が悪かった。純粋な技術理論と現実の建設作業とは必ずしも一致するものではなく、後者を具体化させるには関係者間の綿密なコミュニケーションが必要になるが、これが語学的・文化的・社会的背景の異なる人間の間で困難なことはいうまでもなかった。日本人の上級技術者はこれらの問題を一挙に解決しうるものとして渇望された。

この時代、有能な土木技術者たちは、官民を問わず、インフラ建設を主務としつつ日本の近代化／産業化に貢献した。その基礎となる土木工学は「この時代の技術のなかの王者」であった[12]。当時、移転された近代技術の中では在来技術との落差が最も小さかったがゆえに、後発国日本の初学者たちにとって取り組みやすい分野であった。それでいて、先進諸国から導入される近代工学的な調査、測量、設計、計画の手法は、在来のものよりも格段に優れていたから、たとえば留学帰りの若者が直ちに指導的な立場で事業を推進することをも可能にした。大規模な官設インフラ建設事業を指導・監督する土木技術者たちは、同時に土木官僚となり、国土開発を媒介にして政界にも関わり、近代日本を牽引する階層を形作っていった。

しかし、日本が速度を上げつつ近代化、産業化を進め、経済発展をしていこうとするその時期、ほぼ常に国家財政は逼迫していた。多くのインフラ建設構想が構想のまま歳を重ね、あるいは忘れ去られていった。事業機会からみれば民間事業者の出番はいくらでもあったが、官民の力のアンバランスにより、民間のプールに参加する日本人上級技術者はことさら希少な存在だった。他の近代産業と同様、インフラ・ビジネスにとって専門経営者もまた希少であって、民間事業者はしばしば官に頼って技術者や経営者を〝借用〟した。明治期の土木といえば、官主導、そして建設現場ならずとも圧倒的な〝官尊民卑〟の世界であった。

さて、本書の内容である。当代きっての土木技術者／土木工学者の一人である白石直治の足跡をたどることによって浮かび上がってくる主たる民間の事業（企業）の中で、①関西鉄道、②若松築港、③神戸造船所その他（三菱合資）、④猪苗代水力電気、に焦点を当てた。関西鉄道は明治期五大私鉄の一角であり、官鉄と熾烈な顧客獲得競争を演じたことでも知られる（今日のＪＲ関西本線、草津線等）。若松港は、石炭が日本のエネルギーの主役であった時代、最大の産炭地である筑豊を背景に、日本最大の石炭積出港として繁栄した（後年、運営を福岡県に移管）。三菱の神戸造船所は創設時日本初、東洋一の浮船渠を擁し、また近辺の港湾・工業用地整備も相俟って近代産業の多角的発展に資した（現存）。猪苗代水力電気、とりわけ第一発電所は、それまでの国内水力発電所の常識と実績をはるかに超える長距離高圧送電を実現し、水力発電技術において当時の世界トップレベルに参入すると同時に、首都圏の電力供給を新段階に導いた（今日の東京電力につながる）。いずれの事業も日本の近代経済史／産業史の中で重要な位置を占めていることに異論はないであろう。鉄道、港湾、工業用地、電力と、インフラ・ビジネスの主要部門を覆う大規模な民間事業の背景に当時の日本社会の需要、もしくは近未来の需要創出が見込まれていたことを勘案すれば、本書のケース・スタディは時代のダイナミズムを映す鏡となっているはずである。

（2）土木技術者の年譜

希少な上級土木技術者／土木工学者である白石直治は、時に技師長としてビジネス・インフラの建設に携わり、また時に本来のインフラ・ビジネスである収益事業の経営に携わりつつ、この二重構造の境界を行き来した。当然ながら、当時の上級土木技術者の多くは土木官僚として昇進する道を選んだ。そうした官僚たちが民間企業の招請に応じてその経営者や技師長に就任する事例は少なからずあったけれども、まさしく最上級の技術人材で白石ほど

図序-1　白石直治（1857-1919）

民間事業にこだわり続けた事例はまず他にみあたらない。白石はまた、周囲に協力的な土木技術者を集積させつつ、さまざまな民間の建設事業を主導するという独特の流儀を貫いた。その方法は、ある意味で明治という近代へ移行する時代を象徴するものでもあった。

話を始めるにあたって白石直治の生い立ちに触れるが、加えて、彼と強い信頼関係で結ばれていた土木技術者二名——高橋元吉郎《もときちろう》と広沢範《のり》敏《とし》——を脇役として紹介しておきたい。本書には他にも数多くの、土木技術者をはじめとする人材が登場するが、さしあたり、この三名を繰り返し登場させることによって、この時代における時間軸をより強固に保ち、空間的・環境的広がりをより豊かに提供するべく作業を進める。

表序-1～表序-3は白石、高橋、広沢、それぞれの履歴年表である。三名はいずれも官界優位の風潮が強かった業界において、あえて民間のインフラ・ビジネスの基盤、すなわちビジネス・インフラの建設にもっぱら生涯を捧げ、同じ仕事に携わった経験を持つ。主導的立場にいたのが白石で、日本の土木技術史、とりわけ鉄道史においてゆるぎない位置を占め、また衆議院議員も務めた重要人物だが、高橋は高学歴の優秀な技術者でありながらそうした知名度はなく、広沢は時代背景を勘案すると白石の股肱といった風情で世間的には全く無名である。もっとも、白石にしても、今日一般に名を知られる技術者とはいいがたい——というよりむしろ、「土木技術者」が世間一般に名を残すケース自体が稀だといった方が適切だろう。今日的に彼の名が出るとすれば、戦後日本の大宰相、吉田茂の縁戚（義兄）にあたる工学博士、という立場が多いのかもしれない。

三人の技術者たちは、明治前半期にそれぞれのキャリアを歩み始めた。彼らには出会う前から共通点があった。まず維新前後の生まれで、いわゆる西南地方の進歩的諸藩もしくは県出身の士族であった。白石は土佐、高橋は肥

表序-1　白石直治年譜

満年齢	和暦（西暦）年	月（日）	事　項	備考	給　与
0	安政 4（1857）	10（29）	生誕（土佐藩漢学者久家種平長嗣子）		
11	明治 2（1869）		土佐藩致道館にて英学，漢学を学ぶ		
12	3（1870）		上京し，細川広也邸→中島信行邸		
13	4（1871）		横浜修文館にて英語，洋学を学ぶ。後藤象二郎邸		
16	7（1874）		前年より脚気で一時帰省。白石宗家を継ぐ		
			再び上京。共学舎で英語等を学ぶ		
17	8（1875）	9	東京開成学校予科英語科入学		
19	10（1877）	4	東京大学理学部土木工学科専攻		
22	13（1880）		同学応用地質学追加専攻		
23	14（1881）	7	同学理学部土木工学科卒業（理学士）		
		8	農商務省御用係（地質調査・測量等担当）		月俸 50 円
24	15（1882）		東京府庁土木課工事部御用掛→設計掛		月俸 50 円
25	16（1883）	3	米国留学，レンセリア工学校で特別学生としてバー教授に師事。土木工学研究		
27	18（1885）		フェニックス橋梁会社（バー教授の助手） ペンシルヴェニア鉄道会社，ペンシルヴェニア大学		
		10	英，仏，西，伊，独への出張研究に出発		
28	19（1886）		シャルロッテンブルク工学校で研究生としてヴィンクラー教授に師事。橋梁学研究		
29	20（1887）	2	帝国大学工科大学土木工学科教授		年俸 1,200 円
		6	東京農林学校土木学教授	嘱託	
30	21（1888）	2	工手学校土木学科教務主理		
		9	関西鉄道会社建設工事監督	嘱託	年俸 1,000 円
32	23（1890）	10	同社社長		
33		11	帝国大学工科大学土木工学科年度内臨時講義	嘱託	
	24（1891）	8	工学博士に推挙		
38	29（1896）	6	近江鉄道株式会社建設工事監督	嘱託	
41	31（1898）	12	関西鉄道株式会社社長退任		慰労金 10,000 円
	32（1899）	5	九州鉄道株式会社工務課顧問	顧問	月俸 220 円
		6	欧米出張（九州鉄道，若松築港，三菱長崎・神戸関連業務）		
		10	アメリカ土木学会会員に推挙		
42	33（1900）	5	三菱合資会社和田建築所長	嘱託	年俸 2,600 円
		10	若松築港株式会社専務取締役社長		年俸 2,600 円
45	36（1903）	4	九州鉄道株式会社取締役		
48	39（1906）	1	三菱合資会社神戸建築所長	嘱託	年俸 2,600 円
49	40（1907）		（南韓鉄道調査）		
50	41（1908）	1	三菱合資会社神戸建築所長	嘱託	年俸 3,500 円
		4	若松築港株式会社取締役会長		年俸 200 円
		8	日本窒素肥料株式会社取締役		
51	42（1909）	7	日韓瓦斯電気会社取締役		
			イギリス土木学会会員に推挙		
52	44（1911）	10	猪苗代水力電気株式会社専務取締役		年俸 25,000 円
54	45（1912）	5	第 11 回衆議院議員選挙に当選（高知県郡部区：立憲政友会）→第 12 回（1915 年），13 回（1917 年）も連続当選を果たす		
55	大正 2（1913）	4	欧米出張（猪苗代水力電気関連業務）		
61	8（1919）	1	土木学会会長に推挙		
		2（17）	（逝去）		

表序-2　高橋元吉郎年譜

満年齢	和暦（西暦）年	月（日）	事　項	備考	給　与
0	慶応 3　(1867)	12（7）	生誕（諫早藩大目付溝越覚右衛門次男）		
18	明治 19（1886）	4	工科大学予科 2 年修了し，第一高等中学校に転属		
19	20（1887）	7	第一高等中学校本科第三号学科卒業	（理工系）	
22	23（1890）	7	帝国大学工科大学土木工学科卒業	（工学士）	
		7	九州鉄道会社建築課建築掛	嘱託	月俸 40 円
23		12	近衛歩兵第二連隊入隊（1 年志願兵）		
	24（1891）	12	陸軍歩兵二等軍曹（任），現役満期	予備役編入	
24	25（1892）	2	愛知県震災臨時土木工事監督	嘱託	月俸 70 円
		4	愛知県樋管製作所監督		
		6	愛知県名古屋市震災臨時土木工事監督		月俸 50 円
25		12	陸軍歩兵少尉（任）	予備役	
		12	私設鉄道線路調査に従事（→翌年 12 月）（この間，高橋家へ婿養子に入り改姓）		
	26（1893）	11	第四高等中学校教授	高等官	七等七級俸
26		12	後備役編入	後備役編入	
	27（1894）	9	城河鉄道株式会社（→ 12 月まで）	技師	
27	28（1895）	1	第四師団司令部後備歩兵第七連隊付	（応召）	
		4	陸軍歩兵中尉（任）（→ 5 月に解隊）		
		8	（留守）第四師団司令部歩兵第九連隊補充大隊付	（応召）	
		8	歩兵第九連隊補充大隊第一中隊付		
28	29（1896）	1	関西鉄道株式会社	技師	月俸 80 → 100 円
29	30（1897）	8	同社線路修繕工事監督		月俸 125 円
30	31（1898）	6	同社木津・片町間営業線	監督（兼務）	
31		12	関西鉄道株式会社依願解職		賞与 200 円・退職金 172 円
		12	同社残工事監督	嘱託技師	月俸 125 円
	32（1899）	7	同社建築課長		月俸 125 円→年俸 1,600 円
32	33（1900）	6	関西鉄道株式会社依願解職		（退職金不明）
		6	三菱合資会社神戸支店	技師	月俸 160 円
33	34（1901）	2	同社和田建築所	技師	月俸 160 → 180 円
36	37（1904）	11	歩兵第 39 連隊入隊	（応召）	
37		12	後備歩兵第 58 連隊付		
	38（1905）	1	大阪砲兵工廠付		
		6	陸軍歩兵大尉（→ 10 月末に召集解除）		
		7	三菱合資会社本社	技師	月俸 180 円
38	39（1906）	1	三菱合資会社神戸建築所副長		月俸 180 円
		7	三菱合資会社本社	技師	月俸 200 → 220 円
40	41（1908）	4	（陸軍退役）		
41	42（1909）	10　(2)	逝去		
		10（29）	三菱合資会社を退社		贈与金 7,000 円

表序-3　広沢範敏年譜

満年齢	和暦（西暦）年	月（日）	事　項	備考	給　与
0	明治 5（1872）	11（11）	生誕（元松浦藩馬廻役広沢真澄長嗣子）		
17	23（1890）	2	範敏と改名して上京		
		3	東京府庁土木課（→ 4 月まで）	傭	日給 30 銭
18		9	工手学校土木学科入学		
19	25（1892）	2	同校同科卒業		
		4	東京府庁内務部第二課（→ 25 年 7 月まで）	傭	日給 30 銭
20	26（1893）	7	関西鉄道会社修繕部本部	本部雇	日給 30 銭
21	27（1894）	8	関西鉄道株式会社本社	雇	日給 35 銭
23	28（1895）	10	同社	技手補	月俸 11 円
	29（1896）	3	同社建築課	技手	月俸 15 → 17 → 25 円
26	32（1899）	1	同社第 4 保線掛主任事務取扱兼務	技手	月俸 25 → 30 円
		8	関西鉄道株式会社依願解職		補給金 57 円 2 銭
		8	北越鉄道株式会社建築課工務掛主任	技手	月俸 35 円
27	33（1900）	5	北越鉄道株式会社依願解職		慰労金 30 円
		6	三菱合資会社神戸支店	技手	月俸 40 円
28	34（1901）	2	同社和田建築所	技手	月俸 45 円
29		12	同社	技士	月俸 50 → 55 → 60 → 65 円
32	38（1905）	7	同社神戸三菱造船所	技士	月俸 65 円
33	39（1906）	1	同社本社	技士	月俸 65 → 70 → 80 円
35	41（1908）	6	白石直治（三菱合資休職）	技師	月俸 90 円
		8	三菱合資会社本社	技士	月俸 90 円
36	42（1909）	9	日韓瓦斯電気株式会社（三菱合資休職）	技師	月俸 175 円
37		10	同社工務課長・電車課長事務取扱		月俸 175 円
	43（1910）	10	同社電車課長		月俸 175 → 190 円
39	44	12	日韓瓦斯電気株式会社依願解職		勉励に付 1,000 円
		12	猪苗代水力電気株式会社	技師	月俸 120 円
40	大正元（1912）	11	同社送電線土木課出張所長		月俸 120 → 130 円
42	3（1914）	10	同社建設残務係送電線土木出張所長		月俸 130 円
43	5（1916）	5	同社臨時建設所出張所長		月俸 145 円
45	7（1918）	6	同社臨時建設所日橋出張所長		月俸 170 円
46	8（1919）	4	同社臨時建設所吾妻出張所長兼務		月俸 170 → 195 円
		10	猪苗代水力電気株式会社依願解職		贈与金 6,000 円
47	9（1920）	1	三菱合資会社依願解職		贈与金 16,000 円
51	13（1924）	4	大日本製糖株式会社	嘱託技師	月俸 200 円
53	15（1926）	2	同社依願解職（東京工場臨時建設課）	嘱託技師	
80	昭和 28（1953）	4（18）	（逝去）		

前の諫早、広沢も肥前の平戸――つまり日本国土の西南端で海を見て育った。三人とも若くして上京し、近代的技術教育を受けた。西南諸藩出身士族・上京・近代教育――これは偶然の一致のようで、実は「明治前期の技術者」に共通性の高いキーワードである。

逆にいえば、この時期の技術者には士族出身者が多かった。彼らのある者はすでに幕末期、日本の工業化の担い手となり始めていた。身分が固定化された封建社会で、支配層に属する武士が被支配層の職業とされた工業の担い手となったのである。三好信浩はこれをサムライ・エンジニアと呼び、たとえば町の職人が発明家となり企業家となることによって市民階級が成立したイギリスと比較して、日本の工業化の一つの特色だと述べている。[13] 少し別の解釈をするなら、明治日本の改革は、それまでの封建的身分制により少なくとも建前上は武士の領分でなかった産業分野に、士族が堂々と、刀の代わりに「近代技術」という武器を携えて参入し、国家の産業構造を変えていく過程として捉えることもできよう。三好によれば、維新後、これらのサムライ・エンジニアは競って工業官僚となり、さらに政治家に変貌した。工業官僚は工業人材を養成するための官立学校を組織し、そこにもまた全国から士族が集まった。[14]

誤解を避けるために述べるなら、技術者のみならず、近代化していく国家の新生エリート層のかなりの部分が士族で占められていた。[15] なかでも技術系、工学系はその傾向が顕著な分野であったといえる。さしあたり、明治一五年調の「全国戸籍表」によれば、対総人口比で平民は約九四・七パーセント、士族はわずか五・三パーセント弱であった。[16] ここでエリートの一例として明治一四～一六年頃の東京大学の学生の族籍をみると、医学部においては学生の半数以上が平民であったのに対して、法・理・文三学部では四分の三以上が士族であった。[17] おしなべて、明治前期、工部大学校や東京大学の工学系卒業者の七、八割は士族であった。当然ながらその予備軍にも士族が多く、たとえば、明治二二～二六年の第四《だいし》高等中学校の卒業生数に占める士族数は、医科で三割に満たなかったが、工科ではほぼ八割であった。[18] この強烈な数字に首肯するためには、士族という階層と工学系人材との特殊な関係性を認めざるを得ない。

三好はさらに、技術教育が貧民対策と関連していたイギリスと比較して、日本でそれに対する階級的蔑視観が生じなかった理由を、士族の持つ「実学意識」と「国家意識」に求めている。もともと下級武士は農村において灌漑や開墾などの土木工事を指導・監督する役割を果たしていた。工学系の中でも土木分野は、本来的に武士の領分だったわけである。彼らにとっては、維新後の政府の富国強兵策に呼応して工業の担い手となるために教育を受けることもまた、大義名分の立つ選択であったという。[19]

明治前期の土木教育については次章に譲るが、士族は長年にわたる階級社会の中で支配者たる教育を受け、それにふさわしい知識、教養、精神性、また（藩の）国防意識や忠誠心が世代を重ねて植えつけられていた。社会・経済発展のコンテクストにおいて、彼らは有力な「人的資源」であり、明治社会のスタート地点ですでに優位に立っていた階層である。だが、それだけではなかった。明治維新とは主として（特に西南雄藩の）下級武士が担った革命であったにもかかわらず、その制度改革により最も多くを失ったのが下級士族、すなわち彼ら自身であり、そこには旧藩における教育制度の喪失も含まれていた。ゆえに、新時代の高等教育は士族授産の意味を持っていた。士族の若者はまず学びの場を求め、自らがエリート層に這いあがれる国づくりを目指そうとした。新天地に踏み出す希望とともにある悲痛な覚悟を持った者たちが、産業化社会の構築に向けた刻苦勉励の旅に向かった一面もあるだろう。論理性が高く、緻密で、努力と体力を必要とする学問に適性があるのは、まずもって彼らであった。とりあえず、その場所は彼らの生地ではなく、中央集権政府の置かれた東京だった。その地で得られる「学歴」こそが、新時代の社会秩序内での彼らの位置形成に最も貢献すべき要件であった。[20]

なお、士族人口には地域性もあり、西南地方でこの割合が高かった。先の明治一五年調の管轄分戸口表で見ると、たとえば、山口、高知、長崎、熊本、鹿児島地域を合わせた対総人口比は一三・四パーセントであったが、士族人口に限れば三三・四パーセント、すなわち全国の三分の一を占めていた。地方別で士族人口比が高いのは、東京の九・一パーセントを超えて長崎一三・三パーセント、鹿児島に至っては二二・三パーセントという高率を示す。[21]当時の技術者や工学系高学歴者に西南地方出身の士族が多かったこと自体は、その時代の政治的背景が影響しているとともに、その母集団の大きさにも関わる。士族人口の多さはまた、当該地方において生産人口に対し従属人口が高率であったことを意味しており、彼ら〝従属〟士族の地元での再生の道の険しさをも推測させる。維新後、彼らはまず「近代」へのアクセスを求め、その近代高等教育の中心地となった東京に向かって新しい社会での第一歩を遠路踏み出していった。

三名の技術者の共通項、とりわけ士族という出自の絡みについて述べたが、当然ながら、彼らの経歴には大きな違いがある。生家の環境も教育レベルも、また長じて後の技術者としてのレベルも仕事も経済力も大いに異なる。彼らの出会いは奇遇というほどのことではなかったにせよ、予定されたことでもなかった。しかし、その後、彼らがともに仕事をしたのは、もはや偶然ではない。そのこと自体が、当時のビジネス・インフラのあり方と深い関係を持つ。

〈白石直治〉

白石直治は幕末、安政四（一八五七）年に土佐長岡（現南国市）で生まれた。[22]父親は土佐藩の漢学者、久家《くげ》種平といい、郷士の身分であった。久家家は分家であって、宗家は同じく長岡の琴平宮司を務める白石家である。直治は満一六歳の時に白石宗家を継いだが、宮司という職業は継がずに学問を志した。幼少時から秀才の誉れの高かった直治は、一一歳で土佐の藩校致道館に入学した。すべてにわたって上下士の区別の厳しい土佐においては藩校にも上塾と下塾があり、直治が学んだのは下塾であったが、同じ時期、ここに岩崎弥之助、その従弟でもある豊川良平、また徳弘為章など[23]が先輩格としていたらしい。直治の父親の種平も下塾で教えることがあったという。[24]

母方の叔父の一人が、後年の初代衆議院議長、中島信行であった。中島は幕末に土佐を脱藩して長州に赴き、遊撃隊、海援隊、陸援隊と渡り歩いて維新後は明治政府に出仕した。最初の妻、初穂は陸奥宗光の妹である。この中島が直治を東京に誘った。直治は一二歳で上京し、横浜の修文館で学んだ。病を得ていったん帰郷した後、先の白石家を継ぎ、その直後に再度上京、共学舎（神田美土代町）を経て東京開成学校に進んだ。東京では中島の他、後藤象二郎の邸でも世話になっている。後藤は土佐藩で普請奉行を務め、明治政府においても大阪府知事兼任で治河掛、また初代工部省大輔などを歴任している。中島や後藤をはじめ、白石が生涯を通じて関わりを持つ竹内綱および明太郎、岩崎弥之助および久弥、豊川良平、岩村高俊、仙石貢、さらには板垣退助といった明治を彩る土佐人脈は[25]、白石自身が開拓したというより、ある種の環境として――とりわけ竹内綱を直接、間接に通じて存在したという一面がある。先に触れたが、白石の妻、菊子は竹内綱の次女、すなわち、竹内明太郎の妹で吉田茂の姉にあたる。客観情勢としては政治の世界で生きるという選択肢も有力であったろうが、本人は土木工学を修める道を選んだ。意思決定に至る過程は不明であるが、幼少期から学問を修め、郷土の志士や東京の知己と交わるうちに白石のなかに形成された何かであり、また信念に基づくものであったろう。

白石の履歴で顕著なのは、出自よりも学歴である。表面上の学歴は本人の実力のみならず家柄や経済力にも左右されるが、白石の場合、その内実もきわめて秀逸であった。白石を取り巻く華やかな人間環境は、実のところ、その優秀さが引き寄せたものともいえる。学歴については次章で検討する。

〈高橋元吉郎〉

高橋元吉郎は維新前夜、慶応三（一八六七）年に肥前諫早で生まれた。諫早は佐賀藩内の私領――より具体的には、鍋島の旧主家である龍造寺四家の一つで親類同格の位置づけである[26]。親類同格といえば家臣団の中で最上級にあたり、支藩と同様に知行地を持ち領内統治機構を整え、幕末には佐賀藩の軍事力増強方針に従い、洋式鉄砲を積極的に採用していた。なかでも長崎に近接した諫早はその警備に重要な役割を果たしていたが、その軍事力強化の

図序-2　高橋元吉郎（1867-1909）

財源確保のために、本藩の統制のもとで私領内物産を長崎の外国商人に売却していた[27]。また、佐賀藩全体にいえることだが、学問を尊び、武士道を重んずる気風が強かった。

元吉郎の父親は溝越覚右衛門といい諫早私領の大目付であった。小国の家臣ながら家格は高く、小国ゆえにその中で大きな権限と責任とを持ち、維新後も相応に裕福であったことと推察される。元吉郎は末子であったこともあり、東京での遊学を許された。教育的・経済的環境に恵まれて育った上に家を継ぐ立場になく当人が優秀とくれば、東京に勉学に出たのは半ば当然であったかもしれない。どのような伝手を頼ったかは不明であるが、旧佐賀藩の関係と家格からして不自由はなかったであろう。また、有明海域の中でも独特の凹みを形成する諫早湾は、高潮や洪水の被害を受けやすい地勢的・気候的条件下にある一方、古くから干拓事業が行われ、それによって豊かな農地を拓いてきた。その環境から考えて、土木技術者の道には故郷の熱い期待も推察される。そして、長じてから大阪で鉄鋼材を扱っていた高橋和平の娘、ツネと結婚して高橋家を継いだ[28]。ただし、本書では元吉郎が溝越姓だった時代も含めて、基本的に高橋姓で統一して表記する。

さて、高橋元吉郎は技術者の道を歩みながら兵役に志願し、後備役でたびたび応召している。のみならず、二〇歳代にはあたかもジョブ・ホッピングをしているようにも見受けられるが、この背景には二つの状況が想定される。一つには、本人が常にどこからでも必要とされる人的資源であったことが挙げられよう。ちなみに、明治二四（一八九一）年十月に起こった濃尾大震災は、内陸型地震として史上最大規模のものであり、この復興が国家の一大事業になった。土木技術者そのものが希少な時代、この突発的災害に対応できる人材もまた限られており、この事業に参画した高橋などはまさに貴重な存在であったろう。それは、彼が樋管製造にまで関わったことからも推察される。いま一つは、「兵役」の存在である。これに向き合ったことが高橋の履歴を、当時の上級技術者たち一般と異なるものにしている。佐賀藩諫早私領の置かれた軍事的な立場や生家の環境から影響を受けていることは、まず間違いがなかろう。彼の経歴の中で高等中学校教授、および兵役、特に一年志願兵については、次章および次々章末で検討する。高橋については、何より早世したため、実業界で働いていた期間が短いのが悔やまれる。

〈広沢範敏〉

広沢範敏は明治五（一八七二）年に肥前平戸で生まれ、幼名を源四郎といった。生家はもと大村出身、川尻家の末裔で平戸（松浦《まつら》）藩の馬廻役末席、碌高二〇石の下級武士であった。平戸あるいは松浦といえば、古くは水軍で有名な松浦党の本拠地として知られるが、日本列島の中で最も異国・異文化にアクセスしやすい地の利を得て、江戸時代の初期にはオランダやイギリスの商館が置かれた所でもある。長崎に近く、鎖国政策下でも歴史的に醸成された国際感覚や防衛意識が生き続けたはずである。平戸藩も諫早と同じく長崎警備を担当し、幕末には軍事力を増強してその洋式化を進めていた[29]。源四郎の父親はもと川尻慎太郎という姓名であったが、戊辰戦争で藩の奥羽出兵に加わり、その頃川尻から広沢へ改姓、その後さらに広沢真澄へと改名した。

幼少期の源四郎に強烈な印象を与えたのが西南戦争で――むろん彼にとってはその伝聞ということなのだが――ともかくも生涯を通じて西郷隆盛に私淑していた。そして好奇心に富み、また努力型であったらしい。だが、幕末頃すでに貧窮していた生家は、維新の制度改革によりさらに没落した。あまりの貧乏暮しを脱却しようと一念発起し、サムライ風の名を心なしか近代的な範敏と改めて、広沢は満一七歳で上京した。明治二三年のことであるか

図序-3　広沢範敏（1872-1953）

ら、東海道線東京（新橋）―神戸間が前年に全通、九州鉄道、山陽鉄道も一部開通している。江戸期、平戸からの参府路は、船で平戸から大坂へ廻航し、そののち陸路東海道筋で着府していた[30]。広沢もこれに倣ったと推察されるが、ひょっとするとどこかで鉄道を利用した可能性もある。大阪―東京間の移動経費を比較すると、徒歩の場合、鉄道よりもおよそ二〇日間余計にかかったとして、行程の宿泊費と食費のみ、かつ機会費用を無視するならば、鉄道運賃よりも安価に抑えることができた[31]。当時の価格設定はかくも現代と異なっていた。畏れ多くも大枚をはたいてその汽車に少し乗ったか、あるいは時折、汽笛に耳を澄ませながら歩き続けたか、いずれにせよ、広沢は鉄道にとりわけ強い思い入れを抱いていたらしい。そして上京の道すがら、ひたすら英単語を暗記したという。広沢の上京の伝手も不明だが、生地での改名届出から二〇日後の日付で東京府の辞令が出ていることから、闇雲に上京したわけではないことが知れる。ただ、白石や高橋と異なり、まずは職を得て働くことから東京暮しを始めたものの、わずか一月《ひとつき》余りで退職して夜学に通い始めた。経済的に困窮していたはずの広沢だが、なぜ職を辞したのか、学業に専念するためとしてもこの間の生活をどうしていたか、誰の世話になっていたかは、残念ながら不明である[32]。

〈土木技術者の俸給〉

ところで、表から読み取れるように、履歴の重要ポイントとして給与がある。給与は、時系列的、部門横断的に確認できるわずかな数量データであるとともに重要な意味を持つ指標でもある。

この時代の技術者たちは希少な人的資源であって、一般論としては生活に困らない、むしろ十二分な給与を受けていたし、常に実入りの多い仕事を見つけることも可能であった。個々人の資質は別として、こうした技術者たちが一円一銭に汲々とし、金銭に対する狭量な執着心を持っていたとは考えにくい。だが、高橋も広沢も明らかに給与を重視している。それは高橋の履歴書に給与が細かく記載されていること、広沢が給与額以外に変化のない辞令をこまめに整理保管していたことにもうかがわれる。白石の場合、本人の感想は聞けないけれども、伝記の編著者が相当のこだわりを持っていたことが知れる。おそらく彼ら士族にとって重要であったのは、金銭そのものよりも、武士の世の「禄高」に相当する俸給額ではなかったか。立地その他の条件が違う大小さまざまな諸藩の中にあって、全国共通に財力と地位を示し得る指標が禄高であったとすれば、明治期、士族の給与に対する感覚にその名残がみられて不思議はない。

これを客観的に評価するなら、給与はその人材の市場価値につながっているという重要性を持つ。公務員給与は市場価値とはいえないが、全国的な基準としての意味がある。大企業においては、時代が下るにつれ事例が多く蓄積されて、給与査定もマニュアル化されていくと考えられるが、本書が対象とする時期には未だ恣意的要素の働く場面が多かった。今日の用語を当てはめれば、技術者の給与はより成果主義的かつその希少性への評価が高かった。希少性への評価――この基準の一つは「お雇い外国人」への給与である。当時の技術者たちが、まずは外国人の代替としての意味を持ったのであれば、外国人より安価かつ機能的な存在として考えられたのが日本人技術者であった。

当時、希少な上級技術者であった白石については、民間企業の給与もまた特殊である。より普遍性のある高橋と広沢について、履歴表から読み取

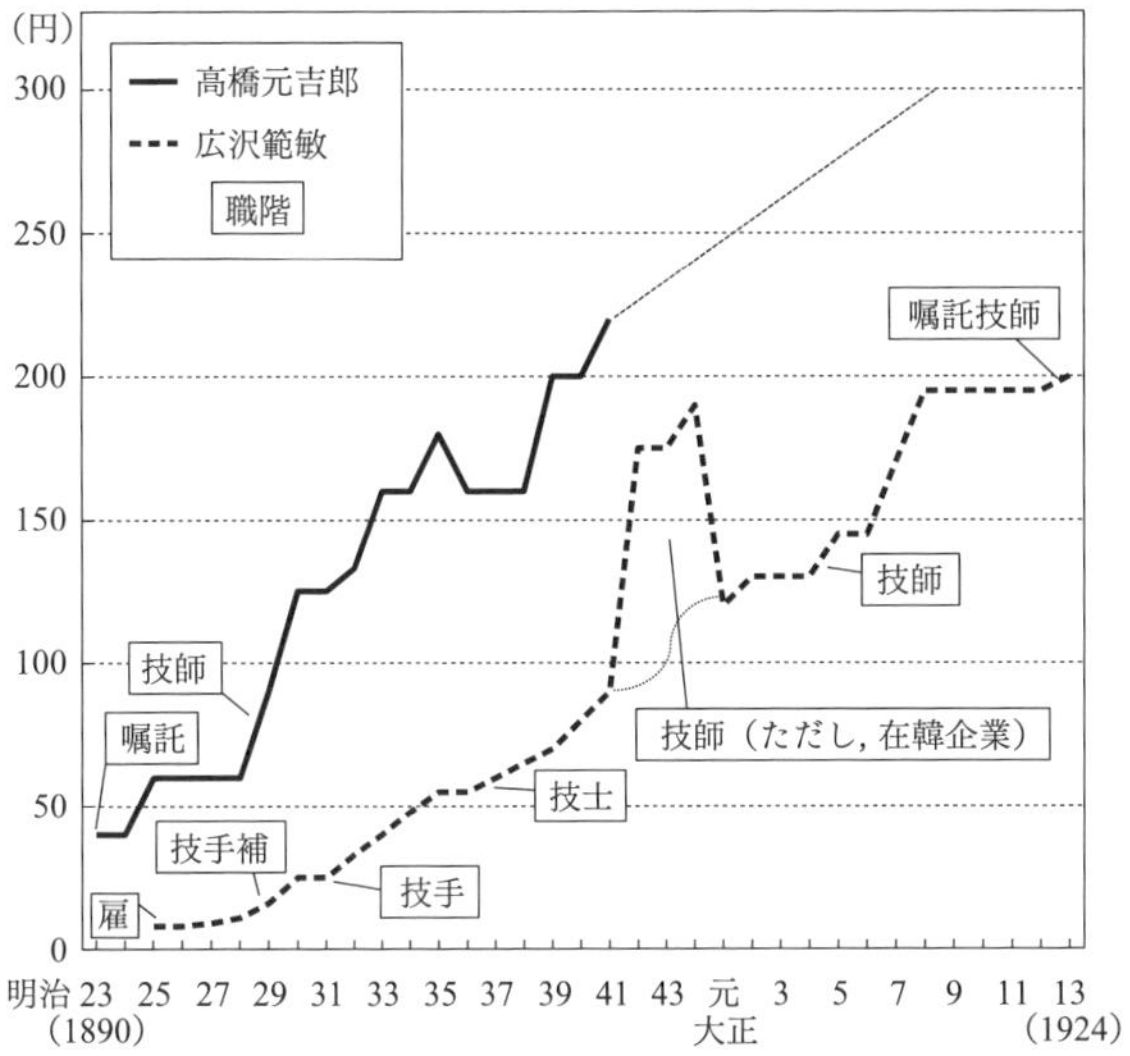

図序-4　土木技術者給与の推移（高橋と広沢の事例）

注）月俸換算。本給のみ（給与以外の諸手当は割愛）。同年中に2度改給があった場合は中間値をとった。高橋の破線部は，三菱合資本社技師の予測値を示す。
出所）筆者作成。

れる数値をグラフに表したのが図序-4である。ただし、表では一括した同職位の昇給を図では時期通りに追跡し、表に記載した退職時の贈与金は図に反映していない。なお、高橋は残念なことに早世したため、三菱合資会社で技師として勤めあげた予想値を破線で示した。[33] なお、この図に示されたのは基本的な給与であって、彼ら技術者の所得がどの程度であったかは別問題である。賞与一つをとっても、その額が年俸を上回ることの珍しくなかった時代である。[34] いずれにしても、彼らは給与面では恵まれた人生を送ったと考えて差支えない。生涯所得を別の人生と比較することは難しいが、ひたすら官職を歩んだよりは高い報酬を得たと考えられる。給与については本論中でも度々触れるが、まずはこの指標が彼ら土木技術者の社会的貢献度への評価の一面であることを、前もって指摘しておきたい。

さて、これら三名の土木技術者のキャリアをたどって見えてくるもの——もしくは、彼らが技術者として仕事をした世界——は、基本的に民間のインフラ・ビジネスであり、なかんずくそのビジネス・インフラ建設部分である。本書第3章~第6章はその世界とその世界に関わった人々、とりわけ技術者たちに焦点を当てる。ただし、それぞれのインフラ・ビジネス/ビジネス・インフラを同じ視点から描くわけではない。第3章（関西鉄道）では明治中期の鉄道技術展開、第4章（若松築港）では日本の産業発展の中での地域開発のあり方、第5章（三菱の建築所）では財閥企業からみたビジネス・インフラ形成、そして第6章（猪苗代水力電気）では変わりつつある時代の新しいインフラ・ビジネスに、それぞれ重点を置いている。また、前置きとして、彼ら三名が学び、活躍した時代の土木教育を第1章で、同じくその時代の社会資本建設（主として官業）と建設業界、とりわけ近代土木を牽引した鉄道建設について第2章で概観する。

第1章　近代土木技術者と教育

——もう一つのインフラストラクチュア

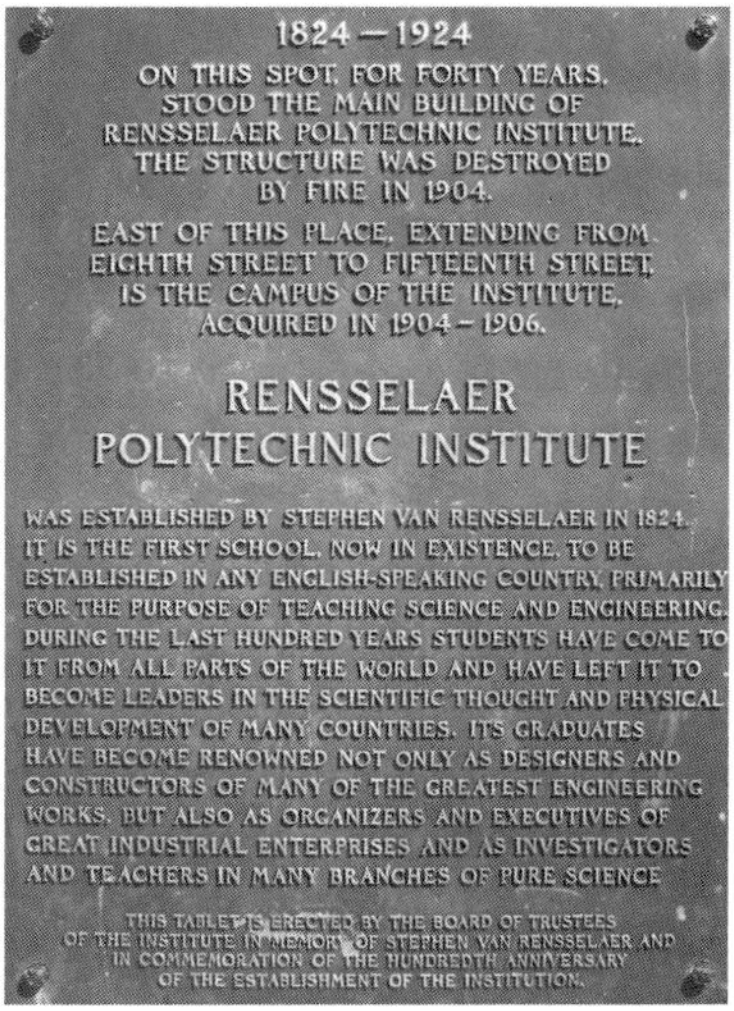

レンセリア工科大学に置かれているプレート

序章において、本書の主題はハードのインフラだと書いた。とはいえ、土木技術者のキャリア形成は、彼らが専門教育を受けるところから始まる。近代土木教育という、いわばインフラ形成のためのソフト・インフラを、まずは立ち上げなければならないのが当時の日本の状況だった。

近代化に必要とされた知識はさまざまである。工学系の分野に限ってみれば、国土開発に関わる土木、資源開発に関わる鉱山、製造開発に関わる機械、通信システムに関わる電信（電気）、このあたりが最も基幹的、かつ緊急に必要とされた知識だといえるのではないか。いや、視点を少しずらせば、国家の安全保障に関わる軍事工学こそが、基幹かつ火急分野の最たるものであったかもしれない。軍事技術は民生技術と大いに重なる部分があるし、また人材の交流も行われている。しかし本書では、この視点から独自にアプローチすることは避け、必要に応じて言及するにとどめる。民生分野でいうと、前述の四部門の中で、機械、電気が圧倒的に西欧の近代技術の移植を必要としたのに比べ、土木、鉱山にはその基盤に、古来日本で育まれ受け継がれてきた技術が生きていた。とりわけ現場労働については先立つ時代から連続した部分が大きくて身近な存在であったから、人海戦術的な労働現場を伴う分野の開発が、近代化へのアクセスの突破口ともなった。逆に、このことが労働の過酷さにつながった一面もある。いずれにしても、新しい知識は必要であった。そして、土木の場合、その結果が人々の目に触れることにより、新しい技術が持つ力と有用性を社会一般に広報するという役割をも担った。

1　土木教育の機関と制度

(1) 工部省と工部大学校

工部大学校は、近代国家を支える工業教育そのものを目的に設置された教育機関であった。独自の存続期間はわずか一二年余りであるが、その影響力はきわめて大きい。まずは、その母体である工部省から話を始めよう。

三好信浩によれば、維新後の明治新政府による工業化政策は三つの行政ラインで進められた。まず第一は、殖産興業政策の推進母体となった工部省による官営工業政策であり、これに対する批判から内務省および農商務省を中心とする民業育成政策が派生したのが第二、そして第三は、陸／海軍省が担当した軍事工業政策である[1]。このうち、中心的な役割を担ったのが工部省であった。

工部省は、官制改廃の激しかった明治初頭の太政官制度の中で、明治三（一八七〇）年末に民部省の一部が分離独立したものである。その目的を一言でいうなら、近代国家のインフラ整備であった。工部省の事業は、その政策論理を「利用厚生」および「国家富強」に置いていた。すなわち、富国とともに人民の自立や繁栄を目指し、そのために百工を勧奨するもので、とりわけ鉄道と鉱山に重点が置かれた。実際、明治三〜一八年における工部省の興業支出全体の中で、鉄道部門が約五割、鉱山部門が約三割と、この二部門で八割を占めた[2]。鉄道は国土および経済開発のインフラ整備を、鉱山は資源開発および利用を象徴していた。

維新後の工業化[3]は欧米先進諸国からの技術導入を前提として構想された。まず必要とされたのが外国船の安全航行のための灯台建設であり、次いで鉄道や電信の敷設、すなわちインフラ建設に関わる新技術であった。周知のように、多くのいわゆる「お雇い外国人」が渡日した。各省の中では工部省雇の数が最も多く、その中ではイギリス人が圧倒的に多かった。工部省の高給雇人といえば、やはり鉄道、鉱山関係の技術者であった。

「お雇い外国人」は多方面で大きな成果を顕したが、問題もあった。一つは玉石混交、すなわちバラツキがあったこと。いま一つは彼らの給与の、時に法外とも思える高さであった。「玉」ばかりなら法外というのは当たらないかもしれないが、それにしても「技術こそは先進国からの援助で」という現代の新興国開発の意識――むろん、その背景には世界経済システムの変容という要因が存在するが――と比較すると、かくまで高い給与を厳しい財政の中で捻出した明治政府の覚悟そのものが国の進むべき道を示していたともいえる。もっとも、これを逆からみれば、欧米諸国が日本という新興市場に進出する際に、その基盤作りの役割をも担うあまたの上級人材が好条件で招請されたことを示してもいる。とりわけ工部省関係の上級技術者の待遇は良く、彼らの給与は時に政府閣僚のそれを超えていた。たとえば、明治三（一八七〇）年に雇われた鉄道技師エドモンド・モレル（Edmund Morel, 土木師長）の月俸は八五〇円であったが、その翌年に工部省大輔となった伊藤博文の月俸は半分以下の四百円であった。(4)こうした外国人の数が増えるにつれて、その給与はじかに国家財政を圧迫することになった。雇用外国人の数が多く、さらに高給取りの多かった工部省では、明治七年度に通常費の三分の一を、一二年度には三分の二を彼らの給与に充てねばならないという状況に陥った。(5)政府はこれを日本人で代替するために技術者の国産化を図った。日本人技術者には二重の役割が期待された。実際に技術を提供する技術者、および技術者を育てる技術教育者である。いずれも日本人が行うならば、外国人よりも低コストで効率的なはずである。役割分担は明確なものでなく、人材不足の当時にあっては同一人物が教育と実業双方に携わることが当然でもあった。ちなみに、外国人技術者を高給で雇用していたのは政府だけではない。近代産業参入を目論む民間企業もまた外国人専門技術者を雇用せざるを得ず、いずれその役割を日本人に代替させたいと考えていた。

実のところ、工部省による日本人技術者の養成は、高コストの外国人への代替か否かを問わず、早くから始まっていた。明治五（一八七二）年、工部省内に諸寮、すなわち一等寮として工学、勧工、鉱山、鉄道、二等寮として土木、灯台、造船、電信、製鉄、製作の全一〇寮が設置された。ここでいう「寮」とは、省内の部局という意味である。前述のように、鉱山と鉄道が一段高く設定されていたことがこの序列に示されている。そして、一〇寮の筆頭に置かれた工学寮の一機能が教育に充てられた。明治六年八月、同省はじめ各官庁に奉職する工業士官を養成する教育機関として工学校が開校された。教育目的は明瞭であり、在校中の経費を支給される官費生徒の場合、「卒業の後七年間官に奉職するの義務あり」とされた。[6] なお、開校時の入学者三三名はすべて官費生であったが、その後は財政難のため私費生も受け入れた。[7]

先に新橋―横浜間の鉄道建設主任技師として来日したモレルは、産業開発を統括する中央官庁の必要性、さらにその諸事業を推進すべき優秀な人材を養成するための教育機関の整備を強く勧告したが、この建言が工学寮工学校の開設から工部大学校の整備への経緯に重要な影響を与えたという。[8] 教授内容も人材養成目的も明確に絞られていたことが、後述する文部省管轄の諸学校の一つとしての東京大学理学部や帝国大学工科大学との大きな違いであった。

明治七（一八七四）年二月の「工学寮学課並諸規則」にみる同校の教育課程は、就学年限が予科、専門、実地各二年の計六年で、実地演習に二年をかけたところが大きな特色である。学課として①シビル・インヂヱニール、②メカニカル・インヂヱニール、③電信、④造家術、⑤実地化学、⑥採鉱学、⑦鎔鋳学、が設置されている。新奇なコンセプトを翻訳する苦悩がうかがわれるが、さしあたり英語でいうところのシヴィル・エンジニアリング（civil engineering）およびメカニカル・エンジニアリング（mechanical engineering）に相当しそうな学課名については適切な翻訳語が見つからず、カタカナに加えて、それぞれ「道路橋梁の経営川港の堤防等総て土木の術を云ふ」「機械の製作並にこれを建造するの術を云」[9] との説明文が付記されていた。その後、造船が増設され、一一年後の明治一八年四月の学課名は、①土木学、②機械工学、③造船学、④電気工学、⑤造家学、⑥応用化学、⑦鉱山学、⑧冶金学となった。[10] つまり、付記された説明文にある「土木の術」には「土木学」、「機械の術」には「機械工学」という日本語が充てられたのである。「土木学」のもととなる「土木」という言葉の選定には、明治政府において民部官に「土木司」が設置されたことがきっかけになった可能性が強い。[11] 日本において古来用いられている「土木」は、規模や用途を問わず漠然と造営一般をさす言葉であった。[12]

ところで、再び英語表現を借りるとして、〃シヴィル・エンジニアリング〃を現代日本語に直訳すれば「市民工学」とでもなろうか。かつて絶対王政時代のヨーロッパにおいて工兵(イギリスでは "royal engineer")が行っていた国家的・軍事的な技術行為が、市民社会の成立とともに変化してきた。たとえば、道を造り、橋を架けるにしても、王のため、あるいはその王権に分かちがたく結びついた軍事のためではなく、市民の日常生活を支えるためのものになった。そのような時代背景の中で〃ミリタリー・エンジニアリング(military engineering)〃に相反する意味合いを持って生まれた言葉が〃シヴィル・エンジニアリング〃だといわれている。[13] この場合、エンジニアリングに含まれる内容はきわめて広範囲であった。また、一八一八年に設立されたイギリス土木学会(Institution of Civil Engineers＝ICE)は、その憲章の制定(一八二八年)にあたり、シヴィル・エンジニアリングの最も重要な目的を「内外交易に資する生産と交通の手段を向上させること」とした。[14] 時代背景を視野に入れると、この言葉は「市民社会における諸産業のインフラ整備」と解釈できる。[15] さらに一九世紀後半に至ると、広範囲にわたるエンジニアリングの専門分化が進行して、その中の一分野としてのシヴィル・エンジニアリングという分類的意味合いが強くなった。明治初年の日本人が接したのは、この段階の〃シヴィル・エンジニアリング〃であった。[16] こうして「土木学」という用語は、原語に内在する意図を反映しないものとなり、しかし、現実問題として日本の実情に合うものとなった。土木技術は、軍事、民生を問わず、また皇国のため、市民のためを問わず、さらに隣国の植民地化のためにも使われうる技術であった。その担い手の主力が士族、つまり、もとサムライ階級である。とりわけ、当時においてこの技術が、第一義的に社会資本を建設するためのものであってみれば、それが社会＝国家に属するものというイメージもまた強くならざるを得ない。この業界が、軍需産業と同様に、官尊民卑の霧に覆われたのも無理からぬことであった。

工学寮の外国人教授陣にはスコットランドで活動していた若手の人材が多かった。その中心がグラスゴー大学を卒業したヘンリー・ダイアー（Henry Dyer）である。ダイアーは明治六（一八七三）年に来日し、若干二五歳で工学寮の初代校長（都検）に就任した。[17] 工学寮における教育は基本的にダイアーの構想によっており、彼はその九年間の滞在中に日本の近代工学教育の基礎を築いた。その教育方針がフランス・ドイツ式の学理重視とイギリス式の現場実習重視を融合させた統合方式であったことはよく知られている。そしてこの特色を備えた高度な教育が、近代日本の工学および実際の技術導入に貢献したと考えられている。[18]

工学寮から工部大学校に名称が変わったのは、工部省で諸寮が廃止されて局構成となった明治一〇（一八七七）年で、このとき工作局所管の大学校となったが、正式な開校は翌一一年である。土木学科の教授科目は、応用重学、土木学（図学、鉄造計画）、他に数学、理学、機械工学、金石学、地質学、測量学であった。卒業生の多くが日本の近代化に貢献した技術者として名を残す。本書後段で触れる者として、渡辺嘉一、田辺朔郎、南清らの名を挙げることができる。ちなみに、造家学科卒業生にも著名な建築家が多く、本書後段で辰野金吾、曾禰達蔵、藤本寿吉などが登場する。

明治一二（一八七九）年から一八年までの工部大学校の卒業者は計二一一名。土木と鉱山が多く、合わせて四四パーセントを占めていた。[19] また、明治一五年までの同校卒業者の就職先は、留学中の者を除く一二九名すべてが教員を含む官職であった。[20] うち、工部省が半数以上であるが、これは工部大学校の設立理由からしても当然の成り行きである。卒業生のほとんどは工部省あるいは地方庁の技士や技手となっていったが、成績ランクにより初任給から差がついた。工部省出仕の場合、第一等は月給三〇円、第二等は二五円、第三等は二〇円であった。[21]

工部大学校は明治一八（一八八五）年十二月の工部省の廃止に伴い文部省管轄下に置かれ、同年東京大学に設置された工芸学部と合併して工科大学となり、続いて翌一九年三月、帝国大学に統括されるが（帝国大学工科大学）、これについては本節後段で再述する。

（2）開成学校・東京大学

白石直治は東京開成学校と東京大学で学んだ。こちらは工部大学校と違って文部省の所管である。幾多の改編を経て近代日本の教育制度そのものの頂点に君臨することになる、この大学の設立経緯を見てみよう。

維新後の明治五（一八七二）年、学制が公布された。構想として制度ピラミッドの頂点に大学が置かれたが、教育の重点はまず小学校にあり、その整備の上に中学校その他の上級教育機構を充実させていく方針であった。その後、数々の学校令や教育令が出されて制度は変容しつつ確立されていくが、いずれにしても、明治三〇年に至るまで、日本に大学は一つしかなかった。すなわち、今日の東京大学の前身校である。その帝国大学設立までの沿革は概ね以下のとおりである。

維新後、政府は旧幕府の洋学研究・教育機関であって倒幕により一時閉鎖されていた開成所を継承し、これを開成学校と称した。明治二（一八六九）年に大学南校（四年に南校）と改称したが、五年の学制により第一大学区第一番中学とし、六年に改組して再び開成学校と改称、さらに翌七年、東京開成学校と改称した。教務制度が落ち着いたのはこの頃からで、教育言語として基本的に英語を使用し[22]、本科三〜四年に加えて予科（普通科）三年を設けた。予科への入学試験（英語、国語、数学、地理、歴史）が最初に行われたのは明治八年で、当然ながら英語力が重視されたから、合格者三八名（受験者百余名）のうち東京英語学校卒業者が二九名[23]、その他はわずか九名であった[24]。共学舎で学んでいた白石は、東京開成学校最初の入試を東京英語学校以外から突破した九人の一人だったわけである。東京開成学校における学業成績評価は試験を中心とした厳しいもので、評点により厳正に等級が決められ、また、成績序列で氏名が公表された。白石がきわめて優秀であったことについては、本人の伝記以外にも複数の証言がある[25]。

白石が入学してわずか二年後の明治一〇（一八七七）年、東京開成学校は東京医学校と合併して東京大学となった。東京医学校とは、もと幕府の西洋医学所が維新後大学東校（後に東校）と称され、明治五年に第一大学区医学校、七年に東京医学校と改称されたもので、この経緯は東京開成学校と並行している。このときの学部構成は東京開成学校改組の法、理、文、三学部と東京医学校改組の医学部、計四学部であり、修業年限は四年、別途付属の予備門も設置された。より正確には、東京英語学校が合併されて東京大学予備門となった。

おりしも東京開成学校で予科課程を終えていた白石は、開設されたばかりの東京大学理学部に進学し、土木工学を専攻した。専攻に関わる本人の意図は不明だが、近しい人々からの勧めではない。後藤象二郎をはじめとする、白石が助力を得てきた土佐人脈の有力者たちは、むしろ政治の世界に与していた。とりわけ叔父の中島信行は白石を〝国士〟として育てたかったらしく、科学の道に進むことへの反対を唱えたという[26]。

設立時、すなわち白石入学当時の理学部の学科編成は、化学、生物学、工学、数学・物理学・星学、地質学・採鉱学であり、三年後に地質学と採鉱冶金学、四年後に数学、物理学、星学がそれぞれ独立学科になった。工学科は四学年次で土木工学と機械工学とに専門分化した[27]。

明治一八（一八八五）年、理学部に造船学科が増設された。同年末、この造船学と工学、採鉱冶金学、つまり工科系三学科が理学部より分離され、工芸学部として統括された。ほぼ同時に工部省が廃止され、工部大学校は文部省に移管された。この両者が統合されて工科大学となる[28]。そして翌一九年公布の帝国大学令により、法、理、工、文、医の五分科大学（いわゆる「カレッジ」に相当）および大学院が設置された帝国大学が成立した。ここで名の挙がった「東京大学」は、その名称こそ戦後の新制東京大学と同一であるが、明治期、教育行政が未だ揺れていた時代のわずか九年間の産物であった。

東京大学が最初の卒業生を送り出したのは開学翌年の明治一一（一八七八）年である。理学部土木工学科卒業の一期生から三期生までは南校／開成学校の教育体系で学んだ期間が食い込んでいる。これら前身校の工学コースの教育は外国語と基礎的な数学・理科であって、技師としての専門性を養えるものではなかったという[29]。土木工学科卒業者に与えられた学位の「理学士」は、学部名とともに内実をも反映していたといえよう。一期生の仙石貢（第一番中学→開成学校、後述表1-3 #21）や石黒五十二（大学南校→開成学校、#14）は、[30]ともかくもこうしたハンディキャップを乗り越えて土木技術者として大成した。一方、白石は四期生で折よく東京大学の開設時に入学し、満期の就学期間を全うして明治一四年に首席で卒業した。[31]同期生六名の中には野村龍太郎、原龍太がおり、白石と合わせて〝理科の三秀才〟と称せられたという。[32]彼らはつまり、当時の学制で「大学」の専門教育を充分に受けた、最初の土木工学系学卒者となった。野村と原は卒業後、ともに東京府土木課に出仕。ただし野村はほどなく鉄道局に移籍した。[33]白石は卒業後、いったん里帰りをして八月より農商務省御用係採用となり、地質調査や測量を担当した。翌年六月、東京府に異動、当初は土木課工事部の御用掛、次いで設計掛に配属された。いずれも月俸五〇円であり、当時官庁に出仕した新規学卒者としてはこれが最高額であった。エリートコースには違いないが、ここでさらにキャリア・アップする機会を得た。海外留学である。就職後一年足らずで東京府を依願退職し、文部省派遣官費留学生として欧米に渡った。

この留学については後述するが、白石はその前年、竹内菊子と結婚し、岳父の竹内綱邸に新居を移している。綱（一八三九～一九二二）については序章で触れたが、その長男明太郎（一八六〇～一九二八）とともに白石に与えた影響はさまざまな意味で大きい。なかでも、綱の政財界における幅広い人脈、また明太郎の工業重視の思想と活動は、白石の生涯に直接的な関わりを持つことになる。[34]

ところで、東京大学理学部工学系学科（機械工学、土木工学、応用化学、採鉱冶金）の卒業者総数はわずか五八名で、前述の工部大学校（二一一名）よりもはるかに少ない。だが、土木専攻に限ると、工部大学校四五名に対して東京大学は三〇名と、[35]拮抗する傾向にある。土木工学は工学の中でも主体性、政治性の強い分野で、特に国家建設期においてはその政治的地位が際立って高い。土木技術者には他の専門技師をも指揮する能力が求められるがゆえにその影響力は大きく、自然学生同士のライバル意識も強くなったという。[36]両校の円満ならぬ関係はさまざまな局面で——とりわけ土木技術者を参集させた鉄道事業において顕在化するが、[37]これについては次章で触れる。

（3）帝国大学工科大学

前述のように、東京大学工芸学部と工部大学校が統合された工科大学は、明治一九（一八八六）年三月の帝国大学令により、帝国大学工科大学となった。同時に成立した法科、理科、文科、医科の各大学に加えて明治二三年には農科大学も設置された。農科大学は、明治七年に内務省勧業寮が設置して後年農商務省管轄になった駒場農学校と、農商務省が明治一五年に設置した林学専門の東京山林学校とを一九年に合併して東京農林学校と称していたのを、帝国大学の分科大学としたものである。[38] 白石が東京農林学校で教鞭をとったことは、序章の年譜に示した。

帝国大学の修学年限は三年。学費は入学金二円、授業料が年額二五円、加えて工科、理科の学生は年額一〇円の雑費（実験教材費）が必要であった。学費は自己負担だが、奨学金貸与制度は充実していた。明治三〇（一八九七）年に京都に帝国大学が設立されると、都市名をかぶせて東京帝国大学と名称が変更された。

ところで、帝国大学令に先立つ工科大学の設置、すなわち、明治一八（一八八五）年末の工部大学校と東京大学工芸学部の合併は軋轢を生んだ。工部省廃省という大事の上に工部大学校が文部省に移管ということで、工部大学校側に強い反発が起きたからである。当時、工部大学校に在任中の外国人教師五名は廃省に伴い文部省に異動となったが、[39] そのうち、工科大学の土木工学担当教員として嘱望されていたイギリス人のアレグザンダー（Thomas Alexander）は工部大学校の閉鎖を不服として帰国してしまった。[40] また、両校の教育コンセプトはかなり異なり、工部大学校が学理と実践双方を重んじたのに対して、東京大学の教育は、教師を育てるには適していても実践部分が欠けており、実地への応用・実地から理論への連関が鍛えられないものであった。[41] 後述するように、白石は留学先のアメリカで実地教育にかなりの重点を置いたが、それは妥当な選択だった。工学教育についていえば、工部大学校は東京大学理学部よりもはるかに充実したスタッフと教育内容を持っていた。[42] それを証明するように、工科大学の学科編成は、土木工学、機械工学、造船学、電気工学、造家学、応用化学、採鉱冶金学であり、東京大学理学部／工芸学部よりもむしろ併合した工部大学校のシステムを踏襲している。土木工学科では、実地演習科目が第

一、第二学年で授業時間の五割、第三学年では卒業論文と組み合わせて一学期間のすべてを充てるということで、東京大学理学部に比べれば実習の比重が格段に高かった。(43) しかし、工部大学校で予科を除く四年の学習期間が工科大学では三年に短縮され、結局は工部大学校の特色であったまる二年の実地教育にしわ寄せがいくことになった。(44) 開学当時の教育スタッフは日本人教員二十数名、外国人教師五名。(45) このうち日本人教員の出身校別内訳をみると、教授では大多数が開成学校・東京大学理学部で工部大学校はわずか数名、かたや助教授ではその逆というアンバランスを示していた。(46)

両校合併に伴う混乱を収めるという期待を担って工科大学長に抜擢されたのが、弱冠三一歳の古市公威《こうい》である。古市は開成学校の諸芸学科予科から文部省最初の海外留学生として渡仏、エコール・サントラルで土木を専攻し、学位を得た。(47) つまり、渦中いずれの教育機関の卒業者でもなかった。(48) 帰国後すぐ内務省土木局に入職して、東京大学の講師を兼務している立場であった。「諸芸学」とはポリテクニクの訳語で、当時欧米で設立されていた工学校はこの名を冠したものが多く、その教授内容は理工系学問を中心に実践的かつ幅広いものであった。したがって、古市の起用は、土木専門とはいえ幅広い学問を修め、成績が抜群に良かったというその学歴に負うところ大であろう。そこには前述のアレグザンダー帰国による土木担当教員不在という窮地への対処という意味合いも含まれていた。開学当初の土木教員は、学長の古市（教授）に加えて、東京大学卒業生の二見鏡三郎や中島鋭治（表1-3 #19）が務めた。(49) そして古市は、内務省技師をそのまま兼任し、明治二三年土木局長、二七年土木技監、三一年逓信次官、三二年鉄道会議議長などを歴任していく。(50)

そして開学の翌明治二〇（一八八七）年、実践的に最重要分野であった鉄道・橋梁・構造力学の担当として教授の辞令を受けたのが、海外留学・視察を終えて帰国したばかりの白石だった。開学時と白石の就任時における土木工学科のカリキュラムを表1-1に示した。

白石着任の年、前年度の約二倍の教授科目が準備され、システム上の専門性や実践性が格段に高まったことが見

表 1-1　帝国大学工科大学土木工学科草創期のカリキュラム

	明治 19 年度（開学時）	明治 20 年度（白石着任時）
第 1 学年	数学，物理学，応用重学，機械学，地質学，土木工学，測量学，実地測量及製図，物理実験	数学，物理学，応用重学，構造強弱論，蒸気機関，機械学，水力機・喞筒・起重機，地質学，測量・道路・施工法，橋梁，河海総論，実地測量及製図
第 2 学年	土木工学，家屋構造，工芸経済学，測地学，実地測量製図	河川・運河・港湾，鉄道橋梁，衛生工学，家屋構造，測地学，工芸経済学，意匠及製図
第 3 学年	実地演習，土木工学，工学行政法，製図，卒業論文意匠等	実地演習，河川・運河・港湾，鉄道橋梁，衛生工学，土木行政法，意匠及製図，卒業論文

出所）東京大学百年史編集委員会編『東京大學百年史』通史 1，東京大学出版会，1984 年，p. 931 より作成。下線は筆者による。

て取れる。開学時には全学年にわたって教授されることになっていた「土木工学」が消滅する一方で、河川・港湾、衛生工学といった水系科目が加わり、また橋梁については全学年で開講されるなど、単なる充実というより根本的な改革といった方がよかろう。一〇年後のカリキュラムにおいて、名称変更などはあるものの、実質的に追加されたのが「材料及構造強弱学製図及演習」（第一学年）と「地震学」（第三学年）のみであることから考えて、[51]二年目の教育制度設計はまず成功していたとみられる。当然ながら、帝国大学における鉄道の講義は白石が最初である。古市と白石、二人の日本人教授が土木工学科を先導する立場となった。

工科大学の卒業生たちは工学士の称号を得た。いうまでもないことだが、日本に大学がただ一つしかなく、その学生数もわずかであった当時、「学士」の肩書は今日の「博士」などとは比較しようもない選良の権威と実力への信頼度を、名実ともに表していた。

時期的には先走った解説になるが、工科大学土木工学科での白石の教授期間は明治二〇（一八八七）年二月から二四年六月頃までの四年余りであった。ただし、最後の九ヵ月間は非常勤である（白石の辞職については第3章で詳述する）。学生は原則三年間の在籍であるから、明治二一年から二六年の卒業生が教え子であり、特に二二〜二四年の卒業生とは関係が深い。また二〇年および二七年の卒業生は、直接指

表 1-2　白石の帝国大学指導学生と職歴（一部）

卒業年 （卒業者数）	氏　名（職　歴）
明治 20（8）	井上徳治郎*（関西鉄道→京都鉄道→帝国鉄道庁）；渡辺秀次郎*（関西鉄道→大阪鉄道→京都鉄道）；近藤虎五郎（内務省→東京帝国大学工科大学，工学博士）；渡辺信四郎（鉄道局）；南部常次郎（宮城県→内務省，工学博士）
明治 21（13）	中山秀三郎*（関西鉄道→帝国大学工科大学，工学博士）；村上享一*（山陽鉄道→筑豊鉄道→鉄道工務所）；野口［大倉］粂馬*（日本土木→大倉土木組店主）
明治 22（9）	国沢新兵衛*（九州鉄道→鉄道庁→満鉄理事長，工学博士）；広川広四郎*（九州鉄道→鉄道庁）；丹羽鋤彦*（内務省→攻玉社高等工学校長，工学博士）；岡崎芳樹（内務省技師，工学博士）；穎川春平（内務省）；渡辺六郎（内務省）；早田喜成（内務省→東京電灯）；西尾虎太郎（内務省）
明治 23（14）	岡田竹五郎（東京府→鉄道庁→鉄道院技監，工学博士）；市瀬恭次郎*（内務省→内務省技監，工学博士）；石川石代（内務省→鉄道局）；石丸重美（内務省→鉄道庁→鉄道院技監，工学博士）；三池貞一郎（内務省）；溝越［高橋］元吉郎*（関西鉄道→三菱合資）
明治 24（7）	佐野藤次郎（大阪市→神戸市，工学博士）；門野重九郎*（ペンシルヴェニア鉄道→山陽鉄道→大倉組副頭取）；高橋辰次郎（内務省→台湾総督府）；長尾半平（内務省→台湾総督府→鉄道院→東京市）
明治 25（7）	服部鹿次郎（内務省→東京府→工科大学→鉄道庁→九州帝国大学工科大学長，工学博士）
明治 26（14）	那波光雄*（関西鉄道→京都帝国大学理工科大学，工学博士）；菅村弓三*（関西鉄道→近江鉄道→北越鉄道）；比田孝一（内務省→愛知県→朝鮮総督府）
明治 27（15）	大藤高彦（京都帝国大学工科大学学長，工学博士）；杉浦宗三郎（日本鉄道→鉄道院，工学博士）；富田保一郎（逓信省→鉄道庁，工学博士）；青木良三郎（内務省）；南斉孝吉（内務省）；加藤與之吉（新潟県→満鉄）；安達辰次郎（内務省）

注）＊印の人物については，本書後段で触れる。

出所）学生名（一部）：『東京帝國大學卒業生氏名録』大正 14 年版，1926 年。

職歴（簡略化して記述）：藤井肇男『土木人物事典』アテネ書房，2004 年：鉄道史学会編『鉄道史人物事典』日本経済評論社，2013 年を主に参照。

導を受けた可能性は低いものの、一応接点があったということになる。卒業者数は、二〇年八名、二一年一三名、二二年九名、二三年一四名、二四年七名、二五年七名、二六年一四名、二七年一五名であった。[52] 表1-2は、その主たる面々である。[53] ただし、同表の職歴欄の内容は簡略化してある。当時、工部省はすでに廃省となり、河川、水運、港湾などの土木行政を担当していたのは国レベルで基本的に内務省、地方レベルでは各地方庁で、その地方庁の監督もまた内務省の所管であった。[54] つまり、彼らはほぼ官業の土木関連の仕事に従事したことがこの表から読み取れる。また、工学博士になった者が多い。そして、この表中の人材は、後年の白石の人的ネットワークに含まれていた可能性が高く、相当数が師としての白石の影響を受けていたと考えられる。特に鉄道、橋梁については、帝大卒の第一世代が白石の薫陶を受けた技術者群であることを忘れてはならない。そして、明治二三年卒業の高橋（当時は溝越）元吉郎は、まる三年間白石に正規に師事した数少ない学生たちの一人であった。

（4）攻玉社と工手学校

白石は帝国大学、東京農林学校の他に、工手学校の教授も務めた。東京帝国大学の歴史が語られる機会は非常に多いが、いまや工手学校（現工学院大学）や攻玉社（土木教育を引き継いできた工科短期大学は二〇〇八年に廃止された）の存在すら知る人は少ない。だが、明治期の近代土木教育に関する限り、帝国大学に収斂していく上級教育機関と別に、実践の場の技手《ぎて》の養成に重要な役割を占めたのが、攻玉社と工手学校であった。明治四四（一九一一）年にみる土木専攻の卒業者延人数は、攻玉社が二〇五〇名、工手学校が一二〇八名で他を圧倒しており、[55] 近代化渦中の建設現場が彼らによって成立し得た一面を示している。帝国大学以外の工業教育および技術者養成という意味では、明治一四年に設立された東京職工学校（→東京工業学校→東京高等工業学校→東京工業大学）の重要度が際立っているが、土木は職工学校の守備範囲ではなかったし、同校に建築科が設置されたのも明治三四年末だった。そして、明治初期から、近代技術の現場での実践に関わる人材育成の必要に早くから迫られていたのは、まずもって土木分野であった。

〈攻玉社〉

攻玉社は工手学校よりも早い開学である。創立者の近藤真琴は、もと江戸で蘭学塾を開いていた。語学としては英・独語、また漢学、数学にも優れ、とりわけ航海・測量術については他の追随を許さぬほどであったという。維新後は兵部省に出仕して海軍操練所で教鞭をとった[56]。この頃は攻玉塾と称し、明治五（一八七二）年の学制公布に応じて私学校としての体裁を整え、攻玉社という名称も使い始めたとみられる[57]。幼・中・壮年部、女子教場、航海測量習練所などを次々に開設、海軍兵学校の予備教育機関としても人気を博した。

当時、土木といえば土工のイメージと重なるところがあり、民間でこれを教授しようという動きは乏しかったらしい。しかし近藤は、国としての土木の必要性を痛感し、明治九（一八七六）年に別科として陸地測量術の授業を始め、一三年に至って攻玉社付属の陸地測量習練所を開設した[58]。近藤のいう測量（量地）術とは、正確な地図を作り、地質を究めて民政に資し財政に便し兵事に供するものであり、また、鉄道を設け鉱山を穿ち電線を架し荒野を拓き溝河を通じ堤防を築くといった事業はすべてこの技術を要するため、国家にとって欠くべからざるものなのであった[59]。測量もまた日陰の業務であったためか[60]、当初は肝腎の入学希望者が少なく、測量術を教授するのみであった。明治一七年に量地黌と名を改め、一九年には東京府土木課に出仕していた倉田吉嗣が初めて土木学を講じたが、この頃から生徒が増え始めた。明治二一年には同じく東京府から原龍太を迎え、土木科と改称して土木技手の養成コースとし、三一年には夜間授業を開始した。明治三四年に攻玉社工学校と改称、教授科目に建築法を加え、別途高等科（後の研究科）も設けた[61]。

ちなみに、倉田と原は白石と東京大学理学部土木工学科の同窓で、倉田は一年先輩、原は前述の通り同期生である。白石は東京府土木課設計掛に出仕した翌年、留学のために退職するが、その後任が倉田であった。原は明治一〇（一八七七）年頃攻玉塾に学んだ経験があり、攻玉社では後年、彼の名を冠した奨学金を設置した。[62] 原は橋梁の設計に優れ、白石とは終生親しい間柄であった。[63] また、帝国大学で白石に師事した丹羽鋤彦も攻玉塾で学んでおり、彼は後年、攻玉社高等工学校の初代校長を務めた。

土木科の教育課程は、予科半年、本科一年半の計二年。本科の授業はすべて夜間に行われ、カリキュラム構成は構造、材料、道路、鉄道、治水、河川、港湾、橋梁、製図と幅広いが、なかでも測量に重点が置かれていた。また、二年間を通じて英語が課されていたのが、次に述べる工手学校との違いである。[64]

土木科／工学校の卒業生は、中級技術者として、明治期にはその多くが官業や勃興期の私鉄に入職した。官業では地方庁が多く、県の地方出張所長などが出世の場となった。明治期においては、工手学校より攻玉社卒業生の方が優遇されたという話もある。[65]

〈工手学校〉

その工手学校だが、広沢範敏がここで学んでいるので少し詳しく検討しよう。この学校はその名のとおり工手、すなわち、上級専門技術者の補助に特化した人材——職階でいえば、さしずめ技手の候補者を養成する教育機関であった。数少ない上級技術者が現業のすべてを看ることはできない。しかし、たとえば近代的な測量技術を活用すべき土木作業現場で旧来の大工や職人に現場監督を任せることも、きわめて不効率かつリスキーである。上級技術者補助役とは、実は現場作業の要となるべき人材であって、必要とされる専門知識および近代的な業務管理法を身につけ、現場技能に通暁し、なおかつ地位や給与面で上級技術者よりも低位で働く。同様なことは土木に限らず、工業一般にあてはまるが、前述のように土木分野は職工学校の教育科目から外れていたため、攻玉社や工手学校の重要性がいっそう高まったといえる。[66]

工手学校設立の中心人物は、初代帝国大学総長を務めていた渡辺洪基であった。渡辺はかねてより現場助手の養成機関設立を文部省に打診していたが、財政難を理由に却下され、民間で開設する意思を固めたという。[67] そして工学会（明治一二年設立）を通じ、石橋絢彦、辰野金吾、古市公威、中野初子《はつね》、三好晋六郎など気鋭の工学者一四人に諮って発起人会を組織した。設立趣旨書によると、その意図するところは概ね以下のとおりである。

——工業の隆盛を図るためには学術の応用がきわめて重要である。我国では工業が発展し始め、鉄道敷設、道路開墾、鉱山採掘、その他造船、建築、電気、化学工業などの事業が国内各地に興りつつあって、その事業に必要な技術者への需要が非常に多い。しかし、技術者の養成機関は少なく、官立教育機関において高尚な技術者の養成は行われているが、各専門技師の補助たるべき工手を養成する学校はない。学術応用できる補助人材の欠如が工業進歩の一大障害となっている。そのような人材を養成すべく、土木、機械、電工、造家、造船、採鉱、冶金、製造舎蜜の八学科を擁する学校を設立し、若者一般、また昼間工場等で働く職工等に門戸を開く。速成を旨とし、授業はすべて日本語とする。[68]——

ここに示された八学科は、まさしく帝国大学工科大学の専門教授科目を網羅している。が、設立趣意書において「鉄道敷設、道路開墾」から話が始められているように、当時大局的観点から他に先んじて必要とされたのが土木技術者であった。また、帝国大学では外国語、特に英語を使用した授業が多かった。補助的技術者への教育が日本語で行われるのは当然のようにも思われるが、近代技術といえばまずその文献自体が外国語で記されており、図面や説明書も英語で書かれていることが多かった時代である。場合によっては、技術者に求められる役割が、英語で書かれた図面を見て、職工たちに日本語で説明することであったりした。その状況下、「日本語による教育」が意味するものは、「速成」と、「特に英語を必要としない程度の役割」だったろう。土木や建築の作業現場は、機械や電気に比べれば、英語力の必要性が低かったとも思われる。また、こうした日本語での教育によって移植技術の日本化が進展する一面も見逃せない。

発起人会の呼び掛けは多くの工学関係者や産業界、財界有志の賛同を得た。工手学校の設立が決まったのは明治二〇（一八八七）年十月。翌二一年初、第一回目の生徒募集を行って入学試験を挙行、八百余名の志願者中二二八名が最初の入学者となった。開校はその年の二月である。(69) 古市公威の勧誘で集まった講師陣はほぼすべて工部大学校、東京大学、もしくは帝国大学工科大学の卒業生で、帝国大学教授との兼務も多かった。工手学校だの職工学校だのという名称は、現代の語感からいうと少々古拙な響きがあるが、当時の近代化尺度においては社会の最先端部分（最高峰でなくとも）に位置したといえるであろう。

教務規則は変遷があるものの、明治二四（一八九一）年の入学者（第八期）までは基本的に創立時の規則が適用されていた。その概要は以下のとおりである。

入学資格は一六歳以上。就学年限は一年半、これを三学期に分け、毎期五ヵ月とする。第一期は予科専修（代数、幾何、三角術、製図、ローマ字、物理初歩、化学初歩）。第二〜三期は本科で、土木学の場合、測量、および道路、鉄道、橋梁、基礎、畳石工、河海工、トンネル、材料選定、各概論であった。概論（大意）と付記されていないのは測量のみで、まずはこの分野で、卒業生は補助というより率先して仕事をすることを期待されたと考えられる。予科、本科とも授業時間は夕刻約四時間。入学時期は二月と九月、卒業時期は七月と二月のそれぞれ年二回。予科も本科も入学試験を施行した。別途、本科の科目履修も認められたが、これにも入学試験があった。受験料はすべて一円。授業料（一ヵ月）は予科生一円、本科生一円五〇銭に加え、それぞれ校費三五銭であった。(70) 本科に限ってみると、授業料は年額にして一五円。授業時間数を考慮すれば、帝国大学の二五円とさして変わらなかった。

創立時の工手学校は、運営面でも工学者たちが活躍したので、その概略を述べておこう。まず、組織を維持するのは基本的に校友である。校友とは創立に貢献した学術関係の士人だが、それ以後の新規加入は校友の投票で推挙される。校友の中から若干名が管理員として運営に当たるが、管理員の互選で校長一名およびその補助的役割を持つ監事四名を置く。[71] 創立時の管理員は一二名で校長に中村貞吉、また、創立時規則には明記されていないが、特選管理長として渡辺洪基が就任した。その他、巖谷立太郎、藤本寿吉、山川義太郎、三好晋六郎、古市公威、志田林三郎、伊藤弥次郎、松本荘一郎、杉村次郎と並んで白石直治も名を連ねている。八年後の明治二九（一八九六）年当時、一三名の管理員の歴歴は、前述の渡辺、山川、三好、古市に加え、真野文二、中野初子、安永義章、辰野金吾、中沢岩太、片山東熊、田辺朔郎、野呂景義、曾禰達蔵と、まさに国内第一線の技術／工学者が揃っていた。創立時のメンバーは大体が学士であったが、八年後は工学博士を授与された者が大勢を占めるようになった。

なお、創立時には、各学科とも二人の教務主理が設置され、土木学科については古市と白石がこれを担った。創立時から明治二九（一八九六）年一月までの八年間に教育指導を担当した土木学科の教員は一八名。本書ですでに名前の挙がった古市公威（海工、河工）、田辺朔郎（道路、隧道）、倉田吉嗣（施工法）、原龍太（材料強弱）、渡辺嘉一（隧道）、丹羽鋤彦（鉄道）の外、小川梅三郎（測量他）、石橋絢彦（道路）など、これまた豪華絢爛であった。白石は鉄道を担当した。これに続く明治二九年二月から三五年一月にかけての六年間に担当教員の数は二三名に増え、しかもその顔ぶれがほぼ一新されている。[72] その後も入替が激しく、また教授科目が重複していることから推測されるのは、兼業を余儀なくされている教授陣の多忙さでもある。土木以外でも、たとえば機械の真野文二、電工学科の志田林三郎、造家学科の片山東熊、採鉱学科の今泉嘉一郎他、後世に名を残す技術者がずらりと並び、よくぞ揃えたという思いがする。そして、ここでは東京大学出身者と工部大学校出身者が同席していることも見逃せない。当時の若手、しかも日本でトップクラスの知識人たちが日常業務の後、夜間学校に詰めて、日本の近代化に必要な人材の教育に携わっている姿は感動を呼ぶ。

工手学校への肩入れをしたのは教授陣に限らなかった。それに劣らず重要な支援者たち（賛助員）の顔ぶれもまた豪華である。渋沢栄一、岩崎弥之助、岩崎久弥、藤田伝三郎、大倉喜八郎、安田善次郎、川崎正蔵、松本重太郎、浅野総一郎、高島嘉右衛門、原六郎他、[73] 近代日本を支えた財界人もまたこぞって支援の手を差し伸べたのが工手学校であった。

なお、卒業生数についていえば、明治三〇年頃までは土木学科が格段に多く、次いで機械、建築の順であったが、その後、電工学科が急速に増加し、他学科を凌駕するようになる。当時、実際にどのような産業が新しい息吹のもとに興りつつあったか、おそらくその勢いを直接反映しているのが工手学校卒業生への需要といえよう。

工手学校開校から三年目の明治二三（一八九〇）年九月、広沢が第六期生として土木学科に入学、二五年二月に卒業した。「働きながら学ぶ」ことのできる工手学校であったが、広沢は入学に際して職を辞し、ひたすら学業に励んだと考えられる。一方、白石は関西鉄道社長就任のため明治二三年十月末に工手学校を辞している。鉄道に憧れを持っていた広沢にしてみれば、せっかく工手学校に入学したものの、わずか二ヵ月後に、その鉄道の大家が目の前から去ったことになる。広沢が白石から実際に指導を受けた可能性は低く、ひょっとすると白石の送別会が工手学校における唯一の出会いの場であったかもしれない。しかし、この出会いが彼の一生を決めることになった。白石の側からすれば、工手学校にせよ、攻玉社にせよ、そこにさまざまな人間関係が築かれていったことが、後年実業界に転じた際、実際的な建設工事を優位に導くのに役立ったはずである。とりわけ、このレベルの技術者として、広沢は白石と強固な関係性を持つことになる。

2　明治前半の土木留学

（1）明治政府の留学政策

白石の四年にわたる海外留学は、その後の経歴に多大な影響力を与えた。当時、海外留学者は希少で、帰国後に一段と手厚い待遇が約束されていたのである。ここで少し時間を遡って、帝国大学設立以前の海外留学状況についい

帰国後主として土木関係の指導的業務に就いた者

主たる留学機関	主たる就職先 / 役職	専門分野	工学博士	土木学会会長
ロンドン大学	工部省鉄道局長，鉄道庁長官	鉄道		
デルフト工学校	工部権大技長，鉄道庁部長	鉄道		
マサチューセッツ工学校	海軍省，京都府，工部省鉄道局	鉄道		
エコール・サントラル	内務省，日本土木技術部長	河川，港湾，鉄道	◎	
レンセリア工学校	東京府，開拓使庁，工部権大技長，鉄道庁長官	鉄道	◎	
レンセリア工学校	工部省鉱山寮，日本鉄道副社長	鉄道		
	工部省鉄道局	鉄道		
エディンバラ工科大学	工部大学校助教授，日本鉄道技師長	鉄道		
レンセリア工学校	北海道庁，鉄道作業局長官，鉄道院副総裁	鉄道，水道	◎	
レンセリア工学校	ペンシルヴァニア鉄道，東京府，逓信省鉄道技監	鉄道，橋梁	◎	
エコール・サントラル	帝国大学工科大学学長，内務省土木技監，鉄道作業局長官	土木行政	◎	初代
グラスゴー大学	工部省鉄道局，日本鉄道技師長，逓信省鉄道技監	鉄道	◎	
エコール・サントラル	内務省土木監督署技監，帝都復興院参与	河川，港湾	◎	2代
エドワード・イーストン工場	内務省土木監督署技監，海軍技監	河川，港湾，電力	◎	4代
グラスゴー大学	工部省，山陽鉄道技師長，筑豊鉄道技師長，阪鶴鉄道社長	鉄道	◎	
燈台局	工部省，神奈川県，海軍省	灯台，港湾	◎	
レンセリア工学校	帝国大学工科大学教授，関西鉄道社長，若松築港社長	鉄道，橋梁	◎	5代
シュトゥットガルト工学校	札幌農学校教授，北海道庁，東京帝国大学工科大学教授	港湾，橋梁	◎	6代
	内務省，東京市，帝国大学工科大学教授	水道	◎	12代
	内務省，帝国大学工科大学教授	河川	◎	
	鉄道技監，九州鉄道社長，鉄道院総裁，鉄道大臣，満鉄総裁	鉄道	◎	7代

学校」は，後年「工科大学」の体裁を整える高等専門教育機関である。
大学，2003年；石附実『近代日本の海外留学史』ミネルヴァ書房，1972年；渡辺實『近代日本海外留学生史』
5巻　工學博士の部，発展社，1930年。

表 1-3　明治前半期工学系公費派遣留学者のうち，

#	氏名	出身 / 族籍	日本での主たる学歴	派遣元	留学時期	派遣国
1	井上　勝	山口県士族	蕃書調所	藩命（長州）	文久 3～明治元　(1863-68)	英
2	飯田俊徳	山口県士族	松下村塾	藩命（長州）→工部省	慶応 3～明治 6　(1867-73)	蘭
3	本間英一郎	福岡県士族	（英学）	藩命（福岡）→海軍省	慶応 3～明治 7　(1867-74)	米
4	山田寅吉	福岡県士族		藩命（福岡）→海軍省	明治元～11　(1868-78)	英，仏
5	松本荘一郎	岐阜県士族	大学南校	文部省	3～9　(1870-76)	米
6	山本（毛利）重輔	山口県士族		外務省	3～8　(1870-75)	米
7	松田周次	香川県士族	（英学）	藩命（高松）→工部省	4～8　(1871-75)	英
8	小川資源	山口県	大学南校	工部省→内務省	6～8　(1873-75)	英
9	平井晴二郎	石川県士族	大学南校・開成学校	文部省	8～13　(1875-80)	米
10	原口　要	長崎県士族	大学南校・開成学校	文部省	8～13　(1875-80)	米
11	古市公威	長崎県士族	大学南校・開成学校	文部省	8～13　(1875-80)	仏
12	増田礼作	大分県士族	開成学校	文部省	9～14　(1876-81)	英
13	沖野忠雄	兵庫県士族	大学南校・開成学校	文部省	9～14　(1876-81)	仏
14	石黒五十二	石川県士族	開成学校・東京大学理学部	文部省	12～16　(1879-83)	英，仏，エジプト
15	南　清	青森県士族	工部大学校	工部省	13～16　(1880-83)	英，米
16	石橋絢彦	静岡県士族	工部大学校	工部省	13～16　(1880-83)	英，仏，米
17	白石直治	高知県士族	東京開成学校・東京大学理学部	文部省	16～20　(1883-87)	欧米各国
18	広井　勇	高知県士族	札幌農学校	私費→開拓使庁	16～22　(1883-89)	米，独
19	中島鋭治	宮城県士族	東京大学理学部	私費→文部省	19～23　(1886-90)	欧米各国
20	清水　済	東京府士族	開成学校・東京大学理学部	内務省	21～23　(1888-90)	欧州各国
21	仙石　貢	高知県士族	開成学校・東京大学理学部	逓信省	21～23　(1888-90)	欧米各国

注）出身地は現代の府県名に統一表記。留学先および留学時期には，非教育機関も含む。留学機関欄の「○○工
出所）主として以下の文献を元に作成。手塚晃／石島利男共編『幕末明治期海外渡航者人物情報事典』金沢工業
上，講談社，1977 年；藤井肇男『土木人物事典』アテネ書房，2004 年；井関九郎編『大日本博士録』第

て考察しておきたい。『幕末明治期海外渡航者人物情報事典』で検索してみると、幕末維新後明治前半期（一八六一〜九〇年）までに海外へ旅立った留学者は公費・私費（公費派遣ではない者）合わせて約千六百名。うち、工学系留学者が三二〇名弱（公費派遣約二百名）、さらに帰国後、土木関係の仕事に就いたのが明らかな者三二名、すなわち、工学系留学者の約一割である。三二名のうち公費派遣者二一名（私費で渡航後、公費に切り替わった者を含む）を表1-3にまとめた。

この小さな技術者集合には大きな偏りがある。まず、予測可能な属性として、全員が男であり、高学歴者であり、表にデータを出していないが比較的若い年齢で海外に渡航している。さらに、①ほぼ全員が士族である（小川、表1-3#8は不明）。②一五名が工学博士になっている。純粋な研究業績というよりは学識名誉称号の意味合いが強かった当時の博士であるが、明治中期までの工学博士といえば、実は全員が海外留学経験者であった[74]。③一四名が鉄道を専門領域としており、この時期、何が必要とされていたのかを推定させる。④一三名が西日本（山口、香川、高知、福岡、長崎、大分）出身である。（ ）内の六県を地図上で確認すればきわめて限られた領域に収まっている。ちなみに、この小集団から離れて当該時期の海外留学者の地域性をみると、数として多いのはまず東京、次いで鹿児島・山口出身者だが、表1-3においては東京がわずか一人、鹿児島はゼロである。特に鹿児島の場合は軍事目的の留学が圧倒的であった。工学系留学といっても、とりわけ明治初期には軍による軍事工学関係の派遣が多かった[75]。これについては、明治前半期に派遣された公費工学系留学者の三分の一は海軍省からの派遣であり、かたや陸軍省からの派遣はわずか数名であったことを指摘するにとどめる[76]。

次に、土木から少し幅を広げて、文部省および工部省（工部大学校）から派遣された工学系留学生の状況を検討してみよう。公費による海外への留学生送り出しは、江戸末期の幕府諸藩以来のことで、政府も明治三（一八七〇）年、早々と「海外留学規則」を公布し、実施に踏み切っている。日本国が近代化を推進する方途として、留学生の派遣はきわめて重要な意味を持っていた。だが、幕末諸藩の送り出しが鋭意優秀な人材を選抜していたのと比較すると、明治初期の「官選留学生」には華族や知的エリート層の子弟が多く[77]、また、留学生の派遣方針自体が確立されていなかったため、修学の成果にこだわらないケースも出て、時に官費（一人一年当たり一千円）の無駄使いになると批判された[78]。明治六年にこの制度は廃止され、代って文部省貸費留学生規則が定められて、東京開成学校の生徒の中から優秀者を選抜して留学させることとなった[79]。貸与された学費は五年間の留学後、二〇年年賦で返還することとした。留学生には海外で修業するべき専門学問分野が指定され、自由な転校も許されなかった。この制度により、明治八、九年に二一名の留学生が欧米に派遣された。

その後、西南戦争の影響で派遣事業は一時中止された。お雇い外国人教師による教育が功を奏し始めた当時、近代化の戦略的セクターで必要とされるエリート養成という意味での海外留学の必要性は一段落してきており、財政難の折、留学制度そのものの存否が問われた[80]。しかし、これまた高コストである外国人教師の代替の必要性が高まり、海外派遣事業は大学教授の養成を目的とした留学制度として明治一二（一八七九）年より再開され、東京大学の卒業生の中から優秀な者を選命することとなった[81]。明治一五年に至り、文部省は留学制度を貸費から官費に再び切り替えた。その前年、留学期間を終えた貸費留学生数名が帰国し、彼らの優秀性、有用性が確認されたのだが、この希少な人材は必ずしも文部省の思惑通りのキャリアを積むことにはならなかった。彼らはすでにエリートとしての将来を約束されており、大学教授の道は多様な選択肢の中の一つでしかなく、特に魅力的、あるいは確立されたものではなかった[82]。貸費から官費への改正の裏には、この傾向への危機感があったと考えられる[83]。

（2）初期留学者の諸相

前述の明治八、九年の東京開成学校貸費派遣生だが、小村寿太郎、鳩山（三浦）和夫をはじめ今日なお名を残す者が多い。帰国後、土木関係の仕事に就いた者は平井晴二郎、原口要、古市公威、増田礼作、沖野忠雄（#9～13）と五名が名を連ねているが、出国時の専攻は古市が諸芸学、沖野が物理学、後の三名は工学だった。

一人を除く全員が士族でほぼ二〇歳前後であった。帰国後はかなりの者が、文部省の思惑通り、明治期アカデミズムのリーダーとなった。経歴をみると、二一名中一七名が教職を含む「官職」に就き、経歴不明者が一名。そして、直接民間企業に就職した者が長谷川芳之助、南部球吾、山口半六と三名おり、とりわけ長谷川と南部は、明治八年当時に全国の主要鉱山を官収していた政府の鉱山行政を反映しての送り出しであったから、文部省側の焦燥感も大きかったと思われる。[84] 三名の就職先はいずれも三菱社であった。[85] 実は、本書の後段では三菱が頻繁に登場し、その企業活動には当然この三名が関わっている。ここで、この希少かつ格好の事例についてもう少し詳しく検討しておきたい。

三菱社に入職した三名のうち、長谷川芳之助と南部球吾はともに大学南校で学び明治八（一八七五）年に米国留学、コロンビア大学で鉱山学を修め、学位を取得した。[86] 長谷川は製鉄技術に関心を持ち、卒業後ヴァージニアで金属学を学び、また諸鉱山を視察した後、留学時の契約に反して独断で渡欧し、ドイツのフライベルク鉱山学校で研鑽を積んだ。[87] 明治一三年八月に帰国し、直後の九月、豊川良平の紹介で三菱社に鉱山係として入職、主として吉岡（岡山）、尾去沢（秋田）の金属鉱山で目覚ましい成果を上げた。南部は卒業後、採炭採掘、製鉄、溶鉱炉の設計等の実地研究に従事し、明治一三年に帰国して翌一四年二月に同じく鉱山係で入職、高島炭鉱（長崎）で辣腕を振るった。[88] 三菱社の月俸は両人ともに百円で、若手の初任給としては破格の待遇であった。

明治一八（一八八五）年、日本郵船が成立して三菱が海運事業から手を引き、従業員の大半を日本郵船に移籍させた年、残された事業といえば、高島炭鉱と吉岡鉱山、他には払下げ以前（経営権を得た直後）の長崎造船所と為替店から衣替えした銀行（第百十九国立銀行）くらいであった。その年の末、三菱社はそれらの事業に残留した職員に特別手当、すなわちボーナスを支給している。[89] その高額支給者をみると、高島炭鉱では瓜生震《ふるう》（高島炭坑長崎事務所支配人：月俸一七五円：明治一四年入社）が四四六円、山脇正勝（高島炭坑事務長兼長崎造船所支配人：月俸二百円：明治八年入社）が四二九円。これに次いで南部（高島炭坑事務：第二坑検査役：月俸一五〇円）が三八七円。吉岡鉱山長の長谷川（月俸一五〇円）は五二六円で、何と職員中の最高額であった。[90] 山脇、瓜生はともに海外経験があり、語学と事務能力に長け、日本での業務経験も長い。しかし、彼らは技術者ではなかった。これらを勘案すると、長谷川、南部という高学歴・留学・技術者組の実質的価値はきわめて高く評価されていたことになる。長谷川は明治二六年に三菱を退社（退社時の月俸二百円）して炭鉱経営、また衆議院議員を務め、南部は三菱の幹部最高位である管事にのぼりつめ（月俸六百円）、一九一六年の退職時には退職金二〇万円および終身年金五千円を贈与された。

残る一人の山口半六も大学南校からの進学で、明治九（一八七六）年に英国留学、グラスゴー大学で物理を学び、後、フランスに渡ってエコール・サントラルで土木、建築を学んだ。一四年に帰国、翌年に本社建築師助役として三菱社に入職、営繕方事務、さらには会計課事務に回ったが、三年未満で依願退職をした。初任給月俸は七五円、退職時月俸は一二五円に昇給していた。退職後は文部省に移って数々の優れた学校建築を残した。[91] 長谷川、南部、山口については、後段第4章、第5章で再登場を願う。なお、俸給の比較事例として、たとえば明治三〇年の帝国大学教授の年俸が八百～千六百円（月俸換算：六七～一三三円）、同助教授の年俸が三百～八百円（月俸換算：二五～六七円）であった。[92] とすれば、三菱が準備した待遇は新卒入職者から熟年退職者にわたって帝国大学教官の二倍は下らないと推定できる。それでも、外国人を雇用するよりは低コストですんだのである。[93]

もっとも、当時のエリート青年たちが金銭的待遇だけで民間企業を選んでいたわけでは、むろんない。たとえば、長谷川は、三菱＝岩崎弥太郎との結託を、鉱業において天下を取るための絶好の機会と捉え、[94] また留学者ではないが明治二五（一八九二）年に帝国大学法科大学英法科を卒業して同じく三菱に入職した青木菊雄は、「三菱は教育学術を重んじ、自ら学校を経営し、新知識を登用すると聞いたので、先輩の勧める官界を断って入社した。大学を出たのに実業会社に入るというので、周囲の者が驚いて止めたほどだ」と語っている。[95]

短命に終わった工部大学校も卒業生の留学を実現させている。開校の翌明治一二（一八七九）年には工学寮入学第一期生の卒業証書授与式が行われ、二三名の卒業生のうち成績が特に優秀な者（第一等）八名に工学士が授与された。残りの一四名が第二等、一名は第三等とされた。工部省においてもまた、工部大学校で教える日本人教員を早急に養成し、外国人教師と交代させることで人件費等を節減する必要があり、その目的を含めて優秀者の官費留学が実施された。先の第一等工学士七名、および第二等の四名（うち三名は第一等卒業者不在の学科から選出）、計一一名がイギリスに留学した。留学生の顔ぶれは南清（土木、表1-3 #15）、三好晋六郎（造船）、志田林三郎（電信）、高峰譲吉（化学）、辰野金吾（造家）、石橋絢彦（灯台、#16）等[96]、錚々たるものであった。

だが、工部大学校の官費留学は財政的事情もあって一回限りに終わった[97]。かたや、文部省の官選留学生数は明治二九（一八九六）年以降人数枠が年々拡大され、三二年からしばらくは定員制限そのものが撤廃された[98]。これにより、留学生数も急増した。したがって、それ以前、すなわち、明治八年以降二八年までに派遣された文部省留学生は、とびきり優秀な限定的集団から厳選された逸材だといえる。白石はこのうちの一人であった。

この間の文部省留学生数は一一八名で、送り出し時点での専攻分野別にみると、最も多いのが工学系の二六名で、工学系重視の傾向はその後さらに顕著になる。その二六名に工部大学校第一回卒業生一一名を加えた三七名を、ある程度まとめた専攻学科別にみると、工学六、諸芸一、鉱山・採鉱・冶金七、機械六、土木二、化学二、電気四、衛生工学一、陶器一、建築二、紡織二、灯台一、地質一、造船一、となる[99]。土木専攻は工部省派遣の南清と文部省派遣の白石の二人だけであった。だが、帰国後土木関連の仕事をした者は前記三七名中一〇名。本節冒頭で触れた工学系留学者の一割というシェアを大きく上回る。工学系諸学問といえども、実質的には土木、すなわちインフラ関連の仕事に貢献すべき時代であった。

（3）白石の海外留学

内田星美によれば、明治中頃までの工学系技術者の留学先は必ずしも大学ではなく、各種の名称を有する専門学校、現場実習または個人教授が大部分を占めていた。伝統ある西欧の大学では永く工学教育を認めておらず、そのなかでフランス、ドイツでは比較的学校が整備されていたが、英米両国では工学教育が緒に就いたばかりであった。(100) とりわけ独立後間もないアメリカでは学校制度がヨーロッパよりも遅れ、しかし逆に既成の技術者を移民として迎え入れることができたから、一九世紀前半まで工学教育機関はほぼ皆無であった。その中で、一八二四年にニューヨーク州トロイで中等の私立校として発足したレンセリア校が一八四九年に高等工業学校に改組、このレンセリア工学校（Rensselaer Polytechnic Institute：現レンセリア工科大学）がアメリカで最初の総合高等技術者養成機関であった。(101) 先に古市公威の紹介で触れたが、さしあたり「工学校」と訳したレンセリア校も「ポリテクニク」、つまり工学系諸芸学校であったことに留意しておこう。次の専門教育機関が一八五二年に開講されたペンシルヴェニア大学の鉱山・科学コースであった。(102) 一八六〇年代以降、ボストン工学校（マサチューセッツ工科大学の前身）が設立され、コロンビア大学に鉱山学科が設置されるなど、工学関係の教育機関が急速に充実していく。(103) ペンシルヴェニア大学では一八七二（明治五）年に鉱山に加えて土木、機械など、総合的な工学コースが開講された。(104) ちなみに、日本からの初期留学者の在籍校には当時の欧米の代表的な工学教育機関が網羅されていたという。

ところで、広大な国土を擁するアメリカでは、経済上の必要から早くも一九世紀前半に輸送機関が飛躍的に発達し始め、その前提としてのインフラ建設も進んだ。工学系教育機関が充実し始めた東北部では、従来水運が経済発展の要であったが、南北戦争で鉄道が北軍の勝利に貢献するとその重要性が強く認識された。(105) 運河にせよ鉄道にせよ、土木工事の規模が大きくなるにしたがって、初期の職人的建設業者は建設関連の企業や団体にとってかわられ、これらの組織は新たな技術や材料の提供とともに土木技術者の教育の場としても機能した。土木技術者は建設会社によって生み出されると同時にその財産にもなった。(106) 日本からの工学系留学生の多くは、学校以外にそうした企業において英米流の見習教育を受けたが、これが当時の上級技術者の典型だった。それはまた、同時代の欧米の上級技術者と同等の教育を受けたことをも意味した。とすれば、実践力と教育力を兼ね備えた「優良なお雇い外国

図 1-1　W. H. Burr（1851-1934）

人」を代替する役割が期待されたのは当然ともいえよう。ただし、明治二〇年代初頭頃までの日本では民間の洋式産業が未だ育っておらず、そうした技術者のほとんどが官業に職を求めた。(107)

さて、東京大学を卒業して東京府に出仕していた白石は、明治一六（一八八三）年二月、文部省より米、独、伊、英方面における土木工学研究目的の留学辞令を受け、翌月、最初の留学先であるアメリカに出立した。まずはニューヨーク州のレンセリア工学校に入学している。すでに土木工学を修学している白石は、正規生ではなく特別学生としてW・H・バー（William Hubert Burr）教授に師事した。(108) 翌明治一七年、バーがフェニックス橋梁会社(109)の技師長助手として招聘され移籍すると、白石もそのまた助手の立場で同社に移った。次いでペンシルヴェニア鉄道会社に移籍、さらにペンシルヴェニア大学でも学んだことになっている。(110) 今日の感覚からは少々特殊なキャリアの積み方であるが、前述したように、当時としては合理的な留学先の選択であった。ちなみに、バーは優れた土木工学者／橋梁技術者で、後年、設計事務所を設立して多くの著名な橋梁の設計施工に関わり、ニューヨーク市の土木コンサルタント、またコロンビア大学の教授も務めた。(111) 明治前期の土木留学生では白石の前に、松本荘一郎（表1-3#5）、平井晴二郎（#9）、原口要（#10）、また直後には広井勇（#18）がバーの薫陶を受けている。(112) 明治日本の土木技術、土木教育に対してバーが果たした役割はきわめて大きい。

白石のレンセリア工学校への留学という選択には、先達に倣った一面と、いま一つ、文部省雇のカナダ人ジョン・ワデル（John Alexander Low Waddell）の存在も影響しているだろう。(113) ワデルは力学・橋梁技術に造詣が深く、明治一五（一八八二）年七月に渡日し、四年間東京大学理学部土木工学科で教鞭をとり、在任中に鉄橋に関する世界標準の教科書を執筆し、帝国大学設立時に退官して帰国した。明治中期まで、イギリス人技術者が多く渡日した影響で、日本の橋梁、とりわけ鉄道橋梁にはイギリス式の橋桁が標準採用されていた。ワデルは横浜で発刊されていた週刊英字新聞“The Japan Weekly Mail”紙上で、経験則に基づくイギリス式のトラス設計を批判してアメリカ式の理論と実験に基づく設計を主張し、これが七ヵ月間にわたる「米英橋梁論争」を引きおこした。ワデルはこの紙上論争で有名になったが、結果からいえば、イギリス式の方法は鉄道の発展とともに強度不足となり、明治後期以降はアメリカ式に変更されていった[114]。

話がそれたが、実はワデルとバーは年齢も近く、ともにレンセリア工学校の出身でごく親しい間柄であった[115]。二人ともレンセリア卒業後、いったん社会経験を積んでから母校に戻って力学を講じているが、その時期も重なっている。両者ともアメリカでは同時代の最も優れた橋梁技術者として知られており、共同で橋梁建設の仕事をした経験もある。教育者としての評価も高い。ワデルの東京大学赴任は白石の卒業後であったが、白石のアメリカ留学についても助言や推薦をしたようである[116]。なお、ワデルもバーと同じく、アメリカで多年にわたり、多くの日本人技術者を受け入れて指導を行った。

このような背景でアメリカ留学の師を得た白石が、特に強い関心を持って学んだのが橋梁学であったのは不思議ではない。そして、さらに強烈な体験が加わっている。白石が留学した明治一六（一八八三）年は、実に人類の橋梁技術史にとって画期的な年であった。ニューヨーク市マンハッタンのイースト・リヴァーに架かるブルックリン橋が竣工したのである。白石の日本出立が三月、ブルックリン橋の開通が五月。ニューヨークの街は盛大な開通式で賑わったというが、残念ながら白石のブルックリン橋との邂逅は、この開通日の後であったらしい[117]。ちなみに、レンセリア工学校のあるトロイは州都オールバニの近郊に位置し、ニューヨーク市からかなり離れている。

ブルックリン橋といえば、竣工当時世界最長（一八三四メートル）、また鋼鉄ワイヤーを用いた世界初の吊橋で、通行路は馬車道、ケーブル・カー、歩道（中央分離帯上層）それぞれ別線を有し、実に一四年の歳月をかけて建設された。近代アメリカを象徴するモニュメントであると同時に百年後の今日なお世界で最も著名な現役橋梁の一つ

図 1-2　ブルックリン橋。（上）全景，（下）袂部

である。[118] 二基の主塔の基礎工事にはニューマティック・ケーソン[119]を採用し、その中央スパン四八六メートルは驚異的な長さであった。施工時の技師長、ワシントン・ローブリングもまたレンセリア工学校の卒業生で、彼自身がこの工事で重度のケーソン病に罹患したことでも知られる。[120] 当時のニューヨークはこの橋の話題でもちきりであり、土木工学を専攻する白石が橋梁に魅せられたのは無理からぬことであった。ちなみに、橋梁学は力学および数学を駆使するため、土木工学の中でも特に難しい領域とされていた。白石はもともと数学に秀でていたため、この分野の研究に自信を持ち、またこのうえない指導者に巡り合ったという幸運も手伝い、帰国後、当時の日本で数少ない橋梁学者／技術者として活躍することになる。[121] 先に示した帝国大学工科大学の土木教育カリキュラムにもその成果が表れている。

一方、フィラデルフィアのペンシルヴェニア鉄道会社とペンシルヴェニア大学への在籍については、明治一八（一八八五）年にいたという以外、詳細は不明である。鉄道会社は橋梁会社と同じく、何らかの実地研修であろう。ペンシルヴェニア大学については、特別聴講学生としても名前が挙がっていないので、非公式の研究生であろうか。[122] ともかくも、アメリカで留学期間を終えた白石は明治一八年十月、文部省よりヨーロッパ各国視察の命を受け、イギリス、フランス、スペイン、イタリア、ドイツを巡行した。その中で彼が研究を続けたのはドイツである。明治一九年四月から十月の半年間、ベルリンのシャルロッテンブルク工学校（現ベルリン工科大学）で土木工学の研究生としてエミル・ヴィンクラー（Emil Winkler）教授に師事した。[123] ドイツも大学に工学部を設置しておらず、シャルロッテンブルク工学校もレンセリア工学校と同じく工学系の高等専門教育機関であった。ヴィンクラーは当時すでに高名な鉄道、橋梁の専門家であったが、彼の経歴は煉瓦積工からドレスデンのポリテクニクで学び、その後ザクセンの河川局で実地に働いたのち、ライプチヒ大学で学位を取得、またドレスデン、プラハ、ウィーンのポリテクニク校で教えた経験もある。構造力学、とりわけ鉄道橋梁の構造に造詣が深く、その権威でもあった。[124] ここにもまた当時の工学系教育のあり方が示されている。

一方で、一九世紀のドイツが高度な在来技術を持ちながらイギリスに対して後進工業国であったことも、実は重要である。たとえば、優れた木工場があっても蒸気機関を備えた鉄工場は存在しない、という状況を、ドイツがいかに乗り越えてインフラ整備や産業化を推し進めたか、その類の経験は当時の日本の技術者たちに大いに参考になったに相違ない。白石も例外ではなかっただろう。

アメリカ留学後のヨーロッパ視察は、文部省が白石の帰国後の役割を想定して下命した可能性が高い。そして、明治二〇（一八八七）年初頭に帰国した白石を帝国大学工科大学教授のポストが待ち受けていた。同年二月に就任、前述のように土木工学科において鉄道、橋梁、構造力学を担当した。給与は四等上級俸、年俸千二百円であった。[125] 同年六月より、農商務省嘱託で東京農林学校教授を兼任し、土木学を講じた。

ところで、文部省海外派遣の主たる目的が帝国大学の教授陣を養成することになった明治一五（一八八二）年の「官費海外留学生規則」によれば、学生は帰国後、留学年数の二倍に当たる期間、文部卿／文部大臣が指定する職を辞せないことになっていた。[126] 実際、明治一三年以降一〇年間に派遣された官費留学生はすべて、帰国後短期間にせよ大学教授のポストに就いた。天野郁夫は、この留学制度が計画的かつきわめて効率的な大学教授の養成・供給ルートとして機能したと指摘している。[127] また、明治も後半期に入ると、アカデミック・キャリア自体が明治初期と比較してはるかに安定し、その社会的地位も確立された。しかしなお官職を棄て民間企業に走る者が現れて、文部当局に不安を抱かせた。[128] その代表格が、実は白石だったのである。これについては第3章で述べる。

留学帰国者たちにとって、官職、とりわけ大学教授職が魅力に欠けた一因として、年功的な給与体系があったと考えられる。[129] 近代科学技術に関わる分野の学問知識は、留学生の学習地であった欧米において長足の進歩を遂げつつあった。かたや、明治中期まで、近代的学術研究に関わる分野において、日本人大学教授の大部分は文部省派遣の海外留学経験者であった。彼らがおしなべて優秀であったとすれば、後発組であればあるほど最新の知識を得て帰国する。市場価値としては高いはずの〝新鋭〟教授の俸給が教授集団の中で最も低いという給与体系は、欧米で研鑽を積んだ留学経験者には納得しがたい部分もあったことだろう。

だが、そのことよりも、欧米で実地業務を含めて留学経験を積んだ若者たちが、教師という職業に満足し得たかどうか、その方が疑問である。同じ「官」に属してはいても、教師の社会的地位は官吏ほど高くなかった。それは大学教授と高級官僚の関係にも当てはまる。何より、留学で得た知識を教室で教えるのと、自ら実践しつつ指導するのと、どちらを選ぶか――むろんその双方を経験することも可能であったが――とりわけ土木という、国土を開拓する学問領域で育った若者にとっては、後者の魅力が大きかったに相違ない。

その一方で、たとえば白石に限ってみても、前述した工科大学の卒業生たち、また、工手学校でも相当数の学生を教えたことは、その後の仕事に必ずや実質的な効果をもたらしている。それは学生たちにとっても同様で、いわゆる「学窓の人間関係」が就職にせよ、仕事上の便宜にせよ、優位に働く機会は多い。その意味で、教師を経験してから実業界に入ったことは、土木建設事業を設計・監督する立場の白石にとって実に有利に働いたと考えられる。ここで本章の白石を総括すれば、東京開成学校→東京大学という学歴および成績、最も優秀な者たちが選抜されたとみられる期間の官選留学、主体的・指導者的能力の要請される土木という専攻分野、加えて高知県士族という出自に関わる人的ネットワーク――こうした客観的要素の集合からは、まさしく土木官僚としての輝ける将来が推測される。海外の高等教育機関卒業の肩書こそなかったが、あえていうならば、たとえば第二の古市公威になりうる条件が、経歴的には整っていたと考えてもよいだろう。

なお、本節では土木という枠組みとは別に、主として官選留学について述べたが、当時の留学者数としては公費、私費が拮抗していた。また、企業からの派遣留学もあった。とりわけ裕福な家庭に恵まれ、将来国際的な事業を率いていくことを期待された若者たちの留学が目を引く。たとえば、本書後段で触れる三菱＝岩崎家も、明治五～六年、初代総帥弥太郎の意向を受けた二代目総帥となるべき弟、弥之助（一八五一～一九〇八）のアメリカ留学をはじめとして、多くの子弟を海外に送り出している。

その後段への布石として述べておくと、三菱第三代総帥となる岩崎久弥（一八六五～一九五五）は、父弥太郎逝去の翌年にあたる明治一九（一八八六）年五月、叔父弥之助の意向を受け、満二〇歳で渡米、翌二〇年ペンシルヴェニア大学のカレッジに入学、二年間工学部に在籍した後、経営学部（The Wharton School）に進学した。[130] 工学と経営学を学んだことは、後の事業展開に少なからぬ影響を及ぼしたと思われる。久弥は周囲の目を欺くようなつましい学生生活を送って明治二四年に卒業し、[131] 帰国して二年後の二六年、満二八歳で三菱合資会社の社長となった。かたや、前述のように白石がペンシルヴェニア大学にいたとされるのが明治一八年である。白石の伝記には、長男多士良《たしろう》の伝聞談として、白石が同郷の後輩留学者である久弥の世話をした云々のエピソードが記されている。[132] この話には時期的な齟齬があり、少なくとも白石は久弥の渡米前に同国を発っているので直接会う機会はなかった。ただ、周辺の事情を勘案すれば、フィラデルフィア滞在中の白石が久弥の留学準備に一役買った、いやむしろそれが主目的でペンシルヴェニア大学を訪問したとみて相違あるまい。時期的にはこの辺りで、白石は久弥と単なる「同郷人」以上の関わりを持ったと考えられる。

3　補論：高等中学校

土木教育の主流からは外れるが、せっかく高橋元吉郎が第四《だいし》高等中学校で教鞭をとっているので、その様子を垣間見てみよう。

明治一九（一八八六）年の中学校令は、全国を五区に分け、それぞれに一校ずつ二年制の高等中学校を設置するとした。第一（東京）、第二（仙台）、第三（京都）、第四（金沢）、第五（熊本）がこれであり、明治二七年の高等学校令（第一次）で高等学校（いわゆる旧制高等学校）に改組され、その後、第六（岡山）、第七（鹿児島）、第八

（名古屋）高等学校が設立された。これら八校はナンバースクールと呼ばれ、旧制高等学校のなかでも一段高いランクのエリート校とみなされた[133]。高等中学校は基本的に本科と専門科に分かれ、本科は帝国大学予科の位置づけで外国語教育が重視され、専門科は地域社会のエリート養成の性格を持った。ただし、創設時に本科生を有していたのは、第一と第四のみであった[134]。

先の中学校令における第四区は、新潟、石川、福井、富山の四県域とされた。第四高等中学校は明治二〇（一八八七）年、金沢に開校した。これには地元の猛烈な誘致運動があり、その中心が岩村高俊石川県知事であったという[135]。岩村は土佐出身で、白石とも関係の深い人物である[136]。石川県の高等教育行政は、旧藩校の流れのうえに維新後の幾多の試みが重なり紆余曲折を経ていたが、明治九年に設立された中学師範学校が改組される形で明治一四年に法・文・理・予備科をもって石川県専門学校が設立され[137]、さらにそれを改組する形で第四高等中学校の本部が形成された。第四の本部は本科（二年）および予科（三年）で構成され、本科には法、文、工、理、農の五科が設置された。また、本部（本科）に対し、専門科に相当する医学部が、金沢医学校を母体として設置され、医科と薬学科を擁した。年間授業料は本科、医科が二〇円、予科と薬学科が一五円であった。学年暦は九月に始まる一年間を三学期に分け、卒業時期は七月であった[138]。

明治二六年度の『第四高等中学校一覧』によれば、本科は一部と二部に分かれ、第一学年において、一部に法・文、二部に工・理・農それぞれの専修希望者と、後の理系、文系の振り分けがなされ、第二学年は五科それぞれ別のカリキュラムが組まれた。工学系のカリキュラムを見ると、第一学年の二部では外国語（第一、第二）、数学、地質及鉱物、動植物学、物理、化学、天文、図画、測量、体操。第二学年の工科は外国語（第一、第二）、数学、物理、化学、図画、力学、測量となっていた。つまり、工学に直接関わるのは、数学、物理、力学という基礎一般、そして実地専門科目は図画と測量のみであった[139]。

本部教官は教授一〇名（うち、学士八名）、助教授八名。おりしもこの年、結婚して溝越から高橋姓に変わった元吉郎は、ただ一人の工学士教授として図画と測量を担当した。この年の工科志望生は第一学年一〇名、第二学年一二名、計二二名であった[140]。それまでの工科卒業生数が明治二二〜二四年（二〇〜二二年度入学者）に各一名、二五年（二三年度入学者）二名、二六年（二四年度入学者）三名であったから[141]、二五年度の入学者から急増した（予科修了生も増加した）ことが読み取れる。抜群の高学歴者である高橋への学校側からの期待も大きかったと思われるのだが、彼は任官後一年足らず、明治二六年度末（二七年九月）に依願退官し、新たに立ち上げられた城河《じょうが》鉄道の技師に就任した。官立教育機関の教授から民間鉄道会社への移籍は、師である白石の行動を範としたようで注目される。

第2章　近代移行期の土木事業
——建設業界の構造と変遷

鉄塔建設工事の開始（明治末）

明治期の土木技術者たちは、一人でいろいろな仕事をこなしている。鉄道、港湾、河川改修……。今日ならば明らかに建築分野に属する仕事もある。この種の多様性は、まず上級の専門技術者と称される人々にあてはまり、彼らがより専門的な観点からいって、いわゆるジェネラリストであったこと、また当時の技術の未分化や人材の希少性を示して余りある。土木建設事業の基礎が地形・地質の調査や測量にあることを考えれば、それぞれの地域を担当する土木官僚や中・下級の技術員が地域内のさまざまな土木事業を行うのは当然とされていたろう。むしろ、現場の特殊技能領域にこそ専門性が求められ、その技能を持つ集団が全国の工事現場を渡り歩いていただろう。もっとも、現場員を総体としてみれば、当初はどのような領域の仕事でもやっていた、あるいはやらざるを得なかったものが、時代とともに仕事のあり方が整理され、たとえば小規模な建設請負の場合などはそれぞれの得意分野を持つようになる。機械工業における熟練工が時代を追って多能工から徐々に専門工に分化していくのに似ている。

白石直治も、高橋元吉郎も、広沢範敏も、生涯を通してさまざまな土木建設事業に携わった。本章では、白石たちの関係した具体的な事業を検討する前段階として、明治期の土木建設事業と工事を担った人々について概観しておく。

1　土木事業と建設工事

（1）明治政府と土木事業

序章で述べたように、明治期、特に初期から中期にかけての社会資本形成＝インフラ建設は、まずもって政府の仕事であった。これに関わる公共土木事業といえば、災害（復興）対策と輸送に絡むインフラ建設の比重が大きい。図2-1および図2-2に明治期の社会資本関連公共投資額および構成比の推移を示した。図のデータは新設改良費と災害復旧費の合計額だが、道路と治水については災害復旧費の割合が大きく、年々の投資額のうち平均して治水で三五・七パーセント、道路で一五・七パーセントがこれに充てられている。[1] ただし、道路についてはこの割合が安定しており、特に明治三三（一九〇〇）年まではほぼ一定で、計画的投資であることが読み取れる。一方、治水はその言葉から防災目的と連想されやすいが、

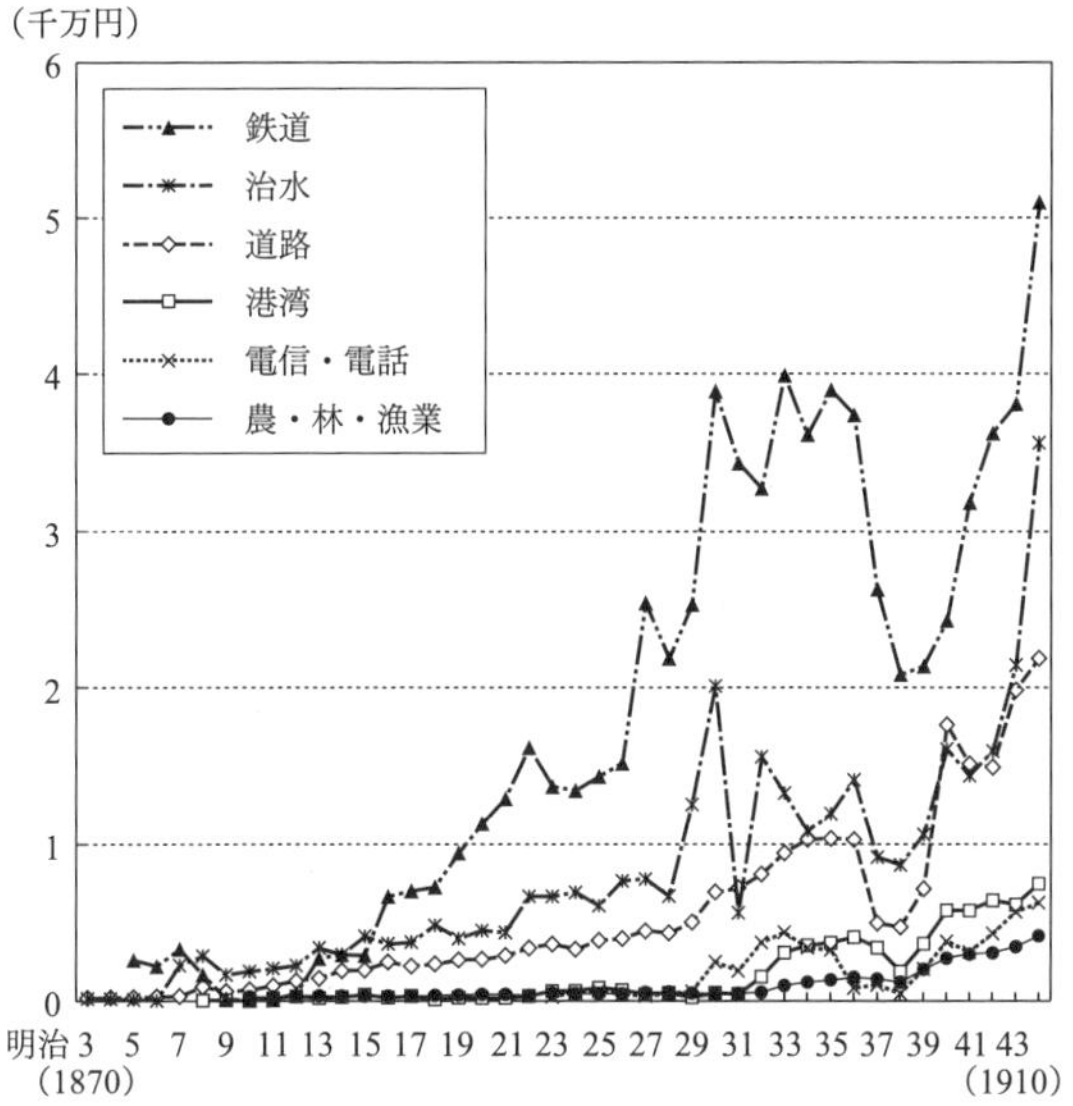

図 2-1　政府社会資本関連名目投資実績（新設改良費＋災害復旧費）の推移

出所）経済企画庁総合計画局編『日本の社会資本――フローからストックへ』ぎょうせい，1986年，pp. 209-219より作成。

ただし，道路，港湾，鉄道（官鉄），治水については，「政府固定資本形成および政府資本ストックの推計」（経済審議会社会資本分科会，1964年5月）；電信・電話については，電電公社における建設勘定支出；農・林・漁業については，生産基盤設備と共同利用施設を対象として新規に取りまとめたものである。

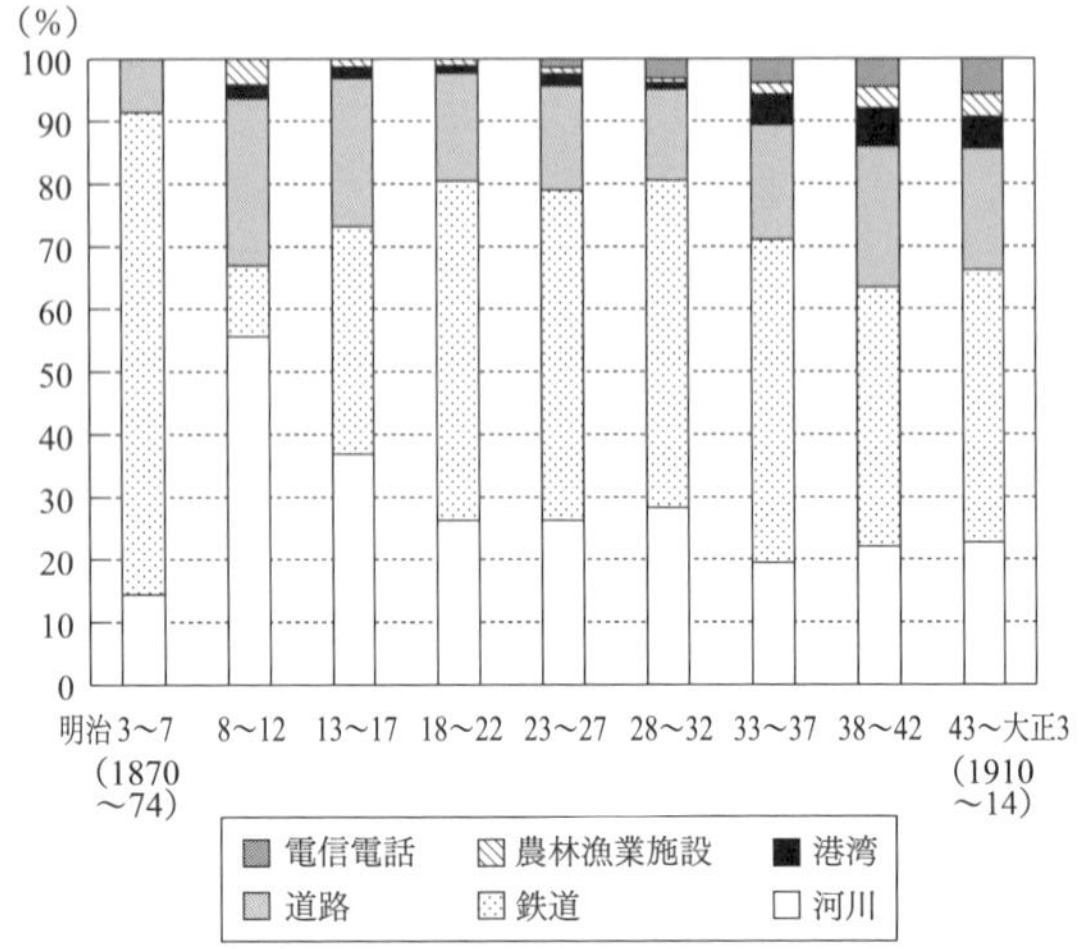

図 2-2　政府社会資本関連名目投資構成比の推移

注）各項，5 年度の平均。ただし，第 1 項の鉄道は明治 5～7 の 3 年度平均。第 2 項の農林漁業施設は明治 10～12 の 3 年度平均。
出所）沢本守幸『公共投資 100 年の歩み——日本の経済発展とともに』大成出版社，1981 年，p. 80 より作成。

初期には舟運や灌漑目的の、いわゆる低水工事が中心で、明治二九年の河川法施行により、重点が災害対策、いわゆる高水工事へと移行した。(2) その後、合計投資額も、図には記載していない災害復旧費割合も、変動幅が大きくなっていく。実際、大水害のあった二九年、四〇年、四三年などは巨額の復旧費を計上しており、水害の後の本格的改修工事が新設改良費となって翌年以降の投資額の伸びに反映していると考えられる。なお、鉄道と電信・電話について、この内訳は示されていない。

明治初期についてはデータの欠落部分もあるが、これらのグラフから少なくとも大まかな傾向が確認できよう。すなわち、政府の関心は当初、道路と治水（河川）に示され、とりわけ治水への投資額が多い。明治一〇年代後半になると鉄道に比重が移る。鉄道投資は年度によりばらつきがあるものの、一六（一八八三）年以降明治年間を通じて圧倒的な位置を占めている。なお、明治三九～四〇年にかけて鉄道国有化という大事業があったが、この買収額は三八年以前の投資額に振り分けられている。(3) 電信・電話、港湾、農・林・漁業については、明治三〇年頃まできわめて低位に推移している。また、三七～三九年はおしなべて社会資本への投資が激減しているが、これは日露戦争の影響である。

さて、明治維新の後、社会発展や経済活動の足枷となってきた徳川期の陋習や諸規制が撤廃された。なかでも、人やモノの自由な移動が可能になり、架橋、渡船、船舶建造等への制限が廃止されたことは、輸送関係のインフラ建設に多大な影響を及ぼした。かといって、移動や運搬の手段が一夜にして変わるわけではない。在来の技術として、モノを比較的大量に、安価に、遠方まで運ぶ手段はさしあたり小型の船——和船しかなかった。逆に、河川系インフラについては、舟運や治水のための改修整備、灌漑用水路の建設等、長年の経験から相当の技術、技能が積み上げられていた。もとより、水資源と輸送路を供給する河川水系は、歴史的に地域形成の要になってきた。[4] 軍事および殖産興業における運輸の重要性を強く認識していた明治政府も、当初は沿岸（海上）・内陸輸送とも水運に重きを置く国土開発を構想した。特に内務省は、河川改修や運河開削を進めて全国規模で水運を活用する政策を立てた。近代的水系インフラのモデルとして、運河と河川と河口港、そして海運が連動するシステムの形成に成功したオランダが目され、同国からエッシェル（George Arnold Escher）、ファン・ドールン（Cornelis Johannes van Doorn）、デ・レイケ（Johannis de Rijke）、ムルデル（Anthonie Thomas Lubertus Rouwenhorst Mulder）などの技術者が招請された。オランダ人技師たちは明治期の日本が直面した治水・水系開発のほぼすべてに部分的にせよ関わりを持ち、浚渫、護岸、築堤、砂防ダムや山林保護に至るまで、新たな技術体系をもたらした。[5]

海運については、開港場間の汽船定期航路網を軸とする沿岸航路網が明治一〇年代末までに形成された。[6] しかし、それまでの舟運中心の交通運輸体系からして、港は河口付近に設けられることが多く、土砂が堆積しやすくて水深が浅い。海外貿易を極端に制限し、大型船舶の建造を禁止した徳川期、海港は未整備で喫水の浅い船しか接岸できなかった。貿易・海運の発展のためには海陸連携の開発が不可欠であり、汽船が接岸しうる水深と岸壁を備えた港が求められ、機能的な倉庫群や荷役・陸送への連絡設備も入用となる。これらの諸条件をそろえた港はなかった。明治政府はオランダ人技術者の手を借りて、明治一〇年代に野蒜《のびる》（宮城）、三国（または坂井、福井）、三角《みすみ》（熊本）で近代的築港を目指したが、野蒜は完全な失敗で放棄され、三国も巨額の散財をしつつ期待された近代港とはならず、[7] 三角（西港）は完成したものの、地の利が悪く有効には使われなかった。水系の開発は地形、地質、気候等自然条件に左右されるため、オランダの経験は日本の風土の前に所期の成果を発揮し得なかったのである。結局、政府の本格的近代港湾事業は、明治二二（一八八九）年に始まる横浜港改修が最初で、頼りにされた外国人は横浜水道の設計監督を務めたイギリス人のパーマー（Henry Spencer Palmer）であった。開国後、最も早く開かれた港の一つである横浜でさえ、この改修に至るまで幕末の貧弱な施設のまま放置され、外航船は湾内に仮泊して荷役は艀で行っていた。[8]

一方の陸運については、圧倒的に身近なのが道路である。道路行政もまた内務省の所管であったが、主として財源不足により幾多の整備構想が生まれては消え、具体的な事業は地方財政に委ねられた。[9] そもそも明治以前の日本において、確かに道は張りめぐらされていたけれども、その多くは自然の地形をなぞって昇降し、曲がりくねって凹凸が多く、幅が狭くて一雨降ればぬかるみと化した。街道は人馬の通行に資するのみ、すなわち陸送は畜担か人担の範囲で車両通行が禁止されていた。[10] 市街での荷車の使用は一部認められていたが、道路や橋梁、時に家屋を破壊し、交通障害を引き起こすこともあって、さまざまな規制が課されていた。[11] もとより、土木インフラと交通・運輸手段とは裏腹の関係にある。車両輸送のためには、なるべく直線的かつ平坦で強固な路面と、たとえばサスペンションやタイヤといった車両技術の発展との相互作用が必要だが、近代化以前の日本ではそのいずれもが欠けていた。産業振興に対する道路の大切さは政府にもよく理解されていたはずだが、まずは人力であれ畜力であれ、荷車の通行できる道の開削が課題というレベルであった。舗装道路の欠如は交通・運輸手段としての自動車の普及を遅らせ、そのことがまた舗装道路への要求を抑制する一因ともなった。たとえば、今日では交通インフラ稠密地域である大阪―神戸間だが、明治初年に車両が通れる道路は皆無で、そこを往来する外国人はもっぱら小蒸気（小型汽船）を利用していた。[12]

かたや、百工を勧奨する工部省は鉄道に活路を見出した。鉄道という近代技術に関しては全面的に海外から技術導入せざるを得ず、当時の鉄道先進国、イギリスから技術者が招かれた。鉄道導入への障害は、平野部の少ない地理的条件、技術的乖離、そして何といっても桁違いの資金を要することであったが、早くも明治二〇年代初頭に民間で鉄道建設ブームが沸き起こったほど、日本は鉄道建設に邁進した。内陸輸送体系についていえば、鉄道網が張りめぐらされるにつれて輸送コストが下がり輸送時間も短縮されるという状況がつくられ、河川・運河による舟運は徐々に衰退に向かっていった。この時代の内陸産業輸送インフラの主役は舟運から鉄道へと移行し、道路は延々と脇役にとどまり続けた。一方、明治三〇年代から全国的に港湾整備が進み、近代を象徴する鉄道と汽船が港湾を結節点として海陸連携の交通・輸送網を形成していく。

（2）建設業（請負）の発展

いずれにしても、実際の工事現場で仕事を行うのは建設業者（建設請負人）であり、その配下の労働者であった。工事はどのように行われたのか、その基本となるシステムについて簡単に整理しておきたい。

土木や建築における「請負」、後の「建設業」とは、ある建設工事の一部または全部を一つのまとまった仕事として受注するものである。受注者はその仕事を完成させる義務があり、その仕事に対して報酬を受ける。この場合、工事の方法については受注者側にある程度自由な裁量の余地があり、発注者側（施主）が監督／監理するのは、品質や工期に関することになる。これに対して、「直営」は施主自身による統合方式である。施主が職人や労働者と個別に契約してそれぞれに仕事の内容を指示し、給与を支払う。たとえば、大工や左官が親方となって徒弟を抱え、あるいは傘下の職人を連れて仕事をする場合であれば、給与はまとめて親方に支払われるだろう。これを直営と呼ぶか請負と呼ぶかは、ひとまとまりの仕事の内容ややり方に対して、誰が裁量を持つかで変わってくる。さまざまな中間形態が想定される。

江戸時代の中頃まで、「土木建設業」もしくは「土木請負業」に相当する生業はほとんど存在していなかった。なぜならば、土木建設関連の工事、すなわち「仕事」が日常的・恒常的にあるものではなかった。特定の土木作業が頻繁に必要になるような地域でその専門技能集団が生まれる場合ですら、個々の技能者たちの生業は別にあった。加えて、工事の大部分は単純労働の人海戦術によって行われていた。つまり、典型的な土木工事である河川改修や橋の架け替えなどは、地域共同体における勤労奉仕か、権力者による労働徴発（村請／夫役）、より合理的な形態としては直営で行われた。小規模な工事では時折、労働のみの請負（手間請負）が生じた。石工や鳶などの専門技能職が必要になる場合には、施主直営で工種別に雇用した[13]。また、土工では江戸中期から明治にかけて活躍した知多（愛知）の黒鍬がよく知られている。江戸時代には他藩の依頼に応じ、熟練の鍬頭が十〜数十名の鍬子を率いて、その名のとおり黒く大きな鍬を携え、日本各地の土木工事に従事した。専業傾向が強いとはいえ、基本的には土木建設業者ではなく土工専門の出稼ぎ農民集団とでもいうべきだろう[14]。江戸時代も後期になり、経済が発展して工事機会が増えてくると、ようやく橋大工などが専業化し、建設、改修、保守等の工事を一括して請負うような形態が出現したという[15]。

これに対して建築の場合は、数多くの専門技能者を集めて構造物を完成させるため、それらを統合する職能が必要となる。したがって、早くから大工の棟梁や鳶頭などがこうした役目を引き受けていた。が、いずれにしても、土木と建築の境界は曖昧で、施主にとってのプロジェクトは土・建一体で考えられ、直営が基本であった。また、労務提供の口入れ（人入れ）稼業は、専業か否かは別として成立していた。

幕末維新後、欧米からさまざまな物資、技術、文化が流入して、それまでにない新しいインフラ、またインフラの整備を伴う建造物がお目見えする。道路、水道、運河、港湾など、従来利用されてきた施設の近代版もあれば、鉄道や灯台など、全く新奇なものも含まれていた。概して、こうした近代的建造物の設計施工は、その指導監督、資材の多くを外国に依存しつつ、資金と労働力は国内でまかなわれた。技術的に新奇な工事の請負は部分的な労務提供（手間請負／切投）に限られた。

時代が変わり、建設するものが変わったおかげで、それまでとは別の、いわゆる建設請負業者が生まれてきた。

最良の事例が幕末における横浜開港場の建設であろう。人家もまばらな半農半漁の小村を、短時日のうちに外国人が生活できる街に整備しなければならなくなった幕府は、これを独力で完遂できないとわかると、むしろ自らが発注者となって事業を進めた。その際、人手を集めるために、開港場での自由な出稼ぎや商売、また移住を認める措置をとった。この状況下、建設需要を支える人々が各地から横浜に流れ込んだ。急を要した事業であったから、大工の棟梁が資金も準備して職人・資材を手配し、工事を請負うことも行われた。たとえば清水喜助（二代目）は、これを機に幕府のいわば指名請負業者として認可された。維新後は幕府に替わって神奈川県が、清水、また鹿島岩吉や高島嘉右衛門などを指名請負業者に認定している。一方、建築物については、外国人居留地では外国商館、日本人居留地では国内商館が発注者になった。[16] 開港場には、外国人の建設業者や職人も在留し、日本人の大工や職人に技術や工法を伝授した。[17] 日本の建設職人たちは、このいわば突発的な工事を通じて新しい技術や知識を吸収し、監督助手を務め、より活動範囲を広げて多くの建設工事を請負うようになっていった。

明治期を通じ、政府は一五〇名に及ぶ土木・建築関係の外国人を雇って建設工事の設計、監督、また資材の手配等に当たらせた。初期に建築師と呼ばれたのは土木／建設技術者であって、今日でいう建築家は造家師と呼ばれた。故国での仕事が何であろうと、渡日した外国人たちは広範囲の仕事に携わらざるを得なかったし、彼らが帰国した後、その代替を務めるようになった日本人は、利用可能な物産の調査、資材の製造や施工法の指導、技能者教育、施工組織の編成など、プロジェクト全体にわたる組織者、指導者でなければならず、純粋な工学者、あるいは設計者ではいられなかった。[18] 一方、労働力の手配については国内の請負業者が担った。関東では労務提供の請負が早くから行われた。関西では神戸近辺に流入貧民が多く、募集すればいくらでも集まる状況だったため、労務提供も直営が多かったという。[19]

建設工事の進め方をみると、人海戦術的な要素の大きい官業土木工事は、やはり原則施主直営であった。資材は当局が支給し、労働力は土工、鳶、石工などの工種別に、いわゆる「親方衆」が提供した。[20] また、民業であっても規模の大きな事業の場合、施主は設計・監理をする土木／建築技術者と契約し、さらに建設請負業者のそれぞれと別個に契約を交わすのが一般的であった。請負の方法は単なる労務提供から工事の一部または全体までさまざまであった。時代が進むにつれて施主の直営から請負へ、つまり、施主とあらゆる専門技能者との個別契約から、次第に複数の、さらには全体のコーディネートを含めて請負う業者との一括契約へと移行する傾向がみられた。この変化は一方的でもなければ急速でもなかった。今日なお直営の工事もあれば、さまざまな中間形態の工事もある。

明治初期、いわゆる「近代的」な建設工事の請負に乗り出した事業家たちは、必ずしも建設業を専業としていたわけではない。従来の棟梁が建設請負と銘打って創業したり、口入れ稼業や火消し鳶の親分が独立開業するケースが多かったが[21]、たとえば、資材提供する材木商が仲介して人足や職人を集めることもあれば、棟梁が完成した建築物の経営にのりだすケースもあった。逆にいえば、建設業務とはそのようなもの、つまり、明瞭に独立して考えられるのではなく、他のさまざまな仕事との関わりの中で存在すると捉えられていた。そして、有力な大工や職人の棟梁的なリーダーシップと手間請負が結びつき、工事機会の増加と大規模化に乗じて、施工面での建設請負が次第に成長をみせ始める。有力な請負業者は技術者を招聘して力をつけ、大工事の一部一括請負や小規模な工事の設計施工を行うようになる。そこから現場実力者である技術者が独立して別の請負を起業し、そうして請負業者の数が増えていく。これが一つの流れであった[22]。一方、成長できなかった者は手間の下請か個別の職人にとどまる。明治後半期を通じてその分化が進んだとみられる。

〈鉄道請負〉

明治前半期の鉄道工事は、日本の建設行為に一大画期をもたらした。近代的（未経験）かつ長期にわたる大規模工事を、事業主が事業と一体化して捉えたことは序章で述べたとおりである。当時、こうした大規模な土木工事といえば、内務省直轄直営の河川改修／築港や道路工事を除くと、ほぼ鉄道、およびこれに付随するトンネルや橋梁に限られていたため、[23]施工の請負にとっても、これが一大画期となった。明治初年から三〇年までを例にとると、請負施工の記録が残されている大規模土木工事は三四件しかなく、うち二七件、つまり八割近くが鉄道工事であった。[24]

『日本土木建設業史』によれば、土木請負業がまず近代的な鉄道建設において成長し始めたことは、歴史的に重要な意味を持つ。すなわち、河川改修などではそれまでに培われた技術があったため、近代的な工事に際しても請負業者にそれなりの技量が求められ、彼らもまた誇りを持ってその技量を提供する立場にあった。しかし、鉄道建設の請負は専門技術の上に立つものではなかった。外国から直輸入された新技術にいきなり直面した請負業者の仕事はまずもって労務提供であり、その労務管理能力が重視された。したがって、親分・子分の関係で結ばれた封建時代の侠客社会の組織と倫理がそのまま請負業者の世界に移入され、温存された一面があるという。[25]

鉄道に限らず、明治期土木建設における現場労働の過酷さは、しばしばとりあげられる問題である。とりわけ刑務所の服役者や僻地の現場における工夫の扱いにその過酷さが際立つようだ。[26]現場労働の問題には後述の章でも幾度か触れる。[27]だが、建前上の賃金だけをとりあげるなら、鉄道建設工事の労賃は同時代の工場の現業員よりも数段高かったとみられる。表2-1は明治一〇年代に行われた鉄道工事の建設作業賃金事例を示す。工事によって難易度その他条件がさまざまなので、賃金の幅もそれなりに大きい。それぞれの職種の小頭は、むしろより高額の賃金で待遇される。この賃金傾向は二〇年代もほぼ横ば

表2-1　明治前半期の鉄道建設作業賃金

(A) 明治10年代の事例

職種	日給（銭）
坑夫	60〜63
煉瓦工	40〜60
石工	50〜80
大工	40〜50
人夫	20〜40

注）「人夫」に草引きなど補助作業に従事する者は含まない。

「日給」は10時間換算。

出所）社団法人土木工業協会／社団法人電力建設業協会編『日本土木建設業史』技報堂，1971年，pp. 52-53.

(B) 柳ヶ瀬隧道建設時（明治13〜17年）の直営賃金

職種	日給（銭）
坑夫小頭	100
坑夫	63
煉瓦工小頭	75
煉瓦工	43
石工小頭	75
石工	55
鍛冶工	50
大工	50
人夫	30

注）「日給」は10時間換算。

出所）社団法人鉄道建設業協会編刊『日本鉄道請負業史』明治篇，1967年，pp. 36-37.

いで、三〇年代後半頃から上昇する傾向にある。[28] 一方、尾高煌之助が示した明治二七（一八九四）年のいくつかの工場（製糸、綿織物、時計、製鉄）における各種男子現業員（職工）の日給は一一〜三二銭の間に収まっている。[29]

ところで、鉄道建設作業においては、未知の外来技術がいきなり持ち込まれたとしても、工事の作業工程はそれなりに類型化されていた。そのため、請負とは名ばかりで業者としての形態も備えず、小部分の手間請負から出発したような者でさえ、経験を積むうちに特定部分の一括請負が可能になることもあり得た。[30] そして今日、大手／中堅の建設会社として名を挙げている、いわゆるゼネコン各社は鉄道建設とともに成長したケースが多く、日本の近代的インフラが産声を上げた明治中期に相当数が出揃っていたのである。

たとえば、鹿島岩蔵は天保一一（一八四〇）年に江戸で創業した岩吉の後を継ぎ、明治一三（一八八〇）年に鹿島組を設立して鉄道建設請負に進出した。後の鹿島建設である。清水建設の前身である清水組は富山の大工清水喜助が文化元（一八〇四）年に江戸で創業、明治二〇年から各地の鉄道の駅舎（停車場）を建設した。大林芳五郎も明治二五年に大阪で土木建築請負業、大林組を創業して工場建設や築港に関わり、四四年には停車場や電気軌道建設に進出した。間猛馬は明治二二年に門司で間組を創業、九州の鉄道建設請負で事業を拡大、後年は特にトンネルとダム建設で頭角を現した。福井の石工、飛島文次郎は明治一六年に飛島組を創業、福井城郭取壊しを請負った後、河川など土木事業に携わり、明治末頃から鉄道事業に進出した。今日の飛島建設である。北陸では河川改修工事が常態化しており、もとは富山藩直営であった堤防工事を幕末頃に請負っていたのが佐藤助九郎で、佐藤組と称して故郷の村人を率いていた。治水工事から鉄道に進出し、後にトンネル工事で著名になった佐藤工業の前身である。例外は、現存の建設会社として最も歴史が古い竹中工務店である。慶長一五（一六一〇）年に名古屋で創業し、主として社寺造営に携わってきた竹中だが、維新後は土木ではなく近代建築分野に進出した。[31] 残る大成だが、その前身である日本土木会社については以下に一項を設ける。

〈日本土木会社〉

明治二〇（一八八七）年から二五年まで、わずか六年間ではあったが、建設請負として際立った存在を示したのが有限責任日本土木会社である。当時一般的であった労務提供の請負ではなく、測量・設計・施工全体を一括して請負う、いわばスーパー・ゼネコン、すなわち巨大総合建設業者であった。『大成建設社史』の記述を中心に[32]、その設立事情を概観してみよう。

大倉喜八郎率いる大倉組商会（明治六年設立）は貿易業を嚆矢として建設請負、製材、電気、ガス等、次々に新事業に参入した。その間、事業を通じて渋沢栄一や藤田伝三郎など多くの財界人と交わり、その中から当時としては異例の巨大建設会社が誕生することになった。おりしも第一次企業勃興期である。経済の急速な拡大につれて土木、建築両面で建設工事需要が急伸したが、前述のように、個々の業者は小規模で、請負える工事内容も限られ、とりわけ土木に関わる施主直営の大規模工事では、部分的な労務提供に甘んじていた。一方で、海外留学者等、世界レベルの技術を身につけた上級技術者が現れて設計や監督に携わるようになると、工事請負制度の不備を放置しておけないのが時代の流れでもあった。より直接的な要因は海軍の要請である。海軍は発足以来軍備増強に努め、造艦計画を軌道に乗せるとともに各地軍港の整備を進めていた。明治一九（一八八六）年に始まった佐世保軍港の設営には、大倉組商会と藤田組が共同で工事に従事していた。引き続き、横須賀、呉の軍港拡充計画を進める海軍は、両社が合体して単一の建設会社を設立するように勧めた。その背景には両社の官業受注争いもあったという[33]。一方で、明治一八年に廃止された工部省より官庁建設を引き継いだ臨時建築局（内閣直属）は、日比谷を中心にした大規模な官庁街建設計画を立て、その主要工事を、設計を含めて任せられるような、財界有力者と建設請負業経験者の共同出資による有力建設会社の出現を期待した。こうして、大倉、藤田の連携による東京、大阪二大都市を結ぶ大企業が出現した。

日本土木会社の資本金は二百万円。明治二〇年代初頭にこれを上回る巨大資本を擁していたのは、いくつかの鉄道会社と運輸会社くらいである。[34] 日本土木では設立発起人が資本金全額を引き受け、新会社の主要役員も務めた。社長兼東京支社長は大倉喜八郎、取締役に藤田伝三郎と渋沢栄一他の財界有力者が就任した。営業種目として土木建築一切の請負工事を掲げ、企業者が希望する場合には建造物を抵当にして資金を融通することまで狙っていた。人件費を主体とする企業としては資本金が巨額だが、それはこの営業活動の裏づけにするためであった。

いま一つ、日本土木会社の特徴は、ここに多くの優秀な土木・建築技術者を集積させたことである。より層の厚かったのは土木部門で、全体の技術部長として山田寅吉（もと内務省土木局二等技師、表1-3 #4）を据えた。山田は明治初年、福岡藩の官費派遣でイギリスからフランスに渡り、エコール・サントラルで学位を得た。古市公威や沖野忠雄の先輩格である。帰国後、内務省技師となり、安積疏水他、東北地方の水系事業に多く関わった。内務省でもトップクラスの技師と目されていたが、突如官界を去り、日本土木の創立時に参加した。その理由は、後輩の内務省技師古市との軋轢ではないかとの推測もある。[35] それにしても華やかな土木部門の面々——杉山輯一、大島仙蔵、野辺地久記、笠井愛次郎、太田六郎、渡辺嘉一、鳥越金之助、久米民之助、小川東吾などは皆工部大学校の卒業生で、卒業後鉄道局、内務省土木局、その他官庁に出仕していた。[36] 前章で示したように、工部大学校卒業生は原則として官営に就くことになっていた。少なくとも表面的には当時最高レベルのエリート職場から民間請負業への大挙移籍という事態には、その裏に何か問題があったと考えざるを得ない。

問題はとりわけ鉄道局で顕在化していた。同局が海外留学経験者および東京大学理学部の卒業生を優遇したために、工部大学校出身者は中・下級技術者の役割しか与えられず、[37] 彼らの高いプライドが傷つけられることになった。鉄道建設の実務に関して、この学歴の違いが実力差を表すとは、実際考えにくい。この待遇差に不満を持って、彼らは日本土木へ移籍したという。[38] もっとも、日本土木は技術者の引き抜きに際して、しばしば鉄道局や鉄道庁の二倍を超す給与を提示した。[39] 民間企業が優秀な技術者を引き入れるには、そのレベルの待遇が必要だった。

明治二〇～二一年の段階で、日本土木会社の土木部は二〇名の技師を擁し、一六名が工部大学校、三名が帝国大学工科大学、[40]一名が東京大学理学部、それぞれ土木専攻の卒業生であった。[41]日本土木は移籍組の人脈を通じて、さらに官業に従事していた卒業生を吸収し、鉄道業に関しては主に民営鉄道との関係を強化した。

いわゆる松方デフレから回復した好景気の時期に設立された日本土木は、巨大建設会社として当時の著名工事の大半を手がけることとなった。単独受注ではなかったが、土木工事では東京湾澪筋の浚渫埋立、琵琶湖疏水閘門およびトンネル、大倉・藤田の共同受注を引継いだ佐世保軍港、東海道線新設をはじめとする各地の鉄道工事などである。

こうして短期間に多大な業績を上げ、まさに国土開発に携わった日本土木だが、明治二五（一八九二）年末に早くも解散の運びとなった。最大の理由が明治二二年に公布された会計法である。それまで特命もしくは指名入札によって行われていた政府関係の工事は、この法律によりすべて競争入札によることが明示された。日本土木の設立自体が、実は官庁および陸海軍関係の工事をほぼ特命で、しかも内示を受けて受注するという黙約を前提とし、かわりに技術と信用を確約するものであったから、[42]会計法はこの企業の存立基盤そのものを崩壊させてしまった。[43]理由の第二は、明治一〇年代末以降の日本経済の好況が反転して初の恐慌が襲ったことである。この状況下、会社の将来を見限って解散としたわけだが、解散時にはむろん多くの工事が続行中であった。結局、大倉喜八郎が残工事と清算事務すべてを継承、翌明治二六年、大倉個人経営になる大倉土木組を設立、翌二七年、これを女婿の大倉（野口）粂馬に一任する一方、自らは合名会社大倉組を設立して、大倉関係事業全体の統括を行うこととした。この大倉土木組がその後幾多の改組を経て今日の大成建設となった。ちなみに、大倉粂馬が帝国大学で白石の教え子であったことは前章表1-2で示した。

なお、日本土木解散後、職員の中には独立して建設請負あるいは関連事業を始めた者も多かった。先の山田寅吉や次項で触れる太田六郎、他に久米民之助、笠井愛次郎などがいる。[44]また、日本土木の影響は一時的に業界全体に及んだ。その成功を見て、次々と後続の請負法人が設立されたのである。帝国工業会社（明治二〇年設立）、明治工業会社（同二一年）、大日本建築会社（同前）などである。これらの会社の隆盛も一時のことで、みな日本土木と同様に会計法の打撃を受けて解散した[45]。

〈技術顧問と学士の開業〉

日本土木会社に代表される、官界との密着を前提とした試みが挫折する一方、上級技術者が自ら建設請負業界で開業するケースが出てくる。その背景として、新しいインフラや建築物が日本各地に拡大し、それに併行して土木と建築、また設計と施工の境界が次第に明瞭になり、建築、土木それぞれに設計・監理の専門家が成立してくる状況が挙げられよう。近代的な諸制度が未整備であった時期にこうした専門家を必要とした民間事業者の側からすれば、まず思いつく方法が彼らに技術顧問（consulting engineer/architect）を委嘱することであった。ここには「お雇い外国人」の招聘に倣う一面と、上級技術者の絶対数の不足により、他――主として官業――に本職を持つ専門技術者に嘱託で依頼せざるを得ない状況とがあった。彼らへの報酬は外国人ほどでなくとも高額であったから、仕事に応じて嘱託雇用する方が経営面で合理的な場合も多かった。かたや、技術者の側も、建設業務がプロジェクトごとに独立している限り、一つの職場にとどまることなく複数の職場を掛け持ちで渡り歩く、すなわち、異動／移籍や兼業が常態化していた。

一九世紀後半の欧米先進国ではすでに土木／建築設計（監理）事務所が独立し、いわゆるコンサルティング・エンジニアが一般化していた[46]。日本では、土木より景観的デザイン性の強い建築分野において、明治一九（一八八六）年に辰野金吾が建築設計事務所を開設したのがその嚆矢とされる。土木分野では、前述の太田六郎が工学士として初めて「請負」に乗り出した。太田は明治一三年に工部大学校土木学科を卒業。在学中に実地見習いで逢坂山隧道の掘削に従事。卒業後は島根県土木課から一七年に鉄道局三等技手として移籍した。翌年、日本鉄道に出向して上野―高崎間工事を担当し、一九年には鉄道局に戻って信越線工事に転じた。当時、鉄道局に不満を抱く工学士が少なからずいたことに言及したが、太田もその一人であったらしい。おりしも大倉組が呉・佐世保の軍港設営を藤田組と共同受注した際に土木工学士を傭聘したのに応じて移籍した。翌二〇年、関西鉄道に出向したが一年足らずで退職（これについては次章で述べる）。この間に太田の派遣元である大倉組は日本土木となっていた。太田はこも退社して二二年、実弟中野欽九郎と東京、芝で自ら土木請負を開業した。[47] 太田は相当な大工事の請負を成功させたが、太田に続く試みではかばかしい実績を上げたものは数少ないという。[48]

〈鉄道工務所〉

少し遅れて、上級土木技術者がより鮮明に組織的なカラーを打ち出したのが南清（表1-3 #15）と村上享一による鉄道工務所である。白石と同世代の南が工部大学校の第一期卒業生でイギリスへの留学を果たしたことは前章で触れた。帰国後工部省御用係となり、明治二三（一八九〇）年、山陽鉄道に招聘されて技師長兼技術課長を務めた。明治二五年、筑豊興業鉄道から技師長を委嘱された際、山陽鉄道にいた村上享一を筑豊興業鉄道の建築課長として推挙し、同道した（第4章で再述）。一方の村上は明治二一年帝国大学工科大学卒で白石の教え子でもある（表1-2）。卒業と同時に山陽鉄道に入社し、ここで南の指導を受けた。明治二九年、南は筑豊鉄道技師長兼運輸課長となっていた村上を誘い、大阪で鉄道工務所を設立した。その業務内容は鉄道および土木に関する測量、設計、工事監督、外国品注文、運輸上の商議等、[49] つまりビジネス・インフラの建設請負であった。

こうした組織の意義について、南＝村上の見解が示されている。すなわち、鉄道建設を例にとれば、従来、線路の選定、測量、設計、工事監督に至るまですべて事業者が施行しているが、それはきわめて不効率である。なぜなら測量および工事中に多数の雇員を要するが、完工後はそのほとんどを解雇せざるを得ない。したがって、被雇用者の立場も常に腰掛状態で、それが事業者に対する忠誠心にも響く。また、事業者は開通後にも時折土木関連の設計を要するが、そのたびに相応の技術者を招聘し高給を支払わねばならない。すでに欧米ではこの種の業務を分業的に引き受けるコンサルティング・エンジニアが独立しており、線路の測定から設計、工事監督に至るまですべて事業者の委託に応じ得る設備を有し、高い評価と地位を得ている。日本においては、設計から完工まで一括して委託する事例はほとんどないが、国家経済の見地からもこの業務の発達が望まれる。[50]――

ここで、序章に述べたインフラ・ビジネスとビジネス・インフラの関係を思い起こしていただければ、まさしく南の構想したような組織が一般化すれば、日本の、特に民間のインフラ・ビジネスの形は随分違っていたことになる。だが、その当時においてこの鉄道工務所のような試みは例外にすぎない。また、こうした組織が一般化するだけの人材も育っていなかった。ようやく育ち始めた専門的人材のほとんどは官業に従事していた。そして、官であれ民であれ、その仕事を完遂するための資材を供給ずる産業も未発達であった。

なお、鉄道工務所が立ち上げられた時期が日清戦争直後であったことには注意を要する。軍事的、また国策的な意味でも土木事業の拡大が見込まれ、建設システムの強化と合理化が求められ始めてきたと捉えることができよう。日露戦争をはさんでその傾向は急速に強まり、国内のみならず海外への土木事業進出が業界を牽引していく。

〈鉄道工業合資会社〉

こうした背景のもとで生まれたのが、菅原恒覧《つねみ》（一八五九～一九四〇）が明治四〇（一九〇七）年に創業した鉄道工業合資会社であった。本書のコンテクストからいえば、その創業に至るまでの菅原の経歴が実に興味深い。

菅原は工部大学校土木学科に学んだが、おりしも帝国大学への編入時にあたり、工科大学土木工学科の第一回卒業生となった。卒業と同時に鉄道局に入職、初任給は月俸三〇円、仙石貢の下で日本鉄道や甲武鉄道の工事にあたった。しかし、海外留学の夢断ちがたく、また薩長閥への反発もあって、[51]明治二一（一八八八）年、古市公威の斡旋で佐賀の建設請負、振業社に移った。その当時、振業社は佐世保軍港の請負仕事で損失を出し、九州鉄道の建設工事に将来を賭けようとしていた矢先であったから、月俸一二〇円という破格の待遇で菅原を迎えた。菅原は九州鉄道の仕事が一段落した明治二四年、振業社から多額の退職金を受け取って甲武鉄道に転じ、翌年建築課長に就任した。仕事の合間をみて明治三一年、念願の海外視察に出た。翌年に帰国復職すると、甲武鉄道建築課長のまま菅原工業事務所という土木測量設計事務所を開設した。これには甲武鉄道の経営にあたっていた雨宮敬次郎の助力が大きかったという。雨宮は関東圏で鉄道経営の成功者として知られ、鉄道以外のインフラ・ビジネスも含めて各方面からの相談に乗っていた。その雨宮が技術関係の問題については菅原に回すようになり、おかげで菅原工業事務所は多忙になった。依頼される仕事は当初測量設計に限られていたが、明治三五年、博多湾鉄道会社より測量設計から工事監督までの一括依頼があった。その裏には同社重役の原口要の強力な推挙があったというが、このような包括的委託は業界では空前のことであった。これにより建設請負への道が開け、おりしも指名入札にかかった善《う》知《と》鳥《う》隧道の落札を狙い、鉄道作業局長の松本荘一郎を訪ねたところ、「立派な工学士で官歴もあり、どこの鉄道会社へ往っても相当の地位を得られる技術者が、……請負業者などになる必要があるか……甚だ悲しむべきことであるから再考猛省したが良い」と大反対されたという。菅原はこのような情勢のなか、あえて請負業に進出し、明治四〇年には鉄道工業合資会社を設立、多大な成果と実績を残した[52]。同社設立の目的は、分立する土木建設業者を合同して資本を強力にし、機械設備を充実させて大規模諸工事に対処することにあった。個々の土木建設事業そのものにとどまらず、業界全体への菅原の貢献も大きかった。後年、鉄道請負業協会、日本土木建築請負業者連合会、土木工業協会等の会長や理事長などの役職に就き、実質的に業界のリーダーとして活動の先鋒に立った[53]。

　菅原は長命に恵まれたこともあり、後半生では業界に多大な影響力を持った。その意味では稀有な存在だったかもしれない。日本の社会全体でみれば、時代が下るにつれて、建築分野の総合請負や土木施工部分の一括請負が次第に一般化していく。だが、再三述べてきたように、土木技術関係の設計を専門業務とする組織の普及発展はとりわけ遅れたといってよい[54]。それでもなお、明治の末頃には建設請負の開業に興味を示す上級技術者がちらほらと現れてきた。それは従来の手間請負とは全く別の、高度な専門性を伴うインフラ建設業の独立でもあった。

2 鉄道事業の興隆

(1) 企業勃興と鉄道ブーム

これまでの議論から推察されるように、近代化日本の土木技術や土木建設事業にとって、その最大の刺激となったのが鉄道であった。いや、物質文明の側面からいえば、明治日本の「近代化」を最も端的にイメージさせるのがほかならぬ鉄道――より具体的には、最初の官設鉄道、新橋―横浜間を走る蒸気機関車の〝汽笛一声〟かもしれない。本節では鉄道の視座からこの時代のインフラ整備の流れを、後段への布石を兼ねて再考しておきたい。

鉄道技術は車両関連の機械技術と軌道関連の土木技術に大きく分けられる。蒸気機関車はまさに近代技術の象徴であろうが、軌道建設もまた土木の近代技術を象徴するのである。前節でも述べたが、近代化以前の社会において、交通路は基本的に山を上り谷を下り自然の地形に沿って拓かれていた。しかし、汽車を走らせるには、できるだけ平らで直線的な鉄路を敷設する必要がある。そもそもレールは摩擦抵抗を小さくするために敷かれるのだが、その目的を達するためには、レールが敷かれる土地そのものが平坦、堅硬かつ直線的でなければならない[55]。盛土、切土、トンネル、高架橋――これらは在来の土木技術と明らかに一線を画すものであった。車両通行の道路が欠如していた日本では、欧米よりもその土木技術落差が大きかった。

日本において、蒸気機関車自体は幕末にペリーやプチャーチンが模型を持参して走らせ、あるいは佐賀藩でも製作され、さらにトマス・グラバーが長崎でデモンストレーションを行ってもいる。だが、これらは「鉄道建設」事業ではなかった。本書の関心がある土木工事を伴う鉄道建設事業は明治以降のものである。ただし、鉄道建設に対する明治政府の反応は早く、明治二(一八六九)年末には、幹線として東西両京の連絡、支線として東京―横浜、琵琶湖辺―敦賀、京都―神戸、という建設計画を廟議決定した。この技術に関するお雇い外国人の貢献はきわめて

表2-2　鉄道行政機構の変遷

設置年月（西暦年）	省庁名	部局名	首長役名	備考：重要事項（明治年/月）
明治 3 年 3 月（1870）	民部・大蔵省	鉄道掛		鉄道建設の廟議決定（2/11）
7 月	民部省	鉄道掛		
10 月	工部省	鉄道掛		
明治 4 年 9 月（1871）	工部省	鉄道寮	鉄道頭	新橋–横浜間開業（5/10）
明治 10 年 1 月（1877）	工部省	鉄道局	鉄道局長	工技生養成所設立（10/5）
明治 18 年 12 月（1885）	内閣直属	鉄道局	鉄道局長官	私設鉄道条例公布（20/5）
明治 23 年 9 月（1890）	内務省	鉄道庁	鉄道庁長官	東海道線全通（22/7）
明治 25 年 7 月（1892）	逓信省	鉄道庁	鉄道庁長官	鉄道敷設法公布（25/6）
明治 26 年 11 月（1893）	逓信省	鉄道局	鉄道局長	
明治 30 年 8 月（1897）	逓信省（逓信省外局・現業部門が独立し，鉄道局と並立）	鉄道作業局	鉄道作業局長官	鉄道国有法公布（39/3）
明治 40 年 4 月（1907）	帝国鉄道庁（前・鉄道作業局）		総裁	
明治 41 年 12 月（1908）	鉄道院（逓信省鉄道局と帝国鉄道庁の統合）		総裁	
大正 9 年 5 月（1920）	鉄道省		鉄道大臣	

大きく、多くの外国人を雇った工部省においても、鉄道関係の雇用者数は群を抜いていた。

こうして近代化初期の鉄道は、欧米の技術と外国人、それに明治政府の事業の観を呈したが、日本の産業として鉄道事業が花開いたのは、むしろ民間においてであった。新技術の花形ともいえるこの事業に多くの日本人が飛びついたところに、明治という時代の躍動感とエネルギーがうかがわれる。もっとも、明治三九（一九〇六）年に公布された鉄道国有法により、主要な私鉄は国が買収してその管轄下に置かれることになった。ここに至る経緯に関しては実に多くの研究がある。本書はその詳細に立ち入らないが、その大まかな流れのみ、ここで確認しておこう。

明治期、民間企業設立に対する法整備は、まず金融部門から始まった。明治五（一八七二）年公布の国立銀行条例は、最初の銀行法規であるとともに株式会社という組織の土台も示していた。だが、金融以外の一般会社設立については、明治二六年の商法一部施行に至るまで確たる法規が存在しなかった。[56] 個人では手の届かない大事業を起こすために会社を設立したいという要望は法整備を待たずに数多くあり、その設立願に対して中央政府、場合によっては各府県が種々の手続を経て調査の上許可を与えた。なかには事後の届出のみでよいケースも設けられた。[57] こと鉄道に関していえば、明治政府は当初から早期建設の必要性を認めつつ、事業そのものの公共性や技術上の問題を理由に官設官営にこだわっていた。しかし、西南戦争（明治一〇年）の戦費その他により財政難となったため、おりしも建設が請願されていた日本鉄道会社ほか数社の私設を特認したが、その後、松方財政の緊縮期には幹線官設主義を貫き、その結果鉄道建設が停滞する事態となった。この時期を乗り越えて日本経済は最初の企業勃興期（明治一八～二二年）に突入する。物価が安定し、金融緩和政策が実施されるに伴って証券市場も活発化し、明治一九年中頃から業績の良い企業の株価が急騰し始めると、投機目的を含めて会社設立熱が沸き起こった。とりわけ西日本における鉄道建設への要望は強力だった。[58] 地方における鉄道会社設立運動は地方官および地方政治家を主要な発起主体とし、地域ぐるみで行われるケースが多かったが、西日本では特に地域自立的な傾向を示した。[59]

この状況下、政府の方針も次第に軟化して明治一九（一八八六）年には幹線私設を容認した。とはいえ、さすがに一般会社とは事情が異なり法規制が必要とされ、翌二〇年五月に私設鉄道条例[60]が公布された。私設鉄道会社は、まず五名以上の発起人による創立願書および敷設費用や営業上の収支概算等を記載した起業目論見書を政府に提出、これらの査閲を経て仮免許を受けた後、線路図面、工事方法書、工費予算書および定款を本社設立予定の地方庁経由で政府に提出し、審査の上ようやく本免許が下付された後に設立手続きに入ることとされた。つまり、客観的な法規格が示されているのではなく、免許下付制であった。会社の設立が認可されるためには、測量、工事計画、運輸計画、用地買収の下準備などが必要であり、建設中および開業後のあらゆる時点で監査の可能性があるとされた。また、官設鉄道と同様の規則が適用され、会計処理も含めて国家の統制がきわめて強いものであった。しかし、すでに設立開業していた日本鉄道や阪堺鉄道の営業成績が良好なこともあって申請件数が急増した。第一次鉄道熱ともいわれるこの景気は明治二三年の恐慌でいったん萎む。しかし、後に五大私鉄と呼ばれる日本鉄道（設立認可、明治一四年十一月）、山陽鉄道（二一年一月）、関西鉄道（二一年三月）、九州鉄道（二一年六月）、そして北海道炭礦鉄道（二二年十一月）の各企業はすでに免許を得て設立され、建設も進んでいた。

かたや、明治二四（一八九一）年、当時鉄道庁長官の井上勝は、東海道線の開業、金融恐慌による私鉄各会社の経営不振といった状況の下、かねての主張通り、鉄道の公共性を重視し、既設の私鉄買収を含む全国的かつ体系的な官営の鉄道網建設構想を立案した[61]。これが鉄道公債法案、私設鉄道買収法案という形で議会に提出されたが未成立に終わり、その後修正が重ねられて、井上の意図とは少し別の形で鉄道敷設法が成立した[62]（明治二五年公布）。同法においては、政府が必要な鉄道予定線を指定し、それらを完成するために順次調査、敷設を進めるとしており、その予定路線を示すとともに、すでに民間企業が敷設を願い出ているもの、および国が未着手のものについては議会の賛同を経て私設を許可するという内容であった。なお、明治二三年九月から二五年七月までの間、鉄道行政は内務省所管（鉄道庁）となっており、鉄道敷設法はこの期間内に成立した。これをもって政府の国土開発計画としての内陸輸送は、内務省所管のもとで舟運から鉄道へと舵を切った[63]。

ちなみに、この時期には鉄道国有化についての議論が噴出し、白石直治も一石を投じている。明治二四（一八九一）年に著した「鉄道国有論」がそれであるが、おりしも白石は、その前年に民間企業である関西鉄道会社の社長に就任していた。白石はこの議論の中で、鉄道経営者ではなく需要者（消費者）の立場において鉄道の国有化に賛同することを強調している。すなわち、経済学的見地から、鉄道は莫大な固定資本を要するため独占事業となりやすくその弊害を生じやすいこと、一方で、たとえば別会社の二本の併行路線が存在したとして、競争による社会的利益が生ずるのは一時的で、それが過激になれば両社共倒れになるのを防ぐために結局合併せざるを得ないこと、また、小企業が分立して小規模な鉄道を経営することは、全体からみれば、経営面、運用面、技術面ともきわめて非効率であることを論理的に示した。一方、他の多くの国有化論が、消費者からみた私鉄経営の弊害をさしおいて、目先の私鉄救済策の様相を呈していることを批判した。鉄道の国有化は、いわば国家百年の計として、未来の天下公衆のために現段階から講じておくべきであるとの主張であった。[64]

白石の論理は経済学的に筋が通っているが、明治二三（一八九〇）年恐慌の影響に加え、水害による築堤崩壊で営業停止に追い込まれるなど、関西鉄道の経営状況がきわめて厳しい時期の提言であったことは注意を要する。それでなくとも、関西鉄道の経営は居並ぶ私鉄各社の中で最も弱体であった。白石が関西鉄道社長辞任後も社会資本的性格を持つ民間事業に関わり続けたことを考えれば、この国有化論にはチャレンジングな技術者としての白石ならぬ、良識ある私鉄経営者としての彼の苦悩が凝縮されているとみることもできよう。加えて、議論の中で後年の官鉄との熾烈な競争を予見していたのは皮肉でもある。

さて、鉄道敷設法が施行された後、景況の回復も相俟って第二次鉄道熱が起こり、第一次ブームより小規模な路線の建設が各地で請願され、認可されていった。営業キロ数でいうと、明治二一（一八八八）年度までは官設が私設を上回っていた。しかしその後、官設は東海道線（東京―神戸間開通は明治二二年七月）を建設したものの資金難から伸び悩み、二二年度末には官・私のシェアが逆転した。そして、明治三〇〜三一年度には私設が官設のほぼ三・五倍になるという急成長を示した。[65]

一方、鉄道当局は、官民を問わず最低限の規格を定めるための予備調査を実施し、明治三三（一九〇〇）年三月、鉄道営業法、私設鉄道法が公布された。ただし、急速な技術進歩に対応するため、同法による直接の規制ではなく、「鉄道の建設、車両器具の構造及び運転は命令を以て定むる規定に依るべし」（鉄道営業法第一条）と、政府が改廃できる規定によって規制を行うとした。同年八月、前記二法とともに鉄道建設規程、鉄道運転規則等、関連諸規定が施行され、官民を通じて統一した建設基準が示されることになった。[66]

なお、現実に多くの鉄道が私設されるなかで、幹線官設官営、もしくは国有化論は根強く、引き続き民営論との間で幾多の論争を巻き起こした。軍事上、また国際的な問題も加わり、明治三二（一八九九）年頃から大きな政治課題となった。紆余曲折を経て明治三九（一九〇六）年、主要路線の国有化が議会で決定された。この時期までに開業した私鉄、すなわち民間鉄道会社は五〇社を超えていた。このうち、主要な私鉄一七社が明治三九～四〇年にかけて政府により買収された。

以上が、明治期の幹線私鉄誕生から国有化までの経緯の概観である。

〈五大私鉄〉

小風秀雅は、明治二三（一八九〇）年までに開業した主要鉄道を政府関与の面から三つに分類し、①官鉄、②半官半民型（日本鉄道、北海道炭礦鉄道、日本鉄道の支線的存在である関東の諸鉄道）、③自立建設・地元中心型の西日本の私鉄（山陽鉄道、九州鉄道、関西鉄道）としている。(67)これを五大私鉄（日本、九州、山陽、関西、北海道炭礦）について具体的にみると、まず、明治一四（一八八一）年に設立された日本鉄道会社は、政府の保護を条件として華族や三菱関係者、第十五国立銀行等が出資した最初の民間鉄道会社であった。後の東北本線、常磐線、高崎線などにあたる路線であり、東京―前橋間が明治一七年に開通、二四年には青森まで延伸した。総額二千万円という資本金の中核は華族の金禄公債の投資であり、かれらはこの投資によって大きな配当利益を得た。私設といっても当初前橋まで、後に結局青森までの工事を政府に委託することが認められ、経営者、技術者は政府からの派遣であり、莫大な投資資金を除いて実務的には官設、つまり、政府が華族資金を利用して建設した鉄道といってよかった。官側にとっては建設資金が不足するなか、技術者と民間への影響力温存という思惑があり、日本鉄道側からすれば自前で外国から技術導入するのは著しく困難かつ高価であったから、双方にとって好都合な方法であった。日本鉄道の単位当たり建設費は初期の官設鉄道よりもはるかに安価であったという。(68)建設工事のみならず、線路保全監督、列車運行等すべて鉄道局が担当し、加えて、開業まで年八分の利子補給、開業後は区間により一〇～一五年間にわたり年八分の利益補塡が認められていた。[69] 年八分がどこから割り出されたかは未確認だが、本書後段の諸事業において、これが配当利回りの一つの目安となっていることがうかがわれて興味深い。ともあれ、日本鉄道は創業の早さからも、距離の長さからも、投資額の大きさからも、政府の手厚い庇護という意味からも、特別な存在であった。

残る四社の工事規模を免許下付時の公称資本金額でみると、山陽鉄道一千三百万円、九州鉄道一千百万円、関西鉄道三百万円、北海道炭礦鉄道六五〇万円で、とりあえず関西鉄道の少額さが目立つ。このうち、北海道炭礦鉄道はそもそも官設幌内鉄道の払下げを受けて設立され、政府から年五分の利子補給も受けていた。九州鉄道と山陽鉄道については、度重なる折衝の末、建設費の補塡として建設路線距離に応じた特別補助金が下りた。また、両毛（資本金一五〇万円）、甲武（同九〇万円）、水戸（同一二〇万円）といった、小規模ではあるが関東地区で日本鉄道の支線的役割を持つ私鉄にも政府の支援が及んだが、関西鉄道だけは政府補助の対象外であった。[70] つまりは、政府側から見た幹線としての位置づけ、また産業運輸上の重要性がそれほど高くなかったということになろう。なお、鉄道用地は政府が買収して私鉄会社に払い下げることになっていたが、明治二二（一八八九）年の土地収用法以降、各社は直接用地買収を行わねばならなくなった。すなわち、関西鉄道は五大私鉄の一角に陣取りつつ――いや、五大私鉄に数えられるのは社業が発展した後年のことではあろうが――「官」から最も遠いところに在る民間企業であった。小風は山陽、九州、関西の三社が五大私鉄に数えられる代表的な鉄道資本でありながら、当時の開業私鉄のなかで営業成績が最も低水準であったこと、その原因として、自力建設が基本であり建設計画に経営を圧迫しかねない種々の条件が付されていたことを指摘しているが、その最たる事例が関西鉄道だった。企業勃興期に開業した主要一二私鉄の中で、明治一七年に至る年々の対払込資本金利益率も最低であった。[71] 次章でも触れるが、とりあえずこのことを頭の隅に置いておきたい。

（2）鉄道建設と土木技術者

およそ地域の諸産業の興廃は、資材、労働力やさまざまな商品を運び込み、運び出す運送能力にかかっているといっても過言ではない。鉄道事業は民間投資を煽り、また交通・運輸網を形成することによってあらゆる産業に影響を与えるという意味で、まさに時代の牽引車の役割を果たした。ただし、明治前半期の段階ではまずもって建設に重点が置かれており、これが土木技術者、技能者の大いに活躍する場となった。また、近代日本を物質的に造りあげていった建設業者が急成長した場も、やはり鉄道建設だった。次は、鉄道建設とそれに携わった技術者たちとの関わりにも視野を広げてみよう。

まず、官設鉄道についてみると、新橋—横浜間の鉄道敷設は、ほぼイギリス人の技術者集団に依存する形で明治五（一八七二）年に開通した。併行して建設が進められた関西地区でもイギリス人技術者の力を借りて、阪神間鉄道が明治七年、京阪間鉄道が一〇年に開通した。揺籃期の鉄道は「お雇い外国人」技術者に頼りきった官営事業であった。財政難の問題から、外国人に替わる日本人技術者の養成が急がれていたことは度々述べたが、なかでも人件コスト高の鉄道事業においては、これが喫緊の課題であった[72]。これに対処したのが、当時鉄道事業を所管していた工部省鉄道寮トップ（鉄道頭）の井上勝（表1-3 #1）である。

図2-3　井上勝（1843-1910）

井上は後年「日本の鉄道の父」と呼ばれるように、明治期の鉄道行政、官設鉄道建設を推し進めた最大の功労者である。一貫して鉄道の官設官営論者として知られ、鉄道行政の第一線から退いた後は汽車製造合資会社を設立し（明治二九年）、鉄道建設から機関車製造の自立へと近代化の歩みを進めた。井上はもと長州藩士で、野村弥吉と称していた文久三（一八六三）年、伊藤博文、井上馨（聞多）、山尾庸三らとイギリスに密航した、いわゆる長州五人組の一人である。伊藤と井上馨が長州と欧米列強との武力衝突（馬関戦争）の危機に際して帰国した後もイギリスに残ってロンドンのユニヴァーシティ・カレッジで学び、また鉱山で見習坑夫として働くなどした後、明治初年に帰国した。明治一〇（一八七七）年初頭に鉄道寮が鉄道局と改称されると、その局長となった井上は、即戦力となりうる鉄道土木技術者を速成すべく、下級技手に基礎科学から土木工学までを簡便に教授する教育訓練機関の設立を決定した。これが同年五月設立の工技生養成所であり、オランダへの留学経験者である飯田俊徳（表1-3 #2）を中心とした教員団を擁して、幅広い日本人の鉄道技術者集団を形成していった。シャーヴィントン（Thomas R. Shervinton）、ホルサム（Edmund Gregory Holtham）などイギリス人教師もいたが、飯田や井上が教鞭をとったことにより、工部大学校における教育の「語学の壁」が取り払われて技術者養成の短期化が可能になった[73]。

翌明治一一（一八七八）年に着工した京都―大津間の敷設（工事総監督、飯田俊徳）は、養成所修了生を動員し、全て日本人の手で工事が行われ、最大の難所、逢坂山隧道の建設で遅延しながらも、一三年七月に開通した。ただし、事前の測量、トンネルや橋梁の設計は外国人の手で行われていた[74]。ちなみに、工技生養成所は計二四名の修了生を出した後、明治一五年に閉鎖されるが、その理由は工部大学校の卒業生が増えてきたために技術者の供給難が解消されたからだという[75]。とすれば、工技生養成所のレベルは、他ならぬその目的であった鉄道建設の実践部分に限れば、工部大学校に匹敵するものであったといえる。裏を返せば、工部大学校卒業生の役割を当局がどう認識していたかが推し測れよう。工技生養成所修了生には、国沢能長、長谷川勤助など、鉄道史に名を残す技術者が含まれる。

次の官設大規模工事が後の東海道線[76]である。もとより明治政府にとって東西の中心地を結ぶ鉄道路線が最も肝要であり、その建設が急を要すると考えられていたのはいうまでもない。しかし、この大事業は士族の乱や台湾出兵、それに伴う財政難などで据え置かれていた。ようやく計画段階に入った当初、この路線は徳川期の五街道の一つである中山道経由で企画された。同じく東海道経由の構想もあった。ただし、早くも明治四（一八七一）年、土木司員の調査によりまとめられた報告書によれば、名古屋以西は、「佐屋、桑名の難所及鈴鹿峠を避くる為中山道に迂回し清州、大垣、米原を経て草津、大津に由り京都、大阪に達するもの」とされていた。[77] つまり、旧東海道筋の名古屋以西は技術的に困難という判断である。この点は次章の関西鉄道と深く関わるので、とりあえず注目しておきたい。

それはともかく、名古屋以東の沿海部、すなわち旧東海道筋はすでに在来の陸運が発達し、水運もある。したがって、鉄道の新設と既設の交通体系との重複・競争により、それぞれの効果と収益が減殺される。それに比べて交通の利便性が薄い中山道沿いに鉄道を建設すれば地域開発の効果が期待できる。また沿海部の鉄道には国防上の問題があるとされたことなどが重なり、中山道筋経由の基本方針が内定したのが明治一六（一八八三）年八月であった。

ところが、実際に測量・調査を重ねていくと、中山道路線は、とりわけ木曾渓谷周辺において極度の難工事になることが予想された。そこで東海道路線との比較調査を試みたところ、中山道路線は建設費が四〜五割も嵩み、また東京—京都間の所要時間も二〜三割余計にかかることが判明した。結果、すでに建設中ではあったが、当初計画の東側を棄却し、明治一九（一八八六）年七月に東海道筋経由への変更が決まった。[78] ただし、路線の西側は、明治一三年に開通している京都—大津間鉄道で琵琶湖畔に達した後、汽船に乗り換えて湖北長浜に至り、そこから大垣—岐阜経由で名古屋に至るルートになった。水運の利用により、同じく一三年に着工済みの長浜—敦賀間の鉄道に連絡でき、また困難な台所事情からいえば、琵琶湖の東南岸に沿って走る、後の湖東線の建設を後回しにできるという公算があった。こうして明治二二年四月に東京（新橋）—神戸間が開通開業した「東海道鉄道」の西側は旧東海道筋を大きく外れ、同年七月に全通した湖東線（これにより琵琶湖の水運は廃止）を含めれば、岐阜に至るまでほぼ中山道沿いだった。そして結果的に、このルートはほぼ、明治初年に土木司が調査で示した、東海道筋から名古屋で方向転換をして中山道筋に乗り換える案に沿うものになった。東海道鉄道が迂回した旧東海道筋の四日市方面は江戸時代から伊勢参りで賑わっていたから、地元の落胆は大きく、これが後述する関西鉄道建設の一因となる。

このように、東西の京を結ぶ鉄道経路は、その建設が明治初年から喫緊の課題とされながら、実際は長きにわたり流動的かつ紆余曲折を経て決定され、しかし建設工事は速攻で実施された。その経過および分析については、たとえば、宇田正『近代日本と鉄道史の展開』に詳しい[79]。

さて、中山道沿いの計画が決定された明治一六（一八八三）年頃には、留学先から帰国して他の官庁で仕事をしていた上級土木技術者が相次いで鉄道局に移籍した。山本（毛利）重輔、原口要、増田礼作、南清、松田周次、松本荘一郎などである。三年後の東海道沿いへの変更路線の建設着工時、鉄道局は別の官設路線に加え、後述の日本鉄道の建設工事委託も受けていた。もはや移籍を望める留学経験者はおらず、留学未経験者も上級技術者として迎えられた。白石の同窓、すなわち東京大学理学部土木工学科卒業の仙石貢や野村龍太郎は、それぞれ明治一七年、一九年に鉄道局入りし、後年欧米に視察出張している。つまり、一握りの上級土木技術者たちについては、ほぼ鉄道局が独占した状態になった。加えて、鉄道局では中・下級技術者の大幅増強も行われた[80]。

一方、日本の各地で起業の機運が盛り上がった私設鉄道会社だが、まずは鉄道技術者と鉄道輸送業経営者を確保しなければならなかった。日本鉄道の先例からすれば、各社が希少な優れた人材の出向もしくは斡旋を鉄道局に期待したとして当然であろう。また、先の私設鉄道条例は、鉄道建設の技術水準の確保を図る目的で制定され、それゆえに行政指導も厳しかったわけだから、鉄道局が技術面での支援を惜しむべきではなかった。だが、勃興期の私鉄各社が免許を出願した時期、鉄道局は前述の東西両京を結ぶ官設幹線建設計画に忙殺されており、建設は認可したものの技術者の提供は拒否した[81]。とはいえ、実際には鉄道局から流出する技術者もおり、また、官設東海道線の開通後は建設業務の枯渇した鉄道局から私鉄へ移籍する技術者が急増した[82]。いずれにせよ、起業期に鉄道局に建設委託することができなかった私鉄企業にとって、鉄道建設の監督指導ができる上級土木技術者を確保するのは困難な課題であった。山陽鉄道はイギリス人ベルチャー、九州鉄道はドイツ人ルムシュッテル（Hermann Rumschöttel）を顧問技師として雇い入れた。[83]

鉄道局を除くと、有力な技術者を数多く擁したのは、前節で触れた日本土木会社であった。日本土木が東海道線建設工事開始後の明治二〇年に設立されたことは、希少な土木技術者の配置から考えれば重要である。すなわち、鉄道局にそっぽを向かれた勃興期の私鉄各社は、有力技術者を囲い込んだ日本土木に依頼して技術者を斡旋してもらうことになった。日本土木は各鉄道会社に主任技師（技師長）を派遣し、測量と設計を行わせた後に工事の施工を請負うという方法をとった。[84] 山陽鉄道技師長の大島仙蔵、大阪鉄道主任技師の宮城島庄吉、九州鉄道技師長の野辺地久記、同技師の渡辺嘉一、讃岐鉄道技師の小川東吾らは皆、日本土木の斡旋による出向技術者であった。[85]

前節で述べたように、日本土木は「官」における学歴差別と上級技術者囲い込みに対抗した民間の巨大な土木技術者プールであった。官吏官僚志向の風潮が強かった当時、日本土木が技術者獲得のために準備した待遇がきわめて魅力的であったのは前述のとおりである。大倉喜八郎は土木建築の工学士や海外留学経験者に向けて、「請負業本来の使命理想を高唱し、斯業賤視の謬見を正し、斯界の因習的積弊一掃を力説し加うるに破格の優遇条件を以て彼らの協力を求めた」[86]のであった。日本土木の活動とは、日本社会秩序の一角に対する、経営者と技術者双方のプライドを懸けた闘いであったかもしれない。鉄道局から日本土木への移籍の裏に何があったにせよ、結果として技術者たちは私設鉄道の発達に大いに寄与することになった。当時、日本土木を別格として、他の比較的大きな建設請負業者は杉井組、鹿島組、有馬組、吉田組くらいであって、清水組などはまだ日本土木の下請の地位に甘んじていた。[87]

いずれにせよ、明治期前・中期を通して、土木建設請負業者が活躍する主要な機会のほぼすべてが鉄道工事であった。明治末になり、ようやく建設請負に対する次なる大需要が生まれてきた。それが本書第6章で扱う水力発電事業である。その工事機会を通じて土木建設業者は「請負」としての内実と地歩を固めていくことになる。[88]

(3) 九州鉄道の揺籃期と高橋

さて、三名の技術者が仕事をした関西鉄道に話を移す前に、九州鉄道の揺籃期に触れておきたい。なぜなら、本書冒頭の年譜に見るように、高橋元吉郎がこの私鉄の仕事をした実績があるからだ。

日本鉄道の建設許可以来、九州北部においても鉄道敷設への熱烈な運動が起こった。政府は幹線の官設方針のもとに事業を進めようとしたが、鉄道局にその余裕がなく、官設案は棚上げされたままであった。この状況下の明治一九(一八八六)年、福岡、熊本、佐賀三県の有志を中心に九州鉄道会社が発起され、門司から熊本を経て、おりしも竣工を控えた三角港に至る路線建設を希望した。翌明治二〇年、政府はこれを認めるにあたって、技術者貸与も利子補給も行わないこととした。これに対して九州鉄道側は社長官選と利子補給を請願し続けた。政府高官からの社長を望んだ理由は、三県の利害調整および政府との許認可交渉の円滑化だという。[89] 結果、政府は当時農商務省商務局長の高橋新吉を社長に推挙した。加えて私設の幹線保護方針の立場から、別途長崎県有志から申請の出ていた佐世保—長崎港線(早岐《はいき》で九州鉄道と連絡予定)も九州鉄道が建設することを条件に年四分の利子補給を認め、明治二一年六月に免許を下付した。ただし、この利子補給は半年後、九州鉄道側からの申請を受けて、建設費の一部となる工事竣工路線一マイル当たり二千円の特別補助金に変更された。[90] 九州鉄道は予定路線の建設に加えて、筑豊鉄道[91]との合併により石炭の運送量を伸ばすなどして経営を拡大、国有化以前の私鉄の中で、特別待遇の日本鉄道に次ぐ規模を誇った。

高橋元吉郎が帝国大学工科大学土木工学科を卒業したのは明治二三(一八九〇)年七月である。その前年、鉄道技術者は引く手あまたで、工科大学卒業生八名は月給八〇~百円で各地の鉄道会社に入職したといわれ、これは一五年頃の俸給の四倍以上だと話題になった。[92] 前章で述べたように、明治一五年頃の工部大学校第一等新卒工部省出仕が三〇円、省庁の新規学卒給与最高額が五〇円であったことを思い起こせば確かに高額である。明治二二年に各鉄道会社が獲得に走ったのも白石の教え子世代だが、その中で国沢新兵衛、広川広四郎が九州鉄道に就職したことは前章の表1-2で触れた。高橋元吉郎の場合、明治二三年初に起こった金融恐慌がその就職に何らかの影響を与えたかどうか定かではない。だが、彼は卒業直後、九州鉄道会社の建築課建築掛に、正規ではなく嘱託で入職した。

九州鉄道建設予定路線は、発起当時、門司―三角間を第一着手とし、第二着手として佐賀、長崎方面への延長を考えていた。後に鹿児島本線の一部となる八代までの延伸は、宇土からの分岐線として加えられたものである。[93]この順序については、地方における商業上の意義と同時に、鎮台のある熊本を経由する鉄道の三角港到達を第一に、佐世保軍港につながる早岐への路線を第二に、という政府の軍事輸送重視の政策もまた大きく影響したと考えられる。[94]ただし、地勢その他の問題から難工事となった宇土半島の横断路線、すなわち、三角までの開通（明治三二年十二月）は、八代への延伸（二九年十一月）よりもまる三年以上遅れる結果となった。

島原湾に突き出した熊本県宇土半島先端の三角港（西港）は、本章冒頭で触れたオランダ人主導による明治三大築港の一つとして知られる。三角築港は西南戦争で荒廃した熊本の再起をかけた貿易港建設であり、また三池炭鉱の石炭積出港としての役割も視野に入れて計画された。工事を先導したのは内務省一等工師のムルデルであった。[95]着工は明治一七（一八八四）年、開港は九州鉄道建設が事実上認可された明治二〇年。汽船が就航できる近代的港湾への期待は高く、早くも築港中から九州鉄道南西のターミナルと目されていた。

九州鉄道の路線建設は、博多を中心にして明治二四（一八九一）年に門司へ東進、かたや熊本まで南進したのが、ちょうど高橋が工科大学を卒業した二三年七月である。熊本方面と天草・島原とをつなぐ後の三角線は当初、松橋《まつばせ》から宇土半島南岸を通って三角港まで延伸する予定であったが、地域住民の反対にあって路線変更を余儀なくされたという。[96]結果、松橋の北隣にあたる宇土から分岐して赤瀬まで宇土半島の北岸を通り、そこから南下して三角に至ることとなった。おそらく明治二一〜二二年に作成されたであろう、野辺地久記による建設計画表では、すでに「宇土―三角間」と記されている。[97]しかし、その後に施行された高橋の初仕事が、棄却されたはずの松橋―三角間測量であったらしい[98]。推測されるのは、宇土半島北岸沿い路線の難工事が目に見えているため、とりあえず南岸沿い路線も測量したというところか。いずれにしても、すでに開港した三角港から島原半島東南部へは至近距離。その半島の付根には高橋の故郷、諫早がある。この初仕事は高橋個人にとって心惹かれるものであったはずだが、結局、日の目を見ることはなかった。ともあれ、高橋は入職後の明治二三年八月から三ヵ月間、松橋—三角間の測量に従事し、直後の十二月、一年志願兵に応募して入営している。おそらくは、当初からその予定で九州鉄道の嘱託採用を望んだと推察される。

ちなみに、三角港（西港）は明治二二（一八八九）年に特別輸出港の指定を受け、国際貿易港として華やかな時代を迎えた。しかし、港の背後に山が迫り、鉄道駅を建設するスペースがなかったため、鉄道の三角駅は山をめぐった東南側の際崎港区に設置された。後年、三井鉱山が三池港を私設し（明治四一年）、さらに鉄道駅に隣接した際崎港が改修されて三角東港が開設され（大正一二年）、三角西港は当初の役割を終えた[99]。

3　補論：技術者と兵役（一年志願兵制度）

補論として唐突な感じもするが、高橋元吉郎の経歴にある兵役にも寄り道をしておきたい。歴史的にみれば、土木と軍事はいつの時代も密接な関係にあり、土木技術者は軍事技術者でもあった。前章で触れたように、そこから一歩踏み出して市民社会の構築を志向したのが西欧的シヴィル・エンジニアリングであったが、近代化日本はその技術を導入しつつ、当然ながらそれを軍事にも適用した。物的インフラとそれを支える土木に関していえば、民間鉄道が軍事的な意義を備えていたように、市民のための技術も軍事のための技術も、あえて別個に考えるべきものではなかった。そもそも鉄道自体、まずは運搬の手段、そして交通の手段として発想され発展したものの、ひとたび戦争に貢献しうることが理解されるとその存在意義を変え、いや、鉄道が招来した兵站革命によって戦争の方法自体が根本から変わった。[100]立場によっては「鉄道と軍事は一つのものだと考えられて居た」[101]のである。もとよりこの時代の人々は、一市井人であっても戦争と隣合わせの日常を生きていた。とりあえず本書では、その一例ともなる高橋の軍歴をこの場で概観しておきたい。日本でも数少ないエリート工学士であった高橋の、兵役志願の意図はどこにあったのだろうか。

繰り返しになるが、高橋の生家は佐賀藩諫早私領の大目付であった。目付は「監察官」というほどの意味であるが、幕府、各藩、また時代によってその役目や格式に違いがある。江戸末期諫早の大目付は、今日の警察庁長官と法務大臣を兼ね備えたような役割だったと、子孫には伝えられている。[102]その武家の血筋と格式が、まずは背景にある。

明治維新後の軍隊については、紆余曲折の後、明治六（一八七三）年の徴兵令により国民（男子）皆兵が制定されている。前の時代の武士専門職を、直接の後継者である士族が引き継いだわけではなかった。男子はみな二〇歳になると徴兵検査を受け、体格および健康状態が良いとして合格すれば入営して訓練を受ける。ただし、この時代の海軍は職業軍人および志願兵を主としていたため、徴兵制はもっぱら陸軍の問題であった。

福地重孝は明治初期に徴兵制、すなわち国民皆兵により、庶民と同列になることへの士族の反対意識が根強かったことを指摘している。[103]たとえ国民皆兵にせよ、四民平等の徴兵制度ではなく、士族を中心とし、士族男子を常備予備軍に配するという主張もあった。軍隊の基礎が確立された明治二〇年代においても、士族士官が庶民から徴集された兵隊を徹底的に軽蔑する風潮もみられたという。[104]

だが、徴兵を基盤とした陸軍にしても、国民皆兵は建前である。まず、予算内で養える人数が限られているから、実際に入営する者は合格者の中から抽選で決定した。かたや、免役や猶予の手段もさまざまに講じられていた。戸主や嗣子、官吏、また医学生や官公立学校の生徒も免役されたし、代人料として二七〇円を納めてもよかった。多くの若者が身体の不具合を装って検査で不合格になるか、あるいは養子になるなどの手段を講じて徴兵を逃れようとした。結果、年によって多少のばらつきはあるものの、明治二八（一八九五）年頃までの徴兵相当人員に占める現役徴集人員の割合は二～八パーセントの間で推移し、平均して五パーセント程度であった。[105]つまり、実際に徴兵されるのは、同世代男子の二〇人に一人、いるかいないかだったのである。なお、特典的な免役／猶予条項は数度の改定を経て、明治二二年一月に公布された改正徴兵令でほぼ廃止された。

ここでは、高橋の兵役を分析するため、その改正令後の状況を検討してみよう。

明治二二（一八八九）年の法改正後、陸軍では服役を常備兵役、後備兵役、国民兵役の三種類とし、常備兵役は現役三年および予備役四年（海軍は現役四年、予備役三年）、後備兵役は常備兵役の終了者で五年、計一二年とした。国民兵役は一七歳以上四〇歳未満の男子が対象であった。例外措置として一年志願兵の制度（一年志願兵条例）があり、ここでは一年の現役を、予備役・後備役の幹部養成教育期間として位置づけた。軍の側からいえば、下士官も兵士も教育・訓練を必要とするものであるから、有能な集団を保蔵しておければそれに越したことはない。一年志願兵制度そのものは明治一六年の改正で登場したが、これは主として特権階級保護の意味を持ち、役務としても看護卒要員であって、将来の幹部養成目的ではなかった。一年の現役も単に役務に服するのみであったが、二二年の改正令では、その期間中に幹部養成のための「特別の教育を授け」ることにしたのである。他方、旧令のもとでは官立大学生（およびそれに準ずる者）や海外留学生の徴集猶予はほとんど免役に等しかったが、新令では在学者に徴集猶予の特典を与えるとともにその猶予期間を最大限二六歳までと限定した。これは国民皆兵の公平性とともに軍が優秀な人材を求めたことによる。[106]つまり、志願兵は一定の訓練期間を終えた後、平時は他の生業に就き、有事に将校として召集される。具体的には、一年間の現役期間中に二等軍曹になって除隊し、予備役に編入される。その後、勤務演習を経て終末試験に合格すると予備役将校（不合格だと予備役下士）となる。応募資格は一七歳以上二七歳未満で中学校相当卒業以上の学歴を要し、服役中の費用を自弁する必要があった。予備役将校も教育期間中の費用、準備金をすべて自弁しなければならなかったので、故意に終末試験に落ち、この制度を兵役期間短縮のためにのみ利用する者も多かったという[107]。一年志願兵の服役期間は現役一年の後、予備役一年、後備役五年の計七年で、通常の徴兵期間計一二年より五年短かった。おまけに通常徴兵の服役年限は、明治二八年三月の法改正で予備役が四年から四年四ヵ月に、三七年九月の法改正では後備役が五年から一〇年に延長され、実に通算一七年四ヵ月の長きにわたることとなった。

男子二〇人に一人の徴兵は、確率的に特別高いわけではない。巨軀頑健であっても抽選で免れる可能性が大いにあろう。かたや、一度徴兵されるとその後も予備役や後備役で有事の度に駆り出されるというのは、国民皆兵の思想からいえば不公平きわまりない。もっとも、有事の際には国民兵役の形で徴兵される可能性が常に、誰にでもある。とすれば、中学卒以上の学歴があり、相応の経済力がある若者——実際こうした若者の数はごく限られていたわけだが——にとって考えられる一年志願兵制度の誘因の一つは、どのような形であれ、万が一にも入隊し戦闘に参加するならば、一兵卒として一般庶民に紛れるのではなく、将校として兵を統率する立場に立たねばならぬという意思であろう。もう一つ、少なくとも建前が国民皆兵であるならば、国を守るために率先して戦わねばならぬという覚悟であろう。この二つは明治初期の〝士族的士族〟特有の心理であったと思われる。加えて、一年志願兵の経歴は社会的エリートであることの証明にもなる。

表序-2に戻り、高橋の軍歴を当時の徴兵制（兵役）に沿って解説してみよう。

まず、明治二三年一二月、一年現役に志願している。これが明治二二年改正法のもとでの一年志願兵である。ちなみにこの時、工科大学同期卒業の市瀬恭次郎（表1-2参照）も志願し、高橋と同じ近衛歩兵第二連隊に入隊している[108]。

一年後（明治二四年十二月）、高橋は二等軍曹になり終末試験にも合格、現役満期となって予備役に編入され、その一年後（二五年十二月）、少尉（予備役将校）に昇進する。明治二六年、前章の補論で触れた、第四高等中学校に任官された高橋元吉郎の肩書は「陸軍歩兵少尉　工学士」であった。その任官直後（二六年十二月）、後備役に編入された。翌年七月、日清戦争が勃発した。城河鉄道に入職した三ヵ月後の二八年初頭、高橋は後備役に召集される。第四師団歩兵第七連隊（大阪）に応召した高橋は四月に大本営が置かれている広島に赴き、歩兵中尉に任ぜられる。広島は清国の戦場に最も近く、かつ東京と鉄道が直結している都市として、日清戦争の兵站基地となっていた。が、任官とほぼ同時期に下関講和条約が締結されたために高橋はいったん除隊。三ヵ月後に再び召集され、第九連隊補充大隊（国内駐留部隊）に所属、半年後の二九年一月に除隊している。

その後、明治三七年十一月に高橋はまた召集され、応召している。いうまでもなく日露戦争時であること、また直前の九月に徴兵令が改正されていることにも注目したい。この時は第三九連隊（姫路）、第五八連隊（東京）の後、大阪砲兵工廠にも半年ほど関わり、この間、歩兵大尉に昇進している。技術者としての力量を発揮し得たかもしれない。翌三八年十月に召集解除となった。退役は四一年四月で、この間、実務に服したのが約二年半となる。一年志願兵として入営してから満一七年四ヵ月後であり、この間ずっと軍隊機構に〝編入〟されている状態であったわけだが、この年限は奇しくも一年志願兵の特典を除いた通常の徴兵満期に等しい。また、徴兵制では四〇歳が服役の終期であるが、将校の定年は別途定められている（大尉の定年は四八歳）。高橋の退役は満年齢で四〇歳四ヵ月であった。

入隊時の規則である服役期間計七年からすれば、退役は明治三〇年十二月のはずで、三七年の法改正よりもはるか前である。(109) 一年志願兵制度を利用しつつ、現役除隊後は事実上召集されず（あるいは応召せず）、せいぜい平時の訓練に参加する程度で人生を終わった人々も多かろう。だからこそ、この制度は富裕層優遇策として批判の対象になってきた。けれども、高橋の陸軍編入期間は規定よりも一〇年以上長かった。

現代に生きるわれわれが「徴兵制度」を考えるとき、もともと軍人志望の少数派を除けば、国民はおしなべて兵役に就きたがらない、ということを前提にしがちである。よって、志願兵制度は富裕者の特権として批判的にみられる。だが、高橋の行動は、われわれが考える「合理的」な人間像をひそやかに裏切っている。高橋が実際に何を考えて兵役に就いたかは知る由もない。もともと軍人志望であったのが周囲に反対されたのかもしれないし、平時は技術者として国造りに貢献し、戦時には銃を執る道を選んだのかもしれない。先に述べたように、ヨーロッパにおいてはそもそも工兵の仕事をエンジニアリングといい、そこからシヴィル・エンジニアリングが生まれ、日本ではこれを土木工学と称したという流れを考えるならば、土木工学の専門知識を修めかつ陸軍に仕官するという二足の草鞋を履くことが、高橋にとっての自己実現であったかもしれない。逆に、軍にとっても、戦時に予備役、後備役の民間土木技術者を活用できれば好都合であったろう。土木技術者の仕事として、まずは鉄道を選んだ高橋だが、とりあえず客観的事実が仄めかすのは、彼が世間一般の庶民とは一線を画す武家の矜持を保ち続けた技術者であったということだ。

ちなみに、技術者ではないが、後段の第4章で登場する松本健次郎も一年志願兵に応募した。[110] 明治二二（一八八九）年のことであるから、新制度の第一期生で、その意味では高橋の一年先輩である。熊本の歩兵第一三連隊への入営だが、当地ただ一人の志願兵でたいそう厚遇されたらしい。そして松本も日清戦争、および日露戦争でそれぞれ約一年間の後備役に就いている。日露戦争時は「後備役延長」の召集であり、兵役解除は現役入営時から一五年一〇ヵ月後であった。[111] 松本の懐旧談から、後備役の延長召集者は、軍にとってそれだけの逸材と考えられていたことが推察される。

第3章　関西鉄道

——官の対岸の私鉄

揖斐川橋梁完工（明治28年）

図3-1　関西鉄道機関車（Pittsburgh, 1898年）。左は中央プレートを拡大したもの。車庫の壁に関西鉄道の社章が見える

漢字で書けば何の問題も生じないことなのだが、今日のJR関西《かんさい》本線のもとである私鉄は、少なくとも往時の関係者の間で関西《かんせい》鉄道と呼ばれていた。それは写真に残る機関車プレートのローマ字名（図3-1）、当の会社から送られた電報の発信名、社長を務めた白石直治の英文履歴などから確認できる。[1] しかし今日、その呼び名を知る人は少ない。また卑見の限り、会社の設立日を明記した文献も見当たらない。明治二一年三月二一日に四日市で発起人会が開催され、東京、京都、滋賀、三重の三〇余名の株主が来会、田中源太郎を議長として設立議事が進行し、主要役員が選出され定款が示されたことは確認できる。[2] だが、当該企業によってそれが設立日とされたかどうかは、よくわからない。

現代におけるこうした曖昧さとは裏腹に、往時の関西鉄道は圧倒的な存在感を示す企業であった。明治期五大私鉄の一角を占めたというのみではない。まず、政府が技術的に困難だとして棄却した路線を建設した。その際、鉄道局の支援も外国人の指導も受けなかった。あえて鉄道当局の建設設計方針と異なる技術や工法を持ち込み、開業後は官営鉄道と正面きっての全面競争を繰り広げたこともある。事

業拡大に際して政府の嫌う外資導入を実施し、重要私鉄国有化には最後まで抵抗した。民間パワーの鑑のようなこの企業は、結局国有化によって消滅し、残されたＪＲ路線から昔日のアグレッシヴなエネルギーを読み取ることはむずかしい。

それはさておき、まずは、その設立に至る経緯を概観しておこう。

1　建設期の概観

（1）設立の経緯

官設鉄道は明治一三（一八八〇）年京都―大津間、一六年以降長浜以東が逐次開通したが、大津―長浜間は琵琶湖水運に頼っていた。この路線が東西の京を結ぶ幹線の一部となり、大垣から岐阜に至り――つまり、この辺りまでは旧中山道を経由し、そこから南下して名古屋に向かい、あとはほぼ旧東海道筋に沿って東京に至ることが決まったのが明治一九年の半ばであった。これはすでに述べたとおりである。この状況下、滋賀・京都、三重においてそれぞれ地元の利害を反映した鉄道計画が生まれたが、建設費が巨額であることなどが障害となり、実現に至らなかった。[3] そこで滋賀県知事中井弘や三重県知事石井邦猷が仲介をとって三府県の有力者の意思を統合させた企画立案を導いた。それにより明治二〇年三月末、弘世助三郎（滋賀）、浜岡光哲（京都）、諸戸清六（三重）ら発起人一一名が関西鉄道会社の創立を請願した。基本的には京都―名古屋の連絡を旧東海道筋に沿った四日市経由でとり、別途各地に延伸する構想で、具体的には、まず大津から南回りで四日市に至る路線を建設。将来的に四日市―桑名―熱田（名古屋の南）、伏見（京都の南）―奈良―大阪、京都―宮津と各地へ延伸する計画であった。これも将来的に、大津―長浜間の官設湖東線の敷設に関して、鉄道公債募集の際は出資する意思を示した。

この請願に対し、鉄道局長官の井上勝から以下の見解が示された。まず、大同小異の請願が多いが、いずれも全く測量もせずただ敷設を望むだけなので、成否の判断材料すらないこと。そもそも、四日市―熱田間には国内最大級の巨流があって、敷設できるかどうか疑問であり、伏見―奈良―大阪間および京都―宮津間の山間部にどのような難所があるかも不明なこと。たとえ竣工したとしても営業的に採算が取れるかどうか疑問であること。また、大津―四日市線は既成の官設鉄道と競合すること。加えて、同じく請願の出ている大阪鉄道と重なる計画路線が多いこと。――これに基づき、政府は滋賀・三重両県知事に対し、四日市線は草津近郊において将来建設されるべき官設線と分岐する地点を起点とし、津などの要地を通ること。また、大阪鉄道会社発起人と協議のうえ競合する敷設区域の分界を定めることを下命した。命令に従い、両社競合区域について協議が行われ、大阪鉄道は大阪―桜井および北今市―奈良、関西鉄道は草津―四日市、四日市―桑名、河原田―津の敷設を請願することになった。つまり、井上が建設困難と断じた将来計画路線は見送られた。おりしも明治二〇（一八八七）年五月の私設鉄道条例公布を受け、関西鉄道発起人は線路図面、工事方法書、工費予算書および定款を準備し、前記三路線を同時着手して六年後に完成の予定とする請願書を二一年一月に内閣総理大臣宛てに提出した。発起人は五〇名に増え、筆頭株主の諸戸清六が一千株を引き受けた。[4] この請願に対し、六年以内に竣工することを明示した免許状が三月一日付で下付された。大阪鉄道の再請願に対しても、同月同日に免許下付となった。[5]

小川功によれば、関西鉄道発起人によって当初設定された技術者の中核は竹田春風であった。竹田は明治初年に脱藩洋行した後、工部省鉄道寮に迎えられ、新橋―横浜間鉄道創業に尽力した。明治一五（一八八二）年には工部大学校副校長として転出、二〇年五月に工事総長として関西鉄道入りした。鳴物入りの就任で社長候補の噂もあったが、力量不足か実績を上げた形跡がない。[6] 一方、最初の請願前の一九年十一月、三重県の有志は石井知事の紹介で、前章で触れた大倉組の技術員太田六郎を招聘し、翌年一月より敷設免許申請前の予備調査を開始していた。[7] これがいわばフィージビリティ・スタディとなって関西鉄道の再請願に首尾よくつながったと考えられる。太田は引き続き技師長として招聘を受けたが、その交渉が整わず、同年八月に関西鉄道を退いた[8]。

一方、太田の去った後、関西鉄道は帝国大学工科大学新卒の若手をリクルートした。井上徳治郎と渡辺秀次郎で、井上は明治二〇（一八八七）年八月、渡辺は九月の入職である。二一年一月の再請願時の調査報告書は太田、渡辺、井上の三名連記で提出されている[9]。もっとも新卒の若手だけでは心もとなく思われたのか、免許下付の二一年三月、工事監督として帝国大学から白石直治を迎えることになる[10]。同年七月、帝国大学で白石の教え子である中山秀三郎《ひでさぶろう》が卒業と同時に関西鉄道に入職した。前章で述べたように、当時勃興期にあった各私鉄は鉄道局上級技術者への委嘱を画し、それが困難になると日本土木、すなわち工部大学校系の技術者ネットワークに頼り、九州や山陽などの大企業は外国人技術者の力も借りた。関西鉄道は、このすべてから離れて帝国大学系の技術者――より特徴的には白石系の技術者を中核に据えていく。この意味でも、関西鉄道は同時期に設立された他の私鉄とは色合いが異なる。帝国大学新卒者の鉄道入職は始まったばかりで、その技術者集団形成の可能性自体、この時期以前にはまずあり得なかった。関西鉄道の技術スタッフは、日本の高等教育との関わりにおいても、新段階を構築したといえよう。

白石は工事監督としての実績はなかった。だが、東京大学理学部卒業、文部省派遣欧米留学といった経歴や学問業績、また竹内綱、中島信行、渋沢栄一らの人脈をたどって浮かび上がる人物像から、中核技術者を切望していた関西鉄道の発起人たちにとって理想的な人選と考えられたであろう[11]。当時の逼迫した技術者供給状況に鑑みて、発起人たちの白石に対する期待と信頼の昂りは想像に難くない。

問題は、白石が官費留学者の義務としての帝国大学教授職に就いていたことである。場所的に厳しいことを承知のうえでの兼業が選択された。就任前の二月末、白石は帝国大学総長の渡辺洪基に宛てて、「私公務の余暇を以て同会社の工事計画監督を致して」ほしいという関西鉄道側からの依嘱があったこと、これが「学術上実地の研究に相成り、従って授業上に幾分の補益を来す次第」になるのでこの兼務を認めてほしい旨を願い出て許可された。関西鉄道との契約成立は翌三月一日、すなわち、関西鉄道に敷設の免許が下付されたのと同時であった。その契約を要約すれば、①会社は白石に工事計画監督を依託し、白石は監督責任を負う。②技術に関する問題はすべて白石の判断に任せる。ただし、外国人監督技師を雇用した場合にはその限りでない。③公務に差し支えのある場合は会社の業務を行えない。④契約期間は四年間。⑤報酬は年俸一千円。⑥旅費、接待費等の扱いは会社重役に準ずる。[12]——となっている。白石の雇用上の立場は嘱託、もしくは技術顧問ということになるが、建設工事については白石に最高権限が付与されたことが示されている。年俸一千円そのものは決して高くないが、本業との兼ね合いが考慮された額かもしれない。

さて、免許審査の際に提出された「鉄道工事建築方法書」によれば、創立願書にある「三線同時着工」の文言は姿を消している。工事の第一の難所が加太—上柘植間であり、その建設資材運搬のためにも四日市—関間の建設が急務であって、河川越えはとりあえず木製の橋梁を渡すとしている。また、草津方面からの起工は未だ交通の便が悪いため策を講じる必要があること、四日市—桑名、河原田—津の両支線は運搬利便性があり平坦な地形なので幹線工事の隙を見て建設することが示唆されている。[13]

かたや、工事監督を引き受けた白石は、この事業を以下のように捉えた。

——関西鉄道の幹線は伊勢の四日市と近江の草津を結合する。四日市は横浜—神戸間の東海道沿い港湾の中で汽船の出入りが最も多い港であり、草津は東海道と中山道の分岐点で古くから交通の要衝、かつ大津以東の官設鉄道工事が進行中で、ほどなく湖東線路の一駅として開業の予定である。つまり、既存の東京—四日市航路と予定線の湖東線路の間で、東京—京阪間の新しい経路を拓くことになる。予定線上にある伊賀および近江南部地域は豊かな盆地であるが、周囲を山に囲まれているために交通の便が悪い。この一帯が四日市と結ばれることで東京の市場にもつながる。また、海沿いの鉄道が船舶と競合することを考えれば、内陸線である関西鉄道は旅客貨物の収益も見込める。

旅客に関して懸念材料の一つが全通を間近に控えた官設東海道鉄道である。東京—京阪間を移動する旅客にとって、およそ二〇時間という予定所要時間は驚異ですらあろう。しかし、業務出張の場合にこの速さは中途半端ではないか。むしろ、東京—四日市間に夜行船を利用した方が効率的に活動できよう。一般旅行客にしてみても、二〇時間汽車に揺られているよりも海陸半々の旅の方が楽しいだろう。何よりも運賃が問題で、開業の暁にはこれで競争力を持たねばならない。当面は近畿圏交通の話であるが、いずれ実地調査を行い、名古屋への延伸が可能になれば、この鉄道の意義はさらに大きくなる。[14]——

発起人たちにとっての関西鉄道建設の意義は、まずもって旧東海道の西端の路線化にあった。実現困難だとして棄却された熱田（名古屋）への延伸は、旧東海道における桑名—熱田間の海運を陸運に変換するという、一見地道な、しかし技術的には途方もない塗り替え作業を含んでいた。一転、白石の構想には、海運を目いっぱい活用しつつ首都東京を直接の射程内に置き、伊賀盆地を東京市場とつなげる発想が息づいている。おそらくは、当面名古屋への延伸を諦めざるを得ない状況下、こうした鉄道事業の空間的広がりと地域経済飛躍の可能性を前面に押し出し、建設の意義を高める評価をしたと考えられる。実際、重要な意義であったことだろう。しかし、白石にとって、それと比肩できない大きな魅力が、木曾三川の巨流に阻まれた名古屋延伸であり、将来的に実現させる腹案を温めていたと考えられる。白石が橋梁技術に強い関心と自信を持っていたことは、第1章で触れた。

さて、免許下付を受けた関西鉄道会社は明治二一（一八八九）年三月二一日に発起人会を開催。初代社長に明治一四年政変で内務省駅逓総監を辞して下野していた前島密、その他役員を選出、資本金三百万円とし、本社を四日市町に置く定款を示した。[15] ただし、前島はその場に不在で社長就任の意向も正式には未確認であった。前島本人がこれを承諾し、実際に就任したのは同月末である。[16] 前島は「日本郵便の父」として名を残しているが、鉄道に関しても造詣が深かった。早くも明治三年、私設鉄道により東西（東京―京都―大阪）幹線、および東京―横浜間と大阪―神戸間支線を建設するという経営面での具体策、「鉄道臆測」を著すなどして、政府の鉄道政策決定に重要な役割を果たしている。[17] 前章で触れたように、政府の補助を欠き、それゆえ厳しい経営を覚悟しているはずの私鉄会社を率いるには適任であったろう。また、発起人会当日、常議員に谷元道之、吉田熹六（以上、東京）、諸戸清六、木村誓太郎、船本龍之介（以上、三重）、馬場新三、高田義助、阿部周吉（以上、滋賀）、田中源太郎、浜岡光哲（以上、京都）が、検査役に弘世助三郎（滋賀）、三輪猶作（三重）が選出された。[18] 繰返しになるが、設立時の資本金三百万円は五大私鉄の中で圧倒的に小規模である。

設立後、同社は急ぎ用地買収を進め、明治二一（一八八八）年八月に草津―四日市間（約七八キロメートル）の幹線建設に着工。全線を三区に分け、第一区を四日市―関、第二区を関―五反田（五反田は滋賀・三重県境の地名で、直近に設置された駅は柘植）、第三区を五反田―草津として、[19] それぞれ担当技師に渡辺秀次郎、井上徳治郎、中山秀三郎を配し、白石直治を総監督とした。同年末、社屋を四日市郊外の浜田村（後、四日市に編入）に移した。

白石はほぼ毎週東京と四日市の間を往復する生活となったが、交通手段は汽船で、基本的に夜行を利用したはずである。東海道線の全通が明治二二（一八八九）年七月。新橋からは長浜にせよ名古屋にせよ、同年四月の浜松―静岡間（大井、天竜両架橋工事を含む）開通をもって直結した。いずれにせよ、この時代の遠隔地兼務は、移動だけを考えても甚だしく時間と労力を要するものだった。

明治二一（一八八八）年七月には工科大学の夏休みを利用し、門下生（二二年卒業組）を現場に引き連れて予定線測量等の実地演習を行った。[20] 学生のうち三名はその後しばらく関西鉄道に滞在して製図に従事した。[21] 学生の実地演習は白石の本意でもあり、また帝国大学側との約束の実行でもあった。二三年卒業の高橋元吉郎が学生時代にこうした研修に参加した可能性も大いにあるが、残念ながら事実関係は不明である。

(2) 白石の社長就任

関西鉄道では建設着工後ほどない明治二一(一八八八)年十一月、初代社長の前島密が逓信次官として政府に呼び戻され、同じ一四年政変下野組の中野武営《たけなか》がその任を引き継いだ。中野の在任中に、幹線の建設工事は両端の第一区と第三区で着々と進展し、中央第二区山間部の難所を残すのみとなった。しかし、中野は明治二三年七月に施行された第一回衆議院議員総選挙で香川一区から選出されたのを受けて辞意を固め、後任に工事監督技師である白石直治を推挙した。白石は当初固辞していたが、再三の勧めに応じて受諾したという[22]。国有化以前の時期、主要私鉄の土木技術系専門経営者(社長経験者)としては、他にも南清(阪鶴鉄道)、仙石貢(筑豊鉄道、九州鉄道)、本間英一郎(総武鉄道)、渡辺嘉一(参宮鉄道、北越鉄道)らがおり、この事業の経営に、鉄道技術、なかでも土木技術に通暁していることの利点をうかがわせる。また、序章で述べたとおり、鉄道運輸というインフラ・ビジネスにおいてそのビジネス・インフラ建設こそが肝要であった側面を立証するものでもある。具体的には、起業の要である建設期のみならず、建設技術者を温存する余裕のない工閑期において、経営者自身が上級技術顧問の役割をも果たし、将来的な建設事業を的確に構想していける意味合いを含んでいたであろう。しかし、全国的な不況に襲われたこの時期、関西鉄道の経営状況はきわめて悪かった。白石の技術者としての能力に疑問をさしはさむ者はいなかったが、経営者としての能力についてはこれを危ぶむ声もあった[23]。実際、この後も経営の危機的状況が続くのだが、この件については後述する。

白石は明治二三(一八九〇)年九月、文部大臣芳川顕正に宛てて辞職願を提出した。その内容を要約すれば、「海外留学生の身分から帝国大学工科大学教授を拝命しており、奉職の義務期限内で恐縮の至りではあるが、全力で工業の実地に尽くしたい」ということである[24]。教授就任後三年半、後進の指導は始まったばかりであり、加えて文部省との契約では八年間の奉職義務があったはずである。先に白石が関西鉄道に嘱託として応職した際は、教育にも役立つ実地業務への関わりを謳ったわけだが、それは事実とはいえ建前であって本音は実業界への転身であったことが裏付けられたともいえる。かたや、勃興する私鉄企業一般にしてみれば、白石らが養成すべき「後進」の生産がいまだ時代に追いついていないからこそ、専門技術者の確保が喫緊の課題であった。それが当時の客観情勢だった。依願免本官の辞令が下り、いま一つ、おりしも内閣より辞令を受けていた第三回内国勧業博覧会審査官[25]の任が解かれるのを待って、白石は十月末、関西鉄道社長に就任した。ただし、嘱託として当該学年終了までの工科大学土木工学科の臨時講義を務め、明治二五年に家族住居を四日市に移した。[26]

第1章で述べたように、白石の民間企業への移籍は文部省にとって頭の痛い話であった。たかが一人とはいえ、当時の環境においてその一人の意味するものは大きい。人材不足を補うために国費と時間をかけた教員養成の、いわば最高峰の脱落である。より直接的な影響を受けたのは、いうまでもなく工科大学であったろう。母校出身の折紙つき秀才が時代の花形かつ最先端の土木工学を海外で学んで帰国したばかり、しかも当時最も注目を集めていた鉄道の講義を初めて担当するとくれば、工科大学にとってこれほどの適材は他に得難かったであろう。おまけに工科大学では土木担当教員そのものが不足する状況下、中核となるべき古市公威が工科大学長という一段高いポストにいたため、白石が土木のいわば筆頭・看板教授であった。後任人事が難航したことは充分に考えられる。

「看板教授」の後任として白羽の矢が立ったのは京都府に奉職中の技師、田辺朔郎であった。明治一六（一八八三）年に工部大学校卒業直後、京都府御用係（月俸四〇円）として琵琶湖疏水事業を先導した業績がことのほか有名である。田辺は当時弱冠二九歳。おりしもその琵琶湖疏水建設工事を完成させ[27]、次なる水力発電事業に邁進中であった。前年の明治二二年に約三ヵ月、水力配置法調査目的でアメリカを視察し、当初予定していた水車設置計画を変更して発電所建設に切り替えた。そうして二四年五月に完成した蹴上発電所は日本初の一般営業用水力発電所となった。[28] 工科大学教授への着任は発電所の完成に先立つ二三年十一月で、待遇は白石と同じ四等上級俸、担当は構造強弱学であった。[29] 先に触れた工部大学校と東京大学の軋轢などから考えれば、かなり思い切った実力本位の人事と考えられる。なお、田辺は翌二四年一月から工手学校の土木科教務主理を務めたが、これも白石の後任である。[30] 田辺の名声と切っても切れぬ琵琶湖疏水工事については後述するが、彼が二つの教育機関で白石の後を襲った背景には、疏水工事当時の両者の関係も影響していると考えられる。田辺が官の世界で、当時の土木技術者のいわば王道を歩んで行ったのに対し、白石は民間事業としての関西鉄道を選んだ。

工科大学における白石の専門分野については、まず白石の教え子で関西鉄道幹線第三区を担当した中山秀三郎を、いわばトレードのような形で助教授として迎え、鉄道の講義を担当させた。移籍は田辺と同じ明治二三（一八九〇）年十一月である。ちなみに、中山はその三年後、河海工学担当の清水済が病没した際にもその代役を務めた。そして、明治二九年からイギリス、ドイツに留学し、三一年に帰国した後、あらためて工科大学教授に就任した。後年は重要な河川・港湾土木工事を次々に完成させ、近代土木の大家として名を残すことになる。[31] 橋梁については、第1章で触れた倉田吉嗣が講義を担当した。[32]

（3）建設工事の進捗

ここでひとまず、白石の監督・社長時代の関西鉄道建設工事の進捗状況をごく簡単にまとめておこう。

まず、首尾よく建設工事が進んだのが幹線第三区である。明治二二（一八八九）年十二月に草津—三雲間、翌二三年二月には三雲—五反田（柘植）間が開通。それぞれ鉄道局長官より運輸開業免許状を得て開業した。第一区の四日市—関間の工事は二三年九月までに終了、引き続いて十二月には第二区の工事も完了し、年末十二月二五日に開業、すなわち幹線全通となった。同二三年八月、支線の河原田—津間（伊勢湾沿い）を亀山—津間に路線変更することを出願して十月に認可された。[33] この時点での路線変更は、伊勢神宮参拝客を狙った参宮鉄道会社が、津における関西鉄道との連絡を条件に津—山田間の建設免許を得たことによる。[34] だが、幹線西方からの便も考慮に入れると、東西の中間点に近い亀山を分岐点とした方が良く、またその方が工事費用も多分に軽減できるという方針は、早くから関西鉄道常議員会の内諾を得ていた。[35] 翌二四年十一月にこれが開通すると、参宮鉄道との間に連絡輸送契

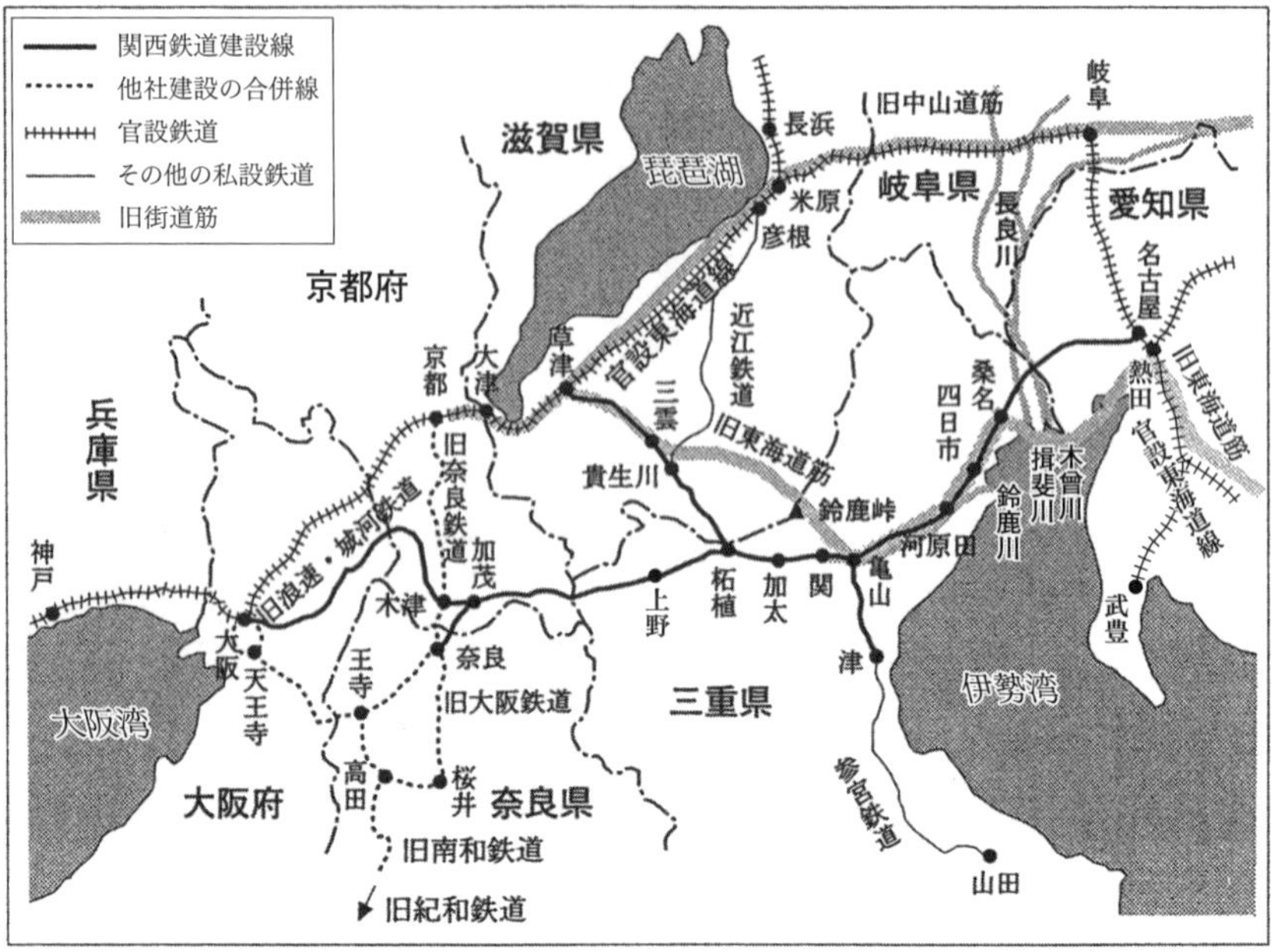

図 3-2　関西鉄道路線関連地図

約を締結した。

四日市―桑名（仮停車場）間は明治二七（一八九四）年六月に竣工、七月五日に開業した。これをもって会社設立当初の予定路線が、多少違う形ではあるが完成した。免許条件から考えると、既定の年限である「会社設立後六年」を三ヵ月超えている。とはいえ、難工事である幹線は二三年末、津への支線は二四年十一月に開通、ここに至るまで会社設立後三年八ヵ月であった。

関西鉄道会社は明治二六（一八九三）年七月、商法一部施行に伴い関西鉄道株式会社に改組改称。公称資本金は、設立時の三百万円から明治二五年に三三〇万円、続く二六年に六五〇万円へと増額された。[36] それは滋賀・三重内陸部のローカル線から外部世界へ飛躍していく延伸計画のためであった。明治二六年二月、桑名―名古屋間（約二四キロメートル）の延長路線免許を申請。これが開通すれば、官設の東海道ルートとは別に、旧東海道筋に近い経路で名古屋―草津間が結ばれる。同年四月に仮免状、六月に免許状が下付されて八月に着工。四日市—桑名間は二七年七月に桑名仮駅で開業し、二八年五月に至り桑名本駅で開業。同時期、名古屋—前ヶ須（弥富）間が開通、同年十月に桑名—前ヶ須間が開通し、これをもって名古屋—草津間（約一一七キロメートル）が全通、翌十一月に開業した。先の予定年限でいえば、都合により桑名—四日市間を後回しにしたということであって、工事の進捗度合そのものには何ら問題がない。

同じく明治二六（一八九三）年二月に柘植—奈良間（約五〇キロメートル）の延長路線の免許も申請。二八年初頭に免許下付、同年末に着工し、三〇年一月に柘植—上野間、十一月に上野—加茂間、翌三一年四月に大仏（奈良）までの延伸が竣工した。しかし、奈良停車場の使用に関し、すでに二九年四月に京都—奈良間を開通させていた奈良鉄道との協定のため、開業は三二年五月の大仏—奈良間竣工後に遅延となった。一方、二九年一月、柘植—奈良線の途中駅である加茂から分岐して木津までの延伸（約六キロメートル）を申請。三一年三月に免許状が下付されて着工、同年十一月に開通開業した[37]。

関西鉄道が独自に企画請願し、免許を受けて建設した路線は以上である。

2　幹線建設工事とトンネル

（1）鉄道建設におけるトンネル

前述のように、予備調査に携わった太田六郎が辞職した後の建設技術部門の陣容は、総監督の白石および彼の教え子でもある井上、渡辺、中山という三名の帝国大学工科大学卒業の若手技師であった。彼らは実際の土木工事の経験が浅い。白石はむろん、当時希少な鉄道・橋梁建設の工学的専門家で、留学中に実地訓練も積んだと思われるが、現実の工事は必ずしも学術理論、あるいは環境の異なる海外での経験通りに運ばない。建設工事はどのように行われたのであろうか。

鉄道建設工事の内容は、大きく軌道（土工）、橋梁、トンネル（隧道）、駅舎（停車場）に分けられる[38]。関西鉄道建設技術の要は、幹線（草津―四日市）および後年の買収策に成る大阪、奈良方面線ではトンネル、大河川越えの新線（桑名―名古屋）では橋梁であった。本書では白石の関わったトンネルと橋梁のそれぞれを具体的に検討したい[39]。

まずは、幹線のトンネルである。関西鉄道で最初に建設免許を得た幹支線には七つのトンネルがあったが、なかでも幹線第二区は急勾配の三隧道が連なる難所であった。当時の鉄道建設工事においては、工費、工期ともにトンネルが最大の障害であり、これをできるだけ短くするために、山を登りつめ、地表すれすれに建設するロケーションが多かったという[40]。関西鉄道本線第二区の三隧道もこれに準ずると考えてよかろう。

日本の鉄道トンネルは明治七（一八七四）年に開通開業した官設阪神間鉄道から建設が始められており、明治三年着工、四年竣工の石屋川隧道を嚆矢とする。時期的には早いが、この頃のトンネル建設は外国人の指導により、また距離も短く、地質も軟弱なものが多かった。また、明治二七年の鉄道局隧道定規、三一年の鉄道作業局隧道建築定規といった諸規定は、関西鉄道幹線が竣工した後に整備されていく。関西鉄道にとって参考になる工事経験といえば、一つは日本人のみで建設した最初の鉄道トンネルであり、なおかつ山岳トンネルとしては当時最長の官設大津線の逢坂山隧道[41]、もう一つは建設当時、日本最長であった敦賀線の柳ヶ瀬隧道[42]であろう。ただし、測量と設計を外国人が行ったことは前章で述べたとおりである。両隧道工事の現場監督は、逢坂山が国沢能長、柳ヶ瀬は長谷川謹助で、いずれも工技生養成所の修了生であった。両工事とも鉱山坑夫を招致し、爆薬（ダイナマイト）を用い、支保工[43]を設置して煉瓦巻を施している。ただし、ダイナマイトも煉瓦も利用は限定的であった[44]。とりわけ逢坂山では、生野銀山から招請された坑夫の働きが大きかったという。

日本のトンネル技術は江戸時代の鉱山開発や用水路建設において、すでに相当高度な測量および掘削術を持っていた。とはいえ、逢坂山の工事は困難をきわめ、国沢が技術書と首っ引きで現場の指導に心血を注ぎ、時には鉄道局長の井上勝も自らツルハシを振るって督励したという[45]。ともかくも日本人だけで施工を行い、その後の自信につなげたことの意味は大きい。また、柳ヶ瀬は距離が長く、片勾配が四〇分の一と急峻であったために相当の難工事となった。ちなみに、明治一六（一八八三）年九月、琵琶湖疏水工事への参画が決まった田辺朔郎が、他のスタッフとともに視察調査で柳ヶ瀬隧道の工事現場を訪れている[46]。琵琶湖疏水は柳ヶ瀬隧道を参考にしたのである。白石もまた、関西鉄道山岳部のトンネル建設に、先行工事の経験を活かす努力をして当然であろう。なかで最も身近な工事が、数年先んじて進行していた琵琶湖疏水の第一トンネルであった。残念ながら、白石＝田辺のレベルで両工事の関係を直接に示す記録が残されているわけではなく、また、彼らはそれぞれに積み重ねてきた知識や外国文献を指針としたはずである。が、繰り返してきたように、土木工事は学術理論、また異なる自然環境における経験通りにはいかないもので、身近な地域の類似の経験こそが良き指針となりうる。

鉄道建設史は鉄道史の中で語るのが常道かもしれない。しかし、大規模なトンネル工事自体が未経験であった当時、疏水のトンネルは鉄道トンネルの経験に学び、その逆もまた然りであった。より一般的にいえば、今日のように土木技術が専門化されていなかったため、専門技術者と呼ばれる人々が実はジェネラリストであった。彼らは主として海外から得た未分化の知見を活かし、技能者は鉱山であれ、道路であれ、用水であれ、伝統的に培われた工法を発展的に応用してそれぞれの「近代」に立ち向かっていた。技術的に未熟、未経験で、全体として工事機会も少ないとなれば、数年単位で進行する一つの工事で積み上げられた技術、技能、経験は、幅広く次の工事機会に役立つ、もしくは、役立てられるべきものである。もとより、鉄道建設は調査、測量、橋梁、トンネル、土工など、土木技術の集大成であり、他の建設事業にも応用が利く。さらに、両事業はともに関西地区経済に関わりが深く、どちらも社会資本建設でありながら競合する関係ではない。したがって、中井弘、浜岡光哲をはじめ、事業の支持者となった地方長官や地元の有力者にも共通性があった。ここで考察すべき対象は関西鉄道幹線の隧道だが、その情報不足を補う意味でも、少し先立って始められた琵琶湖疏水第一トンネル（以下、第一トンネルと表記）工事を顧みつつ検討を進めたい。これらのトンネルは明治前半期に、調査、測量、設計、施工すべて日本人の手で行われたという意味でも重要である。ただし、第一トンネルでは内務省雇デ・レイケの再調査によって計画修正が行われている。[47] 琵琶湖疏水建設事業についてはすでに多くの研究があり、また一般によく知られたものでもあるので事業そのものの注釈は割愛し、もっぱら関西鉄道との関わりに関心を向ける。

（2）同時期の工事：琵琶湖疏水第一トンネル

琵琶湖疏水工事（第一期）は、総工費一二五万円をかけた明治前期の金字塔的社会資本建設事業であった。その根幹をなす第一トンネルは長等山《ながらやま》を貫き、東口は湖岸大津、西口は藤尾村まで延長約二四三六メートルと、当時の日本で未経験の大規模な土木工事である。主として経済的な問題から外国人の力を借りず、日本人のみの布陣で——とはいえ、主要資材のうちダイナマイトや雷管のすべて、また導火線の一部やセメントの半ば以上は輸入に頼らざるを得なかったが[48]——ようやく導入されつつあった近代技術とあらゆる在来の技法や技能者、そして人力を投じて挙行された。[49] とりわけ、若くして工事の技術主任を務めた田辺朔郎は、現代に名を残す明治期の土木技術者／土木工学者の中で最もポピュラーな存在といってよい。

工期は琵琶湖第一トンネルが明治一八（一八八五）年八月～二三年二月。関西鉄道幹線第二区の加太《かぶと》・坊谷《ぼうだに》・金場《かねば》三隧道が二一年末～二三年末となる。全体工事の起工は琵琶湖疏水が明治一八年六月、関西鉄道幹線が二一年八月。その間約三年であるから大局的には同時期の工事だが、土木工事史的にみればその意味はかなり異なる。琵琶湖疏水の場合、日本で初めてという経験が多く、産業的にも人材的にも、いわばインフラが整わない状況でのインフラ建設だった。機械化、電化以前の工事であったから、人力に頼る部分が大勢を占めたが、そこで積み上げられた工夫と経験、そして実績の、後進土木工事への貢献度は計りしれない。一方で第一トンネル建設に要した工期と工費は著しく大きい。[50] 第一トンネルの成功に倣い、失敗を改めることで、関西鉄道は有形無形の後発性の利益を得ているだろう。それが日本の土木技術の発展にもつながったはずである。結論からいえば、第一トンネルにおける竪坑の利用、煉瓦巻、資材や特殊技能集団の活用等で関西鉄道への影響が認められる。また田辺の年譜には、第一トンネル竣工後の明治二三年五月に関西鉄道を視察したことが記されており、[51] 少なくともこの時期に、琵琶湖疏水と関西鉄道の技術トップレベルの接触があったことを示唆している。この種の、記録に残らない技術者／事業間交流の可能性には、第5章でも言及する。

琵琶湖疏水と関西鉄道の建設工事全般についてみると、どちらも直営の部分があるが、工事の進展につれて次第に請負が多くなっているようである。特に琵琶湖疏水は、着工前に多くの業者が請負を希望してきたものの、安易に任せられる状況ではなかった。まず監督者が坑夫頭を指導する必要があり、仕事のできる作業員を直営で確保することが肝要だった。主たる請負業者は、琵琶湖疏水が大倉組と藤田組、京都建築組（代表者・岡野伝三郎）他三〇名ほどであった。[52] このうち、大倉組と藤田組が合併して日本土木会社になったことはすでに述べたが、その際、技術部長として入職した山田寅吉も過去に関係した水系工事の経験を活かしてこの事業に貢献した。[53] 実力のある作業技能者集めについては、安積疏水や生野銀山の経験者が傭聘され、なかでも大きな実績を挙げたのが後述する福田組である。[54]

図 3-3　田辺朔郎（1861-1944）

一方、関西鉄道幹線工事の請負業者として名が挙がっているのは、杉井定吉、鹿島岩蔵、吉田寅松といった著名な鉄道請負人たちに加え、日本土木会社、三重土木会社（代表者・小倉梅之進）、遠藤君蔵、熊田亀次郎、中村国次、福田亀吉（福田組）などである。[55] このうち、第二区の三隧道を請負ったのが福田組であった。つまり、両事業の関係は、少なくともトンネル建設に従事した施工請負業者の連続性によって裏付けられる。

〈竪坑〉

琵琶湖疏水第一トンネル工事の特徴の一つは竪坑の利用である。竪坑自体は井戸間風《いどまぶ》とも呼ばれ、鉱山や炭鉱で利用されていた。湧水の排出、坑夫や資材の昇降、鉱石の搬出のほか、換気や採光にも役立つ。だが、本格的なトンネル工事の効率化、すなわち切羽《きりは》を増やすために掘削した前例としては、はるかに規模の小さい安積疏水の沼上隧道が知られるのみである。第一トンネルで竪坑を用いることを提案したのは、まさしくこの安積疏水開削工事に関わっていた南一郎平であった。安積疏水事業については第6章で検討するが、ともあれ、明治一五（一八八二）年二月、内務省より安積疏水会計主任として出向していた南は、[56] その手腕に着目した京都府知事北垣国道の依頼により琵琶湖疏水の実地調査を行って「琵琶湖水利意見書」をまとめ、その中で疏水開削の可能性や工事の心構えとともに、トンネル工事の期間短縮のために竪坑を利用することを示唆した。いわく、「隧道は迅速に貫通するを要す可し。何となれば数百間の地中に入り掛員工夫も自ら之を厭ひ、又堀込の入費よりも他の労費莫大なれば速に貫通する方労費共に逓減すればなり」「……井戸間風に着手す可し。さすれば一年以上凡一年半を費せば足る可し。若し否されば非常の勤勉を以て他の煩雑と困難の工事とを一に纏めば凡三年間を以て竣功するに至る可し」[57]。一方、安積疏水事業の記録「安積疏水志」には、竪坑、斜坑の掘削そのものが困難であったという記述はなく、その有効性のみが示されている。[58] しかし、結果からいえば、琵琶湖疏水の第一トンネルは安積疏水を参考にして竪坑二本を利用しつつ、完工まで実に四年半を費やした。南の予測は甘きに失したことになる。当時、トンネルとは掘ってみて初めて工事の難易が見えてくるものだった。さらに事業計画そのものが、安積においては在来の経験の上に立つところが多く、またそれで遂行できるレベルのものであったのに対し、琵琶湖では、たとえば測量法一つをとっても、より近代的な技法を用いなければならないレベルのものであったと考えられる。[59] 竪坑は建設時の中心測量線を確立するのにも貢献する。完成すれば日本最長のトンネルになるはずの、未曾有の大工事の成功を疑う世間の目もあり、設計監督を担当した田辺にもまた、少しでも早く竣工させたいという思いがあったらしい。[60]

切羽を増やし、中心測量線をトンネル内に移す意味から、最初に取りかかるべき工事がこの竪坑である。明治一八（一八八五）年八月の着工にあたり、まずは中間の小関越の窪地から第一竪坑の掘削を開始した。電灯も電話も電動機もなく、近くに機械工場すらない状況で、まさに人力が頼りであった。加えて多量の湧水に悩まされた。約四五メートル掘り下げて所定位置に達するのに八ヵ月以上を要したが、うち二ヵ月は湧水のために工事がほぼ停滞した。神戸の造船所で製造した蒸気のドンキー・ポンプには不具合が生じ、それを改造し、さらに大型のポンプをイギリスから購入するなどしてようやく完工にこぎつけた。[61]この第一竪坑掘削こそが、実は最大の難工事であった。[62]その理由は想定外の湧水のみならず、やはり、未経験と技術の遅れにも求められよう。これを経験し、乗り越え、外部要因としての技術進歩が加わることで、次の工事はより易く運ぶはずである。ちなみに、明治二〇年五月に至り、工事用電話が竪坑と疏水事務所および大津工場間に架設された。[63]

難工事は当初から予想されていたが、その難しさが証明されたのは実施してみての話である。当初はともかく手を尽くしてこの手のトンネル建設の経験者を探したという。「明治一八年七月に、山口県に依頼して鯖山［佐波山―引用者注］トンネル工事に従事していた石工福田亀吉ら六人を常雇坑内員として雇い入れた」「その後さらに、鯖山から一一人をあっせんしてもらったが、これらの人々は昼夜の区別なく働き、関係者を驚かす実績をあげ、その風評を聞いて京都から見学に訪れる人も多かった」との記録がある。[64]彼らは竪坑をはじめとして煉瓦巻など特に重要で難工事の予想される場所に配置され、素晴らしい成果を上げた。[65]ところで、「鯖山から来た坑内員」として前記の六名プラス一一名、計一七名の数が記録されているが、その後の工事で福田が二百名ばかりの人夫供給を請負ったという話も伝えられている。また、第一トンネルでは明治二一年十月に大規模な落盤事故が起こって坑内に六五名の坑夫が閉じ込められ、三日目に奇跡的ともいうべく全員が無事に救出されたのだが、[66]この人々がどうやら福田の配下であったらしい。彼らの関係性については曖昧な点も多いが、福田はきわめて有能な常雇員であったわけだから、まずは当該の坑夫たちをまとめる小頭的役割を担っていたと考えるのが理にかなっている。こうして日本の近代土木事業の巨峰である琵琶湖疏水工事に、「鯖山から来た人々」として、福田組および福田亀吉の名がとどめられた。[67]

〈福田組〉

ここで琵琶湖疏水の竪坑からさらに脱線し、この佐波山から来た坑夫たち――福田組についてもう少し詳しく検討しておこう。なぜならば、彼らは琵琶湖疏水と関西鉄道とをつなぎ、その双方で重要な役割を果たした奇特な施工業者なのである。

福田組の棟梁、福田亀吉は周防大島（屋代島）久賀《くか》出身の石工である。久賀では急峻な斜面に棚田を築くために古くから石積の技術が醸成され、これが多くの石工を輩出させることとなった。[68]彼らは江戸末期頃から親方中心に徒弟や工夫数名で組を作り、道具箱を抱えて主に長州藩下や瀬戸内、北九州各地に出稼ぎをして海岸部の石波止や塩田・干拓地の潮留建設、あるいは山間部の開畠開田に従事し、またその技能に誇りを持っていたという。[69]明治期にも石工は久賀の出稼ぎ頭であったが、その仕事内容に変化が起きて、彼らは日本各地の近代土木工事にも携わるようになった。人並外れて膂力、胆力とも優れていた福田は若くして徒弟を引き連れ、本州側に渡って萩の鹿背《かせ》隧道、続いて佐波山隧道工事に携わった。[70]鹿背は山口県最初の洋風石造トンネルで、明治一六（一八八三）年着工、一九年竣工。[71]佐波山は山口と防府を結ぶトンネルで、明治二〇年の竣工である。いずれも同じ山口県内の工事であり、久賀の石工たちが多く参加していたと推察される。だが、久賀の石積技術といえば、今日なお地元の誇りであるにもかかわらず、島外へ出て行った石工たちが具体的にどの事業に携わったかということについて特定できる事例はきわめて少ない。また、島内で請負業といえるほど大きな組を組織した棟梁の記録もなく、福田の仕事流儀は島の伝統からみるとかなり特異であったと考えられる。[72]

前述の落盤事故の後、福田は救出された坑夫たちの慰労や、また一心に無事を祈願した神仏への成就謝礼の寄進などに資産を使い果たし、さらに相当の借財まで抱え込んだ。しかし、琵琶湖疏水工事の後で請負った関西鉄道の隧道工事で元を取り返したのみならず、彼の懐は充分に潤った。その後はトンネル稼業から身を引き、黒船[73]二隻を手に入れて海運業に乗り出したのだという。以上は、福田亀吉の故郷に伝わる話の要約である。[74]

かつてない大掛かりな土木工事である琵琶湖疏水、とりわけ竪坑付近には見学者が後を絶たなかったと伝えられており、地理的にも近い関西鉄道関係者がこの工事に関心を抱かなかった方が不自然である。[75] 関西鉄道では明治二一（一八八八）年九月末、白石がトンネル建設のために各請負会社を実地見分させて工費見積書を提出させ、請負人の選定にあたった。[76] 工事中最難関と予想される山越えに、鉄道請負としては全く無名、無経験の福田を抜擢したのである。一方福田は、関西鉄道の請負が決定した直後に琵琶湖疏水第一トンネルでの事故に遭遇したことになる。坑道に閉じ込められた坑夫に、福田が関西鉄道工事に同道させる予定者が含まれていた可能性も大きい。関西鉄道隧道工事が福田にとって、物心両面での挽回のチャンスであり、猛烈に頑張って仕事をしたとして不思議はない。それに対する報酬もまた大きなものであったと推察されるのである。

図 3-4　福田亀吉（1850 頃-1906）

福田亀吉の仕事は、鹿背、佐波山、琵琶湖疏水、関西鉄道、と工期が次々にオーバーラップしながら進んでいる。この状況から推測されるのは、福田組が小さいながら並々ならぬ技能と力量を持ち、一つの工事で成果を上げるとそれによって次の仕事への道が開け、組の技量を存分に活かせる部分を担当して、次から次へと工事現場を渡り歩いていく姿である。トンネル屋として名を上げた福田だが、鉄道トンネルとしては加太越えの工事が最初で最後となった。

(3) 加太越え三隧道

琵琶湖疏水との関わりを念頭に置いて、再び関西鉄道の隧道建設に話を戻そう。

幹線の経路であるが、近江南部・伊賀は山に囲まれ、その山麓の東側に四日市という海浜地帯がある。この間は直線距離的には近いが、山を越えねばならない。四日市から伊賀盆地に進入する際になるべく緩やかな勾配を保とうと思えば、山脈越えの頂点に達するまでになるべく長い距離をとる必要がある。これには最大の河川である鈴鹿川に沿って登るしかない。その経路の中で最も低い峰が加太から柘植への越道である。実のところ、旧東海道は関から鈴鹿峠を越えて三雲(旧東海道筋で水口宿と石部宿の中間)に至る。鈴鹿峠の北(滋賀県)側はなだらかな斜面だが、東南(三重県)側が急峻に過ぎる。明治四(一八七一)年にまとめられた土木司鉄道路線調査で、この鈴鹿峠が迂回すべき難所とされたことはすでに述べた。最適な経路は加太越えで、それ以外の途はなかった。つまり、難工事を避けるために旧東海道と山越えの位置を変えたわけだが、なおかつ、その加太越えが関西鉄道幹線建設の最大の難所であった[77]。

加太越えの経路は、すでに太田六郎が予備調査で概要を示して政府の認可を得ており、それ自体は全く適切と考えられた。しかし、白石のもとであらためて詳細な調査に多大な時間を費やし、隧道の位置決め調整を行った。関駅、すなわち山岳部の起点から徐々に登って測量し、各隧道の両入口をどこでどの高さにすれば、勾配四〇分の一(二五‰)から百分の一(一〇‰)の混用で首尾よくつながるかを検討した。「四〇分の一」は当時の常識で最急勾配と考えられていたが、この勾配を使用しなければ到底加太谷を上ることはできず、これには取捨選択の余地がなかった。ちなみに、前章で触れた私設鉄道法と同時に公布された「鉄道建設規程[78]」によれば、鉄道線路の勾配は通例四〇分の一を超えず、いかなる場合にも二五分の一を超えてはならない、としている[79]。トンネルの四〇分の一勾配は、当時しばしば用いられたが、特に距離が長い場合は、トンネル内での列車の立ち往生や酸欠などの危険を伴うものであった。

加太越えは草津—四日市間幹線の第二区、井上徳治郎の担当区間である。もともと三分割して建設が始められた幹線の中で、第二区は全長の約二割、関—柘植（当初予定では五反田）の二駅間だけの短い区間であり、後、明治二九（一八九六）年九月になって、この二駅の中間に加太停車場が新設された。三つの駅と隧道の位置関係は、関駅から西に向かって金場、坊谷、そして後の加太駅を挟んで柘植駅側に加太の計三隧道が高度を上げつつ並ぶ。

まずは最高峰に穿つ路線最長の加太隧道である。予備調査段階では長さ千二百メートルを超え、この建設だけでも甚大な工期および工費がかかることになっていた。その節減のため、アプローチを充分に上げておいてトンネル自体の長さを約九一一メートルに短縮し、なおかつ、なかほどの最も高度が低いあたりに深さ約二八メートルの竪坑を掘り、両入口と合わせて三ヵ所四面から掘り進めることとした。[80] 日本で鉄道の隧道掘削に竪坑を利用したのは、この加太隧道が最初である。[81] おそらく、前述の琵琶湖疏水工事を参考としたであろう。同時に、琵琶湖疏水の竪坑工事が湧水のために恐ろしく難航したことも関係者の間で周知情報となっていたはずである。関西鉄道では湧水対策のために当初から外国製の蒸気ポンプを準備し、巻揚機とボイラを石川島造船所に依頼して製造したが、[82] この対応は琵琶湖の轍を踏まないための心配りでもあったろう。また、琵琶湖の竪坑は当初、エレベーター——二個の大桶——をつるべのように人力で上下させて湧水を汲み出していたが、[83] 加太の竪坑は、坑夫・資材・瓦礫の昇降用エレベータと水替用の諸パイプを通すために三分割し、それぞれの作業をスムーズに進める工夫がなされていた。

加太隧道の着工は他の隧道に先駆けて明治二一（一八八八）年十二月二六日。加太口から柘植口までの勾配が四〇分の一。施工は直営で、福田組（福田亀吉）が人夫供給を請負った。また、支保工や煉瓦巻の手間なども請負契約で行った。[84]

明治二二（一八八九）年四月頃、東西両口および竪坑と建築部の第二区出張所にそれぞれ電話機を設置し、電話線を架設して工事の速やかな進捗を図った。[85] 竪坑は同月二八日に予定より深い坑底約二九メートルで竣工した。西口—竪坑間および東口—竪坑間、それぞれ両面から工事が行われ、隧道工事の第一段までは予想外に早く進んだ。これには事前から懸念していた湧水に、それほど悩まされずにすんだという事情が大きい。[86] ちなみに、幹線の建設初期にはトンネルよりもむしろ亀山付近の土工に手間取っており、その理由の一つが工夫の欠勤の多さであると伊勢新聞が報じている。[87] 二二年三月末に至っても、関の停車場や加太に至る線路の位置取りもまだ最終決定されていなかった。[88]

掘削工事は三段階、それに仕上工事としての煉瓦巻を行った。第一段の導坑について、竪坑の西側は明治二二（一八八九）年八月二五日に貫通、東側は十月七日深夜に貫通した。貫通地点は竪坑—西口間で左右一〇センチメートル、高低一五センチメートルのずれ、竪坑—東口間は六センチメートルのずれ、貫通後の延長実測は約九一三メートルであった。[89] 十月一九日には関係者その他二百余名の出席者を得て盛大な貫通式が挙行された。[90] 同年十二月一五日に草津—三雲間の開業式も行われた。[91]

加太隧道の竣工は、貫通からまる一年後の明治二三（一八九〇）年十二月であるから、湧水に苦しめられなかったとはいえ、やはり難工事であったと推測される。[92] 建設費は一八万九七六〇円余と高額だが、建設単価（一フィート当たり）は約六二円で明治期の標準程度であった。[93] 琵琶湖疏水第一トンネルは総工費四三万二九五六円、[94] 建設単価は約五四円だが、断面積が鉄道トンネルの半分以下なので相当に高価だったと考えてよかろう。

なお、竪坑は掘削に四ヵ月を要したが、加太隧道の総工期がおよそ二年であったことを考えると、切羽数の単純計算で一年四ヵ月、まずは工期短縮に多大な貢献をした。工期短縮は工費節減と早期開業、ひいては営業利益につながるが、それだけではない。おそらくは、難工事であった琵琶湖疏水の竪坑に鑑み、より首尾よく工事を進行させたいという日本で経験の浅い技術への挑戦、さらには後進への指導上の利点もあったはずである。加太の地形はちょうどその実験にふさわしく、あるいはあえてその路線選択をしたことも考えられる。加太隧道は急勾配とはいえ、第一トンネル建設時に比べれば設備機械の準備がなされ、請負業者も経験を積んでおり、隧道延長は半分以下、竪坑の深さも約半分であったから、白石にとっては充分な成算があったことだろう。延長距離の短縮化と竪坑利用という計画変更による工費節減は当初六万円余と見積もられていたが、後に少なくとも一〇万円の減殺を見込むという話も報道された。(95) なお、琵琶湖疏水工事で使われて用済みになった資材のうち、竪坑掘削に使用した巻揚用鋼鉄縄、エレベータ、セントリフューガル・ファン、丁字鉄、また電気導火線などにつき、関西鉄道から譲渡を依頼され、その価格を検討する記録が残っており、これらは安価に払い下げられたとみられる。(96)

金場、坊谷の両隧道も明治二二（一八八九）年になってから設計変更が行われた。金場は約二〇一メートルの計画を約二二五メートルに延長する一方、坊谷は最初約一六一メートルの計画を約一五二メートルに短縮した。(97)

金場隧道の勾配は四〇分の一。地質は両坑口付近が土砂軟岩で中央部分は堅硬な花崗岩であった。着工は明治二二（一八八九）年十月七日、貫通は翌二三年四月七日。(98) 第一段から第三段まで掘削は直営施工で福田組が人夫供給を請負い、第四段は掘削、煉瓦石工とも福田組が請負った。煉瓦石工は岩質が堅固な個所は半ば掘削のまま、あるいは側壁の煉瓦石畳築を薄くして、工期・工費を節減した。穹隆煉瓦石工は明治二三年八月一一日着工、十月一二日竣工という驚くべき早さであった。急いだ理由は、加太方面に通じる建築列車を早く通すためである。工事が粗略にならないよう、監督者の数が激増したという。(99)

続く坊谷隧道の掘削工事は二二年十一月六日に着工、二三年三月六日に貫通、同年十一月に竣工した。距離は短いが地質が全て堅硬な花崗岩で、一昼夜かけて三〇センチメートルほどしか掘れず、火薬を大量に消費した。掘削は直営施工、坑門工および煉瓦石工は福田組が請負った。(100) 金場、坊谷の両隧道は、加太よりも地質が固く湧水が多かったため、掘削に手間取ったが、延長が短いのが幸いした。(101)

三隧道の工事を請負った福田組の貢献度が大きかったことは、以上の経過からも推定できる。なお、トンネル工事監督の井上も請負の福田も琵琶湖疏水の大事故に鑑み、加太ではその轍を踏まぬよう細心の注意を払ったと考えられる。事故の記録は確認されていないが、しかし、工事による犠牲者が数多く出たという話も伝わっている。[102] なお、これら三本のトンネルは今日も現役で利用されている。

火薬といえば、第二区の三本の隧道工事では、初めは黒色火薬とダイナマイト、遅れてゼリグナイトを使用している。[103] 揺籃期の特徴として、工期の間にも技術が進歩していくことが、爆薬一つをとっても推察できる。隧道工事期間中の重要建設部材としては、火薬（雷管、導火線）の他、木材、石材、セメント、煉瓦石、鉄釘類などが挙げられるが、この中で最も高額だったのが煉瓦石である。ここでは、当時の鉄道建設に欠かせない資材となった煉瓦石に触れておきたい。隧道掘削と煉瓦巻がセットになって、たとえば福田組のような伝統的技能集団の面目躍如たる場を作ったことは興味深い。

〈煉瓦石〉

明治五（一八七二）年に開通した京浜間鉄道においては、沿線に煉瓦製造者が絶無であり、新たに官設工場を開設するにも材料となる粘土が見つからず、結局全線煉瓦を一切用いずに石材を使用した。[104] 関西ではこれより少し前の明治三年、鉄道当局により堺に煉瓦製造所が設立された。これは阪神間鉄道建設のためで、関西地域の陶器、瓦職人を集め、外国人の指導の下に製造が行われた。[105] 琵琶湖疏水の計画当時、その堺は日本有数の生産地であったが、ようやく年間二～三百万個の生産能力を持つにすぎなかった。そこで、山科に専用の工場を設置して年間一千万個近くを焼成した。煉瓦工場の規模としては当時日本一であったが、それでも需要に応じきれなかった。[106] また、トンネルの巻立が床面や両岸壁面も含めた「最初の本格的煉瓦巻」で、このために工事費が跳ね上がった。[107] そもそも巻立は外観を重んじて行うものではなく、強度を増し、岩石の崩落を防ぐための措置である。しかし、堅い岩石をくりぬいたトンネルの表面に土を焼き固めた煉瓦を巻き立てるという理屈が、当時一般の日本人には理解しがたかったという。[108]

一方、関西鉄道では、白石がトンネル用煉瓦石として約三百万個という需要予測を立てている。「他所から購入して山頂まで運搬するのは莫大な費用がかかり、かつ困難なので、隧道近辺で粘土を探したところ、西口近くに粘土層並びに煉瓦焼成に適切な場所を発見、試焼も成功し、煉瓦職工を配して準備を進めている」との記述がある。[109]当時、煉瓦を大量に需要するトンネルの近接地での生産は、特に僻地において大いに合理性があった。加太村に関西煉瓦製造所の仮事務所がおかれたのが明治二三（一八九〇）年二月、隧道の煉瓦巻立が始まる同年九月初旬から、近傍の山において盛んに煉瓦が焼き立てられた。[110]その煉瓦窯の跡がトンネルの北約一キロメートルの一ツ家地区に残っているという。[111]ただし、実際に質量とも予定通りの煉瓦が製造できたかどうかは不明である。

図 3-5　加太隧道坑門工

図 3-6　ねじりまんぽ（加太–柘植間のカルバート）

ところで、前述の三百万個は加太隧道のみの需要予測と考えられる。営業報告書に現れた煉瓦石の購入数は、少なく見積って千二百万個に達する。[112]関西鉄道第一期工事の幹支線にはトンネルが大小七ヵ所、橋梁四〇ヵ所、カルバート[113]一六〇ヵ所以上が建設されており[114]、使用状況の詳細は未確認ながら煉瓦石の大量需要は大いにうなずける。一方、伊勢新聞には、「煉瓦や鉄条が日々亀山を通過して運搬され、一部が加太村へ運ばれていき、一部は亀山付近に積み上げられている」[115]、「先月来、四日市本社から煉瓦や常滑焼土管が亀山に運ばれ、奇観を呈するほどに堆積している」[116]といった内容の記事が見られ、少なくとも幹線着工間もない時期に外部から大量の煉瓦石が運び込まれていたことがわかる。琵琶湖疏水事業から関西鉄道建設に至る短期間に、東海・関西地区における煉瓦製造能力が急激に上昇しつつあったと推測されるが、逆にいえば、その変化を推し進めた要因の一つが、鉄道のトンネルや橋梁建設に伴う煉瓦の大量需要であった。鉄道の煉瓦利用はトンネルや橋梁の他、土留壁、駅舎、工場、倉庫など多方面にわたっており[117]、この膨大な需要と煉瓦製造のインタラクションが日本の近代土木・建築技術や様式の発展にも貢献した。

また、琵琶湖疏水と関西鉄道をつなぐ煉瓦譚として、疏水インクラインの下、および加太隧道付近のカルバートに〝ねじりまんぽ〟と呼ばれるユニークな煉瓦積が施工されている。偶然にできるものではなく、両者の間には何らかのつながりがあるはずだという[118]。

「明治の近代化」の香りを今日に伝える煉瓦建造物だが、この頃まで、煉瓦生産は工場自体が直営か、もしくは注文生産で成り立つのが一般的であった。継続的に見込生産をする、いわゆる煉瓦工場が成立していくのはこの後のことである[119]。

〈広軌対応トンネル〉

時期的には少し後のことになるが、トンネルの話の最後に広軌対応隧道建設について述べておく。

当時、官設鉄道隧道標準は馬蹄形、高さ約四・七メートル、幅約四・三メートルで、加太三隧道をはじめ、幹線のトンネルはこの形式であった。しかし、関西鉄道では明治三〇（一八九七）年十一月開通の上野—加茂間（柘植—奈良線）に建設された三隧道以降、断面が独自設計になった。広軌への改築に備えてドイツの建築定規を採用した日本で最初の事例であり、高さ約五・四メートル、幅約四・五メートルに拡大された[120]。その後、関西鉄道が建設したトンネルはすべて広軌対応となる。その中で加茂—木津間の鹿背山《かせやま》隧道（延長約三〇四メートル）は、地表からの深さが一五メートルほどしかなく、さらに地質が脆弱で崩れやすいという悪条件が加わってたいへんな難工事となった。一フィート当たりの建設費が四八〇円余と加太隧道の八倍近くかかり、この建設単価が明治期の鉄道トンネルとして最高記録だという。[121]

広軌対応トンネルの建設は、広軌論者であった白石の意向によると考えられる。断面を大きくすると土圧が増してそれだけ工事のレベルも上がるため、当時としてはきわめてチャレンジングな設計施工であった。

図 3-7　大河原大隧道（広軌対応）の工事（西口）

図 3-8　大河原大隧道（広軌対応）坑門（東口）

アメリカやドイツで大型の鉄道車両を観察してきた技術者の眼に、日本の狭軌車両、とりわけ貨車はいかにも貧弱に映ったことであろう。それは彼我の経済力の差を象徴的に示すものでもあった。白石は「広狭軌道比較談」を執筆して両議論の論点の比較、世界各国の統計資料などを示し、現下の経済発展レベルでは狭軌で十分なこと、しかし、将来的な経済発展および鉄道技術進歩を見越せば広軌に転換していくべきだが、場合によっては広狭併用もありうることを説いた。また、狭軌から広軌への改築方法も論じており、その中で、改築技術上最も困難なのがトラス橋とトンネルであると指摘した。[122] 明治三〇（一八九七）年以降、関西鉄道はトンネルのみならず橋梁も広軌対応を可能にした。自ら実践に乗り出した白石だが、その議論は感情に走らず、統計資料に立脚し、現実的かつ多様な得失の観点を取り入れた柔軟性の高いものであった。その論点から判断すれば、関西鉄道における広軌対応建設は、将来的な貨物の大量輸送を予測した証左であり、その最大の目的が、広軌転換時の改築工事を軌道改良のみ、つまり短時間、低コストで実施するための予防措置であったと考えられる。こうした工夫一つにも、時代を超えて社会経済を支えていくインフラ建設の本質がみえてくる。

周知のように、当時は狭軌論が主流を占め、とりわけ鉄道事業の権威である井上勝は早期路線拡大の立場から狭軌論者であった。明治期の鉄道が諸般の状況から判断して広狭いずれの軌道を採るべきであったのか、ここで論じる余裕はない。強調しておきたいのは、さしあたり必要がなく、また官の主流派の意向に反しているにもかかわらず、技術的にもコスト的にも困難な広軌対応措置を、将来の可能性——経済発展や経済性、また改修工事の利便性や利用者への効用——に向けて講じた白石の技術者魂と合理精神である。そして、リスクを含む実験的行為が、官ではなく民間企業においてなされたという事実である。

ちなみに、関西鉄道の各トンネル坑門の意匠はバラエティに富み、それぞれが独自の存在感を示している。これは白石に主導された技術的自立や併行路線である官設官営鉄道へのライバル意識から醸成された個性的な社風と無縁ではないとする見方がある。[123]

（4）幹線の開通開業と経営危機

さて、幹線の開通開業は、第三区が明治二三（一八九〇）年二月、第一区が九月、そして最後の難関、第二区は加太隧道の竣工とともに十二月であった。この間、二三年十月に、白石が中野武営の後を継いで社長に就任したことはすでに述べた。その頃、関西鉄道の営業成績が芳しくないことにも触れたが、明治二二〜二三年にかけての対払込資本金利益率は極端に悪く、同年の夏以降、大株主の重役たちは経営陣や白石に対し、経営改善や技術部員を含む大胆な減員を迫るという厳しい状況にあった。[124] 人員削減は実際に行われて給与経費が七百円減額され、さらに中高給職員数名の解雇も進行中であった。[125] 一方で関西鉄道はまだ全線営業を本格化していなかった。幹線の両端が開通しても、肝腎の中央山間部で途切れているのだから、営業成績が悪いのもある意味当然ではあった。加太隧道竣工に重なる全線開通が待ちに待たれていたのであった。

工事が終わり、監査にあたったのは、当時鉄道庁三等技師の仙石貢（一八五七〜一九三一）である。[126] この人選については、白石が事前に神戸に赴き、同地に出張中の鉄道庁員に監査を出願することを伊勢新聞が伝えている。[127] 個人的な人間関係が影響したことも考えられる。少なくともこれを機に、白石と仙石との関係は単なる「同郷、同窓の知己」よりも深いものになった。監査は十二月一七日に終了した。

明治二三（一八九〇）年は恐慌で日本全体の景気が低迷した年であったが、幹線開業を控えた一時期、関西鉄道の株価は上げに転じたという。[128] 十二月二二日に四日市―柘植間の開業免許が下り、二四日に開業式、二五日から開業の運びとなった。伊勢新聞には「関西鉄道会社開業式」の全面広告が掲載された。[129] そこに示された広告文の要点は以下のとおりである。

・関西鉄道は伊勢四日市において横浜に通う郵船会社の汽船に、近江草津において官設東海道鉄道に接続する。この接続に便宜を図る時間帯に運行する。乗り継ぎ切符を利用すれば、草津で切符を購入する手間が省ける。
・神戸から東京に行く場合：早朝に神戸発　↓　草津で乗り換えて午後に四日市着　↓　汽船に乗り換え、翌朝一一時頃横浜着。
・東京から神戸に行く場合：午後に横浜発汽船　↓　翌朝一〇時頃四日市着　↓　鉄道に乗り換え、草津経由で午後六時過ぎに神戸着。
・伊勢参りにも便宜を図っている。

すなわち、もっぱら東西両京の往復に伊勢参りの便宜を加えた宣伝内容である。広告文の他に旅行案内として沿線各地の簡単な紹介も掲載されており、地方鉄道というよりは全国区的なアピールがなされている。前述した、白石の監督就任時の構想をよく反映したものと考えられる。また、鉄道の内陸部への経済効果として、各停車場近辺にはいわゆる「駅前町」の形成が見られ、時に「関西鉄道村」と呼ばれるほど鉄道業に従事する人口の増えた地域もあったという。(130)

伊勢新聞では、華やかな開業式の様子も伝えられた。しかし、全国的な恐慌の影響があったとはいえ、開業後の営業成績は芳しくなく、他の私鉄に比べても営業効率が悪かった。幹線開業後半月で、一日の平均乗客数は四百人、貨物二百個程度と、所期の二～三割の成果であった。明治二四（一八九一）年、関西鉄道は貨物運賃の低減、乗車運賃の一部引き下げ、客車と貨物車の連結運転等、さまざまな対策を講じた。(131)八月には支線の亀山—一身田《いしんでん》間が開通開業し、終点の津まであと一息に迫ったが、その間の九月末、暴風雨で幹線の関—柘植間の線路が破壊されて営業休止を余儀なくされた。加太近辺には相当厳しい築堤を施しており、豪雨の際に多少の損壊もありうる状況ではあったが、それだけでなく両側の山に崩落が生じたのである。(132)関西鉄道では同地区で豪雨の度に石垣や築堤が破損することを恐れて線路変更を行ったが、(133)営業休止の影響は深刻で、その年の株価は払込額の半分以下にまで低落した。将来計画にある木曾、揖斐両河川の架橋に要する巨費も懸念された。諸戸清六ら地元の大株主が会社の将来に見切りをつけて持株を売り飛ばし、さらに株価が下落する悪循環が起こったという。(134)常議員（明治二六年末から取締役）を継続した木村誓太郎や弘世助三郎も持株を減らしている。実際、名古屋延伸の実現以前、関西鉄道で株主配当が実施されたのは明治二六年度上期の一度きりであった。[135]

図3-9は、関西鉄道敷設の請願をした発起人五〇名を、三重、滋賀、京都、東京圏の住所府県別に分け、その明治二一（一八八八）年から三三年にかけての持株数推移を表したものである。発起人には初期大株主のほとんどが含まれており、四六名が明治二三年までに百株以上を取得していた。[136] 二五年のデータが得られないのは残念だが、白石が社長に就任した二三年から二六年の間に、当初の大株主たちのほぼ全員がこの事業から撤退もしくは持株を縮小したであろうことが見て取れる。とりわけ地元有力者たちが地域の社会資本形成を支援しつつ、しかし、これが収益事業にならないとみるや手を引いたことは注目すべきである。

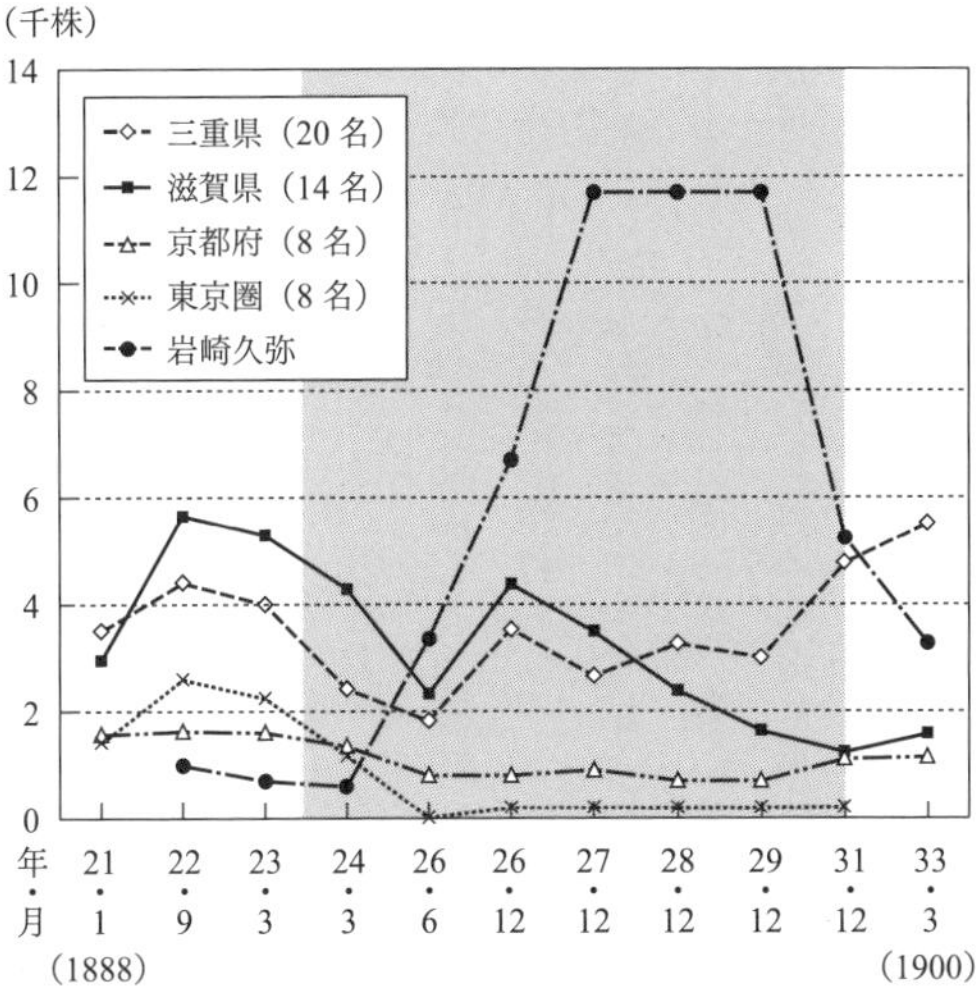

図3-9　関西鉄道：地方別発起人（計50名）と岩崎久弥の持株数推移：明治21～33年

注）各地方別発起人持株の合計。東京圏は神奈川県を含む。
岩崎久弥は個人。発起人ではない。
網掛け部分は，白石の社長時代を示す（株主調べの時期とは，少しずれがある）。

出所）明治21年については「発起人住所氏名並各自引受株数」「鐵道院文書」；22年以降は「株主姓名表」老川慶喜／三木理史編『関西鉄道会社』第5巻；第6巻，日本経済評論社，2005年より作成。

これに対して発起人ではない中央資本家のシェアが増大する。図には中央資本家を代表して、筆頭株主となった岩崎久弥の持株数の推移を重ねて表示した。明治二六（一八九三）年以降の急増は、先に述べた名古屋、奈良への延伸目的である六五〇万円への倍額増資を岩崎が大量に引き受けたことを示す。三菱は海運会社時代から伊勢湾の要港である四日市とは関係が深い。明治六年から三菱商会の汽船が四日市に寄港し、また、一三年に開業した三菱為替店の支店が四日市にも置かれていた。[137] 関西鉄道に負う四日市の海陸連絡地としての価値が十二分に認識されていたと考えられる。[138] 岩崎の持株動向は、目先の得失に拘泥していない証ともとれるし、一方、鉄道事業の興隆と三菱の事業との関わりの深さを示すものでもある。明治二八年当時、岩崎久弥は群を抜いた大鉄道資本家であり、関西の他、日本、山陽、九州、筑豊でも筆頭株主となっていた。[139] 鉄道が諸産業へ多岐にわたる貢献をすることはいうまでもないが、このケースでいえば、鉄道が次章で触れる石炭の大需要者であり、三菱はその石炭の大供給者であったことが重要だろう。さらに、第1章で触れたが、白石は岩崎久弥のアメリカ留学に助力した可能性が高い。久弥は留学期間中、明治二二年の夏に一度帰国しているが、久弥名義の最初の関西鉄道株取得はちょうどその時期に当たる。株式取得自体は弥之助の采配によると考えるべきかもしれないが、いずれにしても、岩崎家と白石との関係を推測させる一件ではある。

それにしても、地元資本家が離れた厳しい時期に大量株を保持し続けた岩崎久弥の持株数は、まさしく白石の社長退任（後述）に合わせるように減少する。関西鉄道の経営難かつ重要な拡張の時期、白石がかなりの弱気になっていたことは、前章で触れた「鉄道国有論」からも推察される。こうした状況下、岩崎の株保有は白石体制への支援投資の意味合いを含んでいた可能性も捨てきれない。岩崎の本意は知る由もないが、事実としてそうなっていたのである。そしてこの後、岩崎＝三菱の事業と白石主導によるインフラ建設との関係は、表立って強固なものになっていく。

3　新線建設工事と橋梁

(1) 名古屋、奈良への延伸

白石は明治二一（一八八八）年の監督就任時から名古屋への延伸という構想を温めていたが、これについては早くも二二年六月、当時社長の中野武営が、津―山田、桑名―名古屋、さらに柘植から大和へ進入して大阪鉄道に連絡するための実地調査を常議員会に諮問し、賛同を得ていた[140]。中野案には当然白石の意向も反映していただろう。だがここにきて、名古屋延伸は甘やかな希望ではなく、短期的には経営をさらに圧迫することが自明でありながら、将来的な経営改善のためにぜひともやるべきこととなった。災害その他の被害以前に、幹線の利用状況が悪すぎた。明治二六年、関西鉄道の運輸収入は一日平均一マイル当たり七～八円と低迷した[141]。利用者数の増大を図るには、名古屋―京都―大阪―名古屋間の相互接続が良策であろう。社長になった白石の次なる仕事は、現状の経営をひたすら危惧する一部株主とは別の将来像を描き、その将来像を自ら実現していくことであり、具体的にはまず桑名から名古屋への陸運開拓で、前述のように、この厳しい年の八月に着工された。

技術者については、工科大学出身の三名のうち中山秀三郎が明治二三（一八九〇）年に工科大学助教授として、渡辺秀次郎が二四年に大阪鉄道技術部長として転出し[142]、井上徳治郎のみが残留していた。中山のその後については先述した。渡辺が移籍した大阪鉄道といえば、関西鉄道と路線をすみわけ、関西鉄道幹線と同じく明治二三年末に、王寺―奈良間の開通をもって大阪―奈良間が全通するはずであった。しかし、王寺停車場西方の亀瀬隧道が地盤軟弱のため崩壊の危険ありとして鉄道庁の検査（検査官は仙石貢）で改築を命じられた。大阪鉄道ではさしあたりトンネルの両側で折り返し運転を実施しつつ鋭意改築にあたり、二五年二月、ようやくトンネルが落成して大阪―奈良間全通となった。この亀瀬隧道の改築工事を担当したのが、大阪鉄道の主任技師となった渡辺であった[143]。明治二九年に至り、渡辺は大阪鉄道技術部長を辞して技術顧問となる一方で京都鉄道技師長に就任、三一年には技術顧問となって技師長職を井上徳治郎に譲った[144]。

二名の転出は、むろん上級技術者供給不足を背景とする相手側の要請によるものであろうが、工閑期の高給技術者温存が厳しい経営事情も反映している。ちなみに、当時の私鉄では、技術者たちが本業の他に技術顧問として他社の技術の中核的存在になる事例が多かった。かたや白石は、いよいよ名古屋延伸の免許がおりると、今回もまた

図 3-10　那波光雄（1869-1960）

工科大学時代の教え子の中で特に優秀であった那波光雄と菅村弓三の卒業を待って入職させた。なお、桑名―名古屋間、柘植―奈良間の工事方法書は、いずれも主任技術員、井上徳治郎の名で提出されている[145]。

話が重複するが、名古屋延長新線と同時期に四日市―桑名間の工事も行われ、明治二七（一八九四）年六月に竣工、七月に開業した。桑名―名古屋間は、揖斐、木曾両河川部を残して、名古屋―前ヶ須（弥富）間が二八年五月に開業した。揖斐、木曾両河川の橋梁はいずれも明治二七年三月に起工したが、竣工は二八年十月。これにより、同年十一月に四日市―名古屋が全線開業した[146]。この地域の測量および二大橋梁の建設には時間を要した。

（2）鉄道建設における橋梁

表3-1により、明治二六（一八九三）年末までの四日市―草津間（約七九キロメートル）と二九年末までの四日市―名古屋間（約三七キロメートル）の建設費を比較してみよう[147]。ただし、表に掲載した費目は一部分のみであり、時期の選択は、開通開業後の残工事の期間を斟酌したこと、および原資料の項目の統一性などによっている。また、幹線の総距離が名古屋新線の二倍強であることに留意を要する。幹線の隧道費、名古屋新線の橋梁費と用地費が高額であるのは当然だが、それにしても名古屋新線の橋梁費、また建築・測量用具費は突出しており、木曾、揖斐の橋梁建設が大工事であったことを示唆している。

『明治工業史』によれば、鉄道の諸構造物のうち、最も欧米との落差が大きく、技術的な自立が遅れたのが橋梁であった[148]。当時、世界トップレベルの橋梁技術は急展開を示し、巨大橋梁が建設され始めていた。その一つが第1章で触れた一八八三年竣工のブルックリン橋であり、また鉄道橋としては一八九〇年竣工のフォース橋（エディンバラ）がある。ブルックリン橋は吊橋でフォース橋は吊桁を利用するカンチレバートラスを用いたが、いずれも橋桁から水面までの距離が大きく、主塔／橋脚の数を減らして船の航行に適する設計になっていた。こうした状況下、彼我のギャップは一層大きく感じられたかもしれない。

表 3-1　関西鉄道幹線および名古屋新線の建設費内訳

（単位：円）

費目（一部抽出）	幹線（四日市—草津） 約 79.4 km（明治 26 年末）	名古屋新線（四日市—名古屋） 約 37.2 km（明治 29 年末）
線路実測費	10,781	4,342
工事監督費	43,525	29,837
用地費	104,888	312,998
橋梁費	356,452	1,339,801
土工費	416,381	214,560
カルバート費	103,352	107,469
隧道費	274,293	—
軌道費	456,984	212,947
停車場費	97,086	49,439
建築・測量用具費	19,578	33,843
小計	1,883,320	2,305,236
その他	569,185	351,202
計	2,452,505	2,656,438

注）単位未満四捨五入。
出所）関西鐵道株式會社「第 11 回報告」;「第 17 回報告」より作成（老川慶喜／三木理史編『関西鉄道会社』第 1 巻；第 2 巻，日本経済評論社，2005 年，p. 305；pp. 268-269）。

元来、橋とは基礎から基礎に上部構造を架けるものであり、技術的に重要なのは橋そのものの長さではなく、橋の基礎間＝スパンの長さである。川幅が狭ければ両岸の橋台のみで橋桁（および通行重量その他の荷重）を支えられるが、川幅が広く（橋全体が長く）なれば途中に橋脚およびその基礎を置いて橋桁をつながねばならない。ごく単純に考えて、底深く流れの速い大河の中にその基礎を建設するのが至難の業であることは理解できよう。その数が少ないほど工事のコストおよび手間が省けるし、何より船の航行への障害が減る。スパンをどこまで伸ばせるかということが橋梁技術の大きなポイントであり、その目的のためには上部構造を吊橋にすると良いことはすでに理解されていた。吊橋は橋桁を水面から高い位置に保つのに適し、船の航行にはさらに貢献できる。ブルックリン橋は全長一八三四メートルだが、二つの主塔のスパンは実に四八六メートルと、当時としては驚異的な長さであった。[149] 長大な鉄道橋として著名なフォース橋は全長二五三〇メートル、三つのカンチレバートラスそれぞれのスパンは四一五メートルである。両橋とも基礎工事にはニューマティック・ケーソン（工法）を採用した。[150] 同じ時期、白石がブルックリン橋に感銘して深い関心を寄せようが、渡辺嘉一がフォース橋の建設工事に参画しようが、[151] 日本の橋梁技術が一足飛びに世界のトップレベルに達することはあり得なかった。

さて、鉄橋＝鉄製鉄道橋梁もトンネルと同じく、阪神間の官設鉄道に架けられたのが最初である。明治七（一八七四）年竣工の武庫川鉄橋がそれで、部材はイギリスからの輸入であった。その後の著名な橋梁工事で本書にも関係の深いものとしては、明治一九年から二〇年にかけて相次いで竣工した官設東海道線（建設当時は中山道線）の揖斐川、長良川、木曾川の三橋梁（橋長それぞれ三二二、四六二、五四九メートル）が挙げられる。長浜→関ヶ原→大垣と東進した建設工事は、この三大河川の架橋のためにしばらく停滞していた。実は前章で触れた中山道路線計画においても、この河川越えは課題であった。その渡河地点でさしたる川幅のない揖斐、長良にしても、「水底泥深きを以て、橋架建造等幾多の歳月を要すべし」[152] と工期の遅延が懸念されたのである。三橋梁の設計者は明治一五年から二九年まで在日し、同時期日本の主要鉄道橋梁大多数に関係したイギリス人のチャールズ・ポーナル（Charles Assheton Whately Pawnall, 建築師長、月俸六百円）であった。ポーナルは日本ではそれまでトラスの最大スパンが百フィート（約三〇メートル）であったのを二百フィートで計画し、これをイギリスで製作して三河川の橋梁建設に成功した。[153] 材料は錬鉄であった。[154] 橋脚基礎は、木曾川および揖斐川橋梁に円形煉瓦井筒を用いたのに対し、長良川では鋳鉄管橋脚を使用した。三橋梁、特に木曾川橋梁の建設は日本鉄道史上の一大トピックである。しかし明治二四年十月、内陸直下型としては史上最大規模といわれる濃尾大地震によりこの三橋梁付近では堤防が消滅し、また橋脚が破断した。特に衆目を集めたのは長良川橋梁で、橋脚二ヵ所が倒壊し、橋は中央部から崩落した。[155] 高橋元吉郎が愛知県でこの地震の復興事業に携わったことはすでに述べたが、長良川橋梁の崩落と復旧工事は、当然ながら彼の関心を強くひいたはずである。

一方、木曾三川下流域では古くから中洲を利用して農業が営まれ、その中洲を堤防で囲んだ「輪中」と呼ばれる集落が点在していたが、築堤のために川床が上がって水害が絶えず、また架橋不可能な地としても知られた。人々が挑んできた巨流との闘いの激烈さは、たとえば、今日なお語り継がれる薩摩藩手伝普請の宝暦河川改修（一八世紀中）によってこの地方の歴史に深く刻みつけられている。恒常的な築堤作業への需要は、また、第2章で触れた黒鍬衆が活躍する場をも提供していた。そもそも旧東海道筋の熱田―桑名間は海路であった。急流として有名な富士、天竜、大井をはじめ、川の〝渡し〟に頼った場所は他にもある。その理由は江戸幕府防衛上の措置ともいわれるが、それ以前に、耐用年数が長く舟運を阻害しない橋を建設する技術の欠如が原因であったろう。[156]だが、「越すに越されぬ大井川」にしても、水位と天候に恵まれれば人の力で渡れた。かたや、伊勢国を目前にした熱田からは、陸路を浩然と分断する木曾三川を傍目に置いて、旧東海道筋唯一の海路が官道として選ばれた。

旧東海道筋に近いルートをとる関西鉄道の予定経路は、官設東海道線よりもはるかに河口に近く、従って川幅が広く、流量も多くて地盤が弱い。加えて濃尾平野の東高西低の地勢である。東海道線で別々に渡河する木曾、長良、揖斐三河川は複雑な分合を繰り返し、下流域では低位置にある揖斐川に長良川がほぼ合流してその流量が甚大であるのをひとまたぎに架橋せねばならない。明治初年の東海道筋調査で迂回すべきとされ、関西鉄道当初の路線計画が工事困難であるとして見送られたことは前章で述べたとおりである。那波光雄によれば、鉄道局自体がかつて東海道線の計画時に比較経路として調査した際、四〇メートル以上試掘しても支持層に達しなかったため、「地質泥濘所謂底無しと知られたる処にして架橋不可能として見捨てたるもの」であった。仮に架橋できるとしてもコストがかかりすぎるため、「貧弱なる私設鉄道会社の経済としては果して採算し得る」かどうかが世間的にも疑問視された。今回の再請願についても、鉄道庁長官の井上勝が無謀な計画を断念するようにと戒めたが、白石は経済性に見合った架橋工事が可能だと主張した。まさに日本の橋梁技術の粋を要する工事となり、その成否が斯界の注目を集めたという。[157]

那波の記録の意味するところは大きい。そもそも、官設東海道線の経路にしても、その決定がさまざまな要素を勘案して行われたことは当然であろう。検討すべき要素として、前章で述べたように、中山道路線の困難さ、京都から琵琶湖方面への既設路線の利用、当時としては常識的な選択肢であった大垣から桑名・四日市方面へ南下する河川水運の利用、財政事情や軍部の意向等々を挙げることができる。だが、もし、路線決定のなされた明治一〇年代半ばに木曾三川下流域に架橋する技術（経済性も含めて）が鉄道局にあったならば、東海道線の経路は違ったものになっていたかもしれない。振り返れば、関西鉄道はその当初から井上が諦めざるを得なかった路線建設を申請したのである。加えて、いったん見送られたこの計画を復活させ実施するという芸当は誰にでもできる話ではなかった。この橋梁建設は白石にとって名誉を懸けた一大挑戦だったはずである。

山間鉄道の幹線にもむろん橋梁は数多くあった。しかし、いずれも小規模なものである。白石がかつてアメリカ留学の際、とりわけ難解な橋梁学において頭角を現し、橋梁会社で実地訓練を積み、ドイツでさらなる研鑽を積んだことは第1章で述べた。その白石が、愛知、三重県境海岸部に雄姿を連ねる大規模橋梁建設を見越して関西鉄道の招請を受けたとして不思議ではない。それは白石の技術者魂をくすぐるものであったろう。官設東海道線の木曾、長良、揖斐三橋梁が日本鉄道史上、特筆されるべき大業績であるならば、時期が数年下ったとはいえ、関西鉄道木曾、揖斐二橋梁の建設は、それをはるかにしのぐ技術的快挙ではなかったか。ただし、この二橋梁、特に河底の地盤が軟弱で支持層の深い揖斐川橋梁基礎工事の苦労は並大抵のものではなかった。

（3）木曾・揖斐越え二橋梁

名古屋―四日市間の測量は菅村弓三が主担した。水利面で複雑な利害関係を持つ特殊な土地柄ゆえの地元民の嘆願や反対の動きも激しく、路線取りは困難な作業となった。[158] 両橋の位置決めだが、木曾川については内務省の河川改修工事が完了していたために比較的容易であった。一方、揖斐川の改修工事は未着手であった。洪水時には木曾・長良の出水の一部が低位の揖斐川に溢流し、水位の高昇とともに水勢が増し、河底も侵掘されて水深が増す恐れがあった。したがって、河川改修による影響が最も少ないこと、および木曾川の架橋地点と長島輪中および桑名側の線路との関係で、河口から約八キロメートルの地点に架橋位置を決定した。当初揖斐川の川幅は約六百メートルであったが、河川改修が進むと、長良川の背割堤防を隔てて揖斐川に併行させ、その川幅合計が約九八八メートルになった。地質調査は関西鉄道技術員の伊藤源治が行ったが、四五メートル以上試掘しても硬盤に達せず、作業困難になって中止した。[159]

調査の結果、揖斐川橋梁は延長約九九四メートル、橋台二基、橋脚一五基。木曾川橋梁は約八六六メートル、橋台二基、橋脚一三基。いずれも上部構造をトラス桁とした。

まずは橋桁である。『明治工業史』で言うところの自立の遅れた橋梁技術、その中で特に遅れたのが橋桁であった。前述のポーナルが帰国した明治二九（一八九六）年までは、設計はむろんのこと製作に至るまで外国人が行うか、もしくはその指導に頼り、その後も主要資材については外国製品を輸入する状況が明治末頃まで続いた。[160] 官業がこの状態であったから、鉄道局の技術者に頼る初期の私鉄がそれに倣っていたのは言をまたない。もっとも、トラス桁はもともと標準化が進んでおり、既存のものを組み合わせて利用したために独自のものを設計する機会自体が少なかった一面もある。[161] また、第1章で触れたように、ポーナルの在日中、トラス設計についてはイギリス式が主流であった。

白石はプレート・ガーダ（鈑桁）をすべて鉄道局の規定に基づくものとしたが、トラスについてはかねて工夫の余地を認めていた。[162] 結果として、揖斐川橋梁ではスパン二百フィート（約六一メートル）のダブルワーレン型高欄鉄桁一五張と一二〇フィート（約三七メートル）のプラット型高欄鉄桁一張。木曾川橋梁では同じく二百フィート・ダブルワーレン型一三張、一二〇フィート・プラット型一張を用いた。二百フィート高欄鉄桁は鉄道局の標準仕様に倣ったが、一二〇フィート・プラット型は白石と那波が設計を行った。[163]『明治工業史』は、これが日本人によるトラスの全面設計の嚆矢だという。[164] もっとも、プレート・ガーダもトラスも国内では製造できず、英米の価格比較調査を丹念に行った上でイギリスのパテント・シャフト社に発注した。[165] こうした重量品の輸入には運賃もかさむ。技術＝経営者の立場にあった白石はこの種の部材が国産化できない状況を嘆いたが、[166] それがすなわちこの時代における彼我の工業力格差であった。

次に橋脚基礎である。官設鉄道における橋梁の下部構造については、明治二六（一八九三）年に鍛桁橋梁に対する橋台および橋脚の、また三〇年には楕円形および円形井筒（沈井基礎）の基本設計が制定されたという。[167] 基礎工は地形や地質によって、直接の基礎形成、杭打ち、井筒といった方法が採られていたが、井筒については、すでに明治一〇年頃から煉瓦積で形成していく方法が利用され、一般化しつつあった。当初白石は、草津—四日市幹線中の橋梁工事について、工費の問題からコンクリート杭での代替を考え、ボーリング調査を行って成算を得ていた。[168] しかし、木曾、揖斐両河川に通じるものではない。結果的には揖斐、木曾両橋梁とも長径九メートル、短径四・五メートルの鉄製楕円形井筒を基礎とし、築島工を省略した。『明治工業史』によれば、この方法は日本で最初の試みであった。[169] いま少し、具体的に検討しておこう。

当時の標準的な井筒は木環沓を設置してその上に煉瓦を積む形式なので、水中工事の場合には築島が必要になる。木曾、揖斐でも従来と同様の井筒工法を用いたが、水深が大きな箇所では築島自体が流水で破壊され、工事が難航した。もともと深い河底に築島を置くこと自体が困難であるため、技術的にも経済的にも利点がないと判断し、井筒を直接河底に設置して築島費・掘削費・工期すべてを節減しうる鉄製井筒を利用した。つまり、井筒を河岸で製作して現場に曳航、現場では杭打ちして足場を組み、そこから懸吊した桁上に沓を据え、その上に側鈑一段を取り付け、綴鋲をして水中に降下し、順次側鈑を継ぎ足して九メートル余組み立てると受桁が川底に達する。桁を抜き取り、井筒を正確な位置に沈定し、側鈑間の空隙を水中コンクリートで充填し、さらにその上に一・五メートルの煉瓦石井筒を畳築し、凝固するのを待って井筒内の土砂を浚渫し、三メートル余沈下したらまた煉瓦石を三

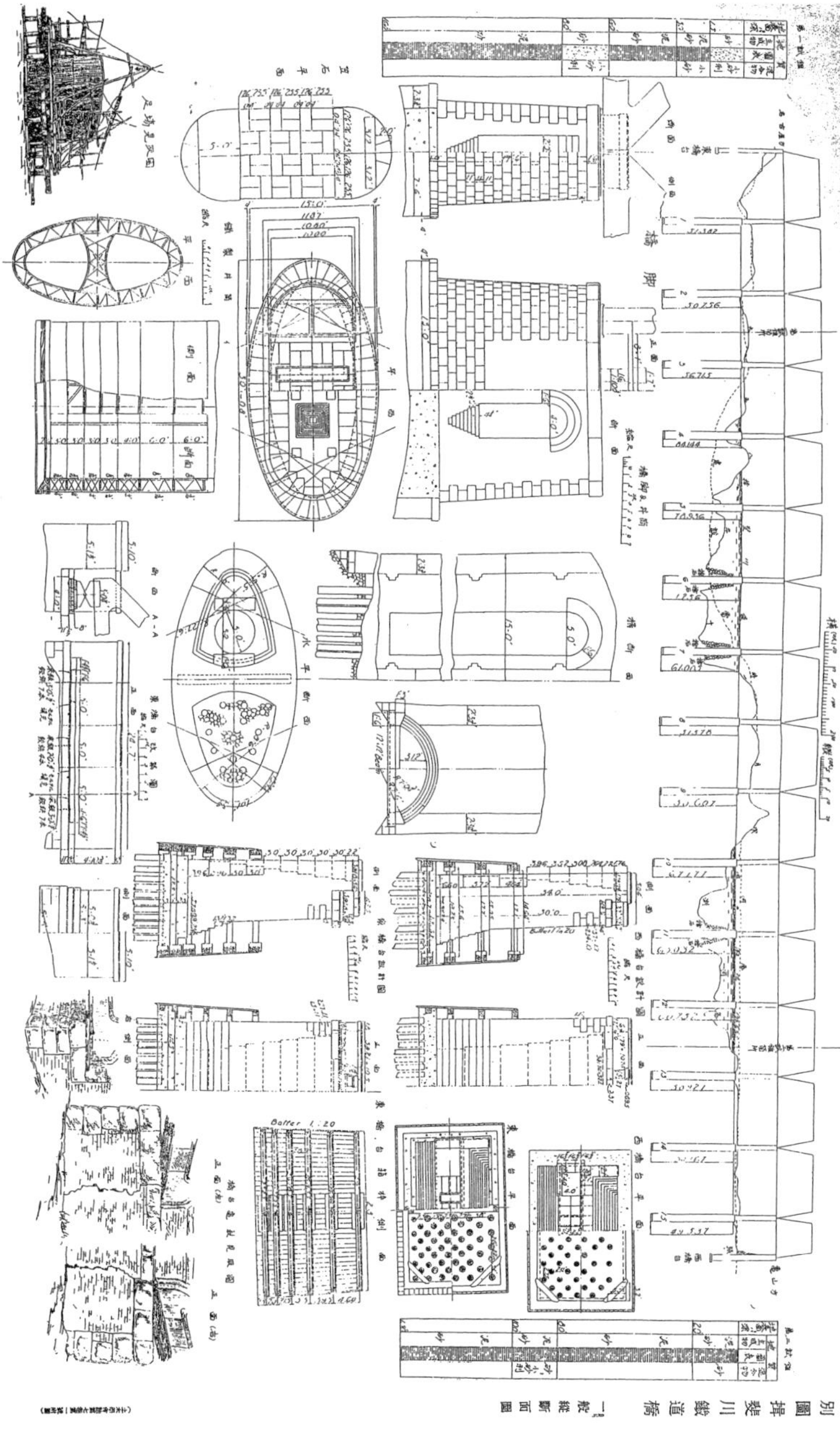

図3-11 揖斐川橋梁図面（那波光雄）

図 3-12　木曾川架橋工事

メートル畳築する。これを繰り返して干潮面下二五メートル余に沈下させた。脆弱な地盤に高さ一一メートル強、幅四・五メートルの直立柱を建て、その内部の土砂を掘り出して沈下させるということになるので、これを水平・垂直に保つことは至難の業であり、潜水夫が少しずつ掘削作業を進めて相当の深さに挿入した。結局、基礎・橋脚の建設のみで一年近くを要するという難工事であった。工事の一部にコンクリートを使用したのは、時期的に早い試みだったろう。白石はこの後もコンクリート使用にこだわりを見せるようになる。[170]

そして、後年判明したところによれば、木曾、揖斐両河川の架橋地点の地盤は、比較的良好な砂利層でも五〇〜六〇メートルの深さにあり、従って両橋の井筒は支持層に達しておらず、泥中に浮いている状態で、これが長い年月をかけて沈降していった。[171] 橋脚の沈下は揖斐川橋梁で最大二二センチメートル、木曾川橋梁で最大四三センチメートルであった。[172] とりわけ揖斐川西橋台に至っては早くから沈下が認められ、幾度か修復を重ねつつ総計一・七メートルも沈下した計算になった。[173]「底なし」とした鉄道局の表現は相応に適切だったのである。

揖斐、木曾両橋梁とも白石の指導のもと、設計担当が那波光雄、工事監督は揖斐川橋梁を那波、木曾川橋梁を菅村弓三が担当した。工事は揖斐川橋梁を吉田組（吉田寅松）が請負い、木曾川橋梁は鹿島組（鹿島岩蔵）の請負で西松桂輔[174]が下請施工した。[175]

上述の工事記録は、竣工四半世紀後に那波自身が公表した調査報告による。いったん竣工した後は、特段の事故でもない限り再検討される機会がほとんどない土木工事であるが、あえてそれを行った那波の技術／工学者としての良心が顕れている。[176]

関西鉄道が国有化された後の昭和三（一九二八）年、この地には新橋が架けられ、旧橋は私鉄に払い下げられた。国有鉄道の橋として短命であったのは、この井筒の支持力不足が原因という。[177] とはいえ、揖斐、木曽の両橋梁ともに国鉄から近畿日本鉄道、伊勢電気鉄道へと転用され、昭和三二年の廃橋まで約六〇年間使用された。

関西鉄道の名古屋延伸は、結局この巨流越え、すなわち、桑名—弥富（前ヶ須から改称）間を最後にして竣成。これにより、草津—名古屋間は官設鉄道よりも八キロメートル近く短縮する形で全通した。[178]

名古屋延伸と同時期に申請した柘植—奈良間については、前述のように明治二八（一八九五）年末に起工して三

図 3-13　揖斐川架橋工事

図 3-14　完工後の揖斐川橋梁

図 3-15　笠置-加茂間軌道工事。手前は笠置橋梁

図 3-16　木津川架橋工事（足場法）

一年四月に竣工、翌三二年五月に開業した。工事監督は那波光雄、請負業者は杉井定吉、鹿島岩蔵、三重土木会社他であった。沿線には前述の広軌対応トンネル三本と、橋梁は河川、陸橋合わせて一九ヵ所を数えた。[179] 伊賀川および木津川に沿って西進する路線では峡間が狭く、とりわけ笠置—加茂間では軌道敷設予定の南岸沿いに平地がないため、山腹の斜面を削って路面を確保した。[180] 護岸擁壁工事が多くなり、小隧道の一つが崩落した際には鹿島組の下請、前田健次郎が専門技能を活かしてこれに対処した。本線工事は施工監督厳正をきわめた模範工事として後の鉄道工事界に影響を与えた。[181] 明治三〇年九月に竣工した木津川橋梁（上野—加茂間）のトラスは白石と那波が設計し、イギリスのサー・ベンジャミン・ベイカーに設計検閲を依頼、パテント・シャフト社製作による。[182] 工事請負は

杉井組であった。なお、木津川橋梁はプレート・ガーダとトラスを架け替え、橋台と橋脚は当時のまま現在も使われている。

ちなみに、那波光雄は関西鉄道の仕事を終えた後の明治三二（一八九九）年、開学間もない京都帝国大学に助教授として移籍、ベルリン工科大学に留学して帰国後教授に就任し、鉄道工学を担当した。さらに、九州鉄道、鉄道院、東京帝国大学など鉄道、教育界の要職を歴任し、白石とは縁戚を含め、深い関係を持つことになる。[183] 那波の関西鉄道辞職は白石の社長退任（後述）と無関係ではないように思われる。

図 3-17　木津川橋梁（明治 30 年竣工）

図 3-18　鳴谷川橋梁（明治 30 年竣工）

〈近江鉄道〉

一方の菅村弓三は、四日市―名古屋間の工事と柘植―奈良間の設計を終えた後の明治二九（一八九六）年、近江鉄道株式会社の建築課長として移籍する。近江鉄道は明治二六年十一月、滋賀県有志が、東海道線彦根駅を起点とし、関西鉄道深川駅に至る約四二キロメートルの建設を申請、二九年六月に免許下付された際、白石に工事監督および指導を依嘱した。[184]だが、同年九月に着工したものの深刻な資金難に陥り、工事も難航した。菅村の移籍は白石の特段の推挙を受けてのことであった。[185]白石にしてみれば、関西鉄道主要部分の建設工事が終了したとはいえ、社長を務めながらの兼業である。近江鉄道にも信頼できる技師を現場責任者として投じておく必要があった。近江鉄道は延長距離の短い路線だが、その間、多くの小河川を渡らねばならず、橋梁やカルバートが連続した。すでに充分な工事経験を積んだ関西鉄道スタッフにとって技術的にさしたる障害はなかったかもしれないが、経費は嵩んだ。

その経費削減のため、路線の終点となるべき関西鉄道深川駅での接続を、より路線距離が短くてすむ三雲寄りの地点に変更した。当初企画では、そこから深川まで関西鉄道と並走させる予定であった。新たに設定された接続地点は内貴《ないき》、虫生野《むしょの》、宇川という三村の境辺りであったため、これらの地名から一字ずつを取り、貴生川《きぶかわ》という名の駅を新設して、ここで両鉄道を接続させたのである。[186]近江鉄道が開通した明治三三（一九〇〇）年末、関西鉄道貴生川駅も開業の運びとなった。[187]

近江鉄道路線の橋梁は一七を数えた。今日なお現役で使用されている愛知川《えちがわ》橋梁は、関西鉄道木津川橋梁のトラスを応用して設計、明治三〇（一八九七）年に竣工した。[188]近江鉄道では当初、すべての橋梁をトラス橋にしたかったようだが、これも資金難のため愛知川橋梁のみとなり、それも、おそらくは地形上、川の水勢の強い北詰に一連だけ架けられた。製造はイギリスのハンディサイド社であった。[189]一方、橋脚に関しては、愛知川―八日市間七橋梁が菅村弓三の設計、日野―貴生川間一〇橋梁が、やはり関西鉄道から移籍した富尾弁次郎の設計であることが、残された図面に示されている。[190]

白石は関西鉄道を退任する際に近江鉄道も辞した。菅村は近江鉄道在籍二年間に過半の設計と建設業務を終えた後、北越鉄道の渡辺嘉一の懇請により同社建築課長として移籍した。明治三三（一九〇〇）年二月、降雪で柏崎―直江津間が不通になった際、自ら突貫の除雪作業に従事し、その直後の補修作業中に氷塊に触れて墜落、轢死した。学生時代から秀才の誉れ高く、惜しまれる早世であった。[191] 白石と菅村が去った後の明治三三年、近江鉄道は関西鉄道に残留している井上徳治郎を技術顧問として招聘し、[192] 主任技術者として富尾を迎えた。富尾は先に触れた伊藤源治とともに関西鉄道の技術員を務めていた。この二人の前歴は不明であるが、関西鉄道時代に土木技術者としての力量を高めたことが推察される。富尾については、近江鉄道の後、白石が顧問および取締役を務めた九州鉄道の工務課に技手として移籍している。[193] また、伊藤は白石が社長に就任した若松築港会社の建築課長として移籍する。[194] この両名は本書後段でもしばしば登場することになる。

4　自力建設時代の終焉

（1）買収戦略と白石の社長退任

関西鉄道は名古屋、奈良への延伸の後、もっぱら他の私鉄の買収合併によって路線延長を図る。その始まりは白石の社長時代に挙行された浪速鉄道および城河《じょうが》鉄道の買収であった。名古屋に延伸した次の射程を大阪に定めた白石だが、当時、すでに複数の鉄道建設免許が下りている大阪方面では、新路線を開拓するよりも買収戦略が妥当と考えられたであろう。ただし、この時期の路線開拓は、買収とはいえ免許区間をそのまま承継して、一部を除き、関西鉄道が自社建設した。

買収線のうち、浪速鉄道は寝屋川の水運に代替する構想で、明治二六（一八九三）年六月に請願、十月に仮免許、翌二七年二月に本免許が下付された。同年十月に起工して片町—四条畷間を建設し、二八年八月に開通、開業していた。一方の城河鉄道は、官設、関西、大阪等、次第に張りめぐらされつつある畿内の鉄道網の中で取り残された山城・河内地区の発展を目指すものであった。資本金八〇万円で明治二六年八月の請願だが、鉄道会議[195]の審査により既設鉄道の妨害になるとしていったん却下されかけた。翌二七年、これを鉄道局が実地調査して免許下付としたことにより、二八年に城河鉄道株式会社が設立されたのだが、本免許が下りたのは二九年五月と大幅に遅れた[196]。実は、二七年の鉄道局実地調査を主担したのは仙石貢である。関西鉄道による城河鉄道買収に仙石が全く無関係であったとは考えにくいが、事実関係は不明である。

浪速鉄道、城河鉄道両社との契約は明治二九（一八九六）年七月のことであり、両社とも翌三〇年二月に解散した。関西鉄道は城河鉄道が建設免許を受けていた四条畷—長尾—木津間を三一年六月までに完成させ、一方、浪速鉄道については、すでに二八年八月に開業していた大阪片町—四条畷間を承継した。しかし、片町停車場付近の土地が狭小で拡張できないため、その北隣の網島にターミナルを建設して寝屋川—網島間を新設、片町—放出《はなてん》間は貨物線にする計画を三〇年九月に出願、三一年三月に認可され十一月に竣工した。これにより、名古屋（愛知停車場、後述）—大阪（網島停車場：現京橋駅付近）が、総延長距離約一七二キロメートルで全通した。買収合併が開始され、公称資本金は明治三〇年に一〇七〇万円、翌三一年に一四九〇万円と増額されていった[197]。大まかにいって、ここまでが関西鉄道の建設時代であり、それは技術面からみて明らかに「白石時代」と呼べるものであった。白石時代はビジネス・インフラ独自建設の時代であり、それゆえに当代きっての鉄道技術者の一人である白石が企業を率いる意味もまた大きかった。

もともと草津—四日市を結んでいた関西鉄道の幹線は、草津で官設東海道線と接続し、琵琶湖と伊勢湾をつないではいたけれども、鉄道そのものとしては滋賀・三重のローカル線であった。それが旧東海道筋に近い形で名古屋

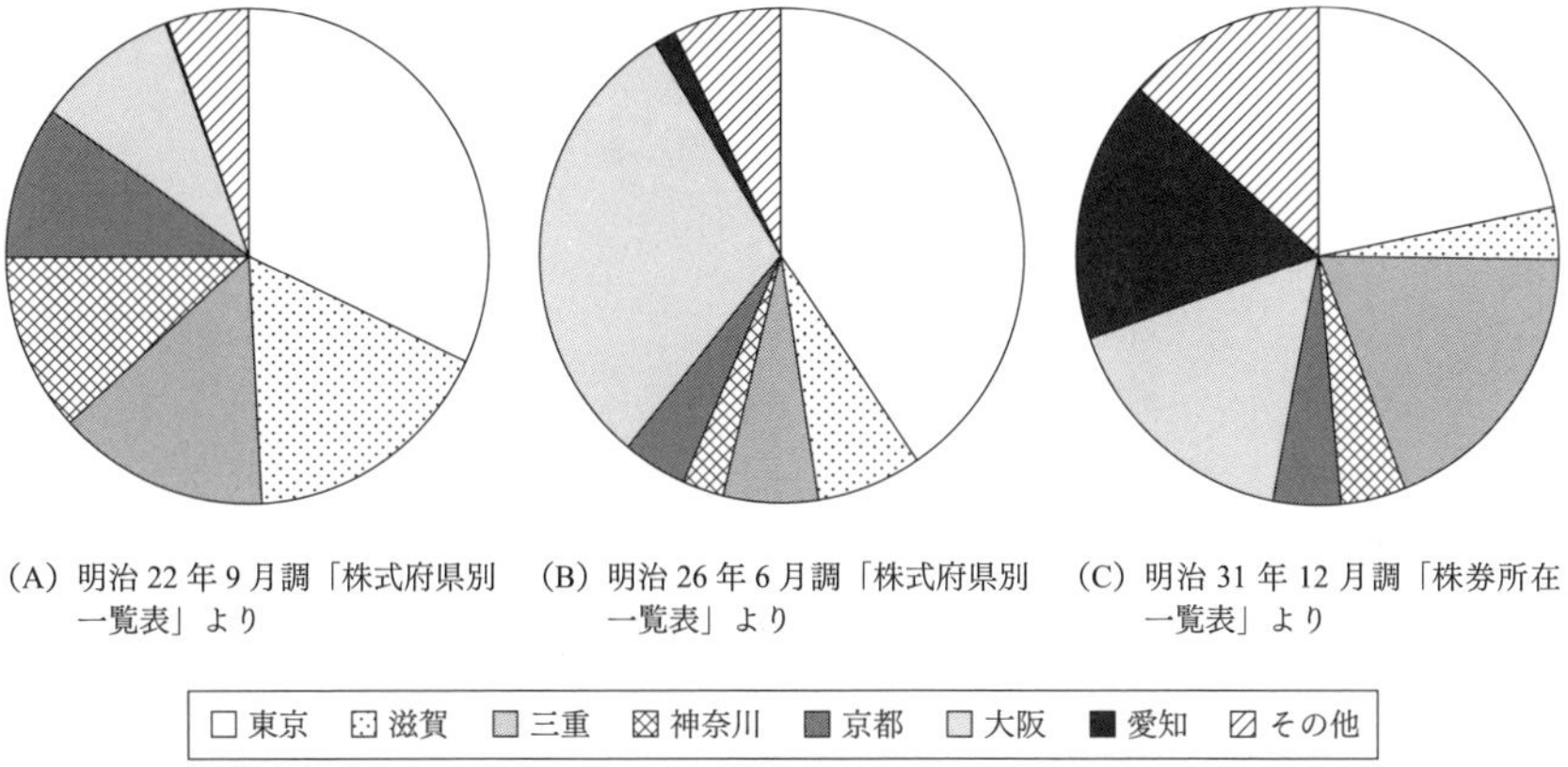

(A) 明治22年9月調「株式府県別一覧表」より
(B) 明治26年6月調「株式府県別一覧表」より
(C) 明治31年12月調「株券所在一覧表」より

図3-19　関西鉄道の府県別株式保有シェアの推移

出所）老川慶喜／三木理史編『関西鉄道会社』第5巻；第6巻，日本経済評論社，2005年所収の各表より作成。

と京阪、つまり中京と西京を直接結ぶものになった。明治期、近畿圏の人々にとって、奈良、伊勢へのアクセスを含むこの鉄道ルートは、官設東海道線のそれよりもはるかになじみやすいものであったろう。その地理的な存在感は、今日われわれが考えるより格段に大きかったはずである。そして、名古屋と大阪を結ぶことは、名古屋から東京以北へ、大阪から山陽、九州へつながる幹線としての役割を意味した。その役割が現実となったとすれば、白石が帝国大学教授との兼任で監督を引き受けた際、将来的にその可能性を切望していた鉄道が実現したことになる。[198]

先に、関西鉄道の経営が悪化した明治二〇年代半ばの株主動向について言及したが、名古屋延伸によって株主の地域特性は様変わりした。図3-19はその変遷を示す。「その他」の項には静岡や岐阜の株主も多く含まれており、愛知と合わせてこの二項目の伸びが著しい。明治二八（一八九五）年の名古屋―草津間開業時、名古屋―四日市間は一日六往復運転で所要時間は片道一時間一五分であった。熱田―四日市間の汽船航路は二時間半かかったというから、[199]前後の連絡も考慮すると大幅な実質的時間短縮である。また、名古屋側の起点は、当初官営東海道線の名古屋停車場を利用していた。二九年三月に至り、名古屋停車場の南側に愛知停車場の新設を申請、四月に認可され、七月より新駅開業の運びと

図 3-20　愛知停車場

なった。駅舎は美しく、官営名古屋停車場よりも高い評価を得た[200]。しかし、国有化によって愛知停車場の業務が名古屋停車場に統合されたために廃止された。

さて、明治三一（一八九八）年十月、関西鉄道の重役会において大阪港との連絡を図る目的で西成鉄道買収が起案され、一六五万円で買収する案をもって臨時株主総会を招集した。ところが、調査の結果、建設費は正当だが、配当率の見込が約三分七厘となり、これを大阪―名古屋間全通後の推定利率に対比すると利益増進にならない。大阪築港工事が完成すれば状況が変わるが、現況では買収不適切と判断され議案が撤回されるという事態を招いた[201]。この件の責任を取る形で発言者の取締役二名が辞任。これを受けて十二月、白石、渡辺洪基他五名の取締役が辞任し、取締役改選が行われた。白石は新取締役（九名）に再選されたが、取締役互選で田健治郎が社長に推挙されたのを受けて再辞任した。退職に際して受け取った慰労金は一万円であった[202]。

以上が『日本鉄道史』による白石退任時の顚末であるが[203]、これが白石社長時代の経営評価そのものとどのようにつながるか、いま一つ明らかではない。同様に、妙に慌ただしい退陣となった白石本人の意図にもさまざまな詮索の余地が残る。三木理史は、「周辺鉄道の買収による膨張という次期の序曲」が流れた時を見計らい、「それを待つかのように」白石が退役したと述べている[204]。いずれにせよ、彼の関心が買収によって膨張していく企業の経営にではなく、新たな土木事業に向けられていたこと、より本質的には、インフラ・ビジネスの経営よりもビジネス・インフラの建設に向けられていたのは確かであろう。

ここで再度、白石の関西鉄道への参画について考えるならば、それが技術的可能性への挑戦を意味したという推論が充分に成り立つ。日本では過去に例のない鉄道トンネルの竪坑工事や広軌対応の設計施工、東海道鉄道で棄却された路線の建設――なかでも木曾、揖斐両河川下流域への架橋――、これらは鉄道局／鉄道庁の技術方針への挑戦でもあった[205]。それは関西鉄道という民間企業が、白石という気鋭の技術／工学者を名実ともに技術＝経営トップに置いたからこそ可能になった壮大な実験だったのである。

（2）高橋・広沢と関西鉄道

高橋元吉郎と広沢範敏は、いずれも関西鉄道に就職し、白石の配下で仕事をした。教育の世界で彼らの関係が始まったことはすでに述べたが、技術者としての関係については、関西鉄道においてこそ、その基盤が強固に築かれた。本格的な土木技術者としての両名の基盤もまた、鉄道建設で鍛えられた。ここでは高橋、広沢の、関西鉄道を含む鉄道技術者時代について、簡単に述べておきたい。

両名のうち入職が早かったのは、若輩の広沢だった。明治二六（一八九三）年七月、工手学校を卒業して一年余り東京府に再就職した後、白石の伝手であった。関西鉄道ではすでに起業期の建築課が形骸化し、それとは別の工事関係部署では修繕部が残るのみで[206]、その修繕部の本部雇であった。広沢の入職直後、再度職制変更があり、従来の工事関係部署を包含した建築課が再設置された。つまり、草津―四日市の幹線開通後、一時期路線建設が下火になって工事部門が廃され、しかし、桑名―名古屋間の建設免許が下付されると新線工事に対応する人事を組む必要が生じた。「本部雇」人員といえば、それまで二一～二三年度に一人だけおり、その後二年間空席だった。それが、二六年度には広沢をはじめとして四～五名が雇用されていることから[207]、工事量の多寡に応じてフレクシブルに使える人員をこの待遇でキープしたことが推察される。広沢は入社二年後に技手補、その五ヵ月後には建築課技手に昇格。四日市―桑名―名古屋間の敷設工事に関わった。すでに現場作業員を指導する立場であったが、揖斐川橋梁工事では橋桁をわたしているときに取り落とすという失態を演じた。慌てて報告した広沢に、白石は少しも怒らず、怪我人がなかったことを確認し、「現場に急行するが、とりあえずやり直し作業を指示するように」との指令を出したという[208]。白石の人柄とともに、若輩の現場技術者たちが失敗を重ねながら技量を磨いていく姿が偲ばれるエピソードである。同じ頃、広沢は他にも事件を起こしている。桑名—前ヶ須間が最後に竣工して草津—名古屋間全線開通となったその翌年、桑名での仕事中に見初めた一七歳の服部小志げと、どうやらその汽車に乗って駆落ちをした。婚姻届を提出したのは実に一〇年後のことである[209]。

白石の退任後半年余り経った明治三二（一八九九）年八月、広沢は関西鉄道を辞し、菅村弓三が建築課長を務める北越鉄道株式会社に移籍した。職階は技手だが建築課工務掛（職員数二三名）の主任である[210]。実務技量は相当に向上していたと考えてよいだろう。

ちなみに、北越鉄道は明治二七（一八九四）年、渋沢栄一、前島密、末延道成や地元大地主等が発起人となって請願した鉄道会社である。末延は三菱幹部で山陽鉄道取締役、後に東武鉄道の専務取締役も歴任している。北越鉄道は現在の信越本線に含まれる新潟—直江津間を建設し、明治三一年末に開通した[211]。広沢の在任中は官設信越線との接続線その他の残工事が行われていた。広沢は入社してわずか九ヵ月後の三三年五月、北越鉄道を辞して三菱合資会社神戸支店に技手として移籍する。白石の要請と考えられる。給与は関西鉄道辞職時の月俸三〇円から北越鉄道で三五円、三菱合資では四〇円と、短期間に増額された。

かたや、高橋元吉郎の鉄道経験は関西鉄道が初めてではない。第2章で帝国大学卒業後ごく短期間の九州鉄道嘱託について触れたが、明治二七（一八九四）年にも数ヵ月間、城河鉄道に技師として就職している。前述のように、当時の城河鉄道は起業したものの未着工の時期であり、高橋を主任技師として招請した可能性が高い[212]。しかし、ほどなく日清戦争の開戦により高橋はまた応召し、およそ一年間の軍役に就いた。これもすでに述べたとおりである。だが、除隊直後の二九年初頭、高橋は城河鉄道に復職することなく関西鉄道に就職した。当然、白石の意向が働いたと考えられる。城河鉄道の関西鉄道への譲渡契約締結の半年前のことであった。再三述べたように、関西鉄道の技術の中核は帝国大学工科大学卒業者が担っており、当時は建築課の井上徳治郎、那波光雄に加え、機械工学科を二七年に卒業した島安次郎が汽車課に入職していた。ここに高橋が加わる形となった。企業全体として技術者は帝国大学系だが、建設部門に関する限りはまさしく「白石系」が継続されていた。白石系技術者たちのその後については、後段でも触れる。

関西鉄道における高橋元吉郎の担当は、片町から木津へ延びる、もと城河鉄道の免許路線であった。とすれば、城河鉄道の買収や高橋の関西鉄道入りは、ますます計算済みのことであったように思われる。高橋自身はその路線を完成させ、その功績により、賞与二百円を得た[213]。技術者として初志貫徹をしたといえよう。その後も中核的な技師の一人として関西鉄道に留まっていたが、白石の退任と同時に自ら辞職を願い出ていったんは受理された。しかし、残工事の監督技師ということで、嘱託扱いで残留（給与は同額のまま）、明治三二（一八九九）年七月、前任者那波の辞職を受け、建築課長として返り咲いた。すなわち、建設部門のトップで給与は年俸一千六百円、同課は他に二名の専属技師を擁した。だが、高橋は一年足らずでこれを退職[214]、三三年六月に三菱合資会社に移籍した。広沢とほぼ同時の着任で、給与は月俸一六〇円と関西鉄道を上回る待遇が準備された。もっとも、待遇は後から付いてくるもので、主たる移籍の動機は白石の要請、および新しい土木事業への挑戦であったろう。土木建設／技術という一件に関する限り、当時の関西鉄道には大きな魅力が、もはやなくなっていたといえるかもしれない。

（3）白石後の関西鉄道

白石の退任後、関西鉄道はきわめて特徴ある経営をみせる。その一つは、浪速鉄道、城河鉄道の事業継承に続く企業合同戦略で、明治三三（一九〇〇）年に大阪鉄道、三七年に紀和、南和、奈良の各鉄道を合併しつつ成長した[215]。なお、大阪鉄道の買収により、関西鉄道の大阪—奈良間の本線が、大阪鉄道所有であった奈良—天王寺—湊町

（現難波）となり、さらに加茂—奈良線が木津経由となったのを受けて網島—木津間は支線扱いとなり、国有化後の大正二（一九一三）年には駅も廃止された。そして、関西鉄道のもう一つの特徴が名古屋—大阪間における官設鉄道との旅客貨物運輸競争である。距離でいえば、東海道線の名古屋—大阪間よりも関西鉄道の愛知—湊町間の方が二三キロメートル余り短く、単純な距離・運賃比では関西鉄道に分があった。三五年八月に始まる運賃の引き下げやさまざまなサービスの提供合戦は、同年九月、協定を設けていったん収まるかにみえたが、三六年十一月に再燃、三七年四月に協定書を作成して翌月に終息した。(216)

この時期の関西鉄道の技術面における発展については、島安次郎および井上徳治郎の貢献度が大きいという。島安次郎は、関西鉄道のみならず近代化日本の鉄道史上最も優れた鉄道車両技術者の一人として名を残す。(217)そして、明治三七（一九〇四）年から関西鉄道最後の社長を務めたのが片岡直温で、白石とは同郷・同世代である。先の企業合同の締結の他、日露戦争後になってようやく私鉄への外資導入が認められると、片岡は早速それを実行して支線建設や複線化の資金調達を図るという、当時の私鉄としては思い切った経営戦略をとった。(218)また、三九年に鉄道国有法が議会に上程された際には精力的に国有化反対論を展開した。関西鉄道は最後まで会社・株主が一丸となって民営に固執した。(219)鉄道国有法の公布後も、関西鉄道は特殊な地域性があり全国規模の幹線ではないという理由を付した国有除外請願書を内閣総理大臣に提出したが、その希望は実らず、四〇年十月に国有化されて引継ぎを行った。(220)買収期日は関係私鉄一七社の中で最後となり、買収価格は三六一二万九八七三円三三銭四厘であった。(221)

国有化された後、五大私鉄のうち、日本鉄道、山陽鉄道、九州鉄道、北海道炭礦鉄道はいずれも国有鉄道として幹線の地位を保った。しかし、日本最大の官設幹線である東海道本線と競合する関西鉄道は斜陽化した。技術的にも顧客サービス面でも独自の発想と努力を示した私鉄《インフラ・ビジネス》から、その後継者は何を継承したのだろうか。今日なお非電化・単線区間の中に齢《よわい》百二〇年余のトンネルが並ぶ路線が、それゆえに鉄道愛好家の関心をそそるのは、土木史的な重要性を示す反面、経営史上の皮肉というべきだろう。その企画当初から官の恩恵を受けず、官の棄却した路線を拓き、独立した設計を行い、官営幹線と徹底競争を展開し、官の嫌う外資を導入して拡張しつつあった関西鉄道は、まさに民間エネルギーを集約した企業であった。これを官側からみれば、思い入れの少ない、いやむしろ〝負の思い入れ〟の強い路線が国有化されたということであったかもしれない。たとえば、後発の私鉄である現近畿日本鉄道の健闘と発展を考えると、関西鉄道が国有化される必要があったか否か、また国有化が地域に及ぼした影響をどう考えるか、これは今日につながる疑問でもある。

第4章　若松築港
——海陸連携地域開発の要

帆檣林立。葛島から見た若松港沿岸。石炭積込の帆船によって埋め尽くされている

明治三一（一八九八）年末に関西鉄道社長を辞して帰京した白石直治の身辺は賑やかであった。しばらく休息の時を持ちたいという本人の意向とは裏腹に、多方面からの誘いが引きも切らなかったという。その中で白石が応じたのは、まず九州鉄道の仙石貢への協力である。すでに述べたように、仙石は土佐出身で岩崎家とも関わりがあり、東京開成学校・東京大学では白石の先輩に当たる。鉄道庁において関西鉄道幹線の監査を担当し、その後筑豊鉄道の社長となり、さらに九州鉄道との合併により同社に移籍、三一年五月に九州鉄道社長に推挙されていた。仙石から白石への協力要請はその当時からあったようで、白石はそれが関西鉄道勇退の一因だと冗談まじりに語ったらしい。その真偽はともかく、白石は三二年五月に九州鉄道株式会社工務課の顧問に就任した。(1)

この間の白石の動向については、次男宗城が、「父は浪人半歳で翌年、三菱の当主岩崎久弥男爵との関係から、三菱関係の企業に携わることにな」ったと説明している。(2) 九州鉄道への参画もその一環と考えることもできる。この問題については章末で再考したい。

本章と次章では白石が関係した、同時期に進行する複数の事業を検討する。いずれも海と陸をつなぐ産業開発に関わるものであり、また、いずれも三菱の絡む事業である。まず本章では北九州の港湾開発事業を対象とする。ここでのキーワードは、しかし、時代の花、石炭である。白石の登場以前に、その石炭をめぐってこの地の開発がどのように進行してきたか、その跡をたどることから話を始めよう。

1　筑豊炭田をめぐって

(1) 石炭と若松港

明治の中頃、若松港と洞海湾はほぼ同義であった[3]。本章の主役事業である若松築港会社も、「若松」の名のもとで洞海湾全体の開発整備事業を行っている。だが一方、若松という地名そのものは洞海湾北岸側の地区を指し、若松に鉄道駅ができ、その若松に着炭する、という時に意味を持つ「若松港」は洞海湾内の若松側である。同じ洞海湾の対岸には戸畑、湾奥には八幡があって区別を要する場合と、この一帯をまとめて若松もしくは若松港と表現される場合とが、実はあることに留意したい。ちなみに、大正四（一九一五）年刊の港湾案内資料によれば、「若松港」とは「洞海湾口の水域」を指す[4]。また、今日では門司港—小倉—洞海湾—響灘一帯を総称して「北九州港」というのが正式な港湾名称になっている。

さて、若松港は、かつて近代化日本のエネルギー資源であった石炭の、その最大の積出港であった。国内向け石炭積出港としての圧倒的な地位は、今津健治によって詳細に分析されている[5]。今津はまた、「日本の石炭は極東海域において汽船の就航を可能にした技術的基礎であったと同時に、石炭の輸送によって開かれた重量物輸送ルートは、東アジアを中心に工業原料や工業製品の輸送を効果的にし日本の工業化を促進する有力な要因の一つとなった[6]」と述べているが、まさに近代日本の工業化が進展する時期における主要エネルギーの石炭、その主産地が筑豊であり、筑豊石炭集散の要衝が若松だったのである。若松港の存在の大きさが際立つのは明治末以降のことであるが、本章はその大きな存在がどのように準備されたかを見直す作業でもある。ちなみに、本章が対象とする明治中〜後期、後背地である筑豊の石炭産出量は日本全体の三〜四割を占めていた。

図4-1は、明治期の国内炭消費用途の変遷を示したものである。この時期を通してほぼ一定の製塩需要がある

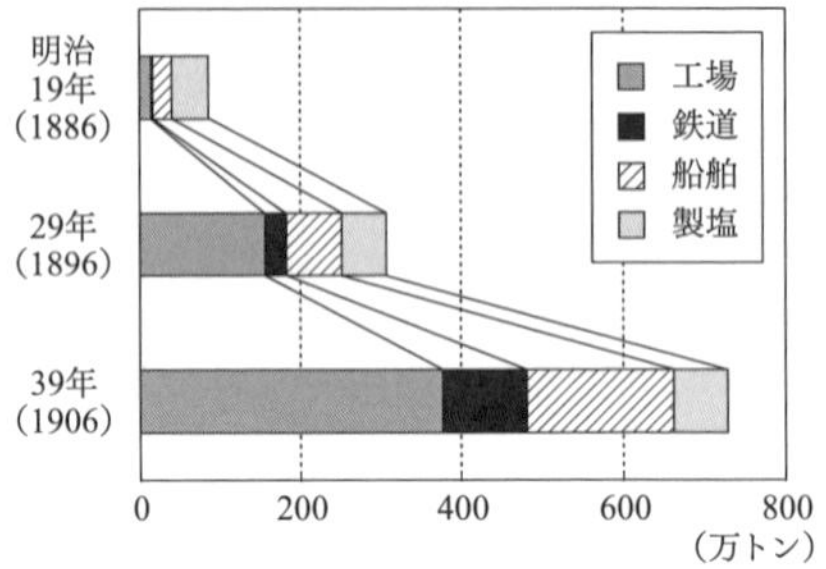

図 4-1　国産石炭消費用途の推移

出所）今津健治「戦前期石炭の消費地への輸送——若松港をめぐって」安場保吉／斎藤修編『プロト工業化期の経済と社会——国際比較の試み』日本経済新聞社，1983 年所収，p. 258 のデータより作成。

一方、工業用の需要が著しく伸びるとともに、主たる石炭需要者が船舶、鉄道であったことがわかる。もっとも、石炭はその用途によって使われる種類がさまざまだが、そうした問題はより専門的な諸研究に譲り、本書ではシンプルに「石炭」一括で話を進める。いずれにせよ、工業とそれに関わる物資を輸送する船舶、鉄道は揃って将来性豊かな石炭の大口需要者であった。そのすべてがコンパクトにまとまったのが北九州であり、その地には当然、そのエネルギーを利用する他の諸産業も興った。それは「産業集積」などという穏やかな表現では物足りぬ、まさに日本の産業革命のあるべき姿が凝縮されて勃興した様相を呈した。穏やかでないといえば、この地域の人々の気質もまた激しさや剽悍さをもって語られることが多い。[7] 炭鉱、鉄道、荷役と、多くの労働力を要する産業が興り、各地から労働者がこの地に流入すると、その気質はより大きなエネルギーをはらみ、この地域の開発を独特の風合いに染め上げていった。開発のコアは石炭だった。

北九州、遠賀川流域の筑豊地方では、遅くとも一五世紀頃から石炭が採掘され、薪代わりの燃料として利用されていたらしい。一八世紀末頃からは瀬戸内の塩田で燃料として需要が生じた。その時代の重要産業である製塩業と結びつくことで商品生産が確立したのである。[8] 石炭は遠賀川を利用して川艜《かわひらた》と呼ばれる舟で河口に運ばれた。[9] 響灘に面した河口の芦屋がその集積地であったが、一八世紀の後半、遠賀川と洞海湾を結ぶ運河（堀川）が開削されると若松にも運ばれるようになった。[10] ただし、明治初年頃の石炭市場としては芦屋が主で、若松には一部の川艜が集積するのみであった。[11] また、遠賀川流域は古くから良質な米の産地としても知られ、藩の年貢米も同様に川艜によって運ばれていた。この米蔵も芦屋にあったものが、一九世紀初頭には地理的条件の良い若松にも置かれた。[12] ここでいう地の利とは、まず瀬戸内に近いこと、つまりは黒田（福岡）藩としてみた場合に大坂に近いということであって、若松自体は寂々たる漁村であった[13]。

幕末から明治初年にかけて、石炭の積出は黒田藩の経済統制のもとにあった。これは仕組法と呼ばれ、藩が民間に鉱区や資金を貸し付け、産出炭を芦屋、若松の焚石会所で受け取り、藩の手で他国船へ売却する共同出荷販売であった。仕組法の創設および運用の中心人物が、安川敬一郎の次男、松本健次郎の養家曾祖父にあたる松本平内であった[14]。

維新後、藩の経済統制が廃止されるに伴って炭田も民間に開放され、小炭鉱の乱立乱掘乱売が始まった。明治初期の筑豊の石炭生産は肥前（長崎、佐賀）に及ばず、後からみれば微々たるものだったが、その主因はこうした零細粗放経営と湧水の多さ、その対策技術の遅れにあったという[15]。一方、明治政府の鉱業政策は、当初もっぱら金銀銅山に絞られていたのだが、やがて石炭の重要性が認識されると選定鉱区を設定し区域内での採掘を許可制にして、資源の保護と産業発展を目指すようになった[16]。海軍も筑豊に目

図 4-2　堀川を就航する川艜（明治 30 年頃）

図 4-3　遠賀川下流を就航する川艜

をつけ、重要鉱区を予備炭田に指定して封鎖し、民間の参入を阻んだ。明治一〇年代後半になると、洋式採炭法の導入、蒸気ポンプの利用、鉱区の大規模化が進み始め、これと並行して産出量が急伸した。[17]当然ながら石炭の舟運量が増え、これが米の輸送に障害をきたすことになった。

川艜の隻数については諸説あるが、これもまた維新後に藩の統制がなくなってから増え始め、最多の明治二〇年代には七～八千隻が就航していたとみられる。[18]一隻あたりの積載量は四～六トンであった。舟運が自由化され、米よりも石炭を運ぶ利が大となれば、川艜が石炭を運びたがるのは当然だった。もとより米の輸送は季節的な作業である。米と石炭の競合という意味では、米そのものの輸送というより、むしろ水田の灌漑の季節になると至る所に堰が築かれ、これが川艜の就航を阻害することが問題だった。[19]特に、遠賀川水系上流域の嘉麻、穂波、田川三郡では、灌漑期に月三、四回の輸送しか叶わず、石炭輸送の運賃は極端に高価についた。[20]また、夏の渇水期には舟が運航できなくなる場合も多々あった。つまり、遠賀川の石炭輸送もまた冬から春にかけての季節的な作業にならざるを得なかった。石炭を河口に輸送した川艜は、中・上流域では河岸から人力で曳いて産炭地に戻す。産炭地と河口の往復は地域で平均しても一〇日ほどかかり、非効率とコスト高を生み出していた。[21]こうした不便は旧藩時代から存在していたのだが、採炭量が少なく、藩の統制下にあるうちは何とか折り合いがついていたのであろう。一方、採炭量が急増して輸送への需要が増えると、川艜の運賃はさらに高騰し、舟夫の横暴さもエスカレートして争い事が絶えなかった。[22]それでも明治一〇年代には年間二〇～三〇万トン、最盛期の三〇年代にはざっと百万トンを河口に運んだ。[23]後述するように、石炭の産出および輸送量の増加につれて遠賀川舟運の限界が顕在化し、明治二〇年代に鉄道が建設されると、石炭運送手段は川艜から次第に鉄道に置き換わっていくが、明治末頃まで舟運自体は盛況であり、さらに昭和初期まで運炭の姿をとどめていた。

中村尚史は、鉄道の時代になってもなお、遠賀川舟運が、①輸送距離が短く安定的な水上輸送が可能な下流域、②鉄道輸送の安定的利用が困難な小規模炭鉱、③鉄道の支線的存在、④鉄道の輸送力不足の補完、という四点においてその役割を維持し続けたことを指摘している。[24] 石炭を積載した川艜は紛れもない筑豊の風物詩となっていた。

（2）筑豊興業鉄道

一方、国内外で生じる筑豊炭への需要増加は、この地における鉄道敷設の機運を高めることになった。遠賀川舟運の限界がこの流れに拍車をかけたのはいうまでもない。遅くとも明治一五（一八八二）年頃には鉄道による石炭輸送の必要性が取りざたされ始めたという。[25] 第一次鉄道ブーム期の九州鉄道設立については第2章で触れたが、実は九州鉄道の初期計画路線には植木（直方《のおがた》の北方）から、部分的にではあるが筑豊内陸部の遠賀川沿いを南北に走るルートが含まれていた。しかし、明治二一年段階ではこの路線計画が消滅し、海岸部を東西に走るルートに変更されていた。[26] 九州鉄道はこの産炭地に切り込むことなく、西南方面に延伸していった。

この状況下、明治二一（一八八八）年に、地域の石炭産業を繁栄させるべく、筑豊興業鉄道会社の設立願が提出された。[27] 当初は軽便鉄道として企画したものの、ほどなく本格的な鉄道建設に計画変更しての請願だった。路線取りは若松を基点として折尾で九州鉄道に接続するように考案されたが、その九州鉄道との利益競合および後述する若松港の水深という問題も併せ持っていた。[28] 設立発起人の顔ぶれは県会議員、地区郡長や村長といった地域の有力者、利益代表者が中核を占めており、肝腎の炭鉱主たちの姿はほとんど見えなかった。[29] 彼らはこの鉄道の企画・設立時には未だ経済力が弱く、炭鉱の維持に手いっぱいであったと思われる。たとえば後の「筑豊御三家」にしても、安川敬一郎は赤池炭鉱開鑿のため共同経営者の平岡浩太郎[30]ともども、三菱から資金を借りて採炭開始にこぎつけたところであり、麻生太吉も同じく三菱に鯰《なまず》田《た》の炭鉱を譲渡してようやく態勢を立て直している最中であった。彼らより一足早くこの事業に関わり始めた貝島太助も炭鉱の入手と失敗を繰り返していた。有力鉱業家不在のまま、明治二二年七月、石炭輸送を主目的とする筑豊興業鉄道会社が資本金百万円をもって設立された。

本章冒頭で見たように、石炭の国内需要は、塩田から次第に輸送・工業用のエネルギー源として増加していく。

だが、それ以前の明治二〇年代、石炭は生糸、茶に次いで重要な輸出商品であり、全国出炭高のほぼ四割が輸出されていた。[31] 国際貿易には多くの規制があったが、明治二二（一八八九）年、新たに門司港が特別輸出港に指定され、石炭の輸出が認められたのを受けて、輸出向け筑豊炭の輸送目的地は門司になった。そこで、明治二一年に建設の始まった九州鉄道だが、二四年には門司（港）から博多を経て熊本まで南進、また、途中駅の鳥栖から佐賀へと延伸していた。この鉄道はもともと門司と三角を結ぶ幹線として計画されたとはいえ、北九州各地の炭鉱から門司を目指す石炭輸送路線としての役割も期待されていたはずであった。ところが、門司港には貯炭場のスペースが不足しており、水運を介して広大な面積を有する若松という中継地に依存していた。[32] そして、芦屋も若松も鉄道路線からは外れていた。つまり、九州鉄道は筑豊内陸産炭地に切り込まなかったのみならず、その北側をただ冷淡に横切っていたのであり、沸々とわき起こる石炭産業の熱気を結実させるために、産炭地から若松につながる路線が必要なのは目に見えていた。いや、実際、筑豊興業鉄道設立直後、鉄道当局に宛てた九州鉄道社長高橋新吉の支線敷設願書には、筑豊五郡と沿岸部を結ぶ運炭ビジネスのライバル出現に戦々恐々とした様子がうかがわれる。[33]

緒に就いた筑豊興業鉄道建設の工事請負は日本土木、吉田組、鹿島組に加えて創業したばかりの間組などであった。[34] 地の利の良い若松を起点として明治二三（一八九〇）年八月に着工したが、好事魔多し、コレラの流行、遠賀川の洪水被害、さらに全国的恐慌の影響が加わり、鉄道経営は暗礁に乗り上げ、資金が欠乏して工事は停滞した。[35]

翌明治二四（一八九一）年、筑豊興業鉄道に三菱が関わり始めた。ようやく力をつけてきた鉱業家の安川と麻生が常議員（安川は監査役、麻生は取締役）に就任、経営刷新のために三菱の荘田平五郎、長谷川芳之助を説いて筑豊興業鉄道の株の大半を買収し、実権を握ったのである。筆頭株主は岩崎久弥、あと長谷川、荘田の他、近藤廉平、徳弘為章、山脇正勝、豊川良平、二橋《ふたつばし》元長らが名を連ねた。[36] 同年六月、定款を改定して支配人と専務取締役を更迭、渋沢栄一と荘田を相談役に招いた。[37] 八月には直方まで開通開業し、これによって新入《しんにゅう》（三菱）炭の運搬が可能になった。直方―若松間の輸送に関しては、若松桟橋が完成するまでの間、三菱炭の積載量が多い場合にその運

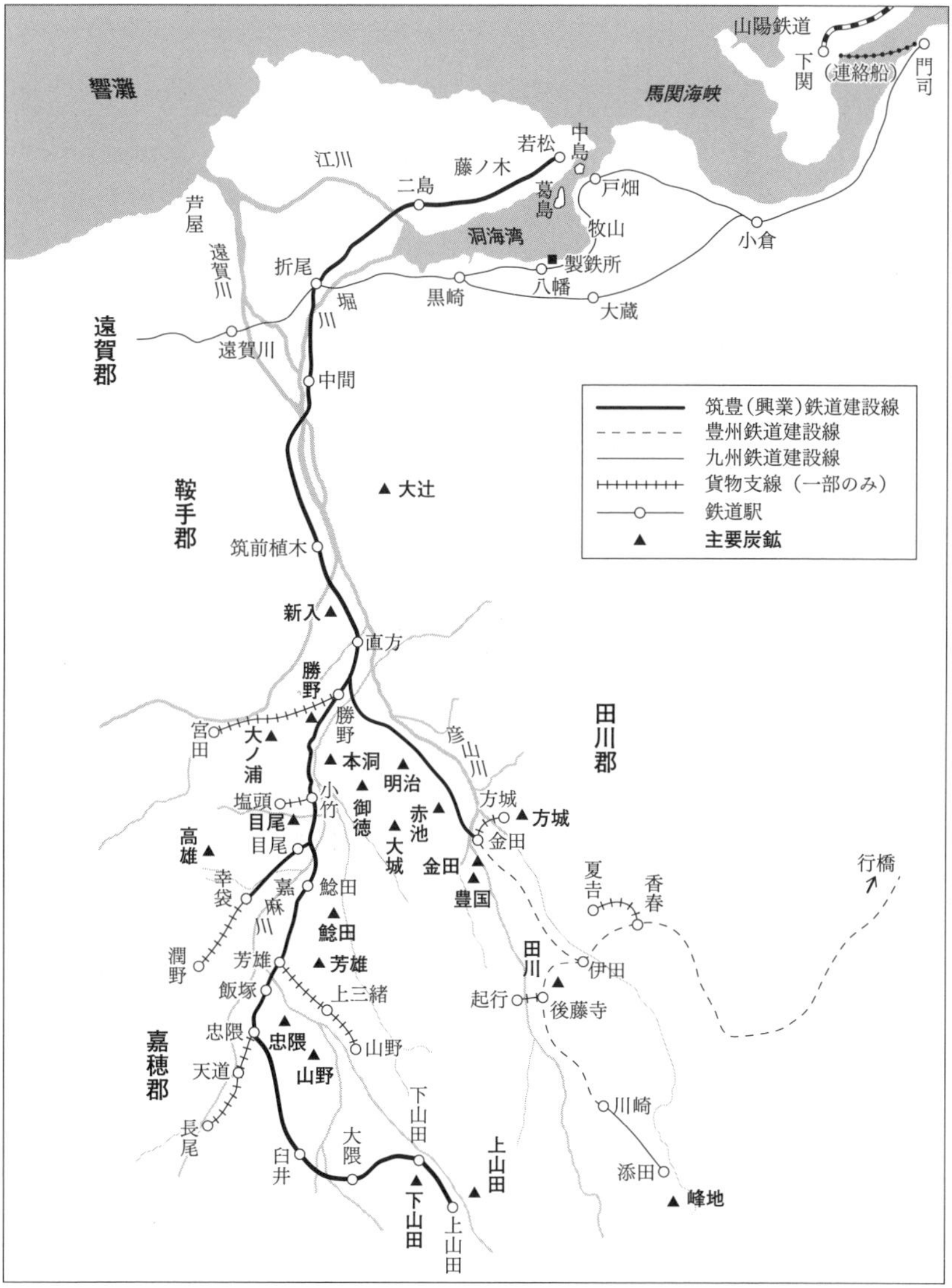

図 4-4　筑豊炭田関連地図（20 世紀初頭頃）

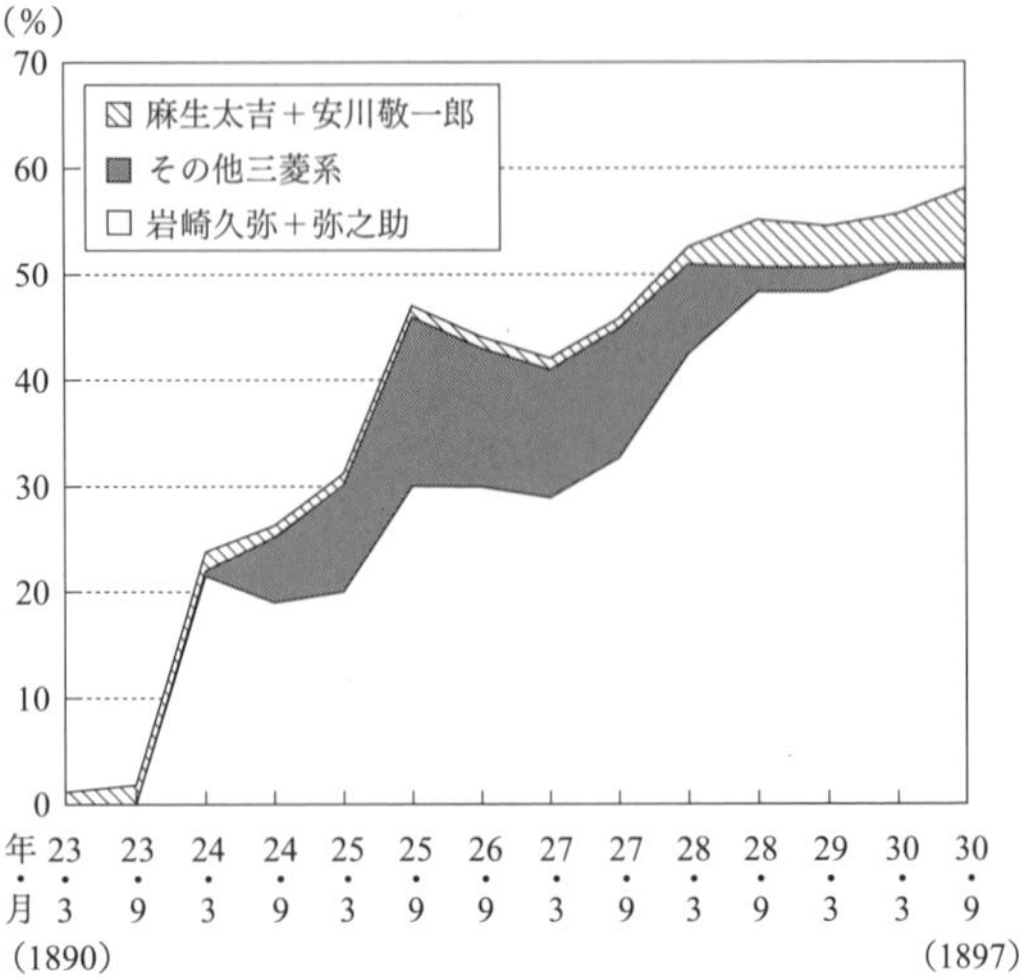

図 4-5　筑豊(興業)鉄道の株主動向：三菱系および麻生・安川：明治 23〜30 年

注）麻生，安川は個人の保有高で，関係者は含めていない。ちなみに，貝島太助は明治 23 年中に 0.6％の株式を保有していた。
出所）「株主人名表」各年各期，西日本文化協会編刊『福岡県史　近代資料編　筑豊興業鉄道（一）』1990 年より作成。

賃を割り引くなど、三菱を優遇する施策がとられた。(38) だが、度重なる水害で再び工事が停滞し、(39) 一方、本家の炭鉱業も不振が続いて年末頃から石炭価格が下落した。翌二五年になって筑豊石炭産業は恐慌に苦しむことになる。ここに至り、地域の炭鉱事業家たちは筑豊興業鉄道開通開業による運賃の軽減に一縷の望みをかけた。(40) 筑豊では当時、川艜の運賃が目いっぱいに高騰していた。かたや、鉄道運賃も未だ営業距離が短く、積下しや積替のコストが発生するためにさらに高くついていた。(41) だが、鉄道とその付帯設備が首尾よく完工しさえすれば、将来的にその輸送コストは舟運をはるかに下回るはずであった。

明治二五（一八九二）年初頭、筑豊興業鉄道では、当時山陽鉄道技師長であった南清を嘱託で技師長に招請、(42) また、南の推挙により同じく山陽鉄道から村上享一を建築課長として迎えた。(43) 村上は明治二一年、中山秀三郎と同期の工科大学卒業で白石の教え子である。山陽鉄道の筆頭株主は岩崎久弥であり、荘田、寺西成器、末延道成といった三菱関係者が取締役となっていた。その三菱に資金援助を要請し、(44) 二五〇万円に増資した。これでようやく工事が軌道に乗り、二五年四月より直方—金田《かなだ》間、続いて直方—飯塚間の建設工事に着手して、それぞれ二六年二月および七月に開業した。また、二六年六月には折尾—中間《なかま》間の連絡線ができて九州鉄道とつながった。(45) その直後、南は顧問技師の立場となり、村上が技師長兼建築課長となった。(46) 同年秋からは筑豊炭の門司への輸送も始まり、輸出の利便性が高まった[47]。二七年八月に筑豊鉄道と改名し、同年末に小竹—幸袋《こうぶくろ》、二八年四月には飯塚—臼井間[48]を延伸開業した。

産炭地帯の鉄道において、本線に劣らず重要なのが各鉱の炭積場と本線、また川端（舟運との連絡）をつなぐ坑外運炭支線である。三菱が自社炭鉱に関わる支線の建設を筑豊鉄道に持ちかけたのをきっかけに、舟運と競合する鉄道側もこの企画に乗り出し、加えて大幅な炭車増強による輸送能力向上をはかった[49]。貨車の修繕を一手に引き受けたのが若松製作所である。若松製作所は、若松駅が開業して間もない明治二五（一八九二）年に駅構内に設立された[50]。

ちなみに、石炭のような特定地域に偏在する重量原料の価格は輸送費の影響を受けやすい。安場保吉は、明治前

図 4-6　明治中期の坑外運炭（三菱鯰田）

図 4-7　大正初期の坑外運炭（三菱鯰田）

図 4-8　石炭用貨車，底開き型。中央部に九州鉄道の社章が見える

期から後期にかけて、船舶および鉄道による輸送費が絶対的にも相対的（他の物価との比較）にも大幅に低下し、それが地方産物の生産地価格上昇と消費地価格下落につながった——つまり、両地域における実質所得向上に寄与したと指摘している。とりわけ大量貨物運賃の相対的下落は、第一次大戦後の重化学工業化に著しく貢献することになるが、その代表的産物が石炭であった。[51]

筑豊からの石炭運び出しは舟運で若松もしくは芦屋へ向かうか、鉄道で若松、門司、その他へ向かうかである。図4-9は明治二六（一八九三）年から三〇年までの筑豊四郡（遠賀、鞍手、嘉穂、田川）からの運び出し量の推移を示す。つまり、この頃までは水運が減ったというのではなく陸運が増えた。この地域で増大した産炭量は鉄道が吸収したといってもよい。なお、筑豊五郡といえば、遠賀、鞍手、嘉麻、穂波、田川を指すが、明治二九年に嘉麻郡と穂波郡が合併して嘉穂郡となり、以後、筑豊四郡を形成することとなった。本書ではとりあえず原資料に沿った表記をしている。

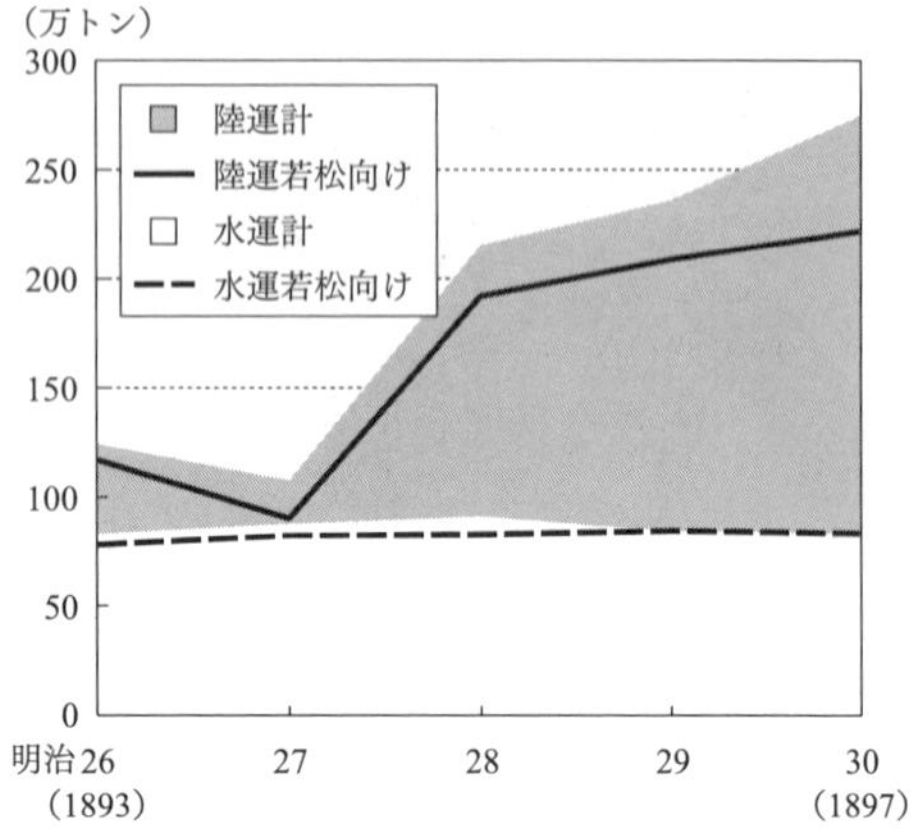

図4-9　筑豊4郡の諸炭鉱より搬出，輸送される石炭の量

注）4郡は，遠賀，鞍手，嘉穂（嘉麻・穂波），田川各郡。単位は斤をトンに換算。
出所）高野江基太郎「筑豊炭鉱誌」Ⅰ，1898年，明治文献資料刊行会編刊『明治前期産業発達史資料』別冊70-1，1970年所収，p. 100より作成。

鉄道運賃は一般炭鉱と特約炭鉱で異なり、一般炭鉱からの運賃は一マイル一トン当たり二銭五厘、特約炭鉱は二銭であった。表4-1は明治二八（一八九五）年における各炭鉱から若松に至る水陸運賃の比較である。条件によって多少の差はあるが、いずれにしても鉄道運賃は川艜の六〜七割に抑えられていた。その後、舟運との差はさらに拡大して五割程度となった。[52] 筑豊五郡の石炭送出高は、明治二一年の五五万トンから直方開通の二四年には九二万トン、飯塚、金田延伸の二六年には一二四万トン、臼井延伸の二八年には二一五万トンと飛躍的に増加し、この年、鉄道による石炭輸送量が舟運のそれを凌いだ。[53] 図4-10は水陸送炭量比率の推移を示す。ちなみに、筑豊五郡内の大産炭地、田川方面からの輸送については、明治二八年に豊州《ほうしゅう》鉄道（社長、松本重太郎）が行橋—伊田（田川）間を開通開業させた。豊州鉄道はその後も各地に延伸を図ったが、明治三四年、九州鉄道に合併された。

一時期苦境にあった筑豊石炭産業は明治二七（一八九四）年頃から再び活況を呈した。日清開戦がその一つのきっかけではあったが、より基本的な要因は鉄道の延伸というインフラ整備にあった。先の図4-9からも、いったん落ち込んだ陸運がまさにV字回復を見せる様子が確認できる。当時の炭鉱事業は好不況の波をかぶり、天候

表 4-1　筑豊諸炭鉱から若松までの運賃：水陸比較（鉄道／川艜）

明治 27-28 年，各 1 万斤（＝6 トン）あたり運賃（単位：円，％）

炭鉱名	川艜（A）	鉄道（B）	(B)/(A)×100（小数点以下四捨五入）
大ノ浦第一	2.60	1.80	69
新入第一	3.00	1.80	60
新入第二	3.20	1.92	60
菅牟田	3.55	2.28	64
勝野	3.70	2.40	65
大城	3.55	2.40	68
赤池	4.00	2.64	66
高雄	4.00	2.76	69
目尾	4.20	2.52	60
金田	4.20	2.64	63
田川採炭	4.20	2.64	63
豊国	4.20	2.64	63
鯰田	4.20	2.64	63
忠隈	4.55	3.00	66

出所）村上享一「筑豊石炭の運送附若松港」『工學會誌』14 輯 163 巻，1895 年 7 月，pp. 472-473 より作成。

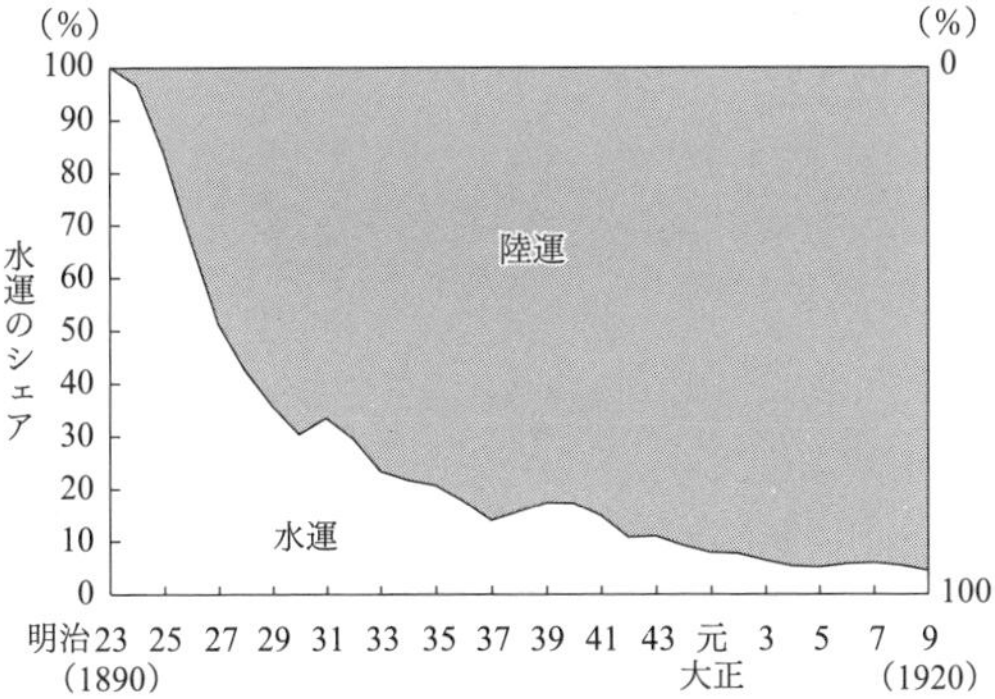

図 4-10　筑豊石炭送炭量の水陸比率の推移

出所）畑岡寛他「筑豊炭の運炭機構の形成に関する史的研究」『土木史研究』22 号，2002 年 5 月，p.155，表 4（原資料：中間市史）より作成。

図 4-11　仙石貢（1857-1931）

の影響をもろに受け、事故も頻繁に起こる。麻生や安川が盤石の経済力を築くのはもう少し先のことになる。が、たとえば安川は、赤池炭鉱からの鉄道輸送が始まった明治二七年から筑豊鉄道の株式保有高を急増させており、麻生も明治三〇年にはそれに倣った。[54]

筑豊鉄道は明治二九（一八九六）年、当時逓信省鉄道技監から鉄道局運輸課長心得兼汽車課長心得に異動した仙石貢を専務取締役に迎える。[55] 筑豊鉄道側からは「支線の整理、石炭の積取り其他技術上に属することが多いので、どうしても仙石氏の如き技術家が必要」との見解が付されたようだが、[56] その技術家が他ならぬ仙石であった理由は三菱側の意向であろう。[57] この地において、三菱は売炭事業のビジネス・インフラを自前で建設することなく、既成の事業に巧みな相乗りを図ったのである。

ところで、三菱は九州鉄道とも関係が深く、発起人に瓜生震を参加させ、株式も引き受けている。[58] 一年後の明治三〇（一八九七）年十月、筑豊鉄道はその九州鉄道に合併され、それとともに仙石も九州鉄道専務取締役副社長として移籍し、翌三一年には社長に昇格する。仙石は輸送能力増強のため積極的な設備投資を実施、これが当面の経営悪化を招いて高配当を求める株主たちから批判を浴び、社長更迭要求へとエスカレートした。当時世間を騒がせた「九鉄改革問題」で、さんざんに紛糾したあげく、最終的に井上馨を調停役に頼んで収まった。[59] 中村尚史は、九州鉄道が筑豊鉄道との合併により旅客および米穀輸送中心から石炭輸送中心へと性格を変化させたこと、[60] その一方で筑豊において思い切った輸送力増強戦略を取れず、しかも高配当を実現する経営を行わざるを得なかったために運賃の高騰を招き、逆に筑豊石炭輸送力増強のボトルネックとなって私鉄の限界性を示したことを指摘している。そして、筑豊鉄道、豊州鉄道を合併した九州鉄道が国有化された後、筑豊地域の鉄道関連設備投資は一挙に進展し、運賃の大幅引き下げも実施された。[61]

（３）三菱の動向

本章ではすでに再三にわたって三菱に言及した。ここで九州におけるその動向を振り返っておく。明治期三菱といえば、まず長崎の造船所が思い浮かぶが、実は九州北部各地にその活動範囲を広げていた。筑豊地域との関連では、炭鉱を経営したのみならず、そのビジネスのインフラである鉄道、港湾の建設にも力を入れ、地域全体の開発に多大な発言力を持つようになった。白石のこの地への関わりも、三菱抜きには語れない。

まず、三菱の炭鉱業だが、岩崎弥太郎が後藤象二郎から高島炭鉱を買収したのが明治一四（一八八一）年であった。高島は幕末に佐賀藩がイギリス商人のトマス・グラバー（Thomas Blake Glover）との合弁で開鑿し、洋式採炭法および蒸気機関の導入を進めていた。維新後、政府はいったんこの炭鉱を官収した後、後藤象二郎に払い下げた。だが、後藤が経営に失敗したため、縁戚関係にある岩崎弥太郎が、いわば尻拭いのような形で買い取って事業を引き継いだ。尻拭いとはいえ、当時海運を主業とした三菱は輸送船の燃料炭を必要としており、実際高島炭の大口需要者でもあったのだから、触手が動いて当然だった。[62]高島炭鉱は三菱に譲渡されてから五年で収益事業になり、明治二〇年代初頭には日本一の出炭高を誇るまでになった。[63]ちなみに長崎の造船所だが、明治一七年に工部省から三菱に貸下げ、二〇年に払い下げられた。払下げの直前、三菱造船所では最初の鋼製蒸気船が竣工した。それが高島炭鉱の夕顔丸である。夕顔丸は石炭や乗客貨物を載せて専ら高島と長崎の間を往復し、炭鉱事業推進に多大な貢献をした。[64]

次章で再述するが、明治一八（一八八五）年に海運業から撤退した三菱は、高島炭鉱および貸下げを受けた三菱造船所を擁する長崎を事業の中核的存在とし、ここを拠点にして九州における事業展開に力点を置いていた。そのために幹部最高職の管事である山脇正勝が長崎に常駐していた。[65]また、旧高島炭鉱の運輸主任であった瓜生震は高島が三菱に譲渡されたのを受けて三菱に転じ、売炭事務を担当し、長崎支社支配人、東京本社副支配人へと昇進した[66]。高島炭鉱には、三菱に経営権が移った直後も数名のイギリス人技術者が残留していたという。やがて外国人技術者に替わって、第1章で触れた南部球吾、松田武一郎《たけいちろう》[67]らが三菱の炭鉱技術を率いていくわけだが、初期の苦労は並大抵ではなかったであろう。松本健次郎によれば、しかし、彼らに先導された高島の経験が後進の筑豊炭田の発展に与えた力は計りしれない。高島からは上級技術者ばかりでなく、職工や坑夫までが筑豊で新たに生まれた炭鉱事業に陸続と参加しており、三菱以外の炭鉱でもその技術援助を受けた者が多かった[68]。ちなみに、松田武一郎は後年、筑豊きっての技術者／炭鉱管理者として知られるようになる。松田は誰彼の区別なく指導を惜しまず、また炭鉱の開発・経営や生産性向上に加えて納屋制度の廃止にも尽力した[69]。そして鯰田炭鉱長を務めていた明治四〇（一九〇七）年、南満州鉄道株式会社（満鉄）の懇請により撫順炭鉱長として同地に赴いた[70]。

海運、炭鉱、港湾、鉄道、造船――こうした事業の一つ一つは、たとえば初めからその意図を持って企画され、あるいは偶然に落掌し、ときには意にそぐわぬ形で対処を迫られた場合もあった。しかし、その全てが有機的につながり、相互関係を持ちつつ発展しうるように方向づけられていくところが、明治期三菱の事業活動の妙味である。それは近代移行期に特有の融通性に援けられてもいよう。前章でも触れたが、たとえば私鉄各社の株主には、表立って企業名は出ないけれども三菱関係者が多く、とりわけ岩崎久弥は圧倒的な地位を占めていた。それは単なる資産運用ではなく、鉄道が石炭の大需要者であることにも関わる投資であったはずである。

高島での成功が確実になった明治一九（一八八六）年、三菱は筑豊に目を向け、開堀目的で農地を買収している[71]。初期の筑豊進出に関わったのは第1章で登場した鉱山技術者の長谷川芳之助、先述したトマス・グラバー、高島炭鉱の徳弘為章らであった。長谷川は唐津の出身だが、唐津もまた江戸時代から良質な炭鉱が開田され、維新の頃には日本最大の産出地であった。グラバーは幕末の武器商人として著名だが、活動の幅はきわめて広い。高島には炭鉱経営が二転三転するなかでもとどまり続けた。当時の日本で最強の炭鉱実力者の一派が筑豊に触手を伸ばしたのである。

明治二二（一八八九）年になると、三菱は中山、植木の鉱区を、もと海軍卿の川村純義から、新入を三野村利助から、そして鯰田を麻生太吉から、立て続けに譲り受けた。(72) 川村純義の名義は、前述の海軍囲込の鉱区であったことを示す。この鉱区の入手には政府の意向、海軍の後押し、また地元との仲介に立った安川敬一郎や平岡浩太郎の力も大きかったという。海軍予備炭田の指定は明治一八年で、筑豊石炭坑業組合（後述）の結成された年でもある。組合総長の石野寛平と安川は指定解禁の陳情に不眠不休の活動を続けた。その甲斐あって二〇年には大部分が解禁され民間に公開されたが、その後もなお保留され続けていたのが中山・植木であった。松本健次郎によれば、当時は「今日では想像も及ばぬ程甚だしい官尊民卑の時代であ」り、これが民間への鉱区開放の遅れにもつながったという。(73)

ともかくも、こうして筑豊に進出した三菱は、まず明治二二（一八八九）年、芦屋と若松に出張所（炭鉱事務所）を置き、翌二三年には直方にも事務所を開設した。二四年にこれらを若松支店に統合する一方、二三年に下関に設置した出張所を二八年に至り門司支店として改組した。両支店は、徳弘為章、高田政久がそれぞれ支店長を務めた。(74) 明治二〇年代後半の三菱炭鉱は筑豊全出炭の二割内外を占めるという躍進ぶりを示した。(75) なお、筑豊石炭坑業組合明治二五年下半期のデータにみる筑豊五郡出炭総量は八億七八三万斤余。うち、三菱系の三鉱（新入、鯰田、勝野）の合計が二億六三四八万斤余と、実に総産炭量の三分の一近くを占めていた。(76)

筑豊（興業）鉄道には、先の資金援助の後も荘田、長谷川、山脇、徳弘、木村久寿弥太など、三菱の幹部が力を入れた。(77) 前述のように、明治二六（一八九三）年以降、同鉄道は直方から金田、また小竹、鯰田を経て飯塚、さらに臼井まで延伸開業した。実は、筑豊興業鉄道の当初予定における小竹以南の路線は、目尾《しゃかのお》から嘉麻川西岸を通って飯塚に伸びていたが、あえて川を渡り、東岸の鯰田を経由する路線に変更された。変更の理由は、東岸に未着手かつ将来有望な炭鉱がいくつかあるためとされ、その実現には荘田の尽力があったという。(78) 鯰田といい臼井といい、まさに三菱の取得鉱区に関わる路線変更である。明治二六年からは複線化工事も開始された。地方鉄道のほぼすべてが単線の時代、いかに産炭量が急増したかがこの施策に表れている。遠賀川（中間駅に近い底井野信号所）―植木間から始まり、二七年に折尾―中間間、植木―新入間、そして二九年には若松―折尾間が竣工し、若松―直方間がほぼ全線複線化された。[79] 岩崎＝三菱の株式保有動向は図4-5に明らかだが、加えて、久弥は明治二六年および二八年の筑豊鉄道社債発行の際にも最高額を引き受けている。[80] この鉄道が三菱にとってどれほど重要なインフラであったかが推量される。一方で、前述した仙石の社長就任から九州鉄道への合併、続く九州鉄道社長に就任という一連の動きも見逃せない。三菱は筑豊（興業）鉄道に対する強大な影響力を獲得し、その有力株主と経営者を吸収した九州鉄道に対する力も強めていくことを目論んだ。[81] しかし、それは必ずしも思惑通りに進展しなかったことが、前述の「九鉄改革問題」以降の流れにみられる。

2　若松港の発展

(1) 若松築港会社の創業

第2章でも触れたことだが、明治期の港湾改修・整備といえばもっぱら官業であった。しかし、行政面からいえば、一貫した方針もしくは系統的制度のもとに事業が行われたのではなく、その時々に応じて断片的な法令により対処された。明治三九（一九〇六）年に至りようやく内務省に港湾調査会が設置され、その審議によって翌四〇年に重要港湾の選定および施工の基本方針が確立された。さしあたり、横浜、神戸、敦賀、関門海峡（門司、下関）を第一種重要港湾に指定し、これについては内務省直轄起工のもとに一部費用を地元が負担する。第二種重要港湾として東京、大阪、新潟、長崎、青森、船川、境、鹿児島を指定し、これについては地方の経営に関わる修築に対し国が相当の補助を行う。それ以外の港湾の修築については地方の独力経営に委ねる、というものであった。[82] 各港湾の主務官庁は内務省、その管理は地方長官の所掌となる。だが、官設鉄道のように利用料を徴収して受益者に負担を求めることは、明治年間にはほとんど行われていない。[83] ましてや民間経営となると、明治初年の太政官布告において、道路や港湾など公共性の強い施設については、管理者を公共部門に限定し（公物公有）、利用料を徴収する場合も営業年限を設ける（元資償却）等、厳しい条件が付されていた。[84] 若松港の場合、管理主体は福岡県だが、その建設、維持、事実上の管理が民間経営の収益事業として成立した点で特異な存在であった。のみならず、若松築港会社による第一次・第二次拡張計画／工事は、部分的に公費が投じられたとはいえ、明治年間に竣工した港湾開発事業の中で、官業を凌いで最大規模を誇ったのである。[85]

若松築港会社は、主として石炭を運搬する大型船の出入のために港を浚渫かつ整備し、浚渫土砂を埋め立てて産業用地を造成し、一方でこの港を利用する船舶から港銭を徴収するというアイデアの所産――すなわち、インフラ・ビジネスである。いかにも民間の創意工夫にあふれた魅力的な計画で、今日なら独立採算型ＰＦＩの趣がある。事業のあり方としては一見私鉄経営に似ており、その収益事業のビジネス・インフラが「整備された港湾」である。ただし、視野を広げてみれば、地域全体の収益事業の中核となるべきは石炭産業であって、若松築港会社も、また、前段で触れた筑豊興業鉄道も、石炭産業のビジネス・インフラとして機能しつつ、自らも収益事業体を目指すという形態をとった。[86] この場合、石炭産業のインフラ機能と鉄道もしくは港湾という収益事業のいずれが重要かといえば、それは明らかに前者である。とりわけ若松築港会社の場合、港銭の徴収は創業時点で「資本償却のため」、その後の拡張工事の際には「維持費及修繕費を償却するため」に認められた。[87] その意味で、私鉄などとは性格が異なる。なお、筑豊における炭鉱、港湾、鉄道各事業の推進者、支持者たちは共通しているか、少なくとも部分的に共通の利害を持ち合っていた。

さて、筑豊の石炭は、運び出された後、国内外へ輸送されていく。その手段は海運であった。古くから諸物資の出入港として栄えていたのは遠賀川河口の芦屋である。だが、芦屋は荒波の寄せる外海、響灘に面しており、冬季の気象条件が悪く、河口には砂が押し寄せて大型船は満潮時にしか出航できないという不便があった。一方、波穏やかな洞海湾に面した若松は門司への中継港としても抜群の位置にあったが、湾は浅瀬で船の就航に適さなかった。二、三千トンの汽船なら水深六メートルほど必要とされるところ、一・五メートル内外しかなかったのである。さらに、澪筋は深浅曲折が激しく、風波のために一夜で砂洲に変わることもあり、干潮時の港内は地肌が見え至る所に岩盤が露出した。とりわけ港口付近の土砂堆積が激しく、百トン以上の船舶が若松に寄港する場合は沖に投錨せざるを得ず、沖合はまた強風高波が頻繁で、船が破損することも多かった。[88] 港内では明治一〇年代から漁業者による浚渫埋立等も行われていたが、こうした問題に対処できるものではなかった。

この地域では明治一八（一八八五）年十一月、炭鉱の乱掘防止や鉱区整理、輸送、技術導入等の問題に対処するために五郡石炭坑業組合が結成された（明治二六年、筑豊石炭坑業組合に改組改称）。組合の中心人物は石野寛平で、福岡県産業課で鉱山業に関する行政事務を担当していたが、組合結成に際し総長として招請された。石野は石炭業発展の阻害となる遠賀川舟運の限界性を憂慮し、若松を基点とする運炭鉄道の建設を唱道する一人でもあった。しかし、仮に鉄道が建設されたとしても、洞海湾、とりわけ若松港口の水深が浅すぎて鉄道で輸送されるべき大量の石炭を積み出すことができない。若松港の利便性向上を渇望する石野は、和田源吉ら地元の組合有志四名とともに築港案を具体化し、明治二一年十一月、福岡県知事安場保和宛てに浚疏会社創立を願い出た。九州鉄道が設立認可された年である。さしあたり資本金を一〇万円とし、浚渫は小規模・応急措置的なものであって、利用船舶から港銭を徴収することで会社経営が賄えるとした。技術面では、当時内務省土木監督署長の石黒五十二を招請して設計その他の準備を整える予定であった。[89] 石黒については第1章で触れたが、東京大学理学部土木工学科の第一回卒業生で文部省の官費留学生でもある。帰国後は内務省に入り、水系土木技術を専門とした。明治二〇年八月には、当時内務省技師の古市公威とともに、門司築港のための馬関海峡測量にも携わった。[90]

実際の築港調査・設計は石黒および長崎桂（内務省技師）[91]に依頼して実施された。一方、石野は炭鉱業者の代表として筑豊興業鉄道の請願にも参画した。筑豊の鉱業家たちが当初、鉄道建設に冷淡だったことは前述したが、石野にとって鉄道はぜひとも若松港を基点とするものでなければならなかった。ところが、その若松港は、石黒、長崎による調査の結果、単に港口を浚渫するだけでは不十分で、澪筋の浚渫、港外防波堤建設その他の築港整備を要することが判明した。[92]当然、事業費は高騰する。かたや、出入船舶から港銭を徴収する企画には反対する地元関係者も多く、株式募集は難航して計画実現が危ぶまれる事態となった。石野は築港に専念するため、石炭坑業組合総長を辞し、鉄道請願からも手を引いて金策に走り回った。明治二二（一八八九）年十一月、浚疏会社創立委員会は石黒の意見書に従って事業計画を拡大した若松港築港願を安場知事宛てに提出した。資本金は六〇万円であった。この時、願書差出人として「若松築港会社発起人」の名称が使われた。発起人の数は前年の創立委員五名から大幅に増え、八〇名が名を連ねた。石野、和田をはじめとして、平岡浩太郎、安川敬一郎、麻生太吉も含まれていた。[93]

請願の主たる内容は、工事許可とともに、港内石垣建造に現場から出る石材を充てるとしてその石材の無償払下げ、[94]浚渫土砂による沿岸海面埋立とその埋立地の無償払下げ、出入港銭取立の許可であった。請願に付された石黒、長崎による意見書では、澪筋の水深一五尺（約四・五メートル）を保ち、若松海岸より口の瀬まで防波堤を築いて高さ九尺の石垣を築造する、としている。[95]翌明治二三（一八九〇）年五月二三日付で工事および港銭の免許が下付され、築港命令が下った。しかし、築港資本償却の要素である埋立地と石材の無償払下げは認められず、創立委員会にとって厳しい結果となった。[96]おりしも二三年恐慌に遭遇して石炭業界は大不振に陥り、株式の募集も困難になって初期計画を断念せざるを得なくなった。ようやく景況が落ち着きをみせ始めた二五年二月、資本金を三〇万円に半減して工事計画変更（縮小）を出願する一方、石野は平岡浩太郎の紹介で岩崎弥之助、荘田平五郎、渋沢栄一らと懇談の機会を得、その協力を得ることに成功した。同年七月に事業免許が下付され、加えて埋立地の順次無償払下げも認められ、十一月には港銭徴収の免許も得た。この年、七月一日を開業日として会社存立期間を六〇年

（一九五二年まで）とし、勇躍年末に開業式を挙行した。[97] 二六年七月、商法一部施行に伴い若松築港株式会社に改組改称、初代社長に石野が選任された。二六年三月末の大株主は、旧藩主世嗣の黒田長成、平岡浩太郎、安川敬一郎、石野他数名で、この地域と縁の深い者がほとんどであったが、半年後の九月末には渋沢栄一をはじめ、大倉喜八郎、浅野総一郎、今村清之助など中央資本家の他、荘田平五郎、近藤廉平、長谷川芳之助、山脇正勝といった三菱関係の有力者が名を連ねたのが注目される。[98] 二九年二月、石野の後任社長に和田源吉が就任、直後の五月に安川敬一郎が和田に代わり、会長（社長職なしの取締役代表）に就任した。[99]

創業当時、若松築港は浚渫船一隻（第一鷲丸）と人工鋤簾掘土船の併用で浚渫を行ったが、水深が増すと後者での作業は不可能になる。明治二六（一八九三）年に日本土木会社より浚渫船一隻（第二鷲丸）を借り受け、さらに一隻（洞海丸）を購入して三隻で工事を進めた。[100]

港銭の徴収は水深八尺（約二・五メートル）および防波堤三分の一以上で半額、水深一〇尺（約三メートル）以上および防波堤三百間（約五五〇メートル）以上で全額徴収が認められることになっていた。工事が進展し、半額徴収許可が明治二六（一八九三）年初頭、全額許可が二七年四月に下り、ようやく経営が安定して初めて配当を実施した[101]（後述）。二八年には港内浚渫の土砂捨場を設けるため、戸畑沿岸改修および葛島《かつらじま》周辺の埋立を出願、同年中に許可が下りて三三年に竣成した。葛島周辺埋立地は一文字島と呼ばれ、貯炭場として利用された。[102]

（2）製鉄所

話が錯綜するようだが、ここで北九州工業発展のもう一つの要素である製鉄業に言及しておきたい。製鉄業といっても、本書での主たる関心は八幡の官営製鉄所と若松港との関係性である。採炭業も、製鉄業も、見方を変えれば輸送業の趣を呈する。俗に、鉄製品一トンを作りだすには一〇トン以上の輸送が必要だという。[103] その主体たる鉱石は、製鉄所の前に広がる若松港＝洞海湾に運び込まれねばならない。

先に、明治政府の鉱業政策は、まず金・銀・銅に主眼が置かれたと書いたが、むろん、工業官僚たちが近代社会を物質的に支える「鉄」の重要性を理解していなかったわけではない。工部省の事業中、最大の投資を行ったものが釜石鉄山・製鉄所であり、早くも明治八（一八七五）年に着工されていることからもそれは明らかだろう。釜石製鉄所は、しかし、明治一三年に操業を開始したものの所期の成果が出ず、早くも一五年末に操業停止に追い込まれ、翌一六年に製鉄所、鉱山ともに閉鎖となった。そして、ほぼ捨値で民間に払い下げられた。[104] 後年の調査により、この失敗の原因として鉱区の調査不足（鉱石が多量に存在する個所から外れていた）、コスト高、需要不足、技術的低位の他、燃料（石炭、木炭）の供給不足と輸送問題が挙げられた。[105] 実のところ、工部省は製鉄所を港のある釜石に設けたし、鉄鉱石を産出する鉱山地域から製鉄所のある釜石まで、他ならぬ鉱石輸送用鉄道の建設を早くから進めて製鉄所と同時に開業させた。この釜石鉄道は、新橋―横浜、神戸―京都に次ぐ日本で三番目の開業路線であり、最初の「産業鉄道」でもあった。しかし、当時の鉄道技術との兼合いもあって比較的平坦な地を選んで建設され、他方、採掘場からは山道を人力で運搬するというアンバランスが生じた。[106] 結局、製鉄所閉鎖の後に鉄道も廃線撤去され、資材はことごとく民間に払い下げられた。[107] その後の釜石について触れる余裕はないが、これらの経験は次なる製鉄所建設に活かされるべきだろう。

だが、釜石撤退の後、官営製鉄所の設置案は二転三転し、容易に進展しなかった。なにせ巨額の資金が必要な事業であるし、確立された技術もなかった。明治二二（一八八九）年には三菱をこの事業に参入させようという目論見もあった。前述したように、川村純義から三菱へ譲渡された鉱区は海軍が封鎖していた地区を含んでおり、この譲渡契約の第一条には、三菱の「鉄業の計画を賛成して」と明記されていた。つまり、三菱が製鉄業を興すという条件付きの話であった。[108] この契約とほぼ同時（二二年三月）に岩崎弥之助は製鉄所建設に関わる請願書を農商務省に提出した。そこには適切な建設用地買収の助成、薪炭用森林の払下げ、原料輸送への補助、官有炭鉱の借用など、リスクを伴う未経験分野への進出に対する手厚い保護要請がなされていたが、結果として政府はこの請願を認めず、弥之助もまたこの事案から手を引いた。[109] 三菱側で製鉄業への進出を積極的に図っていたのは長谷川芳之助で、弥之助の撤退を不服として三菱を退社することになったという。[110] その後、長谷川は政府の製鉄所建設計画に携わり、二転三転する調査委員会にも、野呂景義、和田維四郎《つなしろう》とともに一貫して関わり続けた。[111] ちなみに、創業時の製鉄所長官となった和田は白石と同世代の鉱物学者で、開成学校、ドイツ留学、東京大学（→帝国大学理科大学）で教鞭をとり第三回内国勧業博覧会の審査委員を務めるなど、白石と重なる経歴を持つ。

官設製鉄所案は明治二四（一八九一）年に海軍省所管製鋼所として構想され、翌年の製鋼事業調査委員会により、軍用のみならず国家の需要に応ずるものとして農商務省所管となることが決まりかけていた。しかし、明治二六年、農商務大臣である後藤象二郎が自ら提出した民設案が閣議決定され、同年設置された臨時製鉄事業調査委員会でも官設／民設論が戦わされた。二八年四月には製鉄事業調査会が設置され、官設とはいえ殖産興業的な模範工場の建設であり、製鉄事業としては民間を基本とするという認識が確認された。[112]

紆余曲折を経て農商務省管轄の官営製鉄所建設が決まったのは明治二九（一八九六）年三月（製鉄所官制発布）である。同年中に行われた数ヵ所の候補地視察の際、八幡村については若松港口の水深が浅く到底巨船を出入させられないと、絶望的観測であったという。[113] だが、結局は八幡に決定したことが三〇年一月に公表された。最終的に数ヵ所の候補地の中から選定された理由は、戦時の防衛上特に劣っているわけではないこと、地価が安く、地盤も良くて工場建設に適していること、工場用水、井戸水が豊富であること、何といっても石炭供給においてこの地に勝る所がないこと、九州鉄道、筑豊鉄道を通じた陸送、そして、若松、戸畑を控えた船便へのアクセスである。好条件が出揃うなか、究極の難点である水深については、ともかくも湾の整備が進行中であることから、さらなる工夫の余地ありとされた。[114] 三千トン以上の船が就航できるよう、洞海湾浚渫の無料提供を、官側が八幡村や若松築港に迫る一幕もあったという。[115] 若松築港による港湾拡張工事については次項に譲るが、いずれにせよ、八幡の製鉄所は、民間事業である洞海湾の浚渫あってこそ成り立つ官営事業であった。

八幡は釜石と違い、後背地に鉄鉱石の産地を持たない。また、釜石から充分な量の鉱石を調達することも困難だった。原料はもっぱら中国や朝鮮からの輸入に頼ることになった。なかでも中国湖北省大冶の鉄鉱石が質、量、輸送面で適切と考えられた。明治三二（一八九九）年、製鉄所と清国との間に大冶鉄鉱石優先輸入契約が締結されて翌年から輸入が始まった。[116] 中国から来航する鉄鉱石を積んだ大型汽船を製鉄所の前に広がる若松港＝洞海湾に就航させねばならないのである。国家の一大事業である製鉄所を機能させるために、若松港においては、製鉄所の前まで干潮時水深二〇尺（約六メートル）以上の水路を通し、防波堤を延長し、なおかつ、湾内を広く浚渫して大型汽船の碇泊に供することが必要となり、これが後述する若松築港の事業となった。[117] もし水深が改善されなければ、鉄鉱石を積載した汽船をまず門司に入港させ、そこで小型船に荷を積み替えて八幡まで廻航させることになり、[118] それは甚だ不効率であった。

一方、三菱合資は造船／航海奨励法（明治二九年）の絡みもあり、明治三〇～三四（一八九七～一九〇一）年にかけて管事の荘田平五郎が造船所支配人を兼任して長崎に常駐していた。[119] そして明治三三年、三井との競争を制して大冶鉄鉱石を八幡に運送する契約を製鉄所と結んだ。年間五万トン、一〇年契約であったが、この契約は満期後さらに一〇年延長され、輸送量も年間七～一二万トンに増加していく。三菱ではこの輸送用に社船を就航させ、さらに鉱石運搬用に設計した若松丸および大冶丸を建造した。この二隻は造船／航海奨励法の助成対象となり、大きな利益を上げた。海運業から手を引いた三菱だが、社炭や鉄鉱石は社船で運搬した。むろん、片路を空船で運航することはなかった。[120] もう一件、三菱合資の関係では、明治三〇年に戸畑牧山に設立された筑豊骸炭製造合資会社を、その翌年に買収して若松支店所属の牧山骸炭製造所とし、コークスの製造に乗り出している。当初は自社鉱山に出荷していたが、明治三六年より製鉄所の要請を受けて事業を拡張した。[121]

八幡において、製鉄業につきものの輸送問題は、まず海上輸送のそれであったが、一方、陸上では、内陸部を経由していた九州鉄道の小倉―黒崎間路線から分岐して、沿岸部の戸畑―八幡を経由する新路線が開業の運びとなった。明治三五（一九〇二）年のことである。翌三六年一月には製鉄所の専用線から八幡駅を経由する貨車の連絡運転が始められた。[122]

肝腎の八幡の製鉄所建設は明治三〇（一八九七）年に一部着工、[123]第一高炉の火入れが三四年二月。釜石での挫折から二〇年近くが経過していた。しかし、この後もまたさまざまな苦難が続き、製鉄所が順調に銑鉄の生産を上げ始めるのは明治三八年頃からである。しかも良質の鋼鉄に関していえば、明治末に至るまで、土木をはじめ、造船、鉄道、兵器等の製造に必要な鋼材の大部分は輸入に頼らざるを得なかった。[124]ちなみに、八幡の高炉に火が入る数年前から、釜石においても払下げを受けた田中製鉄所（田中長兵衛）が、旧工部省の夢と消えた企画を超える製鉄事業を展開させており、所員を八幡に派遣して製鉄所の揺籃期に貢献した。

（3）若松港拡張工事

少し時間を遡るが、日清戦争後から工業発展の勢いが増し、石炭需要が増加した。筑豊石炭産業の将来的発展は十二分に予測でき、生産力が上がるとともに炭鉱鉄道も各地に張りめぐらされて輸送能力が向上した状況下、地域の急速な発展に遅れ気味なのが若松港の規模と機能であった。水陸両運により日々若松港に集散する石炭が四、五千トンに上ると、それを運び出す船舶の欠乏と貨物の渋滞が見え始めた。この地の発展には海運と陸運との均衡的成長が不可欠である。一方で陸運の整備が進み、製鉄所問題も起こるなか、地域としては港湾整備の遅れに焦りを感じ始めていた。[125]

この情勢を受け、若松築港会社では港湾設備拡張を企画し、明治二九（一八九六）年八月に測量調査等の準備を願い出て許可された。[126]製鉄所官制発布の五ヵ月後である。その建設地が八幡と公表されたのが翌三〇年初頭で、その位置決めの最終的決定要因ともいえるのが、若松港整備がすでに進行中であったことは前述したとおりである。逆に、製鉄所建設の一報は若松港拡張計画に拍車をかけ、若松築港会社は三一年十一月に「第一次拡張工事」を申請した。創業以降の浚渫工事により若松港には六〜七百トン級の汽船の出入が可能になっていたが、この拡張計画においては大冶から八幡に来航する三千トン級の鉄鉱石輸送汽船を想定し[127]、幅員七五間（約一三六メートル）、干潮時水深二〇尺（約六メートル）の航路建設およびその浚渫で生じる土砂を利用した埋立地造成を目指した[128]。また、九州鉄道（前年に筑豊鉄道を合併）の若松駅構内沿岸の浚渫により、三千トン級の汽船を横繋し貨車との直接荷受も目論んでいた。荷役面での利便、効率および安全性からみて、陸送への連絡設備のある岸壁への接岸と艀や小型船舶の利用とでは雲泥の差が生じる[129]。近代港湾の第一要件は実にこの点に関わるといってもよい。延べ三年近くかかった築港事前調査は、今回も石黒五十二（内務省土木技監）、また経験豊富な船長である日本郵船の茂木鋼之（綱之）などに依頼。別途、製鉄所も沿岸までの航路設置について石黒やデ・レイケ（内務省雇技師）を招いて調査にあたった。

工事費として一六〇万円が見積もられ、増資が必要になった。当時社長を務めていた安川敬一郎は金策に東奔西走した。増資計画に対して、安川、麻生、貝島のいわゆる筑豊御三家をはじめとする地元事業家の他に、岩崎弥之助および久弥、渋沢栄一、益田孝、古河市兵衛、瓜生震、浅野総一郎などが後援者となった[130]。また、松本健次郎によれば、当時の政財界においては井上馨が大御所であり、この地方の鉄道、炭鉱、港湾、すべて井上に相談を持ちかけていたという[131]。井上の尽力もあって、この港湾改修で絶大な利益を受ける製鉄所が五〇万円の補助金を拠出することになり、一方、若松築港は製鉄所使用の物資並びに同所製品出入に関して港銭を一切請求しないということで話がまとまった[132]。ただし、築造中の防波堤延長および外海から港内に通じる航路を製鉄所航路まで延長し、水深二〇尺に浚渫することが条件であった。翌明治三二（一八九九）年四月に免許が下り、この時、資本金を一五〇万円とした。免許下付に際し、管理主体の福岡県は当事業の実施において公益が優先されること、また、港銭は事業の維持費および修繕費償却に充てることを明記した[133]。

ようやく第一次拡張計画の工事許可が下りたわけだが、それと同時に、将来的には航路のみならず、港内中島——

葛島間全体の浚渫が必要であり、これを若松築港が担当すべきであるとの指令がなされた。よって、これを第二次拡張計画として明治三二（一八九九）年四月に申請、三三年十一月に許可が下りた。この拡張にかかる工事費は八二万円と見積もられ、うち五〇万円が国庫（内務省）から補助されることになった。国庫補助を議会に提議したのは、おりしも福岡県の衆議院議員補欠選挙で当選したばかりの麻生太吉である。[134] 一民間企業への補助ということで反対意見が多く衆議院で否決、貴族院で可決、再度衆議院で否決された後、両院協議会で可決となった。[135] 補助金に対応して官船に対する港銭免除の条件が付された。[136]

前述の第一次・第二次拡張計画に関する資金調達は、国庫補助五〇万円、製鉄所五〇万円、地元鉱業家七〇万円、東京の資本家三〇万円（三菱八万、毛利、三井が各六万、住友、古河、原などで一〇万）、当時の株主三〇万円の割当となった。[137] 増資や補助金の問題が絡んだために紆余曲折を経て申請され許可を得る経緯をたどった。少々穿った見方をすれば、筑豊の鉱業家たちは、製鉄所の便宜を図るという口実をもって補助金をせしめ、それを本家石炭積出のための港湾整備に役立てるという離れ業を演じたのである。その戦略を支えたのは、しかし、国の発展に貢献する地域資源へのゆるぎない自信と誇りであったに

図 4-12　明治 35 年頃の若松港。汽船の姿はない

相違ない。明治三三（一九〇〇）年九月に前述の国庫補助が可決され、拡張計画問題は一応の決着をみた。翌十月、安川敬一郎、平岡浩太郎ら重役陣が総辞職し、新たに社長として白石直治を招請した。[138] つまり、白石の社長就任は、すでに計画の大要が決まり資金の目途もつき、実際に大拡張工事を開始するタイミングで、地域利害に関係のない人材を他から招請した形でなされた。この件については次節で再考する。

一方、すでに述べたように、この地域の陸運の柱、筑豊鉄道は九州鉄道に合併された。炭鉱地域を傘下に収めた九州鉄道は、いわば北九州産業クラスターの大動脈となる。その地に官営製鉄所が誘致された。ここに至り、九州鉄道、若松築港、製鉄所の三者は互いの利害得失を調整するために次の内容の協約を締結した（明治三三年十一月）。

①九州鉄道は、製鉄所の要求に応じて、黒崎―戸畑間の海岸予定線を変更する。製鉄所敷地を迂回し、かつ製鉄所構内への鉄道支線を設ける。

②若松築港は、製鉄所において施工すべき洞海湾内製鉄所荷揚場までの航路浚渫を請負う。また、九州鉄道戸畑停車場敷地に要する埋立を無償で負担する。

③製鉄所は、その埋立の権利を有する区域内約一〇万坪を浚渫

土砂捨場として若松築港へ埋立の権利交付手続をなす。[139]

この協約に従い、若松築港は明治三三（一九〇〇）年十一月より葛島以南の製鉄所航路浚渫および戸畑・八幡の沿岸埋立を履行し、三九年三月に竣工。工事費約三七万円と製鉄所の権利に属する区域の埋立権の交付を受けた。また、この工事により生ずる土砂捨場（すなわち、前記製鉄所区域を含む埋立地）約一〇万坪の埋築工事（石垣建設）を同年七月に竣工させた。[140]

ところで、北九州では明治二二（一八八九）年前後を境として、筑豊興業鉄道と若松築港会社が相次いで設立されたが、三菱が筑豊に進出したのもまさに同時期であったことには注目すべきである。その後一〇年余をかけ、三菱は炭鉱を経営し石炭および鉄鉱石を運ぶ鉄道と船舶・港湾に深く関わることで筑豊における影響力を強化させてきた。陸と海をつないで発進する財閥的エネルギーが九州北部に充満していたのである。

技術面からいえば、若松築港は第一次拡張工事の免許下付に伴い、明治三二（一八九九）年末に長崎の三菱造船所を介してイギリスのロブニッツ社にバケット式浚渫船二隻（第二洞海丸、第三洞海丸：浚渫能力は一時間当たり九〇坪）、翌年同社にサンド・ポンプ式（吸込式）浚渫船一隻（第四洞海丸：同七五〇坪）を発注した。[141] バケット式二隻は翌三三年初めに長崎に到着し、三菱造船所で組み立てた。機械や浚渫機の試運転も三菱造船所側で行った。[142] サンド・ポンプ式浚渫船は同年スコットランドの造船所で進水して若松に廻航された。いずれも明治三四年より使用を開始した。[143] この浚渫船購入の件については、明治三二年三月、安川が白石、仙石、高橋達（若松築港支配人、後述）を伴い、鯰田炭鉱に滞在中の岩崎弥之助、荘田を訪ねて協議している。[144] この機会に、技術的な問題のコーディネートが白石に託されたと考えられる。

明治三三（一九〇〇）年には上記の他、鉄製土受船六隻を大阪鉄工所、木製土受船四隻を新隈鉄工所、曳船（小蒸気）二隻を三原石之助、同じく一隻を渥美貞幹、三トン揚打重器船三隻を中嶋三工所と、いずれも大阪の工場に発注、[145] また、三四年および三五年に九州鉄道よりプリストマン式浚渫船それぞれ二隻を借り入れた。[146] 三五年には防波堤工事監督用の小蒸気も購入した。設備投資は迅速に進み、ここでも三菱が存在感を示した。

なお、製鉄所用地造成だが、これが近代的土木技術にもとづく海面埋立による大規模工業用地開発の嚆矢であるという。[147] 当時、近代工業の工場建設用地といえば既存の内陸水路（運河）や河川沿いが主流であった。原材料・半製品の受入れ、製品の積出などに用いられる輸送手段の主力が小型船舶や艀であったことも、こうした立地選択に与した。だが、輸送される物資の量が増え、輸送船舶が大型化すると、それに対応して港湾インフラも変化を要求される。インフラ建設側の技術進歩、とりわけサンド・ポンプ式浚渫船の導入は、埋立地の造成を迅速かつ安価なものにさせ、工事の比較的容易な遠浅の海面地先に広大な工業用地を出現させる契機となった。[148] 若松港の拡張工事は、構想としても技術的にも時代を先駆けていたが、ここにも経済発展とインフラ建設の相互依存的進化がみられる。なお、洞海湾の埋立と比べて規模は小さいが、同時期の神戸でも、白石の監督指導により同様の方法による土地造成工事が行われていた。これについては次章で述べる。

図 4-13　第 1 次拡張工事末頃の若松港。中央に浚渫船，戸畑側の工事も見える

第一次、第二次の拡張工事、製鉄所関連の航路浚渫と埋立を含め、主たる工事は明治三九（一九〇六）年に完成している。ただし、海底土砂の浚渫作業が終焉することはない。幅員七五間、水深二〇尺の航路は、三〇余年後の若松港公営化（後述）に至るまで、若松築港が維持責任を負うことになる。[149]

炭積桟橋が竣工して三千トン級の汽船の入港が容易になり、若松港は日本を代表する石炭積出港としての体裁をひとまず整えた。これに先立ち、明治三七年四月には特別輸出入港に指定された。輸出品目は石炭、鉄材、鋼材。輸入品目は鉄鉱石。すなわち、視野に収められていたのは、ひたすら筑豊炭の海外輸出と製鉄業の興隆だった。ただし、当時の石炭輸出高は門司港が多く、若松港からは大阪港を筆頭とする国内向けの出荷が大勢を占めた。それは若松からの石炭積出が圧倒的に帆船に依っていたのと裏腹の現象でもある。[150] 翌三八年には早くも輸出品目制限が撤廃され、輸入品目には銑鉄と農産物が追加された。[151] ちなみに、明治四〇年の筑豊石炭産出高は六九三万トン、若松着炭は舟運（川艜）一一四万トンに対して、陸運はその三倍を超す三四六万トンであった。[152]

（4）港湾設備と戸畑の開発

若松港における石炭荷役場の整備、および鉄道駅に設置される設備は、貨車に積み込まれていた石炭をいかに効率的に船に積み替えるかという課題を担う海陸連絡設備――まさしく鉄道＝陸と港湾＝海の接点となる。本項ではこの問題を検討しておきたい。

同じ若松港＝洞海湾内でも、当初、開発の対象と考えられたのは芦屋にも近い若松側であった。時代が一九二〇年頃まで下ってもなお川艜による着炭も多く、「遠賀川沿いの運河、折尾の堀川運河を経由して洞海湾に入り、湾内砂洲間の細い水路をたどって、一文字島に来て炭種別に、うず高く山積にし、商談の調った石炭山は潮時を見計って、再びハシケや川船平太船で汽船または機帆船に積み替え、自航自帆または集団曳船等により目的地に出港した」[153] とある。

かたや、川艜を超える着炭量をますます増加させていた鉄道駅だが、筑豊興業鉄道は創業後毎年のように若松駅の海岸護岸、浚渫、石垣築堤、桟橋などの工事を行っている。[154] これについては、「海面埋立工事は若松築港会社との関係ありて之に着手したるは実に明治二三年十月」[155]、「若松港内埋立の件は、嘗て築港会社に受負《ママ》はせしも、其後同会社より右受負を断りたるを以て、他に受負人を定めしに、再び築港会社より前約の通り受負度旨相談し来たるを以て、南技師長の見込に任し許否するものとす」[156]とあるように、企業間で複雑な調整があったことが推測される。また、明治二六（一八九三）年には若松駅の着炭量増加に構内作業が追いつかず、夜業開始となった[157]。舟運の限界から始められた鉄道輸送であったが、その鉄道中継地における荷捌きが限界を現すほど産炭量が急増していった。

この状況に対応して、若松駅では明治二九（一八九六）年に高架桟橋が建設され、続いて石炭積込用水圧クレーン、水圧ホイストといった日本初の貨物用揚降装置の基礎工事に着手。三〇年中に落成し、付属施設の設置を待って三一年より稼働した。クレーンは筑豊鉄道がイギリスのタンネット・ウォーカー社から購入した。炭車を水圧に

図4-14　港に参集した川艜（手前側）。遠景は出炭の帆船

図4-15　若松駅の水圧クレーン

よって五メートルほど押し上げ、底を開いてピットからシュートを伝って船内に落下させる構造で、年平均一時間当たり最大積込量一二六トンであった。高架桟橋では桟橋上に炭車を巻き上げて、ホイストと同様に積荷を船内に落下させた。[158] これらの港湾設備が若松の景観を近代的に変えていった。[159] 明治三五年には藤ノ木に巨大な高架桟橋が建設された。

熱気を帯びる若松とは対照的に、洞海湾口の対岸に位置する戸畑の開発は遅々としていた。だが、前述のように、製鉄所が八幡に建設され、九州鉄道が戸畑を経由すると、若松側よりも水深の深い戸畑への注目度が高まった。水深の浅い若松側では帆船、曳船、機帆船、小蒸気に対する積込設備を主としていたのに対して、戸畑側では大型汽船への積込設備が増強されていった。

図 4-16　戸畑側，牧山のクレーン。貨車に九州鉄道の社章が見える

戸畑地区の港湾設備は若松側より時期が遅れて、明治三九（一九〇六）年に牧山および新川の高架桟橋建設、ホイスト設置、四五年に牧山高架桟橋のホイスト増設が行われた。こちらのホイストは九州鉄道がアメリカのブラウン・ホイスティング・マシナリ社から購入。明治三八年より同社のスプーナー技師が来日して組立監督にあたった。営業用に使用したのは四〇年からで、年平均一基一時間当たり最大一六三トンの積込を行った。[160] 高架桟橋上の炭車からバケットに落とし、バケットを移動させてホイストで吊り上げ、汽船上でバケットの底を開いて積み込む方式であった。[161]

加えて明治四三（一九一〇）年四月、若松築港会社は新たな拡張改修計画として、戸畑駅地先の海岸の埋立を出願し、一年後に許可を得て工事に着手、大正元（一九一二）年十月に竣工させた。埋立地を貯炭場とし、沿岸に数千トンの大型汽船三隻が横繋できるよう五五〇メートルの岸壁を設備して、陸上から直接荷役の便を図るものであった。[162]

そもそもこの計画は、明治四〇（一九〇七）年頃、洞海湾若松側と同様に戸畑側でも事が運ぶことを期待した安川敬一郎の発案になるものだった。安川はその頃から戸畑に着目し始め、明治四一年に明治紡績、明治専門学校を設立、自らも若松から戸畑に居を移した。[163] 若松側の場合、鉱業家、鉄道、港湾と全て民間が協力し合い、そこに政府の補助金を得ようという戦略で拡張整備計画が進んだ。少し遅れた戸畑では、しかし、おりしも九州鉄道が国有化されたために鉄道院との折衝が必要となり、一方、若松側の拡張時に精一杯の負担をした民間側も余力がなく、出願に至るまでに時間を要した。[164] その後、安川の事業に続き、明治四三年には鮎川義介が戸畑鋳物を設立するなど一連の動きを受けて、洞海湾地区は石炭中継地のみならず、近代工業都市として急速に発展していくことになる。

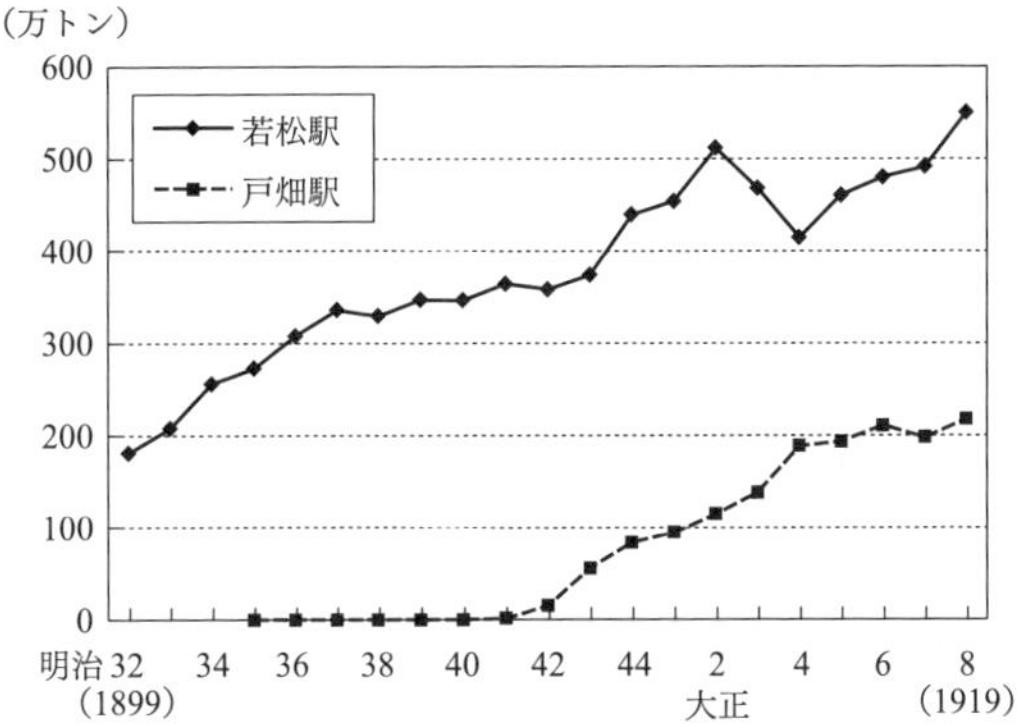

図 4-17　若松駅・戸畑駅石炭着荷量の推移

注）戸畑駅は明治 35 年設置，39 年積込機設置，45 年駅拡張・積込機設置。

出所）福岡縣若松市役所編刊『若松市史』1937 年，後編，pp. 73-75 のデータより作成。

戸畑駅拡張および戸畑駅地先の繋船壁の設計は白石が行った。[165] 岸壁には新工法である鉄筋コンクリート・ケーソン四〇個余りを沈下させた。[166] この工法の重要性については次章で触れる。戸畑駅構内に設置した石炭積込機械は若松築港がアメリカから資材を輸入して組み立て、明治四五（一九一二）年三月に落成、九州鉄道管理局が借上使用して、二年後に同局買収となった。[167] 荷役の機械化は画期的なことであった。

戸畑地区の整備により、それまで主として門司で行われていた石炭の大型汽船への積込が戸畑、すなわち洞海湾に移った。[168] 図4-17は若松駅と戸畑駅の着炭量の推移を表す。戸畑の着炭量は駅が設置された明治三五（一九〇二）年にはごくわずかで

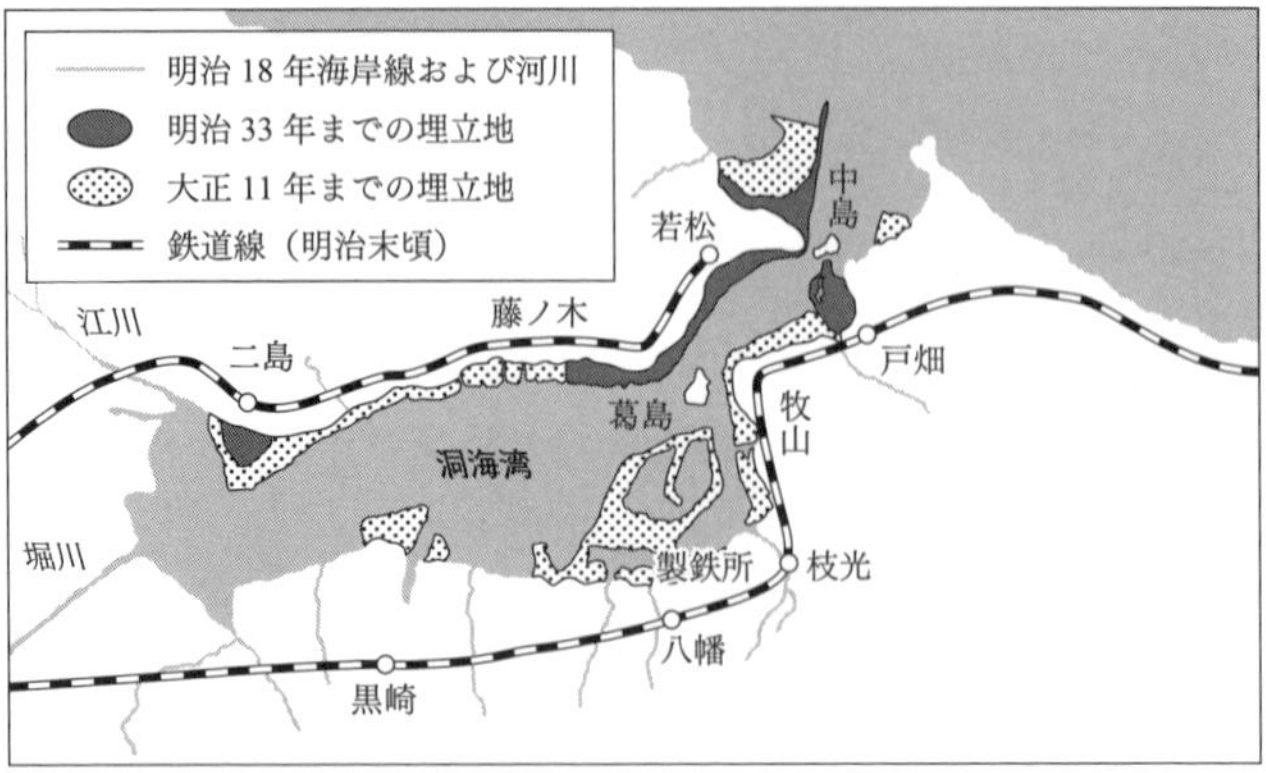

図 4-18　洞海湾の変遷（明治 18 年〜33 年〜大正 11 年）

あったが、三九年から急増、明治末には、数多い九州地方の石炭到着駅の中でも若松に次いで第二位、九州各駅着炭総量の一六パーセントを占めるまでになった。[169] 増加傾向が現れたのは、前述した石炭積込設備の充実に負うところが大きい。この後、鉄道による若松、戸畑の着炭量はさらに増加していく。若松、戸畑両駅とも総着荷量に占める石炭のシェアはいずれも百パーセント近く、逆に、石炭の発荷量は無視しうるほど小さい。つまり、両駅に運び込まれた石炭は、ひたすら船に積み込まれ、海路に旅立ったのである。なお、石炭の輸出高については、明治四一年まで門司港が若松港を圧倒していたが、翌四二年から両港拮抗し始め、明治末年には逆転傾向がみられた。[170]

　ところで、若松築港会社は創業時、資金不足で工事計画を縮小した。その際断念した地域の開発については、洞海北湾埋浚合資会社が名乗りを上げて埋立の官許を得た。明治三五（一九〇二）年四月に至り、若松築港は同社を合併して総資本金を一八〇万円とした。明治三六年には港口突端の灯台建設、三七年には港口の航路標識設置を、いずれも若松町の名義で出願、許可を得た。そもそも、灯台や航路標識を民間が設置することは法律で禁じられていた。[171] 建設、維持管理はすべて会社で行ったが、大正三（一九一四）年に若松に市制が施行されると、経営を市に移管して寄付の形で所要経費を負担した。[172] 明治三八年には、港内に大型汽船繋留用の浮標を設置し、その維持費用は使用料徴収によって賄った。港勢の発展とともに繋船浮標の数も漸増していった。明治四五年四月、大型汽船の入港増加に伴い、湾内の設計変更計画を出願、翌大正二年一月に許可が下りた。それま

表 4-2　若松築港会社工事沿革（明治年間）

	出願年月	竣工年月	工事費	主たる工事内容	備　考
創立前仮計画	21年11月 (1888)		10万円	浚渫；防波堤	出願後に調査
創立時計画	22年11月 (1889)		60万円	航路・船舶繋泊所浚渫15尺；港口防波堤1150間；埋立68万坪；護岸石垣	石黒五十二・長崎桂による調査設計
計画縮小変更	25年2月 (1892)		30万円	浚渫幅／延長の縮小；防波堤1080間；埋立11万坪	浚渫船1隻→3隻
戸畑・葛島周囲埋立	28年3月 (1895)	33年6月 (1900)	10万円	沿岸改修；土砂捨場設営5万坪	一部の埋立権を九州鉄道に譲渡
藤ノ木二島地先埋立	29年2月 (1896)	T10年11月 (1921)		下渡地・道路敷他埋立：28万坪	創立時計画縮小した部分の追加工事
港口改修	31年6月 (1898)	34年3月 (1901)		港口狭隘地形切取り	若松東橋野警察署移転および国道改築費寄付
第1次拡張工事	31年11月 (1898)	39年3月 (1906)	160万円 (内，製鉄所補助金50万円)	湾内浚渫航路幅75間および水深20尺；防波堤1400間；土砂捨場；石垣；溝渠	石黒，茂木鋼之他による調査 バケット式，サンド・ポンプ式（新設），プリストマン式（借入）浚渫船等導入
第2次拡張工事	32年4月 (1899)	39年3月 (1906)	82万円 (内，国庫補助金50万円)	中島葛島間浚渫840間	
製鉄所航路浚渫		39年3月 (1906)	37万円弱 (製鉄所保証)	葛島以南の製鉄所航路；戸畑・八幡の沿岸埋立4万坪	製鉄所の委託工事
製鉄所沿岸水面埋築	34年3月 (1901)	39年7月 (1906)		牧山-枝光川間および製鉄所以西の埋立10万坪；石垣2500間	製鉄所より埋立権交付（上記工事の土砂捨場）
戸畑駅構内地先埋立	43年4月 (1910)	T1年10月 (1912)		海面埋立6700坪；繋船壁300間	大型汽船3隻横繋可能
第3次拡張工事	45年4月 (1912)	T6年8月 (1917)	150万円	浚渫：本港汽船停泊所20尺，新設帆船碇泊所15尺，航路15尺：計27万面坪	サンド・ポンプ式浚渫船新規導入
その他，明治年間の設備				繋船浮標設置；灯台建設；航路標識設置	

注）～尺：干潮海面下水深（1尺≒0.3 m）；～間：幅／延長（1間＝6尺≒1.8 m）
竣工年月のT印は大正。その他は明治年。（　）内，西暦年。
工事規模に関するデータは概数で示した。
出所）若松築港株式會社編刊『若松築港誌略』1928年を主に参照して作成。

で、水深の浅い港内若松側は主として帆船の碇泊所となっていたが、その設備を藤ノ木方面に移し、若松側の跡地を浚渫して大型汽船の碇泊所とする計画である。これが工事費一五〇万円を投じた第三次拡張工事で、大正六年八月に竣工した。[173] この工事では新たにサンド・ポンプ式浚渫船（若松丸）が導入された。同年、将来の施設整備に備えて資本金を三六〇万円に倍増した。こうして、若松港は築港会社の発展とともに近代的港湾の態勢を整えていった。[174] 表4-2は明治年間に出願された若松港拡張整備の工事沿革である。[175]

良質な石炭を潤沢に産出した北九州の地において、鉄道、港湾、そして製鉄は手を携えて近代化・産業化の潮流に相乗りしたのであった。石炭は産炭地から筑豊／九州鉄道で若松へ、若松港から船で関西鉄道や山陽鉄道管内の需要地を目指して運ばれていった。日本の産業革命の歴史を考えるとき、北九州における石炭と鉄の意味するものは限りなく大きい。その工業原燃料の供給地における港湾の建設と経営という、まさしく社会資本を形成する事業は、しかし、官側のイニシアティヴを待つ暇も余裕もなかった。民間の経済活動そのものが凝縮されたインフラ建設が、日本の産業経済を大きく前進させたのである。

後年、松本健次郎はこう語った。「筑豊の石炭も川艜で搬出し、不完全な設備の港で積出しをやっていては到底華華しい発展は不可能であった。何と云うても、鉄道が敷設され、積出港が改良されて船舶積み込みが機械化されるようになったから今日のように盛大になったのである。[176]」

3　若松築港と白石

(1) 社長就任の経緯

遡って、白石直治の社長就任と白石時代の経営について考えておこう。

近代部門に限っても、鉱業、鉄道、製鉄、海運、新興の関連事業、土地取引等々、諸産業が急激に勃興した地域の要が若松であり、そのインフラ整備を担っていたのが若松築港なのである。そこにはまた、在来の舟運による交通体系の盛衰や漁業への影響という問題も絡んでおり、経済開発に伴って地域内の利権争いが厳しくなったのは想像に難くない。一例として、明治二九（一八九六）年、若松西南の二島《ふたじま》から葛島を経て牧山へ鉄橋をかけ、戸畑方面（将来的には小倉）に鉄道路線を建設するという筑豊鉄道の洞海架橋計画は、地元諸町村および住民の反対に遭って実現しなかった。[177] 利権の錯綜する世界において、地元出身者ではなく資本家でもない、土木技術／工学者としての白石は、まずそのニュートラルな存在自体が買われたであろう。もっとも、当該の地でニュートラルとはいえ、白石の岳父である竹内綱は九州の炭鉱事業に関わりを持ち、九州鉄道の仙石との浅からぬ縁はすでに述べてきたとおりである。その九州鉄道側ではいわゆる海陸連絡産業開発の視点から、若松築港との協調が重要であることが重々認識されている。[178] こうした関係性に加えて、その技術／工学界の実力者、かつ関西鉄道というインフラ・ビジネスの経営経験があるとなれば、願ってもない社長候補者だったといえよう。白石の伝記によると、若松築港への白石の招請を発案したのはおそらく仙石であろうという。[179]

白石が若松築港計画に関わり始めたのは明治三一（一八九八）年末頃からだと思われる。安川敬一郎の日記を抄録した『撫松余韻』をひもとくと、若松の件で白石に直接会った記述の最初の採録が三一年十二月末、すなわち、安川側では第一次拡張工事を申請して金策に東奔西走し始めた頃、白石側では関西鉄道社長辞任の直後であった。その会合には安川の他、井上馨、岩崎弥之助、久弥、古市公威、仙石、和田維四郎、大倉喜八郎、浅野総一郎、今村清之助などが出席している。安川はこれ以前から若松築港増資に関して、麻生や貝島といった地元鉱業家や和田、仙石、井上馨、渋沢、益田孝、浅野、古河市兵衛、古市などの有力者の他に、両岩崎、荘田平五郎、瓜生震、高田政久など三菱関係者ともたびたび会合を持っていた。[180] 技術系経営者としての白石については、仙石、古市の知るところである。とすれば、白石は、関西鉄道社長を辞任する前に、すでに若松の件で何らかの誘いを受けていた可能性が高い。白石の経歴とのバランスを考えれば、確約でないにせよ、また社長でないにせよ、少なくとも高給のオファーであろう。関西鉄道の辞任劇も、次なる大規模インフラ建設が待ち受けていることを考えれば、あらためて納得がいく。実際の社長就任はそれから二年近く後のことだが、その間、白石は若松の業務を含めて欧米視察の旅に出ていた。一方の若松側では、製鉄所、国家補助金、出資金の配分等々、生臭い駆引が行われていたのは、先にみたとおりである。表向き少々唐突な白石の社長就任は、そうした駆引の終った直後であった。

再び白石の伝記によれば、明治三二（一八九九）年五月一日、仙石が岩崎久弥と面談、直後に白石を訪ねて「九州鉄道株式会社工務課嘱託、手当月二二〇円也」の辞令を手交し、併せて久弥との打合事項を伝えた。その内容は、若松築港会社の拡張事業を計画通りに進め、九州鉄道の改良および新線工事に助言し、また、停滞中の神戸和田岬船渠の工事設計監督を一任したい旨であり、白石は翌日付書面で和田岬業務を受諾した。[181] 久弥が関西鉄道における白石体制の支援者の役割を担っていたことは前述した。少なくとも白石の処遇に関する限り、若松築港も九州鉄道も含めて、仙石の強い要請がありつつ、久弥の意向が働いた結果と推察される。それまで背景として緩やかに存在した白石と三菱との関係は、これを機に強靭なものに変わっていく。そして白石は、若松築港、九州鉄道、三菱神戸・長崎船渠の建設準備や研究、資材購入のため、早速欧米に旅立つのである。

（2）白石の役割と若松港のその後

若松築港株式会社における白石の専務取締役社長就任は明治三三（一九〇〇）年十月二九日。年俸二千六百円で、これは同時期三菱の嘱託俸（次章）と横並びである。他の取締役年俸は一律二百円であったから、白石の待遇はとびぬけて高かった。[182] 明治二八年に支配人として入職していた高橋達とともに、白石＝高橋体制で経営を行うことになる。高橋達はかつて漢学および英学を修めて三菱に入職した。日本郵船の設立に伴い移籍後イギリスに留学、欧米諸国を視察して帰国、二八年に筑豊鉄道から招請され、その直後から若松築港支配人を兼務していたが、三二年七月に若松築港の専従となった。[183] 社長が常駐しない状況で、海陸連絡の便宜に明るい高橋支配人の存在はきわめて大きかったと考えられる。その他、取締役や監査役として、徳弘為章、松田武一郎、伴野雄七郎、青木菊雄、松木鼎三郎、木村久寿弥太といった三菱幹部が次々と経営陣に名を連ねた。[184] また、拡張工事の始まる三三年からは、三菱合資会社が若松築港株式会社の筆頭株主となった。[185] 地元の利害から考えればニュートラルな存在の白石も、三菱という視角を入れれば状況は異なってくる。

技術者としてはどうであろうか。当時の若松港関連事業の中で最も画期的だった第一次・第二次の拡張工事については、その企画、設計が主として石黒五十二の手に成り、白石が深く関わった形跡はない。だが、施工と設計監理、そしてさまざまな調整の責務を負ったのは当然であろう。社長就任の翌明治三四（一九〇一）年七月、白石は関西鉄道より伊藤源治を招き、職階は技手のまま建築課長職に置いた。しかし、白石自身が若松築港に専念できる立場ではなく、翌三五年七月、東京帝国大学工科大学土木工学科新卒の井上範を技師として迎え入れ、新たに建築課長とした。[186] ちなみに、井上は若松築港を明治四〇年に退社して大蔵省、続いて内務省と異動し、後年、教授として母校に戻った。[187] 大蔵省では臨時建築部神戸出張所に出仕。すなわち、明治三九年より国費を投じて大々的に行われた神戸築港事業に携わったが、この件については次章でも触れる。

工事に使用する設備や船舶については、若松築港が、特に上級のものについては主として三菱を通じて調達したこと、それに白石が関わっていたことはすでに述べた。また、若松築港側から技師の横井鋼太が度々神戸の三菱合資和田建築所を訪問して技術関係の打合せを行っている。[188] 工閑期になると、一転、それらの設備を売却、あるいは賃貸を行った。井上範が大蔵省臨時建築部神戸出張所に移った際には、サンド・ポンプ式浚渫船一隻を同所に売却。同時期、バケット式浚渫船一隻、小蒸気二隻、土受船四隻を北海道炭礦汽船株式会社に、同じくバケット式一隻、小蒸気船二隻、土受船六隻を三菱合資に売却した。[189] 三菱では、明治三九（一九〇六）年に若松築港を退社して三菱神戸造船所に移籍していた伊藤源治、同じく神戸建築所に異動していた高橋元吉郎が交渉にあたった。これらの処置の後、水深維持工事のために明治四一年から四三年にかけて大型のプリストマン式浚渫機二機（第一・第二鷲丸）をイギリスより購入して組み立てた[190]。なお、高橋元吉郎、広沢範敏の両名が若松築港の工事に直接関わっていたことも三菱側の資料から確認できる。彼らの業務はこうした新規導入設備使用の指導監督であったと考えられる[191]。また、若松築港側の明治三六年以降の営業（事業）報告書から、前記の他にも浚渫船を借入元である九州鉄道からの請求で返還したり、小蒸気が佐世保鎮守府に徴用されたり、浚渫機械を岡山県に貸し出したりと、さまざまな工事機会においてこうした高価な建設機械が使い廻されている状況を知ることができる[192]。

三菱造船所と白石との関係は次章に譲るが、前述の経緯から、詳細は不明ながらも、白石の技術系経営者としての意義が、その技術的判断力に連動する優れたコーディネート能力にあったことが推察される。鉄道会社と同じく、港湾会社においても土木技術者が経営トップにいることが何かと好都合だという、ビジネス・インフラ的利点もあろう。しかし、この北九州の地域開発という視角に収めれば、海と陸との接点という、幅広くしかも独自性を持つ技術および利害組織双方に対応できる人材そのものが稀有であった。若松築港においても、陸上の設計は主として鉄道当局の意向によっていた[193]。その鉄道に関していえば、南清と村上享一が明治二九（一八九六）年に筑豊鉄道から去り、その筑豊鉄道は翌三〇年に九州鉄道に吸収された。鉄道に詳しい技術者が港湾側に必要なように、港湾に近しい技術者が鉄道側にも必要だった。とすれば、九州鉄道にも籍を置く白石が若松築港の経営者であることは、筑豊の産炭者とその周辺企業にとっても好都合であったに相違ない。鉄道会社が単独で行っていた工事を港湾会社と協力して行えればはるかに効率的であって、それはすなわち、仙石、白石の連携が活きることでもあった。

ここで配当利回りをみておくと、明治二七年度上期に初めて配当が実施されて以後、二八年度上下期の無配を除いて、三四年上期まで八分（〜八分強）であった。工事が本格化した三四年下期から三期続けて七分、その後八期続けて六分（〜六分強）と減じ、明治四〇年上期にようやく八分に戻した。つまり、拡張工事中、収益は二の次であった。こうして、白石の取締役社長就任後、工事は着々と進行し、第一次・第二次拡張工事の竣工する明治三九

（一九〇六）年、若松港の汽船積出量は一気に三〇万トンに激増した。[194] 翌四〇年以降経営体制を見直し、まずは遊休化していた浚渫船他を売却したのは前述のとおりである。かたや四〇年二月、白石は仙石、安川とともに岩崎久弥を訪れ、前節末尾で触れた第三次拡張計画の了解を得たという。[195] この計画は同月の重役会に諮られたが、多大な資金を要するものであり、結局出願が明治四五年と、大幅に遅れることになった。

この状況下、明治四一（一九〇八）年三月には諸工事完成を記念し、年八分の通常配当に加えて三割の特別配当を実施した。[196] 直後の四月、株主定時総会後の臨時総会で役員に関する定款改正が行われ、それまで「取締役の中から互選で専務取締役一名を決定し社長とする」としていたものを「取締役の中から互選で会長一名を決定する」ことに変更された。[197] これに伴い、取締役の報酬は全て横並びの年俸二百円となった。白石は引き続き会長として取締役の代表であったが、年俸は二千六百円から二百円に一挙に降下した。前述の第三次拡張計画の遅延もあり、当面はビジネス・インフラ建設に関わる技術的権威の必要性が薄らいだ状況の反映であろう。五月には創業以来の功労者表彰が行われた。[198] すなわち、若松港＝洞海湾の基礎的拡張整備が竣成した明治三九年から、それを受けて経営を整理した四一年に至る時期が若松築港の一つの画期であり、これをもってまずは築港工事が一段落したのであった。白石の意向を汲んで実際に建設工事を先導指揮したと考えられる「白石系」の技術者たちは若松築港を去り、かたや九州鉄道は国有化されて仙石と共同戦略を立てる機会もなくなった。

若松港第一次・第二次拡張工事の完成と鉄道国有法の公布がまさしく同時期（明治三九年三月）であったことにも、何か因縁めいたものが感じられる。民間の鉄道、港湾に力を注いだ技術＝経営者たちのエネルギーは、おりしも主要民間鉄道から引き揚げられた巨額の資金の投資先を求める資本家を取り込んで、次なる大規模インフラ・ビジネス＝水力発電に向かったと――少なくともその路線があり得たと、客観的情勢からはいえそうである。[199] この動きに伴い、土木建設請負業もまた、水力発電事業からの大口受注を獲得して新たな発展段階に移行する。その実例と思しき一事業が本書第6章で示される。

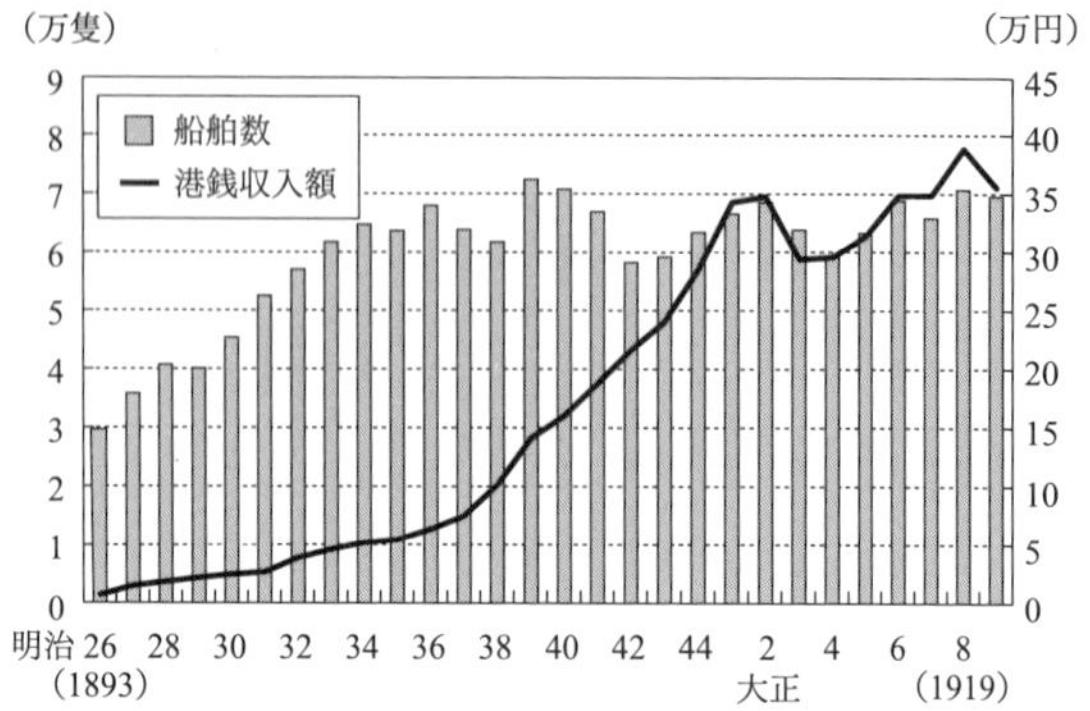

図 4-19　若松港出入船舶数および港銭収入の推移

注）船舶，港銭ともあらゆる種類の船舶の合計。ただし，官船および八幡の製鉄所関係船舶は含まない。
港銭は 1 円未満を四捨五入して計算した。
出所）若築建設株式会社編刊『若築建設百十年史』2000 年，p. 72 より作成。

さて、おりしも第三次拡張工事と重なった第一次大戦期の好況と貿易拡大は、若松築港の業績を上げたのみならず、若松港のさらなる発展を確実視させた。工事竣成の大正六（一九一七）年には通常配当八分に加え、第一特別配当二割、第二特別配当五割を実施、次いで将来への拡張に備えて資本金を倍増し、三六〇万円とした。その後も一割配当が続いた[200]。これをもって「元資償却」という社会資本港湾の原則をどのように解釈すべきか、困難な一面がある。当時の投資家からみて特段に収益性が高くはないとしても、ここでは民間の収益事業が充分安定的に成り立っていた。

「白石系」の技術者たちが去った後、次章以下で述べるように三菱神戸関連や猪苗代水力発電、衆議院議員活動などで多忙であった白石が、どの程度若松築港に関わり得たか、詳らかではない。が、少なくともインフラ・ビジネスとしての経営が良好に安定したことは白石の立場に余裕をもたらした。この、第三次拡張工事の竣成までが、若松築港における実質的な〝白石時代〟といえよう。白石自身は大正八（一九一九）年二月に逝去するまで若松築港の経営代表職にあった。後継者は松本健次郎であった。

最後に、若松港の出入船舶と築港会社のその後について、ごく簡単に触れておこう。図4-19は若松築港株式会社によって記録された出入船舶数および港銭収入の推移である[201]。港銭は船種および積載量により異なるので、両データの動きが一致しない明治三〇年代後半から四〇年代にかけては、船の規模や種類の交替が起こっていること

表 4-3　若松港船種別出港船舶数の推移

（単位：隻）

明治年（西暦）	帆船			汽船			
	石炭積帆船	雑貨積帆船	空船	曳船小蒸気	雑貨積汽船	石炭積汽船	空船
(1893) 26	20,115	203	725	10			
27	31,216	161	748	481			
28	35,450	183	680	898			
29	34,675	140	847	1,772			
30	37,737	191	1,527	2,256			
31	40,978	224	2,095	4,910			
32	46,009	289	1,000	2,622	1,540		
33	48,508	417	416	2,969	2,019	42	
34	52,077	346	627	3,975	2,001	60	1
35	52,247	328	441	3,151	2,131	42	
36	57,001	375	284	2,800	2,124	12	1
37	53,720	388	301	2,939	970	125	13
38	48,410	222	300	4,198	1,089	257	
39	53,924	282	390	6,288	1,831	550	10
40	52,318	418	246	4,766	2,015	619	5
41	49,152	364	500	5,488	1,235	798	9
42	42,438	335	519	5,589	1,311	1,027	12
43	44,501	434	448	5,121	694	1,175	3
44	46,387	465	454	5,181	420	1,375	1
(1912) 45	48,657	598	355	7,014	208	1,671	5

注）積載量は不明。
出所）福岡縣若松市役所編刊『若松市史』1937年，後編，pp. 110–111のデータより作成。

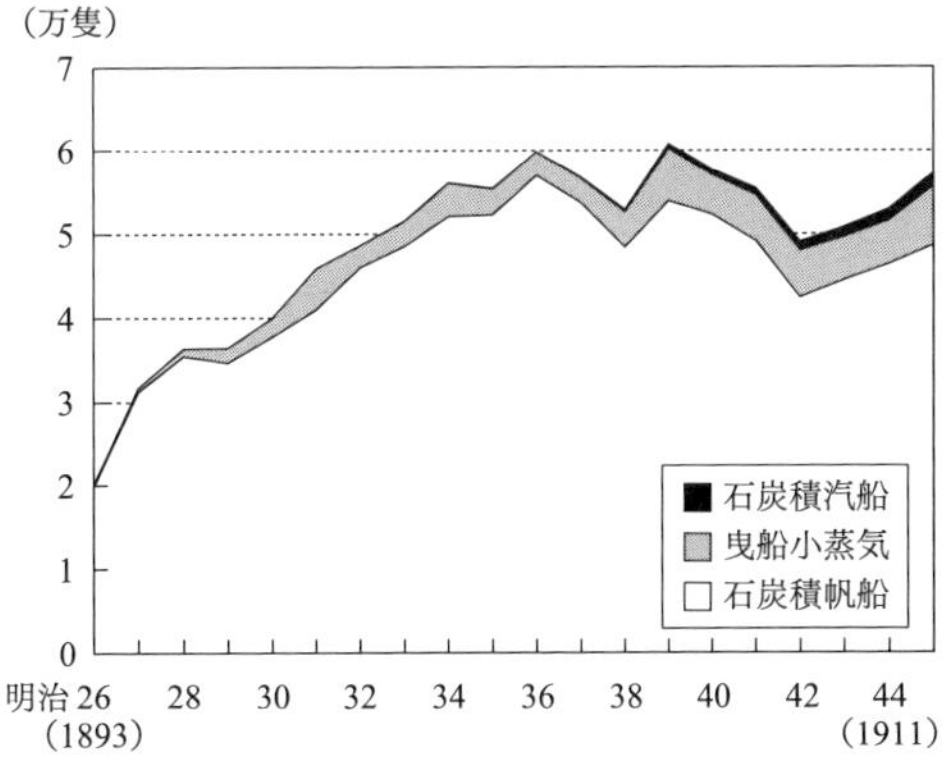

図 4-20　若松出港石炭積帆船と汽船および曳船小蒸気数の推移

出所）表4-3に同じ。ただし，表中項目をすべて積み上げると分かりにくくなるため，主要な3項目を抽出した。

を意味する。表4-3は地方庁による明治期の若松港出港船舶数の推移である。統計の取り方が異なり、図4-19の船舶数とかなりの相違があるが、趨勢としては同様であることが、石炭積船を抽出した図4-20から読み取れる。船種の推移については表4-4を示した。明治末頃には汽船数の増加がみられる一方、帆船数は頭打ちとなる。ただし、小型のものが減少してい

表 4-4 「出入港銭収入明細表」による船種および積載量の推移

		隻数			積載量（万斤）		
	船種	明治 32 年 (1899)上期	明治 36 年 (1903)上期	明治 41 年 (1908)上期	明治 32 年 (1899)上期	明治 36 年 (1903)上期	明治 41 年 (1908)上期
石炭積和洋形帆船	10 万斤未満	7,170	14,231	7,215	54,535	111,152	57,124
	20 〃 〃	2,686	12,032	15,134	33,574	153,808	219,041
	30 〃 〃	520	1,520	2,684	12,778	37,082	65,301
	40 〃 〃	79	296	547	2,675	10,070	18,672
	50 〃 〃	17	47	96	745	2,109	4,172
	60 〃 〃	4	9	6	215	482	321
	70 〃 〃		5			309	
	石炭積帆船計	10,476	28,140	25,682	104,522	315,012	364,631
	米穀・雑貨積帆船計	59	3,093	5,525			
	帆船計	10,535	31,233	31,207			
汽船					（トン）		
	曳船小蒸気	504	1,372	2,109	10,549	24,524	43,217
	100 トン未満		2	74		145	1,634
	200 〃 〃		2	1		252	100
	300 〃 〃			4			1,071
	400 〃 〃			2			676
	500 〃 〃		1	7		460	3,246
	700 〃 〃			89			57,069
	700 〃 以上		1	274		705	460,172
	汽船計	504	1,378	2,560	10,549	26,086	567,185

注）米穀・雑貨積帆船は積載量内訳を省略した。汽船の積荷内訳は不明。

積載量については単位未満を四捨五入した。

空船は省略したが，明治 32 年には汽船 100 トン未満 480 隻，200 トン未満 30 隻が出入している。

出所）若松築港株式會社「営業報告書」各年各期の「出入港銭明細表」より作成。

く反面、中型は増加傾向にあり、特大型はむしろ適性に欠けることが推測できる。[202] 同表はまた、第一次・二次拡張工事の開始前から竣工後への港勢の変化を示してもいる。中型の帆船が増え、港湾整備によって大型汽船の入港が可能になり、それによって地域が発展していくシナリオは明快である。

なお、前掲図表データから推測すると、明治末頃の日々の出入船舶数は、多い年で平均して三四〇隻程度であった。それが、大正中頃のある調査では、最頻時で一昼夜に二〇一三隻、一時間に三一七隻を数えたという。[203] この数字は洞海湾に出入りする船舶すべてと考えられる。繁忙期の強烈な混雑と林立する帆檣が目に浮かぶ。

港勢の伸びとともに港湾の重要性も増すばかりであった。若松港の特別輸出入制限が撤廃された翌大正七（一九一八）年には洞海湾国営論も起こった。若松港をして西日本を代表する国港にしようとする地元の運動もあったが、近接の門司港と競合して敗れた。直後に出た県営案も、地方財政の乏しさを理由に実現しなかった。[204]

大正九（一九二〇）年、すなわち白石逝去の翌年に、それまでとは一線を画する大規模な浚渫、埋立を含む第四次拡張計画が若松築港、三菱合資、九州製鋼三社の名義で出願され、それに先立って徳田文作[205]が技師長として招かれた。同年中に許可が下りて着工、第一期工事の竣工は昭和一三（一九三八）年、第二期工事の竣工は二九年である。[206] 第一期工事が竣工した年の四月、若松港は公営化され、運営主体が福岡県に移った。若松築港株式会社は港の経営から退き、港湾工事会社として再出発した。[207] ビジネス・インフラ部分の海洋土木を本業に転換させたのである。戦後、経営上の本社を東京に移し、昭和四〇年に若築建設株式会社と改称して今日に至っている。

筑豊炭田は戦後、一九五〇年代末に至るまで日本で最大の産炭量を誇り、日本の諸産業を根底から支えるエネルギーと富を生み出し続けた。その隆盛の陰に、過酷な労働、伝染病、鉱毒、繰り返される炭鉱事故、多くの争いごとなど、急激な産業発展の暗部も凝縮されている。その両面を含めて、日本の産業革命の象徴的存在でもあった。その営みを本書のコンテクストに位置付けるなら、ここではビジネス・インフラそのものが重層的になっていた。

は汽船，駅構内左手には工場も見える

図 4-21　明治末頃の若松港と若松駅。

収益事業の主役は石炭。石炭産業のビジネス・インフラとして鉄道、港湾が地域の努力と中央資本の参画によって整備され、整備された事業がインフラ・ビジネスとして成立した。その過程には民間事業者たちの強烈な意思が働き、それを物理的に支えたのが、当該インフラの基盤形成——ビジネス・インフラ建設であった。

第5章　三菱の建築所
——近代移行期の企業内建設機能

和田桟橋竣工：日本最初期の海陸連絡設備

本章では三菱という一民間企業の側からみたビジネス・インフラ戦略およびそれを具現化した「建築所」という視座を据えて、その中で白石直治の動向を検討する。明治期の三菱を一民間企業という言葉で表現するのは、その規模からしても誤解を招きやすい。しかし、三菱は巨大財閥というべき存在になる前からインフラ・ビジネスに主たる関心を示す企業であり、またビジネスのためのインフラを自ら開拓していた。そこには、自前の人材養成機関=学校などのソフト・インフラも含まれていたが、こちらは本書の対象外である。いずれにせよ、ハード・ソフト両面でのビジネス・インフラ整備が、まさしく後年の巨大財閥の基盤になったと考えられる。この流れの中に、白石が深く関わった和田建築所その他、本章で扱う諸事業が位置づけられる。ビジネス・インフラ建設といっても、本章前半は土木というより建築分野の話になるが、この時期、建設部門における土木、建築の境が今日よりもはるかに渾然としていたのは、第2章で述べたとおりである。また、本章の事例の多くは、前章に引き続いて海陸連携産業開発の基盤事業である。

1　ビジネス・インフラの人材確保

「建築所」を前面に出して検討する理由の一つは、ここに当時の民間企業が直面した内部的インフラ建設、すなわち、本来の収益事業を興すためのビジネス・インフラ、という問題が具体的に示されていることである。注意すべきは、前段で検討した大型のインフラ・ビジネスがいずれも発起人会、すなわち複数の人々や組織による起業であったのに比べ、本章で主として扱う事業は、単独企業（もしくは企業体）の発起によるもので、その直接の基盤形成がいかに行われたかが焦点となる。経営的観点からいえば、収益事業であるインフラ・ビジネスと当該ビジネスのためのインフラ――この両者の関係性が、発起人会の起業によるビジネスよりもクリアな形で発現するはずである。ビジネス・インフラについては序章で論じたので、ここでは繰り返さない。

いま一つの理由は、白石が関わった民間事業がほぼすべて三菱＝岩崎家とつながりを持つことである。白石が三菱の正規職員になったことは一度もなく、表向きもしくは実質的に三菱と無関係の仕事にも携わっているけれど、それでもなお彼の土木技術者としての活躍の背景には、ほぼ常に三菱の影がちらついているといってよい。これは同郷の仙石貢にもあてはまり、彼らはともに三菱系の技術者だといわれる。だが、仙石がしばしば官界に身を置いたのと比較すれば、白石ははるかに民間サイドの技術者であり、その心意気には岩崎弥之助や久弥と相通じるものが宿っていたように思われる。

それはともかく、三菱と白石との関係性において、「技術顧問」（もしくは顧問技師：consulting engineer）という役割が浮かび上がってくる。近代事業を支える基盤がソフト面でもきわめて貧弱であった当時、収益事業としての建設業を擁していない三菱にとって、白石のようなビジネス・インフラ関連の技術顧問は実に重要な存在であった。白石にとっても三菱と特別な関係を保つことに多大な利があった。実は、三菱のこうした人材確保は白石が最初ではない。本章で検討する「建築所」は、当時の先進的大企業のビジネス・インフラ建設を考えるうえで格好の材料なのだ。

まずは三菱の動向を再度、前章とは別の方面から振り返ってみよう。江戸期の日本では、さまざまな制約がありながら沿岸港を利用した内国海運が発展していた。開国後、この領域に輸送力の高い外国船が参入し、加えて海外貿易の本格的開始により、日本近海への外国船の進出が急速に活発化した。明治政府はこれに対抗するため、民間に西洋型帆船や蒸気船の所有を許可し、さらに三菱会社をはじめとする有力な海運業社に保護・助成を与えた。(1) 三菱はこの機に乗じて郵便汽船三菱会社を設立して勢力を伸ばしつつ、内国、および新たに開拓した上海航路において外国汽船会社との熾烈な競争を制し、日本海運界における独占的地位を確立した。これに反発する渋沢栄一や益田孝などが共同運輸会社を設立し、政府も一転これに肩入れして半官半民ともいえる海運会社の登場となった。しかし、二社の競争が余りに激烈になったため、政府の仲介勧告により両社が合併して日本郵船会社という巨大企業が設立されたのが明治一八（一八八五）年九月であった。直前の二月、三菱創業者の岩崎弥太郎はその熾烈な競争のさなかに亡くなり、跡を継いだ弟の弥之助が翌一九年三月、会社を三菱社へと改組した。

日本郵船の設立によって三菱＝岩崎家は海運事業から撤退し、従業員の大半を日本郵船に移籍させた。それまで海運以外は副業的に行っていたいくつかの事業を、この後多角化し発展させていったのは周知のとおりである（図5-1参照）。もっとも、三菱はそれ以前から他の事業に乗り出す力量を充分に備えていた。企業として大々的に乗り出さなかった理由は、それを条件に海運業での保護を受けていたからである。海運業から撤退し、ひとまず鉱山事業を継続しつつ他の事業への進出を企てた時、新事業の開拓にインフラが必要なことは充分に理解されていた。ちなみに、主要事業ではないが、インフラ＝社会資本に属する事業として、明治一三（一八八〇）年設立の千川水道会社がある。その内実はかつて江戸幕府が開削した木樋水道の復興活用であった。つまり、近代的な上水道ではなかったが、東京市による上水道建設に先駆けて市内一部地域に限定的ながら給水を実施した。東京市の近代水道事業の開始が明治三一年であることを考えれば、その意義は大きい。千川水道会社は、同地域に鉄管給水が普及した明治四一年に、施設一切を東京市に寄付して解散した[2]。

さて、事業再編後の多角化といっても、三菱は建設請負業に乗り出すことはついぞなかった。一方、海運会社時代からすでに自らの事業に必要なインフラの建設を直営で行う経験を積み重ねていた。相当規模の建設工事であれば現場事務所を置いてそれを「建築所」と称し、特に業務領域が広く重要度が高い場合には、別個に名義を与え事業所として位置づけた。後に分立する三菱地所株式会社の建築部門の原型がこの建築所であり、当時、日本におけ

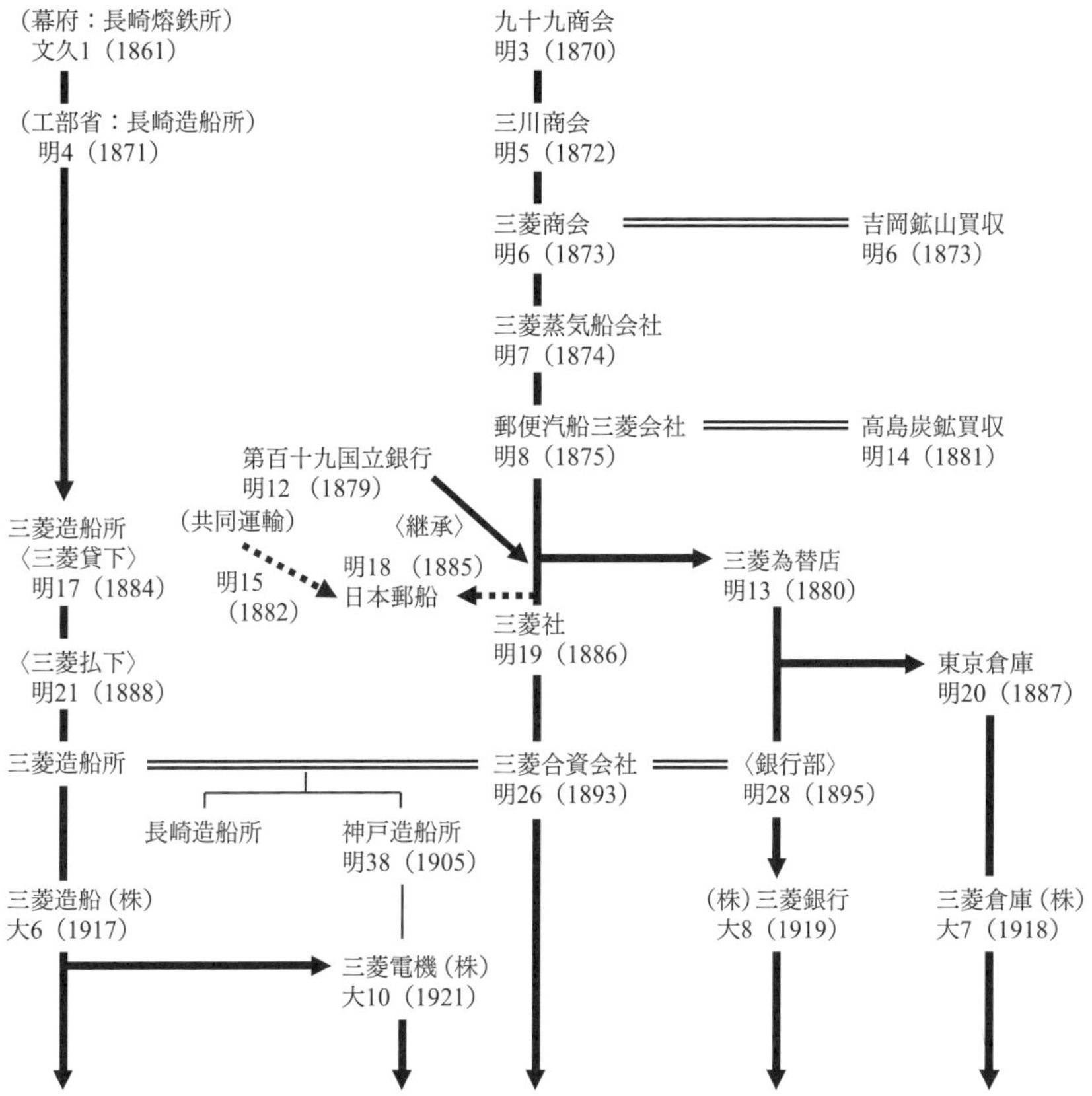

図5-1　明治期三菱：関連系図

出所）筆者作成。ただし，本書の内容理解のために作成したもので，三菱の系図としては不完全である。

る民間の建築、そして土木の設計・監理において最高レベルの技術と力量を誇っていたのである。[3] この種の組織・活動は、近代的な諸産業や諸企業が急速に勃興しつつある時代の先駆的な試みであり、同時に過渡的な存在でもあった。後に類似した企業として現れる建設会社やいわゆるゼネコンが請負側から成長していくのに対して、この「建築所」や後の地所会社は施主（事業主）側から成長していったという違いがある。

「建設請負業」を営業種目に掲げていない三菱だが、自らのビジネス・インフラ建設のためにどのような人材を確保しようとしたのだろうか。『三菱社誌』[4] その他の資料から明治期に採用された土木・建築関係の技術系職員および嘱託者を拾うと五〇名を超える。ただし、この数には未確認の候補者も含まれる。本書では三菱の人材登用の一面を強調すべく、正規採用時月俸五〇円以上の者および給与不明の外国人、計二〇名を採用順に示し、各人の入社（就任）時および退社（退任）時のそれぞれについて役職名と月俸を記載した（表5-1）。採用者の年齢や経歴はさまざまであり、従って待遇もさまざまである。彼らは基本的にいずれかの「建築所」に配属され、あるいは深く関わって重要な役割を担った。

本章で主眼を置く事業が行われる明治後期、三菱では技術系新卒学士の本社採用時初任給が五〇円程度だったとみられる。[5] ゆえに表5-1に掲載された者たちは、専門領域——さしあたり近代的な建設事業に関わる分野——の大卒者（学士）、もしくは内実が異なるとしてもそれに匹敵する力量があると認められた技術／技能者というレベル以上、と考えてよかろう。この時代、この範疇に属する人材の希少性はあらためて述べるまでもない。学歴からいえば、表5-1の日本人技術者一七名のうち、伊藤源治と富尾弁次郎の二名（#15、#16）については未確認だが、彼らはもと関西鉄道の技術員で木曾、揖斐川橋梁建設に関わった土木技術者であり、その後も白石との関係で仕事を続けたことはすでに触れた。[6] 広沢範敏と津田鑿の二名（#12、#17）が工手学校、そして、あとの一三名は東京帝国大学工科大学もしくはその前身校の出身である。明治中・後期の三菱における上級技術者の給与については、帝国大学教官の二倍もしくはそれ以上だったであろうことを第1章で指摘した。[7] これは第2章で触れた、日本

表 5-1　明治期三菱の土木・建築関係技術系人材の入退職

#	使用人/嘱託氏名	入職 入社年	入職 役職名	入職 月俸（円）＊年俸	退職/退任 退社年＊異動年	退職/退任 役職名	退職/退任 退社時の月俸（円）
1	J. Lescasse	13	建築師		17？	建築師？	
2	J. H. Waters	14	機械師		14	機械師？	
3	山口半六	15	本社建築師助役	75	17	会計課事務	125
4	藤本寿吉	19	本社建築係	150	22	本社建築係	150
5	J. Conder	23	建築顧問	*1,000$		建築顧問	
6	曾禰達蔵	23	建築士	120	39	本社技師	270
		39	建築顧問			建築顧問？	
7	真水英夫	25	本社傭使	50	29	本社建築士	70
8	橋本平蔵	30	本社建築技士	60	32	本社建築技士	65
9	白石直治	33	嘱託（和田建築所長）	*2,600		嘱託	
		41	嘱託（神戸建築所長）	*3,500			
10	高橋元吉郎	33	神戸支店技士	160	42	本社技師	220
11	保岡勝也	33	本社技士	50	35	本社事務	60
		37	本社技師	120	45	本社技師	185
		45	嘱託（地所部建築事務）		大正 4	（嘱託）	
12	広沢範敏	34	和田建築所技士	50	大正 9	休職中	
13	本野精吾	39	本社技士	60	41	本社技士	70
14	内田祥三	40	本社技士	50	43	本社技士	80
15	伊藤源治	40	本社技士	100	*44	東京倉庫神戸支店技士	
16	富尾弁次郎	41	本社技士	100	*44	東京倉庫神戸支店技士	
17	津田　鑿	41	本社事務	50	大正 9	地所部在勤技師	
18	福田重義	42	本社技士	55	43	本社技士	65
19	須山英次郎	43	本社技士	50	*44	東京倉庫神戸支店技士	
20	藤村　朗	44	本社技士（地所）	50	昭和 23	三菱地所取締役社長	

注）退社年の * 印（3 件）は，関連会社（東京倉庫神戸支店）への異動年を示す。
空欄は不明を示す。退職時贈与金等については省略した。年号は原則明治。

出所）三菱社誌刊行会編『三菱社誌』各巻，東京大学出版会，1979-82 年；岩崎家傳記刊行会編『岩崎彌太郎傳（下）』東京大学出版会，1967 年；「三菱合資會社及三菱事業所使用人名簿」明治 44 年を参考に，筆者作成。

土木などの請負業者が工学士の給与を官業の二倍以上に設定したこととも整合している。[8] ここにみられる給与は、もはや明治初期の上級外国人材との特殊な契約による雇用関係を離れて、高みを目指す民間企業の姿勢を端的に示す、より開かれた指標になっている。

ところで、技術者という比較的地味な職業の中で、その意匠が衆目に晒される建築技術者の名前は人々の関心を惹き、また「建築家」として人々の記憶に残りやすい。が、そのバイアスを差し引いてなお、山口半六、藤本寿吉、曾禰達蔵、J・コンドル、保岡勝也、本野精吾、内田祥三《よしかず》、福田重義と、綺羅星のごとく表5-1を飾る建築家の名が目を引く。後世に生きるわれわれが彼らの名を知るのは、必ずしも三菱における業績に左右されるものではない。その理由として民間よりも公的な事業の方が後世に名を残しやすいこと、また、比較的若い時期に短期間三菱で仕事をしていた者の多いことが挙げられよう。逆に、彼らが公的分野、もしくは三菱退社後に積み上げた業績は、当時の三菱がどのような人材に着目し、活動の場を与え、その成果を穫り入れていたかという、その卓抜な見識と行動の証明でもある。人材の質と待遇を重ね合わせれば、直接に営業利益を生み出さないインフラ部分への惜しみなき投資という、同時期三菱の流儀が垣間見える。

2　東京のビジネス・インフラ

（1）三菱為替店倉庫

まずは洋風の建造物を建てる——ここから建設分野の近代化が始まった。表5-1のウォーターズ（Joseph H. Waters, ＃2）は高島炭鉱の工場建設や機械設置に関わったとされている。[9] 土・建一体のみならず、工場設備や機械の据付も一括りにして、「お雇い外国人」頼みの近代化はスタートする。

初期の大型洋風建築としては、三菱為替店の江戸橋煉瓦造倉庫が際立っている。同店は郵便汽船三菱会社時代の明治一三（一八八〇）年四月に開設。海運事業から独立し、金融（為替、荷為替、預金、貸付）のみならず倉庫業や家屋賃貸業を兼ねていた。[10]東京に本店を、全国各地に支店を置いたが、当初、倉庫業は東京が中心であった。[11]東京の新倉庫は明治九年末より荷捌所を設置していた場所に建設された。起工は一三年四月、竣工は同年末。通称〝七つ蔵〟と呼ばれた七棟の倉庫群は人目を引き、東京の新名所ともなった。設計監督はフランス人の土木・建築技術者ジュール・レスカス（Jules Lescasse, #1）である。レスカスは工部省雇として明治四年に来日し、生野銀山で土木建築工事に従事（月俸三百円）[12]した後、横浜で建築事務所を開設した。当時、政府に籍を置かない外国人建築技術者の中では最高実力者であったともいう。[13]『三菱社誌』に入退職の記録はないが、[14]『三菱倉庫七十五年史』にはレスカスが江戸橋倉庫の工事期間中「建築所」に起居し、竣工後深川小松町の「社宅」に転居したという記述がある。[15]となれば、雇用またはそれに準じた関係が推察される。また、フランス留学からの帰還後間もない山口半六（#3、第1章参照）が「建築師助役」として入社していることを考慮すれば、その当時にレスカスが「建築師」待遇で在籍していたとみて間違いなかろう。希少な存在の外国人技術者を招請して事業を進める行動は、旧習に倣った〝お抱え〟特殊技能者利用の名残を示しつつ、しかし同時に、それが近代技術に関わる諸々の関係性を引き込むという点で先進的な意味合いを持つ。ちなみに、レスカスが起居した建築所は現場事務所に類するものと考えられる。

為替店は三菱が海運から撤退した明治一八（一八八五）年に閉鎖されるが（後述）、明治二〇年に至り為替店の倉庫業務を継承して有限責任東京倉庫会社が設立され、[16]倉庫業が独立する形となった。そもそも、物品の貯蔵という経済活動およびそのインフラである保管場所＝倉庫は古代から存在するが、物品を倉庫に受託して保管料を徴収する「倉庫業」の成立は明治以降のことである。当初は金融業や運輸業の兼業として営まれ、経済発展が軌道に乗った明治二〇年頃から倉庫業の独立が起こり、新商法が施行された三二年以降日露戦争をはさんで大いに発展し、なかでも海陸連絡機能を充実させるようになった[17]。三菱為替店から東京倉庫への流れは、まさしく近代日本倉庫史の先駆けとも捉えうる。近代産業においては、物流の円滑化に資する倉庫ビジネスという機能が決定的に重要であり、そして、建造物としての倉庫はその機能のビジネス・インフラとして、やはり決定的に重要なのだ。

(2) 丸ノ内建築所

いくつかの洋風建築を経た後に着手された大規模な近代的プロジェクトが丸の内のオフィス街開発である。すなわち、日本を代表する大手ディベロッパーとしての三菱地所の原型はここにあり、それはまた近代日本における民間都市開発の原点でもあった。貸ビルの商品価値はむろんのこと、その街自体に経済価値が生まれることを考えれば、ここでの建設事業は将来の都市発展を賭けたインフラ・ビジネスであり、そのビジネス・インフラ形成に対する三菱側の意気込みも大きかったと思われる。

遊休官有地となった丸の内、有楽町、神田三崎町一帯の陸軍用地約一〇万七千坪を、三菱が一二八万円で陸軍より払下げを受けたのは明治二三（一八九〇）年三月[18]。その前年、おりしも訪欧中でグラスゴーに滞在していた荘田平五郎が陸軍用地払下げの情報を得て、ぜひ入手せよと岩崎弥之助に打電した一件は、荘田の先見性を示すエピソードとしてしばしば引用される。つまり、荘田に西洋風のオフィス街を建設するという腹案があったということなのだが[19]、この時期すでに兜町界隈に渋沢栄一と三井が主導するビジネス街が成立し機能していた。渋沢の次なる経済地区構想も水運の利に勝る兜町が第一で、丸の内は第二候補であった。しかし、隅田川河口の築港計画が消滅して中央停車場（後の東京駅）の設置が明示された東京市区改正委員会案公示後（明治二二年）、都心部のより広い空間である丸の内の魅力は一気に高まり、その土地をめぐって多くの触手がうごめいた[20]。それが紆余曲折を経て結局三菱の手に落ちた。弥之助が購入した土地一帯は旧大名屋敷を転用した陸軍兵舎が残る程度で閑散としていたが、さらに建物等すべてを取り壊して更地とし放置したため、世間はこれを三菱ヶ原と称した。弥之助と荘田はその間に着々と計画を練り、有能な技術者を雇い入れ、従来の営繕方とは別個に独立した建築設計事務所、すなわち丸ノ内建築所を設置して勇躍新たな近代的建設プロジェクト＝都市開発事業に乗り出した。

当初丸の内の開発を担った二人の建築家、ジョサイア・コンドル（Josiah Conder, ＃５）と曾禰達蔵（＃６）に焦点を当てつつ、この時期の三菱関連の建設事業を概観しよう。

まず、コンドルはイギリス人で明治一〇（一八七七）年に渡日、工部大学校で造家学を教えるとともに造家師として工部省営繕局に務めた。つまり、高等建築教育を担い、かたや国の威信を象徴する近代建築物を造るという二重の期待に応えたという意味で、高度な学識と実践力を兼ね備えた最初の本格的な建築家であった[21]。工部省での月俸は三五〇〜四百円[22]。契約は五年間であったが、二年間の延長後、教授職を辰野金吾に譲った。辰野は曾禰、片山東熊らとともに工部大学校造家学科コンドル門下の第一回卒業生（明治一二年）だった。彼らを含めて工部大学校でコンドルに師事した二〇名余の学生たちが、その後、最初期の日本人建築家として活躍し、日本の建築界をリードしていくことになる。

コンドルはまた多くの重要な建築物の設計をした。その一つ、鹿鳴館（竣工明治一六年）は明治近代化の象徴として名を残す。三菱関係の建築物も多く、個人邸宅も手掛けている。内閣直属の臨時建築局[23]在勤中の明治一九（一八八六）年に設計した岩崎弥之助の深川別邸は、民間人の邸宅としては日本で最初の本格的ヨーロッパ様式のデザインになる建築で[24]明治二二年に竣工した。工部大学校造家学科第二回卒業生でコンドルに師事した藤本寿吉（＃４）の三菱入社は、まずもってこの仕事のためであった[25]。ちなみに、この時期の三菱において、創業者一族の各邸新修築は本社営繕方の業務範囲内であった[26]。

深川別邸竣工後、コンドルは三菱の建築顧問に就任する。仲に立ったのは荘田平五郎だが、弥之助自身、むろん自邸の設計者として本人を知っての上であった。この契約関係については、弥之助からコンドルへ宛てた書簡が残されている[27]。その内容は、先にコンドルから荘田に対して示された「建築顧問になる意思」を弥之助本人が詳細に確認するもので、文中の"… You agree to act as my consulting Architect《ママ》 …"というくだりから、弥之助の個人的顧問への就任であったことが推察される。また、年俸一千ドルを四半期ごとに支払うことも同書簡に明示されており、実際、同年末より三ヵ月ごとの、弥之助、後に岩崎久弥からコンドル宛て小切手送付状、およびそれに対するコンドルの受取状も残っている。この関係がいつまで続いたか未確認であるが、おそらくコンドルの後半生を通じてのものだったであろう。久弥の茅町本邸洋館もコンドルの設計により明治二九（一八九六）年に竣工している。そして丸の内についていえば、ロンドンの街並を髣髴とさせることから一丁倫敦と呼ばれた赤煉瓦街、その三菱一号館〜三号館（いずれも三階建）がコンドルの設計に成る。ただし、監理業務その他は曾禰達蔵の主担と考えられ、一号館は曾禰の監督、二号館と三号館については曾禰を共同設計者とする資料が多い。[28]

その曾禰達蔵（一八五二〜一九三七）は江戸の生まれで父親は唐津藩士であった。[29] 工部大学校造家学科卒業後、同校助教授を経て海軍省に入り、呉鎮守府で建築部長を務めた。工部大学校卒業生に課された官庁勤務期間の後、[30] 呉では建築事業があまりないので東京に戻りたいとコンドルに相談したところ、[31] 丸の内開発に従事する意思があれば三菱に推挙するということで明治二三（一八九〇）年九月、三菱に入職した。つまり、曾禰の就職はコンドルの建築顧問就任と抱き合わせであった。そして遅くともそれと同時期に丸の内の建築計画を担当する部署として建築所が設置され、曾禰がその長に就いた。関連資料に残された呼称が種々あることから、[32] 組織におけるその存在自体、いかにも脇役に甘んじた印象を受ける。ただし、現場事務所的だが仮設ではない建築設計事務所であり、[33] 明治二五年四月には独自の会計規定も制定された。[34] 本書においては煩雑さを避けるため、この建築所の名称を「丸ノ内建築所」と統一して表記する。

曾禰はコンドルの意見を容れながら、手探りでタウン・プランニング、地質調査、平面測量等に挑戦し、東京の建築工事ではあまり例のないボーリング調査なども含めて、日本では未経験の西洋建築工事に携わった。[35] 丸の内三菱一号館は起工明治二五（一八九二）年、竣工は二七年。煉瓦洋風建築の外観のみならず、電話が使えてトイレは水洗式[36]という近代的なオフィスビルであった。二号館は明治二五年起工、二八年竣工。さらに三号館が二六年起工、二九年に竣工し、ここにはオーティス社製の水圧式エレベータが設置された[37]。曾禰は明治二六年、シカゴ万博視察を兼ねてアメリカに出張しており、その成果がエレベータ設置を含めて三号館以降の設計に活かされたと考えられる。また、明治三四年六月から五ヵ月間にわたり、岩崎久弥のアメリカ経由ロンドンへの視察旅行にも随行した[38]。四号館以降の建築にはこの視察で得た知識と経験も実を結んだはずである。曾禰の帰国以後、丸の内の建設は急ピッチで進み、明治三七年七月から一年間で六号館、七号館、四号館、五号館の順に竣工した[39]。この四棟は曾禰の設計監督による。時期を同じくして、曾禰は長崎の三菱迎賓館、占勝閣（竣工明治三七年）の設計も行っている[40]。「建築家」という独立した職業を持つ日本人さえいなかった当時、曾禰の仕事が今日的な意味での「建築設計」の範疇にとどまるものではなかったことは容易に想像できる。

丸の内三菱各館の建設工事は丸ノ内建築所の直営で行われた。これを裏付ける資料として三菱三号館建設に関わる支払関係書類が残されており、数多い業者との個別直接の取引関係を確認することができる[41]。取引先には東京瓦斯や日本セメントといった大手企業も含まれるが、原材料、建築部品、個々の建設作業等、大部分が個人商店であった。労務提供についても、いわゆる口入れ稼業の個人業者が人足の斡旋をしていた。丸ノ内建築所は、近代的建築設計・監理機能プラス従来の営繕部門の拡大機能を兼ね備えた、いわばゼネコンを内部化した一面を呈していたのである。

曾禰は明治三九（一九〇六）年十月に三菱を退職して独立の設計事務所を立ち上げ、その二年後、中條精一郎とともに曾禰・中條建築設計事務所を開設した。当時の日本を代表する建築設計事務所であり、ここで精力的に多くの近代建築を手掛けた。三菱でも建築顧問の立場で引き続き建築設計に関わった。建築学会（現日本建築学会）の会長も務め、辰野金吾とともに明治期日本を代表する建築家として最上級の評価を得ている。

丸の内の三菱八号館から後は、曾禰の後を襲って丸ノ内建築所のトップを務めた保岡勝也の他、本野精吾、内田祥三、福田重義など（#11、#13、#14、#18）、こちらも後世に名を残す建築家が設計に関わっている。丸ノ内建築所の設計監理による三菱館は明治四四（一九一一）年竣工の十三号館を以て一区切りがつき、以後、三菱の丸の内開発は地所部の管轄となる。ちなみに、この十三号館の建設に要した煉瓦は二七〇万個を超え、延べ人足数は九万人近くに上った[42]。三菱館の集中する丸の内の馬場先通には三菱合資をはじめ、東京海上、明治生命、日本郵船など三菱系の企業が事務所を構えた。三菱館以外にも東京府庁舎[43]、東京商業会議所、警視庁、帝国劇場といった近代建築が明治末年までに竣工し、大正三（一九一四）年には皇居側から見た突き当りに帝都の玄関口、東京駅が威容を現した。丸の内の景観はまさに近代化されたのだが、これらの建造物が景観のみならず機能において近代的な諸事業のビジネス・インフラの役割を果たしたのはいうまでもない。逆に、三菱の丸の内開発の目的もまた、近代的景観の創設そのものではなく、その先にある利得、すなわちオフィス街の持つ近代的な機能と利便性の活用、そしてそのオフィスを商品化した不動産経営というインフラ・ビジネス、さらには日本の近代を代表する都市域の創造にあったといえよう。

3　神戸のビジネス・インフラ

（1）神戸建築所

丸の内の三菱館は一棟ずつの竣工を待たず次々に着工しているが、三号館竣工より四号館着工までに限って、実に五年余の空白があった。理由の一つは最新鋭オフィスビルのテナント需要が未だ低調だったことである[44]。いま一つは神戸に建設業務が生じたことである。三号館竣工後、明治三〇（一八九七）年三月より丸ノ内建築所の人員と機能は東京を離れて神戸に移転し、神戸支店建築事務所（＝神戸建築所）として同支店の建築事務を取り扱うことになった。[45] 建築所の移転を受けて曾禰も一時期神戸に移った。丸の内については明治三五年から再度建設事業が開始されて、順次三菱館が竣工していったのは前述のとおりである。

ここで、神戸という土地の情勢についても触れておかねばならない。前章までの話では、神戸の属性が阪神間鉄道もしくは東海道線の西のターミナルという形で示されている。だが、神戸にその役割を与えたものは何といっても港の重要性であった。

神戸の西方には古くから天然の良港、兵庫津があった。近世には天下の台所、大坂に向かう物資を積載した船舶が、はるかに水深に恵まれた兵庫津を利用する場合が多くて繁栄していた。幕末の兵庫開港は、しかし、その兵庫津ではなく、幕府の海軍操練所に近い神戸村の辺りとなった。当時の神戸は全くの寒村だったが、その地に波止場や桟橋が築かれ、沿岸に倉庫が並び、外国人居留地が形成された。明治二（一八六九）年には加賀藩が製鉄所（造船所）を設置したものが、その後工部省の所管となり、さらに川崎正蔵に払い下げられて川崎造船所と称するのが明治一九年である。明治四年には兵庫津に近い和田岬に日本初の港内灯台が建設された。早くも明治七年には阪神間鉄道が開通し神戸駅が開業するなど、この一帯は急速に発展していった。

神戸市制施行後の明治二五（一八九二）年、神戸から兵庫津（和田岬）一帯の海域は包括して神戸港と呼ばれるようになった。日清戦争後、日本最大の貿易港となって将来性が期待され、港湾設備の一層の拡張が望まれた。おりしも議論になり始めた大阪築港問題も刺激となり神戸港修築の機運が高まった。明治三一年、神戸市は築港調査事務所を設置して吉本亀三郎（技師）に実地調査をさせ、内務省も沖野忠雄（技師、大阪土木監督署長）を派遣して調査にあたった。神戸市は工事費二六一四万円超の大築港計画案を作成し、その半額を国庫補助で賄うとして出願したが認可が下りず、案を縮小改定して工費千二百万円、うち国庫補助四八〇万円の出願もまた不成立に終わった。[46] そこでいったん大改築をあきらめ、当面必要な小野浜（税関）海陸連絡設備のみとして認可を受け、明治三五年に着手したものの日露戦争のため中断した。ところが、戦時に貿易量が急増し、政府の方針が変わった。明治三九年、大蔵省臨時建築部神戸出張所が開設され、国費三九六万円を投じ、第一期工事を税関海陸運輸連絡設備工事として継続することになった。同年末にさらなる拡張が認められ、海岸通りの埋立、突堤埠頭四基および防波堤築造、港内浚渫など、工費千五百万円超、うち国費約一一四〇万円を投じた大事業となった。[47] 若松築港の技師、井上範がこの機に大蔵省臨時建築部に転出して神戸出張所に配属されたことは前章で述べた。

第一期工事の竣工する一九二二年頃、神戸港は日本のみならず東洋一、かつロンドンやニューヨークと並び称せられる世界的な商港として発展することになる。その後も増すばかりの港勢と相俟って阪神地区の工業発展も進んでいく。この動きを見越したように、一九一九年には内務省神戸土木出張所が開設され、第二期修築工事が始まっている。[48] 神戸土木出張所長を務めたのは、帝国大学工科大学において白石直治に師事し、高橋元吉郎とは同期生の市瀬恭次郎であった（表1-2参照）。

かたや、神戸での新たな事業展開を目論む三菱である。そもそも神戸に三菱の拠点が置かれたのは九十九《つくも》商会時代に遡る。明治七（一八七四）年、三菱商会が本拠を大阪から東京に移して以降、阪神間で幾度か組織改編が行われ、日本郵船設立、すなわち海運業からの撤退という大事件が加わって事務所もしばしば移転した。三菱合資会社が成立した時点で、神戸店は大阪支店に付属した位置づけになっていたが、明治二八年に拡充策がとられて三菱合資会社神戸支店として分立した。当初、主たる業務は神戸・兵庫の地所関連事務と尾去沢・槇峰（宮崎）鉱山の鉱物販売とされた。[49] しかし同時に、以下に述べる新設銀行部の営業所でもあり、実際銀行業を主体に事業が展開された。[50] 丸の内三菱一号館の要である東南角吹抜部分を銀行（第百十九国立銀行→三菱合資銀行部）が占めていたことからすれば、新支店社屋の建設も、まずはこの銀行業を念頭に置いたものであった可能性が強い。

ここで、三菱の金融事業の流れを、少し遡って確認しておこう。前述の三菱為替店が明治一八（一八八五）年に閉鎖されて、その人員および機能は倉庫業務が東京倉庫へ、金融業務が第百十九国立銀行に移された。[51] 三菱は明治二六年の商法一部施行に伴い、岩崎弥之助、久弥の出資により合資会社を設立し、社長職は久弥に移譲され、弥之助は監務となった。その後間もない二八年、社制を変えて新たに銀行部を設置し、銀行業務を直轄とした。第百十九国立銀行の業務は順次銀行部に吸収され、明治三二年には同行の清算が完了した。[52] 大正八（一九一九）年に至り、この銀行部が独立して株式会社三菱銀行となり、神戸支店も三菱銀行神戸支店と位置づけられることになる。一方、東京倉庫は明治二六年に株式会社に改組、三二年、三菱合資に完全子会社化された。[53] 新設の三菱合資神戸支店は銀行業に加え、傘下の東京倉庫を支援する形で倉庫事業を推進した。つまり、もともとの三菱為替店の主要業務がここでは継承されていた。[54]

込入った話になるが、三菱合資神戸支店新社屋（相生町）は明治三〇（一八九七）年四月に着工し、三三年十月に竣工。後年、三菱銀行の神戸支店となった。[55] また、同じく銀行業を営んだ三菱合資会社兵庫出張所の事務所（島上町）が三二年七月に開設、新社屋が三七年五月起工、翌年七月に竣工した。[56] いずれも設計および工事監督は曾禰達蔵で、同時期に行われた大阪精錬所[57]改築も曾禰の工事監督による。ちなみに、東京倉庫は明治三五年に日本貿易倉庫株式会社を買収したのを機に、三菱合資神戸支店社屋の一部に東京倉庫神戸支店を新設し、一方、それまで今出在家町に置いていた兵庫支店を神戸支店兵庫出張所と改称して三菱合資兵庫出張所社屋の一部に移設した。島上町社屋は、同所を利用していた三菱合資会社銀行部が大正三（一九一四）年に廃業して神戸支店に統合された後、東京倉庫の兵庫出張所として利用された。[58]

ここまでの考察で明らかになったように、港町神戸に支店

図5-2　岩崎弥之助（1851-1908）

図5-3　岩崎久弥（1865-1955）

を置いての三菱の事業は、おおもとの海運と深く関わる貿易、倉庫、金融などの集合であり、そのビジネスのインフラ建設を担当したのが曾禰に率いられた神戸建築所であった。そして、創設期神戸支店に課されたいま一つの重要な任務が造船所の用地買収である。長崎の造船所は三菱の一大拠点ではあったが、国の西端に位置し、敷地も手狭で不便をきたした。一方、遠からず東洋の一大貿易港に発展する地の利を得た神戸港だが、そこには未だ五、六千トンの船舶の修繕施設すらない有様であった。この地で大規模な用地を造成し、一万トン以上の巨船を修理しうる工場を興すこと、その造船所および工場に加えて東京倉庫の上屋や荷揚岸壁を建設することが三菱の宿願となっていた。[59] 紆余曲折を経てようやく緒に就こうとするこの造船所関連の建設業務《ビジネス・インフラ》は、新設の和田建築所に移されることになった。神戸建築所の人員および機能は、前述のように、曾禰とともに東京に戻り、丸ノ内建築所が再開の運びとなった。

（2）和田建築所

神戸支店の社屋が竣工し、神戸建築所が丸の内に戻る直前の明治三三（一九〇〇）年六月、神戸支店管轄下に和田建築所が設けられた。和田建築所の任務は造船所のインフラ建設および周辺のさまざまな土木関連事業である。神戸建築所をわざわざ丸の内に戻して神戸の地に和田建築所を新設する方針は、一見合理性を欠くようであるが、要は三菱建築所の所在地冠の名称は便宜的なものにすぎず、本質はそれぞれの機能と陣容（人材配置）に存在していたということだろう。

明治末に編纂された社内資料「和田沿革史」によれば、内海で陸運の便も良い神戸に造船所を建設する話は明治二五、六年頃からあった。当初湊川方面を考えていたが、市街地であり、また川崎造船所に近接していたことからこれを避けて兵庫津の地先、和田岬が選ばれた。用地買収は前述のように神戸支店によって行われた。民有地を買収し、官有地をすでに所有している別の土地と交換し、神社を移転させ、和田倉庫株式会社の土地および倉庫を買収（東京倉庫に貸与）するなど、その一帯を取得するのに支店開設後およそ三年を要した。一方、造船所用地の不足が懸念されたため、明治三〇（一八九七）年九月、海岸域の埋立を兵庫県に出願し、三二年十一月に許可が下りた。取得地のボーリング調査などは曾禰達蔵の監督下で行われていた。[60]

そして、白石直治の登場である。前章で述べたように、白石は明治三二（一八九九）年六月、若松築港、九州鉄道、三菱と三企業関連の調査・準備のため欧米視察に出立、翌三三年三月に帰国した。直後、五月一日付で三菱合資神戸支店の神戸船渠工事設計及監督の辞令を受けた。待遇は嘱託の技術顧問で年俸二千六百円であった。

白石に引き続き、同年六月には関西鉄道の高橋元吉郎と北越鉄道に移籍していた広沢範敏が招請された。高橋は関西鉄道に依願退職が認められた、その同日の三菱入職である。一方、広沢はとりあえず神戸支店の場所限採用で、正規入社は翌年末に持ち越された。ともあれ、明治三三（一九〇〇）年七月、神戸支店は広沢立会のもとに東京倉庫から旧和田倉庫の倉庫や事務所を引き取り、そこに和田建築所が置かれた。白石が所長、高橋が主任技術者の体制となり、曾禰の監督指導のもと進行中であった地質調査その他を引き継いだ。[61] 翌三四年二月、和田建築所は神戸支店を離れ、本社直轄の独立事業所として位置づけられた。

それ以外のスタッフについては、表5-1に掲載した富尾、伊藤、須山英次郎（#19）の他、明治三五（一九〇二）年に滝川一弘（もと関西鉄道技手・建築課工務係）、佐藤巌、上村景福、四一年に和田正雄（もと関西鉄道技士・工務課建築掛）、明石太郎（もと関西鉄道製図係）、石河児三郎（竹内綱の縁戚）[62]、久森正夫、四二年に宇佐美喜惣治、斎藤周広、といった面々が三菱に入職して神戸での建設業務にあたっていく。その多くが関西鉄道で仕事をし、あるいは白石と関係のある技術者であったことは留意を要する。つまり、三菱合資は神戸事業のインフラ建設のために、白石および白石系の土木技術者たちをひとまとめに雇用したのである。

ここに掲げる表5-2は、白石の推挙その他何らかの関わりを持って、白石と同時期に同じ事業の建設工事に携わった技術者たちであり、白石の仕事流儀および三菱の経営流儀を考えるうえで重要である。ここでは実務的「白

表 5-2　実務的「白石系」技術者集団の形成

	名	卒業年（明治）	関西鉄道	近江鉄道	若松築港	三菱合資	（東京倉庫）	猪苗代水力電気	その他
A群 （東京）帝国大学工科大学土木工学科卒業生	井上徳治郎	20	○						
	渡辺秀次郎	20	○						
	中山秀三郎	21	○						
	高橋元吉郎	23	○		△	○	△		
	那波光雄	26	○						
	菅村弓三	26	○	○					
	井上範	35			○				
	須山英次郎	41				○	○	○	
	蔵重哲三	28						○	
	奥村簡二	37						○	
B群 複数の職場で白石と仕事をした中級技術者	伊藤源治		○		○	○	○		（土佐電鉄）
	富尾弁次郎		○	○		○	○		九州鉄道
	広沢範敏		○		△	○	△	○	日韓瓦斯電気
	明石太郎		○			○		○	（土佐電鉄）
	滝川一弘		○			○			
	和田正雄		○			○			
	斎藤周広					○	○		
	石河児三郎					○		○	
	久森正夫					○	○	○	

注）○印は当該企業と雇用関係がある。△印および（土佐電鉄）は雇用関係のない協力的参加。

出所）各社社史，名簿，職制表，木下立安『帝國鐵道要鑑』鐵道時報局，各版等を参考に，筆者作成。

石系」と記したが、当の技術者が「白石系」と分類されることを是とするか、あるいは客観的に白石の技術方針を継承しているか否かは別問題であることを断っておく。表中のA群は帝国大学工科大学土木工学科の卒業生で、一時期白石の下で仕事をし、その後、他へ移った者がほとんどである。B群は工科大学以外の人材の中で、白石と複数の建設現場をともにした中級技術者たちである。B群の範疇に入る技術者の追跡は困難であり、他にも存在した可能性が大きい。[63] 同表からとりあえず推測できるのは、白石が最初の建設職場である関西鉄道において、多くの技術者を育て、惹きつけたこと。もう一つは三菱合資が「白石系」の技術者たちを抱え込んだことである。本書の核心にも関わるこの問題については、終章で改めて検討したい。

図5-4　神戸造船所（明治40年）：左より防波堤，浮船渠，製缶工場，機械工場，木工場，製図場

さて、和田建築所による和田岬造成（埋立、防波堤、浚渫、船渠二基）の当初予算はおよそ五〇八万円、工事は明治三三（一九〇〇）年九月に開始された。[64] 同年、浚渫機三台をグラスゴーのブラウン商会に、工事監督用の小蒸気を川崎造船所に発注している。埋立工事は三六年末までに約四千六百坪を造成して完了した。[65] 敷地主要部分の護岸は延長三百メートル余の粗石および石造防波堤、桟橋は鋼鉄製で長さ約一八三メートル、幅約一八メートルとした。[66] 防波堤工事は三三年九月に着工、三八年六月にとりあえず完工した。[67]

問題は船渠（ドック）である。これまで長崎を含めて日本の船渠はみな乾船渠であり、和田岬もその予定で作業が進んでいた。しかし、明治三四（一九〇一）年になって、地質が一部軟弱かつ湧水が多いことから乾船渠建設の困難が懸念されてきた。綿密な調査や試掘を重ねた末、結局、リスク回避のために乾船渠をあきらめ、日本で初めてとなる浮船渠を建設することとなった。[68]

つまり、和田岬の造船所用地造成もまた、丸の内と同様、西洋近代の知識・技術を要する土木・建築工事であった。さらに、丸ノ内建築所の陣容では対応しきれない、より土木の専門知識と技術を必要とした。工学系諸領域の専門分化は日本においても、それ以前に欧米においても、次第に深化の経路をたどるわけだが、たとえば三菱ではこの辺りで建設事業における土木、建築、機械の実働的専門性の違いが認識されたといえるかもしれない。

図5-5　神戸造船所第二船渠工事

浮船渠の建設については、当初二千〜五千トンの船舶の入渠を想定していたが、ブラウン商会と度重なる協議を行った結果、当時の欧州航路船舶の標準であった七千トンとして、設計をスコットランドのクラーク・アンド・スタンフィールド社[69]に依頼した。最終的な裁定はイギリス滞在中の岩崎久弥が下した。[70]浮船渠収容および船溜のための浚渫は明治三五（一九〇二）年二月に開始して翌三六年八月に一段落した。船渠建造の材料はイギリスから購入し、長崎造船所にて三七年二月に起工、翌年五月に進水、七月に長崎から神戸に廻航し収容された。これが第一船渠で最大長約一二九メートル、最大幅約一七メートル、平均潮高時の最大喫水約六メートルであった。[71]続いて明治四〇年六月には第二船渠を起工、四一年十二月に竣工した。設計会社は第一船渠と同じだが、神戸造船所で建造し、材料も一部を除き国産品で、主として八幡の製鉄所から購入した。最大長約一六五メートル、最大幅約二二メートル、最大喫水約七メートル、浮揚量一万二千トンで、当時世界有数、東洋一の浮船渠となった。[72]当時の世界船舶、さらには日本の工業の進展度がうかがわれよう。

表5-3　明治期三菱の土木・建築関連年表

社制関連事項	明治年	建設工事関連事項
郵便汽船三菱会社設立	8 (1875)	
地所係設置	11	
営繕方（旧用度方）：土木関連事項所掌		
	13	三菱為替店江戸橋倉庫竣工
会計課：営繕，地所，製図等所掌	15	
三菱社設立	19	
	22	岩崎弥之助深川別邸竣工
丸の内一帯の陸軍用地，三菱に払下げ	23	
◇丸ノ内建築所設置		
	24	大阪支店社屋（西長堀）竣工
三菱合資会社設立	26	
	27	丸の内三菱1号館竣工
	28	丸の内三菱2号館竣工
	29	丸の内三菱3号館竣工
		長崎造船所第2船渠完工
◇神戸建築所設置（←丸ノ内）	30	
	31	大阪精錬所改築
◇和田建築所設置	33	神戸支店新社屋竣工
◇丸ノ内建築所設置（←神戸）	34	
	36	和田岬浚渫工事ほぼ完了
	37	丸の内三菱6，7号館竣工
		占勝閣（長崎）竣工
		丸の内三菱4号館竣工
	38	長崎造船所第3船渠完工
		長崎にて神戸造船所用浮船渠進水
		和田岬防波堤工事ほぼ完工
		和田岬の第1船渠完工：神戸造船所開所
		島上町社屋竣工
		丸の内三菱5号館竣工
◇神戸建築所設置（←和田）	39	
地所用度課設置		
◇大阪支店建築所設置	40	丸の内三菱8〜11号館竣工
地所課設置（←地所用度課）	41	東京倉庫鉄筋コンクリート倉庫D号竣工
地所営繕係：◆丸ノ内建築所を吸収		和田ターミナル（海陸連絡設備）完工
		神戸造船所第2船渠完工
◆大阪支店建築所廃止	43	大阪支店新社屋（今橋）竣工
		東京倉庫鉄筋コンクリート倉庫G号竣工
◆神戸建築所廃止		丸の内三菱12号館竣工
社制改革：地所部設置	44 (1911)	丸の内三菱13号館竣工 東京倉庫高浜岸壁ケーソン工事完工

注）◇は設置，◆は廃止を示す。
出所）筆者作成。

三菱合資会社神戸三菱造船所の開所は明治三八（一九〇五）年七月、第一船渠設置の直後であった。おそらくこの年、高橋元吉郎には千五百円の賞与が支給された[73]。だが、船渠設置をもって開業はしたものの、埋立、浚渫、護岸、防波堤それぞれに残工事があり、工場建設や機械設置も遅れ、全体の形態が整うのは翌年にずれ込んだ。造船所の用地面積は明治四〇年末で二万四千坪余りであった[74]。

和田岬の土地造成に一歩遅れて造船所自体の建設も進行した。造船所については明治三五（一九〇二）年、弥之助自ら、丸田秀実、木村久寿弥太、植松京などの幹部を引き連れて欧米を視察、研究と準備を重ねた[75]。神戸造船所では船舶修繕、その後商船の建造を行うが、他方、造機部門を拠点にしてポンプ、ボイラ、蒸気機関車、さらには自動車や航空機用内燃機関の開発製造がなされ、後年それを基盤とする航空機工業へと事業が展開する。また、電機工場において船舶用、鉱山用の電気機械が開発製造され、さらに一般および家庭用電気機械の製造へと進む。揺籃期の神戸三菱造船所は、造船そのものというよりも、むしろこの地から先端重工業が多角的に開花、進展していったことに日本産業史上の意義がある。和田岬のインフラ整備が地域、そして産業のイノベーションを起こす基盤となっていく。

（3）再度、神戸建築所と東京倉庫

神戸三菱造船所の開業後、和田建築所は造船所内部の残務を同所に継承させて廃止され、所員は同年十一月に神戸支店に移籍した[76]。広沢は造船所に異動して残務に当たった。翌明治三九（一九〇六）年一月、本社社命により三菱神戸建築所の名義で本社直轄のもと、白石直治は嘱託のまま所長、高橋元吉郎が副長を務めた。今回設置された神戸建築所は、和田建築所時代から引き継いだ神戸近辺の諸工事――具体的には東京倉庫関連で和田岬の倉庫上屋、事務所その他付属建物の新築、鉄道支線の付替増設、大小四ヵ所の桟橋架設その他付帯工事の設計監督、また、神戸造船所、三菱製紙所[77]等からの委託工事設計監督に従事した[78]。

〈和田岬の倉庫〉

まず注目すべきは、日本で最初期の近代的海陸連絡設備、すなわち大桟橋と鉄道が直結した東京倉庫和田ターミナルの完成である（本章扉）。鉄道支線は東海道線、山陽線につながり、海陸連携開発の典型となる。白石＝神戸建築所設計による和田桟橋の竣工が明治四〇（一九〇七）年、周辺の設備が整った四一年五月に華やかな披露式が挙行された。[79] このターミナルの中で異彩を放ったのが白石設計の鉄筋コンクリート倉庫である。当時輸入が急増していた原棉の受容れを主目的とする設備で耐火性を重視した建築となった。[80] 明治三九年、軍役から戻った高橋元吉郎を主任技師として着工、披露式と同時竣工のD号倉庫（約五百坪）は、日本におけるまさに最初期の鉄筋コンクリート構造物であり、同規模の建築物としては建築家の設計を抑えてこの工法の実用化に先鞭をつけた。[81] ちなみに、D号建設工事の進行時、おりしも辰野金吾が前述した中央停車場の設計を進めており、その構造は世界の新建築潮流に乗って鉄筋コンクリートにする案でほぼ固まっていた。コンクリートの経験がなかった辰野は和田岬の現場を視察に訪れたが、そこで硬化前のコンクリートを見て不安になり、急遽鉄骨煉瓦造への変更を決めたという。[82]

続いて明治四三（一九一〇）年六月に竣工したG号倉庫は、日本初の堂々たる重層階鉄筋コンクリート建造物となった。[83] 規模は二階建て、平面一五二メートル×四〇メートル、高さ一一メートル弱。厚さは外壁一五センチメートル、内壁（仕切壁）一〇センチメートル。コンクリート組成はポルトランド・セメント一、砂二、砂利四でセメントは浅野セメント製、鉄筋材料は八幡製鉄所製であった。特徴として、外壁のセメントにポゾラン（火山灰）を一対一の割合で混合したが、これは後述する長崎船渠での経験を活かした方法である。[84] 今日でいえば明らかに建築分野の仕事を土木技術者の白石が手がけたのは、決して余技的なことではなく、コンクリートの可能性を追求したチャレンジングな試みに他ならない。

このG号に関係する一件として、白石のイギリス土木学会（Institution of Civil Engineers＝ICE）正会員への選出（明治四二年）も見逃せない。イギリス土木学会といえば、当時、世界で最も権威ある土木技術者団体であった。

FOR ELECTION INTO THE INSTITUTION.

(* *Denotes a former Stud. Inst. C.E.*)

Passed for the First Time as Members (Election).

NAOJI SHIRAISHI,
(*Age* 51)
Born 29 October, 1857;
22, Igura 4th Street,
Azabu,
Tokio.

Education at The Imperial University of Tokio—graduated as Civil Engineer. 4 years [1877]-1881
Engineering experience. (SEE BELOW.) 25 „ [1883]-1908
At present engaged as Consulting Engineer to the Mitsu Bishi Firm, and others.

Dated 25 June, 1908. *Proposed by* KAICHI WATANABE (A.).

M. Otagawa (A.), Sakuro Tanabe (A.), Isoji Ishiguro (M.).*
Mitsugu Sengoku (A.), Kumema Okura (A.),

Work during pupilage, or apprenticeship, or training as Assistant:—

M. S. K. W. K. O. *Subsequent Engineering experience:*—Civil Engineering Professor at the Imperial University of Tokio, being, at the same time, the Consulting Engineer of the Kansei Railway. 1887–1889

M. S. K. W. K. O. He was elected President of the Kansei Railway, and also acted as the Chief Engineer; construction work to the value of about £1,000,000 was executed during his service. 1890–1898

He travelled in Europe and America to investigate harbour works. 1899

M. S. K. W. K. O. M. S. K. W. K. O. He was elected President of the Wakamatsu Harbour Works, and completed these works—cost about £400,000. During the same period he also served as the Consulting Engineer to the Mitsu Bishi Company, and finished the Nagasaki Graving Dock, besides several quays, breakwaters, and piers at Kobe. The aggregate cost of the engineering works belonging to the Mitsu Bishi Company amount to several hundred thousand pounds sterling. 1899–1908

The Candidate studied, under Professor W. H. Burr, at Troy Polytechnic, and at the Phœnix Bridge Company, and under the late Professor Winkler—bridge building—at Charlottenburg, Germany. 1883–1887

図 5-6 ICE：白石の会員推挙資料

田辺朔郎が琵琶湖疏水建設に関する論文 "The Lake Biwa-Kioto Canal" をこの機関に提出し、明治二七（一八九四）年のテルフォード賞（最優秀賞）を得たことはよく知られている。同会の正会員になるには既会員の推薦が必要で、白石の推薦人には田辺の他、石黒五十二、渡辺嘉一、仙石貢、小田川全之、大倉粂馬が名を連ねた。[85] 正会員選出の翌年、白石は同会の求めに応じて論文 "A Reinforced-Concrete Warehouse at Kobe" を提出したが、[86] そこで示された倉庫がG号である。

土木技術者／工学者の白石が、土木専門家の団体に対して倉庫という建築物に関する論文を提出していることは、今日的感覚からいえば奇妙でもある。だが、当時の欧米において、鉄筋コンクリート工法はおりしも発展の渦中にあった。かつて白石が時代の先端

④ 裏手の鉄道引込線（複線）

① 全景

⑤ 2 階回廊部分と電動クレーン

② 鉄筋コンクリート築造中

③ 1 階部分

図 5-7　和田岬東京倉庫 G 号

図 5-8　明治 45 年の神戸港

土木工学／技術を学んだレンセリア工学校においても、明治の初頭頃までコンクリートやポルトランド・セメントへの言及は皆無だったという。明治半ば（一八九〇年）頃にようやく良質のセメントが生産されるようになり、その頃から鉄筋コンクリートの構造物が建設され始めた(87)。白石の論文は材料や力学計算を盛り込み、載荷試験や衝撃試験の結果を示した緻密かつ工学的なものであって、建築物そのものというより、鉄筋コンクリート構造の工法に実験的な意義があった。いま一つ重要なのは倉庫という建造物の機能である。前述したように、倉庫は単なる物資の保管場所ではなく、海陸を結ぶ物流の要である。イギリス土木学会に提出された論文付録の写真には、鉄道引込線や電動クレーンも写されて、倉庫の機能を主張している。第1章で触れた同学会のいうシヴィル・エンジニアリングの目的、「内外交易に資する生産と交通の手段を向上させること」に直接あてはまる。後発の日本においてもその機能の向上が日々求められ、また高まりつつあったという時代背景にも注目したい。いや、むしろ、本章冒頭からみてきたように、三菱関連の事業史の中で倉庫がクローズアップされること自体が、ビジネス・インフラのありようを示している。なお、白石はイギリス土木学会会員選出に一〇年先立つ明治三二（一八九九）年、アメリカ土木学会（American Society of Civil Engineers＝ASCE）会員に推挙されている。

まずは三菱合資に関係のある神戸近辺のさまざまな土木工事を引き受け、予定の諸工事がひとわたり完成したのを受けて、神戸建築所は明治四三（一九一〇）年十月限りで廃止された。[88] 所員は本社地所部、東京倉庫大阪支店他、数ヵ所に散った。伊藤源治、富尾弁次郎、久森正夫、斎藤周広他数名の技術員は東京倉庫神戸支店臨時建築部技士として異動し、引き続き神戸近辺の土木関連業務に携わった。[89] 後年、伊藤は神戸造船所の建築課長（技師）、斎藤も同じ職場の技師となった。[90] 同時期、当時まだ若輩の須山英次郎も東京倉庫に異動した。須山は明治四一年に帝国大学工科大学土木工学科を卒業、四三年五月に三菱合資本社技士として採用され、後に白石と縁戚関係を持つことになる。[91] 実は、その前年にあたる四二年十月に高橋元吉郎が病を得て逝去した（後述）。須山の採用は高橋の後任人事とも考えられる。それは三菱合資にとってと同時に白石にとっての人事でもあった。

〈高浜岸壁〉

神戸建築所から土木技術者が大挙して異動した東京倉庫神戸支店では、前段に続き重要なインフラ建設が行われた。明治四三（一九一〇）年に起工した神戸港内高浜海岸の埋立および岸壁築造工事である。公共施設である神戸港の中で、高浜岸壁と和田桟橋は東京倉庫の専用施設であり、その埠頭に上屋、倉庫などが置かれていた。[92] 明治三八年頃、将来的に神戸港における輸出入総額の三分の一を高浜で扱うと予測した東京倉庫は、社運を賭けた一大埋立および桟橋・岸壁築造を計画したが、和田岬工事や行政との折衝難航で遅延した。白石は当初からこの企画を支援していたのだが、本省からも技師の出張を得て協議した結果、埋立面積縮小のうえ桟橋を止め、鉄筋コンクリート・ケーソンの繋船岸壁を築造する計画に変更して出願、四三年八月に許可を得た。ここでいうケーソンは箱形の積畳材を指す。建設費二一〇万円、面積一万五千坪、岸壁延長七百メートル弱、干潮面以下約八メートルに浚渫して五、六千トン級の汽船三隻が繋留可能。敷地内に鉄骨上屋五棟と倉庫二棟を建設、延長約一〇キロメートルの鉄道を敷設し、在来の高浜倉庫および神戸駅と連絡を図るとともに電動クレーン一三台を備えるものであった。工事の主任技師は伊藤源治、ピーク時の技術者は一一名を数えた。[93]

当時、港湾修築工事で技術的に困難なのが防波堤と繋船岸壁といわれ、なかでも岸壁の築造は厄介であった。大型船舶を繋ぐ岸壁前面は垂直にせねばならず、それが前面の水圧と背面の土圧、上部からも荷重を受ける。工法としては、その場の諸条件によって煉瓦積、コンクリート壁、塊体積上などがあり、最新の方法がケーソンの積上であった。[94] 鉄筋コンクリート・ケーソンを用いての岸壁や防波堤の築造はすでに世界各地で試みられていたが、いずれも干潮時に水面に露出する程度の深さでの施工で、海底深く沈めて積み重ねる方式はほとんど先例がなかった。[95]

通説として、日本において鉄筋コンクリート・ケーソンを本格的に港湾岸壁に利用したのは神戸港が最初らしいが、これは東京倉庫の高浜岸壁ではなく前述した公共事業の第一期工事を指す。同事業では着工の明治三九（一九〇六）年、オランダのロッテルダム港で世界初の本格的鉄筋コンクリート・ケーソン沈設が実施されたという情報を得て、早速それを導入する計画を立てた。翌明治四〇年、大蔵省臨時建築部の技師、森垣亀一郎《きいちろう》[96]がオランダに赴き資料を収集して持ち帰り、工事を成功に導いた。ケーソン製作のための仮桟橋はスペインのバルセロナ港を模倣して製作したが、この設計も森垣が行った。仮桟橋から現場への曳航はクラーク式浮船渠を利用したという。[97] ケーソン工事については、基礎工事が明治四二年七月から始められ、日本初の鉄筋コンクリート・ケーソンが沈設されたのが四三年八月、完工が大正四（一九一五）年五月であった。[98]

一方、港内高浜におけるケーソン岸壁の設計は白石が行った。ケーソン利用の意義を勘案し、たとえば鉄筋の太さや数、コンクリート壁の厚みなど、どうすれば工事が容易になり、かつ経済性が向上するかを念入りに検討した。[99] 主たるケーソンの大きさは長さ約九メートル、幅三・六～五・五メートル、高さ約四・五メートルで、これらを五六個ずつ二段に積んだ。ケーソンは和田岬で製造し、甲板を付して斜路上を滑走進水させ、小汽艇で高浜埋立地に曳航、甲板に設置した穴からサイフォンで送水して沈下させた。斜路の建設は明治四三（一九一〇）年、ケーソ

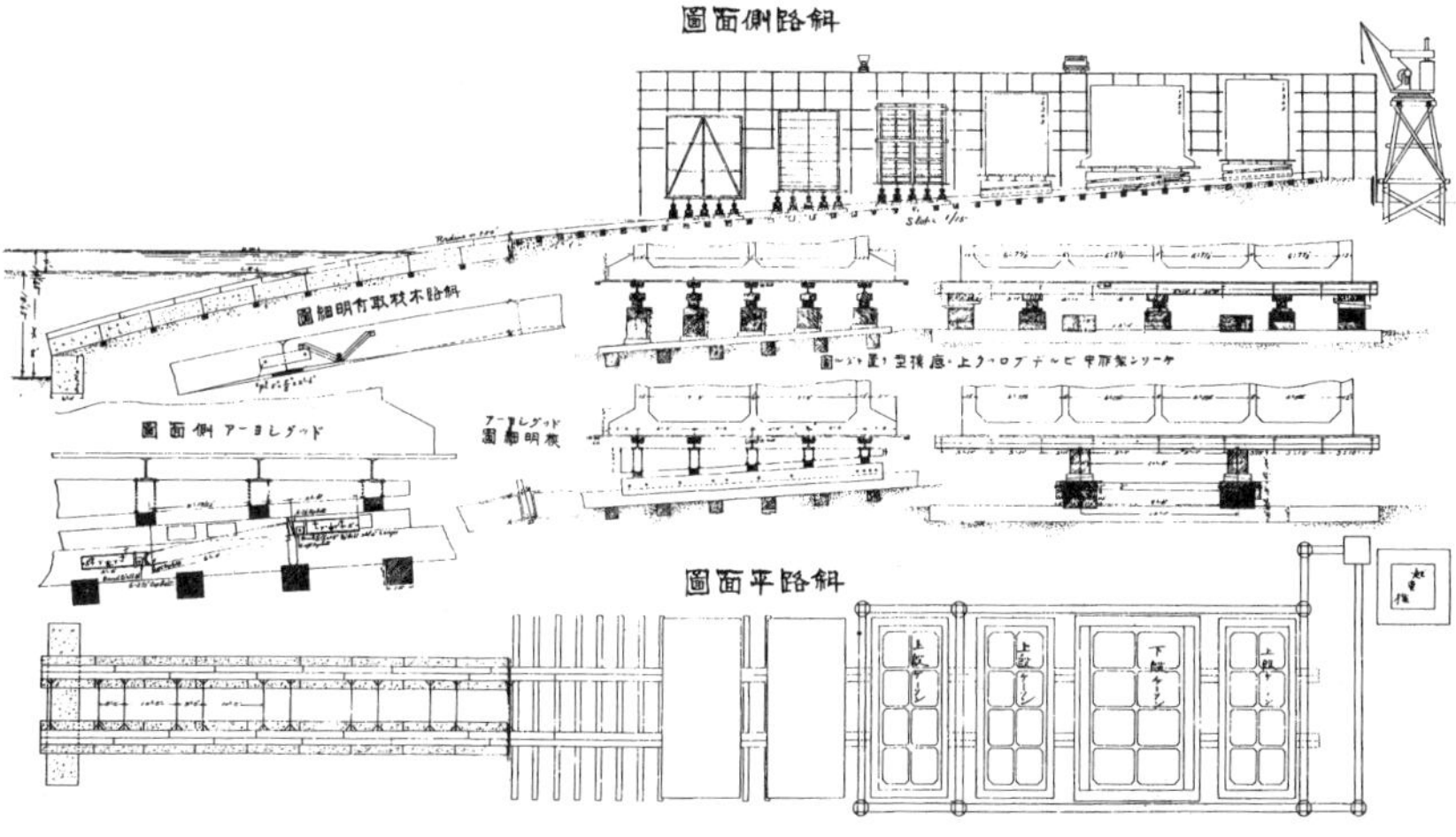

図 5-9　高浜岸壁ケーソン進水斜路図面（須山英次郎）

ンの沈設は翌四四年五月着工、同年中に完工した。[100] 同時期、白石が若松築港の戸畑駅地先岸壁工事で鉄筋コンクリート・ケーソンを沈設させたことは前章で述べたが、こちらの完工は大正元（一九一二）年である。つまり、ケーソンの第一函沈設は神戸築港事業が早かったものの、完工については高浜および戸畑駅地先がそれに先んじた。だが、特に高浜の場合は、その地域を包含し規模も大きな神戸築港事業の陰に隠れがちである。また、ケーソン自体も神戸港事業のものより小型ではあった。

白石の新工法採用については、前述のように企画段階で本省技師と打合せが行われている。技師の名は資料で特定されていないが、井上範の可能性が高い。だが、同じ神戸港内のケーソン沈設となれば、そこには当然森垣亀一郎の存在が浮かぶ。一方、白石には後述する長崎船渠外岸壁においてコンクリート方塊を沈設した経験があり、[101] 前述の鉄筋コンクリート倉庫という画期的業績もある。コンクリート施工については、むしろ白石の方が助言する立場であったろう。また、神戸築港事業におけるクラーク式船渠の利用には三菱の影響が推察される。すなわち、詳細は不明ながら、両事業間の情報交換もしくは技術交流が想定できる。ちなみに、高浜岸壁完工の直後、白石は鉄筋コンクリート関連書籍八〇冊を工手学校に寄贈した。[102]

なお、東京都心の仕事に復帰した丸ノ内建築所と和田建築所の間で、技術・人材・情報の交流、物品の貸借が行なわれていた記録がある。(103) これに限らず、建設工事関連では三菱の各所で技術者や資材が融通されていた。(104) 技術者の配置換えは、多角化し成長しつつある大企業において可能かつ有効な人材活用であり、本書第2章で述べた、建設部門を内部化する不効率が、この時期の三菱では特に問題視されなかったことを示している。

それに関わることだが、白石は和田岬の建設工事のトップにいながら九州鉄道にも関わり、次いで前章で述べた若松築港の社長に就任し、さらには後述する三菱長崎の第三船渠建設にも携わった。若松築港第一次、第二次拡張工事の竣成が明治三九（一九〇六）年、数年開いて第三次拡張工事が大正二（一九一三）年から始まり、かたや長崎船渠および和田岬船渠の竣成が明治三八年、その後東京倉庫関係の業務その他があり、明治四四年には次章で述べる猪苗代の工事が始まっている。日本各地の数ヵ所において複数の工事が切れ目なく、かつ重なってフル回転をしており、加えて白石の立場にすれば、着工前の準備期間の繁忙さが際立っていただろう。当時の「和田建築所日誌」や「神戸建築所日誌」によれば、白石は最低一ヵ月に一回、もしくは二〜三回、建築所（神戸）を訪れ、その前後に九州、もしくは東京や高知に立ち寄るという生活を続けていたことが知れる。その働きぶりは驚くばかりだが、逆に、実際の総監督業務を白石一人でこなすのは物理的にも無理であった。和田および神戸建築所についていえば、現場を支えていたのが、まず高橋元吉郎であり、そして広沢範敏であった。(105) 工事の進行や問題への対処について、高橋から社長（岩崎久弥）宛てに直接書簡をしたためているケースもあり、(106) ほぼ現場所長としての権限を任されていたと推察される。

そして、高橋、広沢両名もまた、大阪精錬所、三菱製紙、山陽鉄道（本部は神戸）など神戸近郊の仕事のみならず、若松や長崎にしばしば出張し、建設工事に関わっていたことが前述の業務日誌に示されている。(107) とりわけ若松には足しげく工事監督として出張している。この種の活動は、経営的には他企業の建設工事の一部請負を意味するが、実質的に供給するものは技術および専門知識と技術者である。建設分野における人材活用が三菱内部のみならず、白石を介して関係の深い他企業にも展開されていたことを示す。

高橋、広沢と白石との間にはすでに充分な信頼関係が築かれており、その業務上の関係は神戸の諸工事を通じて一層確固たるものになったと考えられる。だが、高橋は和田岬の工事をほぼ終えた後、神戸造船所の開業を待たずに、おりしも勃発した日露戦争に応召した。八ヵ月後に復職して本社技師に就任、その立場で暫時神戸建築所の副長を務めた。一連の神戸プロジェクトの完工後、三菱合資が本社所属で温存した最高位の土木技術者が高橋、格としては低いが実質的に使える技術者として広沢が本社技士に位置づけられたと考えられる。土木建設を開業していない三菱の、こうした本社付土木技術者の使い方には独特のものがある。だが、数年後の明治四二（一九〇九）年十月、高橋は急な病を得て逝去する。

ちなみに、『三菱社誌』において「主要役職員」の名簿が記されるのが明治二七（一八九四）年度からである。その中で本社直掌の技師といえば、曾禰達蔵が「本社建築技師」の肩書で明治二八～三一年に在職した他、「本社技師」の肩書では三一年在職の一名（鈴木敏、鉱山関係）、三二～三八年は〇名。そして三九～四二年に在職した高橋元吉郎と立原任（次章参照）、明治年間においてはそれが総てであった。[108] 高橋に対する岩崎の信任の厚さは、この一件にも示されている。

4　朝鮮半島と長崎

（1）南韓鉄道調査・日韓瓦斯電気

三菱合資が和田建築所～神戸建築所の所管業務と位置づけたものの中に、南韓鉄道測量調査という特例がある。[109]
南韓鉄道とは京釜鉄道の大田から分岐して木浦、群山に至る、後の湖南線（現湖南本線）のことである。白石の伝記によれば明治三九（一九〇六）年、前年末に設置された韓国統監府の伊藤博文統監より岩崎久弥に対して内々に調査依頼があった。[110]朝鮮半島における日本による鉄道建設は日清戦争後徐々に本格化し、建設中であった京釜鉄道が日露戦争を目前に突貫工事を行って三八年に開通したのをはじめ、各地に軍事（兵站）目的の鉄道線が延伸しつつあった。当時、日本は李氏朝鮮（大韓帝国）の保護国化を推し進めており、そこで朝鮮半島の南西端側に達する鉄道の建設を目論むということであったから、これまた帝国主義的な国策路線である。この時期、日本の建設請負業者も先を争って海を渡った。[111]

現地の測量は明治四〇（一九〇七）年、二度にわたって行われた。特に初回は不穏な情勢のなか、白石が広沢一人を伴って渡韓し、日本人と分からぬように身をやつし、現地工夫向けの安宿に泊まり、時にはそれぞれ現地通訳一人を連れて別行動をとるなど苦労の多い業務であった。[112]測量と偵察行動が背中合わせの工兵を彷彿とさせるミッションである。二度目は白石が韓国農商工部大臣より鉄道調査の嘱託を受け、官憲の保護のもと、九ヵ月間にわたって大々的に実施された。調査結果は岩崎を通して統監府から同大臣に報告された。広沢もこの調査に同道した。日本による大韓帝国の併合は明治四三年八月だが、湖南線はその翌年に起工、大正三（一九一四）年初頭に完工した。路線はほぼ白石の第一回調査結果に沿うものであったという。[113]湖南線の開通により、沿線の寒村や漁村が急速に交通・商業の中心地に変貌していった。冬季も比較的温暖で土壌豊かな沿線地域には日本人の人口も増えつつあった。この鉄道の主たる役割は、その半島南部から終端港の木浦、群山への農産物輸送で、積荷はそこから海路日本へと向かった。[114]こうした状況を地域の開発と呼ぶことも可能である。しかし、その背後に日本の軍事力がある限り、韓国史における評価は明らかだろう。

ところで、この調査の後、白石は、休職中の三菱合資に復帰する前の広沢を一ヵ月余り「技師」として雇用した。広沢の待遇を上げるための措置と考えられる。広沢は、復職後の三菱合資では昇給したものの職階は「技士」のままであったが、その後渡り歩くことになる各社においてはいずれも「技師」として待遇された。

白石と広沢は、南韓鉄道調査以外にも韓国で仕事をすることになった。ことの次第は以下に述べるが、両名ともそれぞれの立場で電力事業の経験を積むことになり、それが次章の新事業につながる一石ともなった。

大韓帝国では明治三一（一八九八）年にアメリカ資本が特許権を得て、漢城電気という電気事業会社（電鉄、電灯、電話）を設立した[115]。翌三二年に火力発電所を建設して電気鉄道を開業、大韓帝国における電気事業の草分け的存在であったが、明治三七年、拡張工事のためアメリカの信託会社に事業を売却して資金を調達し、韓美電気会社と改称すると、皇帝の裁可を得て京城における電気事業の独占権を獲得した。だが、路面電車はともかく電灯事業などは時期尚早で難航していたらしい。かたや、明治三九年、統監に就任した伊藤は国策上の見地から京城のインフラ権の取得を図っていたという。

一方、これも国策絡みで、渋沢栄一が発起人代表および取締役会長を務めた日韓瓦斯株式会社（本社東京）が明治四一（一九〇八）年に設立されていた。これは統監府設置後、経済活動が容易になった京城で、冬季の寒冷な気候に目をつけて将来的なガス需要の増加を見込んだもので、いずれ韓美電気との軋轢が予想された。伊藤＝渋沢により韓美電気の買収案が進み、渋沢は京釜、京仁の両鉄道[116]の共同発起人であった竹内綱――彼は明治三五年頃から独自に漢城電気の買収に関心を示していた――に諮ってアメリカ側との交渉を依頼し、竹内はさらに女婿である白石に依頼してこの交渉を進めたのが明治四二年である[117]。譲渡契約はきわめて良好に成立し、日韓瓦斯代表者と弁護士、それに白石と広沢が引継委員を務め、日韓瓦斯が韓美電気を合併する形で日韓瓦斯電気株式会社が設立された。同社取締役会長であった渋沢の退任を受け、白石はその残任期間に後任会長を務めて半年後にその職を退いた。また、取締役に就任直後、この新会社の電気、電車事業の経営指導のために在三菱神戸の職員を派遣した[118]。その筆頭が広沢で、三菱合資を休職して韓国に渡り、工務課長、続いて電車課長として日韓瓦斯電気に出向した。同社における広沢の給与は渡韓前と比べて一挙に二倍以上に跳ね上がった。そして明治四四年末、日本での新事業、猪苗代水力電気のために呼び戻されて日本統治下の朝鮮半島を後にした。

広沢はまた、日韓瓦斯電気において白石が積極的に日本製の設備を利用したことを書き留めている。二五〇キロワットの蒸気タービンについては外国製品の売込があったが、あえて三菱長崎造船所に発注した。機械の出来はいま一つだったがこれを使った。多少無理をしてでも使わねば国産技術が進歩しない。そのために「努めて上手に使う」ことが必要だという考えであった。[119] 国産品の奨励というよりは、国産技術の養成が白石の主眼であったろう。白石には常にこうした教育者的要素がつきまとった。

日韓瓦斯電気は大正四（一九一五）年九月、京城電気株式会社と改称した。京城電気は電気、電鉄両輪の事業として発展し、白石は会長を退いた後も終生取締役に在任した。

ここに挙げた事業を含めて、この時期の海外インフラ建設に関わった官僚、事業家、技術者、そして背後で後押しをした投資家たちの行動について考察する余裕は本書にはない。だが、誤解を恐れずにいえば、彼ら──なかでも技術者たちを動かした情念とイデオロギーは、明治初期の企業勃興期にインフラ・ビジネスを立ち上げた人々──それはまさしく、彼ら自身でもあった──が抱いたそれの拡大延長線上にあり、それは今日なお本質的には変わらない核《コア》を持つと思われる。あるいは、明治初期の日本は、欧米諸国から近代技術を導入しつつ、その同じ国々による脅威を遠ざけるための一線を画したが、明治後期から海外に出始めた技術者たちは、自らの役割をかつての「お雇い外国人」になぞらえてみていたかもしれない。彼らの情念やイデオロギーと帝国主義的歴史展開とのインタラクションが日々編み出していた世界状況の中で座標軸が変化し、彼ら自身がかつて対峙した脅威そのものに化身していくことを、当事者たる彼らはどのように認識していたのか──それは現代に生きるわれわれに投げかけられている普遍的な問題でもある。

（2）長崎造船所第三船渠

本章では「〇〇建築所」という視座を据えて三菱関連の土木・建築、すなわちビジネス・インフラ建設をみてきた。最後の一項、長崎造船所第三船渠の工事には建築所が設置されておらず、企業嘱託の技術顧問である白石にも先の「和田建築所長」のような明確な肩書が与えられていない。比較的規模の小さなこの工事も、しかし、れっきとしたビジネス・インフラ建設であり、白石の仕事であった。

長崎造船所といえば、明治期三菱、というより近代化日本の技術力を牽引し、かつ代表する民間事業所であったことに異論はないだろう。もと幕府の熔鉄所（後に製鉄所と改名）が維新後に官営長崎製鉄所に引き継がれ、明治四（一八七一）年に工部省所管となり、長崎造船所、長崎製作所と名を変えながら、明治一七年に三菱に貸し下げられて長崎造船所と改名された。この間に第一船渠が完成している。二一年には払下げを受け、三菱合資会社成立時の二六年に三菱造船所と改称された。三八年、神戸に造船所が開設されると、再び場所名を冠した長崎造船所と改称された。

図5-10　長崎造船所第三船渠。入渠船は戦艦壱岐

当時、欧米における造船技術の発達は目覚ましく、続々と巨大船舶が誕生していた。日本では大型船渠が欠如しているためにそうした大型船を建造できず、それが造船技術の発達にも障害を及ぼしていたという[120]。この状況を打開する目的もあって、長崎造船所は第三船渠の建設に踏み切った。工事は明治三四（一九〇一）年十二月に着手され、三八年三月に竣工した。白石が関わったのは三五年十月からである[121]。『長崎造船所史』の記述によれば、一連の重要工事は潮留、渠身掘方、渠底コンクリート、また付帯工事の隧道開鑿（第二、第三船渠の連絡および電線敷設）などであり[122]、時期的にみて、すべて白石が関わったと考えられる。

長崎造船所の三船渠はすべて乾船渠である。既設船渠について概観すると、立神《たてがみ》の第一船渠は工部省時代の明治一二（一八七九）年に竣工し、全長約一四〇メートル、最大幅約三一メートル、深さ約一〇メートル、建造費四〇万円余で、竣工当時日本最大であった。[123] 世界の船舶の大型化に対して狭小となったため、三菱造船所時代の明治二八年に拡張工事を行い、長さを約一五八メートルに延長した。続く二九年には向島に第二船渠が竣工。こちらは長さ約一一二メートル、幅約二〇メートルの小規模なものであった。[124]

これに対して第三船渠は、完成当時東洋一の規模を誇った。全長約二二〇メートル、最大幅約三七メートル、満潮時水深約一〇メートル。東洋航路の標準的商船ならば干潮時にも入渠でき、満潮を待てば数万トンの巨船の入渠も可能であった。完成後まもない時期に、当時世界屈指の近代的巨船であったミネソタ号（アメリカ船籍、二万一千トン）が入渠した。[125] 船渠建設工事の詳細は、竣工翌年にあたる明治三九（一九〇六）年に白石の手でアメリカ土木学会に紹介された。[126] 白石によれば、この船渠の特徴はその規模だけでなく、施工にコンクリートを多用したことである。コンクリートの材料にはポルトランド・セメントを用いたが、大部分において五島列島に産するポゾランを一対一の割合で混合し、それによって水硬性を高めるとともに経費を節減した。船渠両翼の岸壁にもあらかじめ作成したコンクリート方塊を沈設したが、これにもポゾランを混用した。[127] 長崎船渠におけるこれらのコンクリート施工経験を下敷きとして、先述の和田岬鉄筋コンクリート倉庫、そして神戸港高浜岸壁および戸畑駅地先での鉄筋コンクリート・ケーソン沈設へと新技術が展開していく。

長崎船渠の主たる工事は明治三六〜三七（一九〇三〜〇四）年と考えられるが、実はわずかに先立つ三四〜三五年、佐世保軍港において海軍技師の真島健三郎が小野田セメントの協力を得て水雷艇船渠をコンクリートで施工していた。その際、五島列島のポゾランをセメントに混ぜて使用したことが特筆されている。[128] その真島は三七〜三八年、同じ佐世保軍港で小規模ながら日本初といわれる鉄筋コンクリート建築物を竣工させることになる。[129]

さても前節で触れた神戸港／高浜のケーソンと同様、だが時期的にはそれ以前に、佐世保／長崎においても類似の先端技術／工法が近接した地域でほぼ同時期に試みられていることに気づく。ここにおいても、白石もしくは三菱長崎が、海軍の真島に、個人もしくは非公式な組織レベルで接触を図っていたのではないかという推測が成り立つ。とりわけ、コンクリート施工技術は明治になって日本に導入された新顔で、その材料＝コンクリートの扱い方が土木工学／技術の中心的話題になっていた。[130]「鉄とコンクリートの時代」と呼ばれる日本土木史の二〇世紀、その幕開けの貴重な一頁が両者の間で開かれていたかもしれない。一歩進めて、佐世保・長崎、神戸港、洞海湾（戸畑）と、異なる地域／事業の最先端技術展開を同じ図に収めて俯瞰できるのは、白石の介在あってこそである。加えて、琵琶湖疏水と関西鉄道のトンネル工事の関係を思い起こせば、当代日本最高峰の技術者たちがそれぞれに、非公式にせよ、あるいは協力関係の有無に関わらず、まさしく時代の最先端を切り拓く技術交流を組織の壁を越えて行っていたという仮説の検証が、強烈な興味を誘う未読の頁に隠されている。[131]周知のように、明治期の日本では、西欧世界への技術的なキャッチアップがきわめて迅速に行われ得た一面がある。トップクラスの技術者たちの知見と応用力が、それぞれの主担する別個のプロジェクトにおいて、一からの技術移転を繰り返し行わずともわずかな情報交換で新技術の採用を可能にしたのであれば、それはこの時代特有の技術展開を解く鍵の一つとなろう。

白石は関西鉄道と若松築港においてビジネス・インフラを建設しつつ、本来のインフラ・ビジネスの経営にもあたった。その若松築港の社長職にありながら、技術顧問として三菱合資の船渠や倉庫を建設している。三菱側からすれば、建築においてコンドル、曾禰を得たのと同様に、土木分野において白石を得たという見方もできよう。第2章でも述べたが、当時、アメリカやイギリスではすでに土木／建築のコンサルタント業、すなわち設計（監理）事務所が確立されていた。そして、たとえば三菱にとって、こうした顧問契約はすでに手慣れたものになっていた。他方、白石自身、イギリス土木学会に推挙された際、自らの肩書を三菱合資会社の“consulting engineer”と称していることからも推察されるように、[132]巨大企業の技術顧問の社会的地位は欧米標準では高かった。この問題については終章で再述する。

第6章　猪苗代水力電気

——次世代に向けてのエネルギー開発

資材運搬軌道の除雪作業

電力はどこからみても諸産業、そして社会生活のインフラだが、鉄道や港湾とは異なり、その当初から民間事業者によって開拓され、発展した。すなわち、鉄道や港湾に比べて民間がアクセスしやすい技術であり、事業であった。まず、欧米先進国においてその技術が実用化された時、日本が開国後すでに四半世紀を経ていたという時期的な問題がある。江戸中期より試みられた平賀源内他の発電努力を有効に継承し得なかった明治日本にとって、電気は確かに新奇な技術ではあった。だが、それまでに積み重ねられた世界レベルの研究成果の賜を、ほぼその当初から共有し得た。初期の発電は小規模なものであり、その灯光を求めた事業体は海外から発電機を購入して自家発電をすることができたからである。小規模な電灯需要に対する小規模な火力発電所の建設・送電も民間で可能であった。ビジネス・インフラが必要だとしても、鉄道や港湾と比べて、資金面ではるかに与しやすいレベルであった。少し早く実用化されていた電信・電話という通信技術に関して、いち早く国防上の重要性を認めた明治政府も、電灯という照明技術については鷹揚に構えて官有化にのりださなかった。[1] 同じく少々早くから導入が進んでいた機械技術のおかげで、次第に発電機や電動機の利用と国産化が進み、電力需要も増加した。かたや、都市およびその周辺部における電気鉄道は、字義通り電灯（電気）、そして排煙のない鉄道という需要を同時に満たせる両輪の事業として脚光を浴び、急速に建設が進んだ。こうして徐々に民間に技術、経営法が蓄積されて、経路依存的に民間路線が醸成されていった。欧米の電力技術発展の後を追ってその技術を導入した、きわめて初期コストの高い大規模水力発電が日本でも可能になった明治末期、日本社会の民間経済力はすでに明治初年とは異なっていた。電気事業は官の調達によらずとも民間の競争に任せた方が効率的だったのである。[2] 本章で検討するのは、そんな大規模水力発電事業にまつわる話となる。

1　水力発電時代の幕開け

（1）明治初年の電気事業情

まずは、日本において大規模な水力発電が可能になるまでの電気事業の歴史を簡単に振り返っておこう。明治日本の電気事業は電灯、すなわち照明技術から始まった。明治一一（一八七八）年に工部大学校講堂において、イギリス人教官のエアトン（William Edward Ayrton）が同校学生であった藤岡市助、中野初子などの協力を得てアーク灯を点灯したのが日本の電灯の嚆矢である。白熱電灯の点灯については明治一七および一八年に記録があり、後者は藤岡市助設計の発電機を用いた。藤岡は工部大学校在学中から電灯の実用化に努力を傾けたが、その熱意が支援者を動かして、日本最初の電気事業者である東京電灯会社の創業となった。資本金二〇万円。起業時の調査は、おりしもイギリスに留学中の石黒五十二に依頼したという。当時は営業に関する法規も取締官庁もなく、警視庁や道府県庁などが適宜監督をしていた。その東京府による認可が明治一六年で、営業開始は三年後の一九年七月である。技術顧問として東京電灯に参画した藤岡は、同年末、当時勤めていた工部大学校を辞職して、この従業員わずか一一名の民間企業の技師長となった[3]。

創業時代の東京電灯会社は、移動式発電機により臨時灯を設置し、各地の都市に勃興する電灯会社や自家用発電機の設置工事を行ったのに加え、東京市内五ヵ所に小規模火力発電所を建設して架線による白熱電灯の一般供給を開始した。当初はエジソン電灯会社（Edison Electric Light Co.）の直流発電機を使用し、送電開始は明治二〇（一八八七）年末であった。ちなみに、トマス・エジソン（Thomas Alva Edison）が白熱電球の実用化に成功したのが明治一二年、世界初の電灯用発電所を設立したのは一四年のことであったから、たとえば鉄道などと比べれば、そのタイムラグはわずかであった。東京電灯は電力需要の増大に対応して変圧可能な交流発電機の導入に踏み切り、明治二九（一八九六）年開業の浅草発電所より使用した。この時採用されたのが国産の大容量交流発電機およびドイツのAEG社（Allgemeine Elektricitäts-Gesellschaft）製の五〇ヘルツ交流発電機である。一方、明治二一年に創業した大阪電灯会社は当初から交流発電機を使用し、三〇年にはアメリカのGE社（General Electric Co.）製の六〇ヘルツ発電機を購入して発電所を建設した。[4] これが基となって両地域に別々の標準が成立し、今日の東西日本の電源周波数の違いにつながっていることはよく知られている。日本各地の比較的大きな都市にもそれぞれ火力発電所が建設された。また、山間地には鉱山や工場の自家発電用に小規模な水力発電所が建設され、余剰電力を近郊の都市に送った。[5]

こうして電気事業者や自家発電の数が次第に増加し、発電所の規模も大きくなるのに対応して、明治二九（一八九六）年に電気事業取締規則が制定された。電気事業は初めて逓信大臣の監督下に置かれ、営業および工事の監督には従来通り地方庁があたった。[6] 明治三〇年代になると日本各地に電気事業が陸続と起こり、合併、買収も活発化した。ただし、事業内容としてはまだ電灯中心で供給区域も限られていた。動力としての電気の利用は、早いところでエレベータが二三年（藤岡市助設計、浅草凌雲閣）、電気鉄道が二八年。これは京都電気鉄道（市電）で、当初は第3章で触れた琵琶湖疏水の蹴上発電所の電気を使った。一九世紀末頃から電動機が利用され始め、送電網が張りめぐらされてきた明治末頃からは工場の電化が進み始めて第一次大戦期から急速に発展した。明治三六年の電力需要は電灯需要の二割強に過ぎなかったが、大正二（一九一三）年には電灯を凌駕した。[7] 図6-1は製造業における電力利用の急速な伸びを示すと同時に、日本の工業発展が電化によって推進されたことを伝えている。

明治末の四五（一九一二）年、全国電気事業者（開業）は電気供給二七二、電気鉄道一七、電気供給兼営三八、計三二七にのぼり、合計出力は三四万六千キロワット。地方の工場、鉱山における自家発電については、明治三八年に三八〇社が行い、出力二万二千キロワットであったが、明治末年には九五四社、一〇万三千キロワットに達した。[8] そして、その頃の水力発電と火力発電の出力比をみると、明治四〇年には三五対六五であったが、四四年には水力が火力を上回り、大正二（一九一三）年には六三対三七と逆転した。[9]

　ここで視点を「水力の利用」に移せば、はるか昔から人間は水車を利用し、その動力を機械エネルギーに変えることで製糸や製粉を行ってきた。明治初年頃の日本の機械動力といえば水車であった。そして、製糸や製粉の機械は水車の傍らに設置されるべきものだった。だが、その動力をいったん電気エネルギーに変えれば――つまり水力発電を行えば、それを遠隔地に送り出し、他所で再びさまざまにエネルギー変換して利用することが可能になる。小川にかかる愛らしい水車が生みだすエネルギーはわずかであるが、流量の豊かな急流からは巨大なエネルギーが連続的に得られる。そのような場所は大体山奥にあり、かたや電気を多く利用する場所は平野部の大都市である。

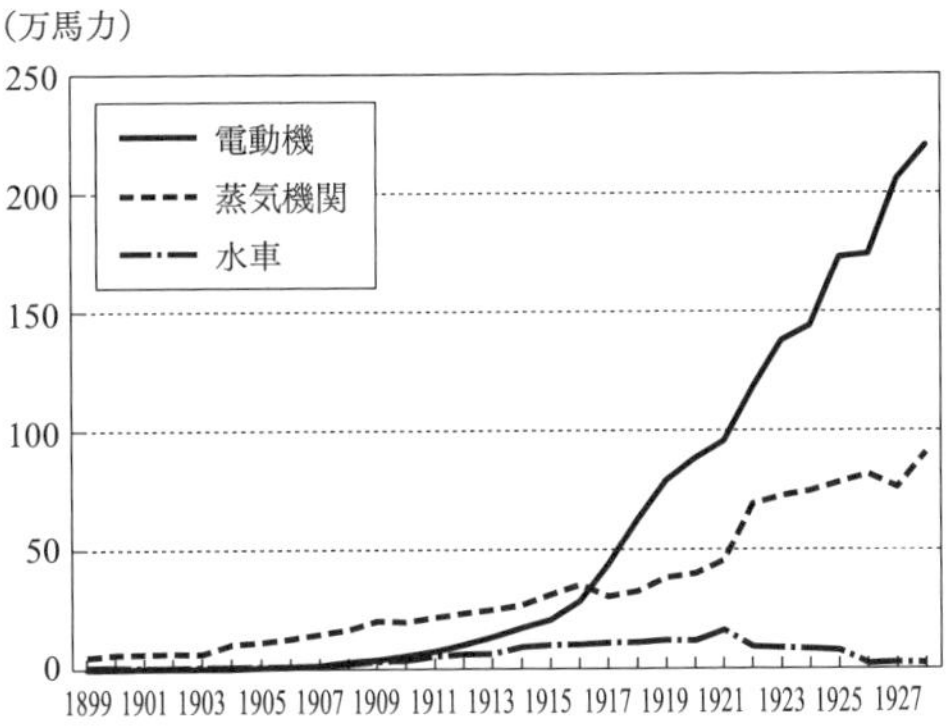

図 6-1　製造業の原動機種類別馬力数の推移（1899–1928 年）

注）職工 5 人以上の民営工場を対象。水車はタービン水車と日本型水車の合計。
出所）南亮進『動力革命と技術進歩――戦前期製造業の分析』東洋経済新報社，1973 年，p. 226 より作成。

発送電技術の有無を別として、山奥にダムと発電所、そしてそこから何十キロ、何百キロと離れた需要地までの送電設備を建設するには莫大な費用がかかる。初期コストが大きくとも、しかし、多年にわたるランニング・コストを考慮すれば、水力発電の方が火力発電より経済性が高くなる。また、電気需要は当初もっぱら照明用、すなわち夜間であった。連続的に電力を供給できる水力発電なら、電灯需要のない日中に低廉な電力を供給するメリットがある。日本では、比較的短命であった明治初期の火力発電中心の時代から、水力発電に主軸が移り電気料金が下がることによって工場の電化率が上がった。電化率の向上は電力需要を高め、低廉な電力供給力が上がることでさらに諸産業の電力利用が増え、それはすなわち、諸産業の動力化、機械化を意味した。これが当時、日本の産業発展を推し進めた一大要因だったのである。[10]

世界最初の水力発電は明治一一（一八七八）年のイギリス、もしくはフランスともいわれるが、初期はいずれも当該地の工場での利用であった。本格的に一般供給用送電を行ったのは明治一五年、アメリカのアップルトン発電所が最初である。[11]日本では明治二一年から、やはり紡績工場や鉱山で利用され始め、一般営業用ではすでに述べた琵琶湖疏水の蹴上発電所が最初で明治二四年であった。つまり、世界最先端からのタイムラグが一〇年弱と、これまたわずかなものであった。山岳部の多い日本の地勢は水力発電に適していた。明治二〇年代になると日本でも各地に水力発電所が設置されたが、蹴上を除いて小規模水力による電源付近の電気供給に限られた。[12]遠隔地まで電気を送る技術はまだなかった。送電のロスを減らし、あるいはロスを見込むとなれば、電線の抵抗を小さくして高電圧で送らねばならないが、これが難問であった。

高圧送電は明治二四（一八九一）年、ドイツで一万五千ボルト、二四〇キロワットの実験に成功し、その後アメリカで実用化が進んだ。二〇世紀に入るとアメリカの長距離高圧送電は長足の進歩を遂げ、ほどなく一〇万ボルトの高圧で数百キロメートル彼方への送電が可能になった。日本でも明治三〇年代から裸硬銅線の架空送電線への採用、三重ピン碍子導入などにより送電容量が増加し、電圧は従来の三千ボルト級から一挙に一万ボルト級に上昇した。明治三二年には広島水力電気が七五〇キロワットを一万一千ボルトで約二〇キロメートル、郡山絹糸紡績が三百キロワットを同じ一万一千ボルトで約二三キロメートル送電し、長距離高圧送電への道を拓いた。[13]

他方、火力発電には石炭価格高騰の逆風が吹いた。明治二六（一八九三）年頃までは炭価が漸落傾向にあったおかげで、各地に新設される火力発電事業には経済的合理性があった。だが、明治二七年を境に炭価は上昇に転じ、特に三〇年以降の高騰は著しかった。日露戦争勃発がこの傾向に拍車をかけた。さらに火力発電所に対する行政監督も厳格化された。この状況下、東京電灯は本格的な大規模水力発電の開発を志した。技師長の中原岩三郎をアメリカに派遣して調査を行い、それに基づいて山梨県相模川水系桂川の水を利用した駒橋発電所建設に着手したのである。一万五千キロワットの発電電力を七六キロメートル離れた早稲田変電所まで五万五千ボルトで送電、そこから一万一千ボルトの高圧地中線によって東京市内に供給するもので、明治三九年着工、四〇年末から送電を開始し、四一年に完工した。これが大容量水力発電所による長距離高圧送電の一大画期で、各地における大規模水力発電所建設計画の契機ともなり、日本の発電は水力主体へと舵を切った[14]。

駒橋発電所の竣成によって電灯需要のない昼間の経済的電力供給が可能となり、電力需要が増した。東京電灯ではこれを機に営業革新を行い、電気料金の大幅値下げを実施。それによりさらなる電力需要が生じたため、新たな大規模水力発電所を駒橋下流の八ッ沢に建設した。一部送電の開始が明治四五年、大正三（一九一四）年には約三万七千キロワットの送電を成功させ、東京電灯の供給不足状況はここで一段落をみた[15]。

二〇世紀に入り日露戦争を経て、国防上の観点からも電源開発の必要性が認められてきた。水力発電の潜在的可能性は大きいと考えられたが、民間においてその系統だった調査は進まなかった。逓信省は国家資源の有効活用を図るとともに電気事業者に的確な指針を与える目的で発電水力調査に乗り出すことを決め、明治四三（一九一〇）年、臨時発電水力調査局を設けて全国の河川を対象に調査（第一次）を実施した。逓信次官を長官とし、東京帝国大学工科大学教授中山秀三郎の指導で約三百名の調査員を動員して、全国三〇八三ヵ所における水位、流量の変化を実測するものであった。この事業は当初五年間の予定で開始されたが、大正二（一九一三）年、財政緊縮政策で中止となった[16]。調査結果の報告書は翌三年に刊行された。この後、第二次発電水力調査が大正九〜一二年、第三次調査が昭和一二（一九三七）〜一九年にかけて実施された。

臨時発電水力調査局設置の翌明治四四（一九一一）年には、明治二九年以降改正を重ねてきた電気事業取締規則に替わって新たに電気事業法が公布された。電気事業者には発電用の水利権のみならず、公共および他人の土地の地上もしくは地下に電線路を施設し、また植物を伐採するなどさまざまな権利が認められた。発電水力調査事業と電気事業法および関連法規の制定が日本の電気事業大躍進の基礎となり、これ以後、各電力会社は競って大規模なダム式水力発電所の建設を行った[17]。

ただし、この時期の水力発電事情をみると、逓信省による調査結果を待つことなく発電所建設が進んでおり、当時の事業者や投資家の積極性がうかがわれる。明治四二（一九〇九）年、箱根水力電気会社（塔之沢発電所）が三千五百キロワットの発電電力を四万四千ボルトの電圧で五六キロメートルの送電、四四年、名古屋電力株式会社（木曾川発電所）が一万キロワットを六万六千ボルトで四三キロメートルの送電に成功。四五年、鬼怒川水力電気株式会社（下滝発電所）が二万四千キロワットを六万六千ボルトで一二六キロメートルの送電。大正二（一九一三）年、宇治川電気株式会社（宇治発電所）が二万五千キロワットを五万五千ボルトで四七キロメートルの送電。同年、桂川電力株式会社（鹿留《ししどめ》発電所）が一万五千キロワットを七万七千ボルトで九五キロメートルを送電。翌三年、九州水力電気株式会社（女子畑《おなごはた》発電所）が一万六千二百キロワットを六万六千ボルトで七七キロメートルの送電。矢継ぎ早に更新される発送電記録を、その翌年、一挙に新段階に跳躍させたのが、本章の主役事業、猪苗代水力電気株式会社の第一発電所であった。

（2） 猪苗代湖と地域開発

福島県の猪苗代湖は面積一一四平方キロメートル、吾妻連峰に源を発する流水が裏磐梯の湖沼群に貯水され、最大の流入河川、長瀬川となってこの湖に導かれる。流入河川の総流域は約七五〇平方キロメートル、湖水面は海抜五百メートルを超え、会津平原より三百メートルほど高い。四季を通じて降雨があり、水量が豊かである。この湖の唯一の天然放水口が日橋川《にっぱしがわ》で、会津平原に流れ出て最後は日本海に注いでいる。平野部に出るまでの日橋川は急勾配が続き、「白龍の怒りて渓谷を走るが如く蜒蜿曲折し飛沫連な」る様相を呈して七里滝と呼ばれていた[18]。河床はほぼ岩石から成り、土砂堆積の恐れがない。また、河床の傾斜が大きいにもかかわらず、両岸の地勢は緩やかである[19]。このすべては水力発電に格好の条件であった。だがそれを語る前に、この地方の開発について、少し時代を遡って述べておかねばならない。

〈安積疏水〉

猪苗代湖の豊かな水源を利用する地域開発は、遅くとも一七世紀に始められている。湖と日橋川との境界にある十六橋《じゅうろっきょう》から取水する戸ノ口用水堰（左岸）、布藤《ふとう》用水堰（右岸）の開削が行われ、会津若松にも引水されたが、この時代は会津盆地の灌漑および雑用水としての利用にとどまった。[20]

明治以降の大規模地域開発といえば第3章でも触れた安積疏水開削が嚆矢で、これは同時に近代日本初の大規模用水路建設でもあった。水不足の荒蕪地であった安積原野（郡山盆地）に山一つ隔てた猪苗代湖から導水して士族授産の開墾に資する計画は、地元の篤志家や官僚によって要請され、内務省の殖産興業政策を代表する事業となった。東北の開発に腐心していた大久保利通（初代内務卿）もその推進者であったが、[21]着工を見ることなく「不平士族」の刃に斃れた。疏水事業は湖と盆地の間に連なる山地を穿つ多くの隧道建設と、既存の灌漑用水取水者（日橋川・会津平原方面）との水利調整という二つの大きな問題を包含していた。現地調査は明治九（一八七六）年末から内務省勧業寮の南一郎平らによって行われ、計画立案については土木局雇長工師ファン・ドールンの指導と確認を得た。[22]また、明治一二年、勧農局雇の山田寅吉が設計主任として現地に派遣され、詳細な工事設計書を作成した。山田についてはすでに触れたが、おりしもフランス留学から帰国して間もない時期であり、その成果を顕かにすべく励んだと思われる。一方、施工関係の主担とみられる南は、維新前より郷里の大分で水利工事の経験を十分に積んで抜群の才を示しており、建設現場での実力発揮が期待されていた。[23]

開削工事は明治一二（一八七九）年十月に着工され、技師も作業員もすべて日本人で履行された。最大の工事は沼上峠を抜ける約五九〇メートルの沼上隧道掘削で、斜坑、竪坑、各一本ずつを掘り、四ヵ所六面から掘り進めた。[24]竪坑利用は山田の工事設計書の中で提案され、後年の工事説明書でも確認できる。[25]ここで第3章のトンネル工事を思い起こせば、フランス留学の山田が持ち帰ったアイデアが安積疏水で具体化され、それが現場担当者の南によって琵琶湖疏水にもたらされ、さらに関西鉄道で応用されるという、技術の発展的な流れを追跡できるだろう。なお、安積疏水工事では、揚水機やトンネル内に空気を送り込むために〝ふいご〟が使われたようだが、その動力源は水車と人力であった[26]。対岸の日橋川出口の堰の改修では、ダイナマイトやセメントが、限定的ではあるが使用された。用水路は明治一五年十月に完成し、通水式が挙行された。

松浦茂樹はこの大工事について、基本的には日本の在来技術で行い得たもので、そこに西洋技術の助言的役割が加わったと、国産技術を高く評価している。それには南の維新前の経験が決定的であったことになる[27]。一方、矢部洋三は同じく在来技術で行い得たとしながらも、そこにオランダ人雇技師のファン・ドールンが関わったことで別の意味ができたという。ドールンは開墾地となるべき原野に猪苗代湖の水を引くという、ただそれだけの開発でなく、水を受益していた住民の権利保障を含めた総合的な設計を志した。つまり、周辺村落の恒常的水害を解消するために湖の水位を下げ、一定の水位を保ってダム状態にし、一定レベルを超える水量を安積地方（湖東方面）に流し、会津（湖西）側の戸ノ口で東西の流量を調節するという、水源レベルにおける壮大かつ緻密な設計を示唆した。また、諸種の調査、測量、基本設計、実施設計という過程を経て施工に移るまでの工程の組織化や、利害関係のある住民に対して工事の意味や内容を科学的資料により納得させるという民主的な工事執行を目指していた。その意思が当時の土木官僚にも受け容れられた[28]。

〈発電水力〉

猪苗代地域における最初の発電事業は、湖の東、安積側で興った。明治三二（一八九九）年に郡山絹糸紡績会社が建設した沼上発電所である[29]。これは安積疏水路の沼上隧道吐口（沼上の滝）の落差を利用し、前述したように、三百キロワットの電力を一万一千ボルトの電圧で約二三キロメートル離れた生糸の集散地、郡山まで送電し、紡績

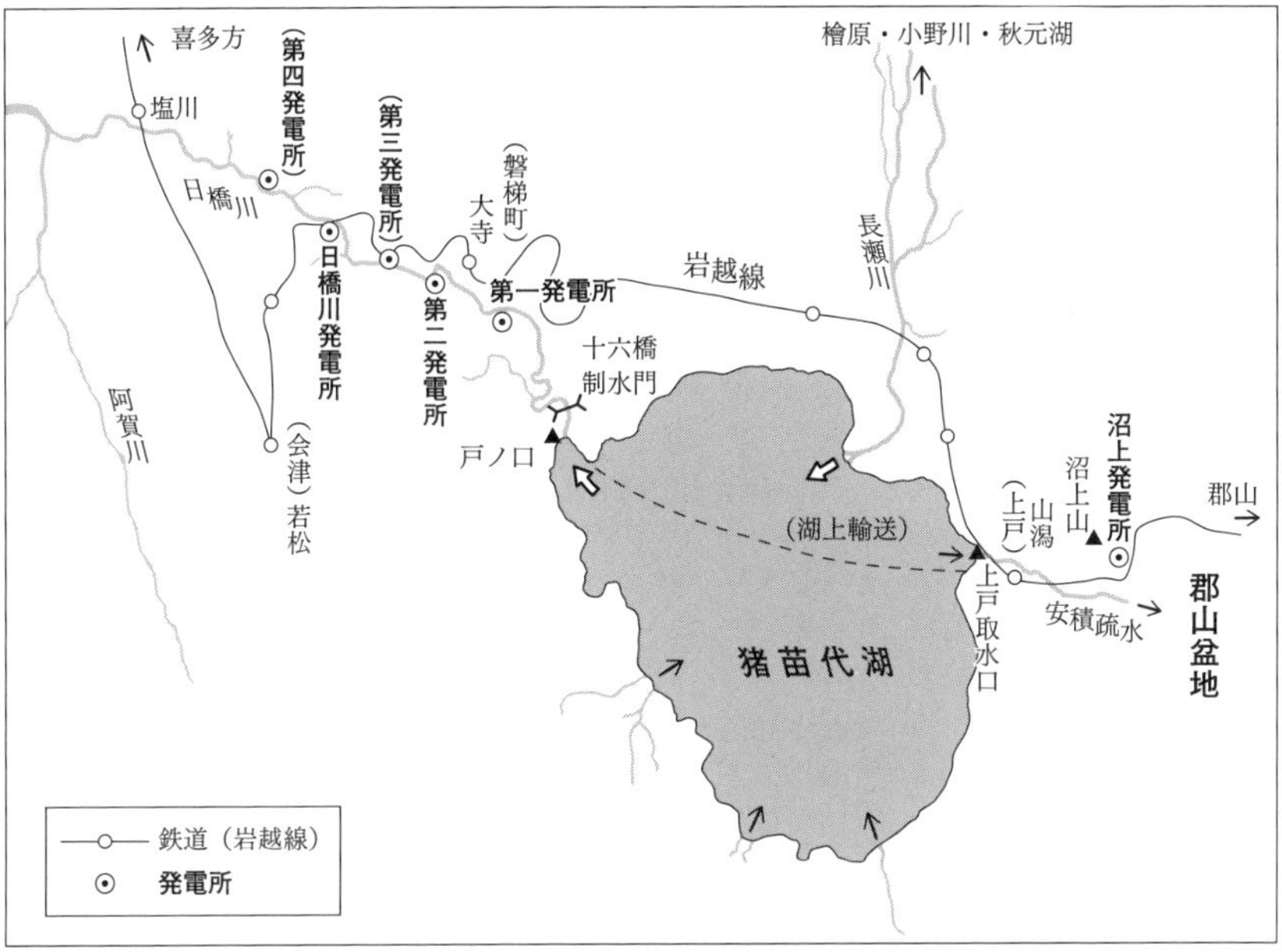

図 6-2　猪苗代湖周辺電源開発関連地図

図 6-3　猪苗代湖と磐梯山。手前右は猪苗代水力電気の小蒸気

工場の動力と町内電灯に利用するものであった。当時、日本ではむろんのこと欧米においても一万ボルト以上の工事経験はまだ少なく、その設計相談を受けた藤岡市助も苦慮を重ねたという。[30] 水車はマコーミック（McCormick & Co.）、発電機はＧＥ、変圧器はウェスティングハウス（Westinghouse Electric & Manufacturing Co.）と、いずれもアメリカ製品を用

いた。一見、紡績会社が発電事業を兼行した風情だが、それとは逆に、まずは沼上瀑布の落差に着目して水力発電事業を興す構想が先行していた。事業母体は郡山電灯といい、明治二九年に技師長として帝国大学工科大学電気工学科を卒業した野口遵《したがう》を迎えた[31]。そして事業計画を変え、発電電力を電灯のみならず、屑糸から絹糸を製造する動力に利用することとし、まずは紡績会社を設立したのであった[32]。水力発電工事の一切は野口が担当したという[33]。この事業は「市内配電」的小規模発電の枠を超え、遠隔地の水力発電を開発して消費地に結びつける長距離送電への画期となった[34]。ただし、時期的に電気事業法が制定される前であったから、電線路にあたる民有地の利用に対し、地主の承諾を得るのがきわめて困難であり、多大な時間と資金を要した[35]。ちなみに、郡山絹糸紡績会社の設立にあたっては、後述する当時の福島県知事、日下義雄が尽力した[36]。大正四（一九一五）年に至り、同社は表向き本業の絹糸事業を譲渡し、電力部門を専業化して郡山電力株式会社を設立した[37]。

ところで、全国規模で発電水力調査がかなり進んだ昭和二二（一九四七）年頃のデータによれば、包蔵水力の最も豊かなのが府県別では福島、水系別では阿賀野川となっている[38]。そのような知識がなくとも、土地の人々には湖の豊かな水量や急流河川の存在はよく知られていただろう。前述した第一次発電水力調査の報告書『発電水力調査書』では、この地方、すなわち福島県西部、阿賀野川流域一円の水事情が以下のように記述されている。

「……最上部には東北第一の大湖猪苗代湖及び檜原湖、小野川湖、秋元湖、沼沢湖の五湖あり。何れも河川流量を調整して常に豊富なる水量を流出し、且其流出河川は相当の落差を有し水力利用上絶好の性質を有す。中流部若松喜多方地方は沖積層の大平野にして面積約一五方里に亘り、支川大川只見川の流域は雄大なる高山峻峰多く河川急流を為し曲折甚だしく……」また、「塩川より下流は屈曲最も甚だしく勾配極めて緩なりとも塩川より上流猪苗代湖迄の間、即日橋川は其勾配三、四十分の一に及び其上流長瀬川は磐梯山麓に於て激流を為し其間に介在する秋元湖、小野川湖、檜原湖は湖面各百数十尺の落差あり。阿賀野川右岸各支川は小なれども勾配急にして利水上有望なり。又左岸大川只見川は雄大なる高山峻岳の間を流れ或は急流となり、又迂回曲折し、多大の水力を利用するを得べし。[39]」

只見川といえば、後年、水力電源開発の一大中心となる阿賀野川水系の最大支流であるが、実は当時から電力事業を志す者にとって垂涎の的となっていた。だが、地理的、気象的条件が厳しく、第一次発電水力調査の対象ではあったものの調査未了に終わった。調査報告書には、水位や流量の変化などについては不明なことが特筆されている。[40]いわく、「只見上流は人跡至らず沿岸峻険の状予想以上ならん」。中・下流域についても、「交通不便にして急に開発の見込なかるべきも地点として良好なるもの至る所に存す」と。

かたや日橋川だが、『発電水力調査書』はこの川の実測調査に触れていない。すでに開発計画が進んでおり、その必要がなかったと考えられる。明治末期の日橋川は、比較的アクセスが容易で、かつ手つかずの発電水力を秘めた稀有の水力発電スポットであった。

2　猪苗代水力電気と三菱

(1)　日橋川の水利と新会社の発足

猪苗代水力電気の事業は、どのように発案され、計画されたのであろうか。[41]同社発行の諸資料や郷土史、また関係者の伝記などを突き合わせると、以下の経緯が浮かんでくる。

猪苗代湖を水源とする日橋川を発電に利用する計画は、早くも明治二〇年代末にその萌芽があった。会津地方の有力者である八田吉多他三名が発起人となり、明治二九（一八九六）年二月、会津水力電気株式会社を設立し、水力発電用水車建設を福島県知事に出願した。許可は得たものの、しかし、後述する岩越鉄道建設とぶつかってその開通前の着工が困難になり、ずるずると遅延した。一〇年がたち、発起人の中で八田のみが残った。[42]

一方、明治三八（一九〇五）年二月、渋沢栄一は会津水力電気組合なるものの会合を開催したが、そこには浅野総一郎、日下義雄、佐治幸平なども参加していた。[43] 佐治は当時の若松市長で、自由民権運動家としても知られる。日下は旧会津藩士で、戊辰戦争の際、箱館五稜郭で投降し、一時期謹慎の身であった。赦免され、井上馨の書生となってその推挙で岩倉遣欧使節団に参加、米英に留学後内務省に出仕して、明治一九年に長崎県令（→知事）、二五年には福島県知事に任命された。[44] 話が少々それるようだが、地域の開発に腐心した日下は二七年、渋沢の助力を恃んで会津地方から日本海側（新潟）に至る鉄道を企画、知事を辞職直後の二九年、渋沢や地元有志とともに岩越鉄道株式会社を発起（創立発起人総代は佐治幸平）、三〇年五月に免許が下付され会社設立となった。知事時代の日下は岩越鉄道の企画遂行と資金集めに心血を注ぎこんだ。その際、関係の深い日本鉄道に支援を依頼したが、当時の社長、小野義真はこれに難色を示した。そこで、出資者の大御所でもある岩崎家の弥之助に依願したところ、[45] 弥之助は日本鉄道関係者に鋭意働きかけて株主募集に貢献し、自らも個人筆頭株主となった。この協力があってようやく資金の目途がついた。加えて、設立時の社長に二橋元長、三年後の取締役に瓜生震と、三菱幹部が要職に就任した。[46] ちなみに、三菱は海運から撤退した後、新潟県、特に蒲原地方の土地投資を進めており、[47] もとより岩越鉄道の路線が拓かれることには利があったと思われる。

岩越鉄道については後段で再述するが、設立に至る経緯を機に、日下は渋沢と密接な関係を持ち、明治二九（一八九六）年には渋沢の誘いで第一銀行の監査役を引き受け、以後同行に籍を置きつつ互いに協力してさまざまな事業に関係した。両者の間で日橋川の水力利用の話が早い時点で話題に上っていたのは間違いなかろう。同時に、弥之助との関係もまた疎かならざるものになり、日下は第一銀行重役就任を受諾する際にも、まず弥之助と相談をして結論を出したという。[48] 前に戻って、会津水力電気組合の内実やその後の経緯は不明だが、他の類似の水力発電計画のいずれか、おそらくは以下に述べる日本水力電気に発展的解消を遂げたと思われる。[49]

さらなる別件で、明治三九（一九〇六）年十一月、先述の八田吉多、東京の輸出商石田千之助、藤岡市助、川口一郎、石川清静、井田百太郎、林松次郎、伊丹吉次郎、吉田徳一郎等が発起人となり、東北電力株式会社を設立して日橋川水力使用を政府に出願、翌四〇年四月にこれら九名の名義で許可を受けた。この計画は日橋川沿いに発電所一ヵ所を建設し、若松および近隣に一万一千馬力余を供給するものであった(50)。同じ四〇年四月、同じく八田、石田、伊丹、吉田に佐治を加えた五名が日本水力電気株式会社を設立して日橋川沿岸四ヵ所の発電所建設計画を出願、同月中に許可されている(51)。こちらは合わせて四万馬力近くを近隣地域および東京へ送電する計画で、荒唐無稽と揶揄されてもいたらしい(52)。ちなみに日下はこの両計画の発起に携わったとされるが、なぜか発起人（代表）には名を連ねておらず、もしくは脱退したという(53)。後年福島県選出の衆議院議員も務め、会津地方の開発に骨身を削った日下がなぜこの企画から降りたか、その理由は不明である。

さて、これらの計画の進行もまた難航した。その渦中、八田は会津水力電気が所有する水利権の一つを大倉喜八郎に譲渡し、大倉は明治四三（一九一〇）年初頭に福島県知事から発電所建設の許可を受け、日本化学工業株式会社会津工場および日橋川発電所建設工事に着手した。いずれも明治四四年末に竣工し、これにより、日本初の電解法による塩素酸カリの製造が開始された(54)。日橋川を利用した水力発電所の第一号でもあった。

以上述べてきた電力事業計画、および日本化学工業の日橋川発電所は、河川流水の落差のみを利用する方法で、湖の水量調整利用の企図には踏み出さなかった(55)。当時、日本の水力発電の大半はこの河川方式であった(56)。

他方、三菱も水力発電事業に着目していた。そのこと自体は、三菱が早くから鉱山開発を行っていた経緯から考えても納得がいく。後述する三菱初の有力な上級電気技術者、立原任《じん》の採用は明治三一（一八九八）年で、それはまさしく鉱山動力に資すべき水力発電開発のためであった。それから一〇年が経ち、長距離高圧送電が現実となって発送電事業参入の機が熟したのを見計らい、三菱合資は福島県、ただし只見川水系の開発に着目して調査を進めていた(57)。そこへ日橋川の発電水利権所有者が水利権の売込もしくは三菱系の投資を希望してきた。三菱は二案のうち有利な方を選ぶため、仙石貢と白石直治に現地調査および猪苗代湖から東京への高圧送電の可能性を打診した(58)。

九州鉄道が国有化され、若松築港の拡張事業が竣成し、神戸・長崎の一連の工事も終了した絶好のタイミングであった。

とはいえ、仙石と白石が只見川水系の可能性をどこまで考えたかは疑問である。只見川の発電計画はその頃から現れ始めていたが、まずは厳しい自然条件が障害となり、具体化された案件はなかった。それにひきかえ、猪苗代湖＝日橋川は実に好条件の地勢にあり、そこで充分な成算があればアクセス自体の困難な只見川を選ぶ理由はなく、この機に乗じて日橋川の水利権を押えることこそが肝要と考えられたであろう。その日橋川では、二人の工学博士がともに素裸で川に入って水量等の実測調査を実施したと伝えられる。[59] ともかくも比較調査の結果、仙石、白石は日橋川の優位と東京までの送電線路建設可能との判断を示し、三菱（岩崎久弥）に新会社設立を促した。これを受けた岩崎は、両名を新事業（＝猪苗代水力電気）の首脳者に委嘱し、かたや三菱の電気技術人を動員して発送電事業の後援に踏み出す。[60] そこには、国有化された鉄道から引き揚げられた潤沢な投資資金の問題を措くとしても、神戸造船所内の電機工場で自前の電気技術および技術者が育ち始めていたという重要な誘因があった。かたや、仙石と白石は関係各者との調整を進め、明治四三（一九一〇）年九月に至り日本水力電気、東北電力両社の発起人に加わった。

三菱と新しい電力会社を表立ってつないでいるのは豊川良平（一八五二～一九二〇）である。豊川は岩崎家と同郷で縁戚関係にあり、慶応義塾卒業後は久弥の守役のような立場にあった。[61] 三菱総帥となった後の久弥は、自分の名前を表に出さずに多くの事業に出資しているが、とりわけ豊川に対する信頼は厚く、潤沢な資金サポートをしつつ自由に活動させていたという。[62] 一方、豊川は交際範囲が広く、その磊落で面倒見の良い人柄を活かして、若輩の頃から身近な逸材を三菱に勧誘することで、岩崎家＝三菱に多大な貢献をした。[63] 仙石とも懇意であった。両名は明治三（一八七〇）年に開校した高知の洋学塾、吸江《ぎゅうこう》学校の同窓生であり、東京で高知県人懇親会——すなわち同郷者ネットワークの要——をともに発起するなど、プライベートな面も含めてきわめて近しい間柄であった。[64] 明治三四年より三菱合資銀行部長を務めていた豊川は政財界にも知己が多く、たとえば四〇年代初め頃には渋沢栄一と頻繁に会っていた。[65]そして、この水力電気事業の話が具体化した四三年十二月初頭、豊川は荘田平五郎の後を襲って三菱幹部最高位の管事に就任することになる。

さて、仙石、白石は日本水力電気、東北電力の発起人に名を連ねた後、実地調査により両社の企画案を調整しなおし、明治四三（一九一〇）年十一月四日、豊川を加えた三名で渋沢と水力電気の件につき懇談する機会を持った。直後の八日、三井重鎮の益田孝が渋沢を訪ね猪苗代水力電気に関し懇々と注意をしたと渋沢の日記にあるが、[66]その内容は残念ながら明らかではない。[67]翌々日の十一月一〇日、渋沢栄一、近藤廉平（日本郵船社長、岩崎家縁戚）、浜口吉右衛門（富士瓦斯紡績会長）、原六郎（財界重鎮）、豊川良平（三菱合資銀行部長）、波多野承五郎（三井銀行理事、もと三菱に在籍）の六名が、仙石、白石に続いて東北電力発起人に加入した。これを受けて旧発起人九名全員が脱退し、残留した新発起人八名（代表・仙石）が事業の許可受人となった。続く十一月一九日、日本水力電気において同様の事態が繰り返され、旧発起人五名が脱退し新発起人が残留した結果、両社の発起人は全く同一の八名となった。この八名が十二月五日、日本水力電気、東北電力を無条件で合併して猪苗代水力電気の名義で新会社を発起し、同月二四日に諸事変更の出願を行うに至った。その際、旧二社の発電許可地点、計五ヵ所を再調査により四ヵ所に変更した。[68]新会社設立の裏で誰がどのように動いたか、甚だ興味ある取引ではある。ちなみに、波多野、近藤、豊川、浜口、そして三菱総帥の岩崎は慶応義塾の同窓生でもある。[69]

新会社は日橋川の水利権を承継し、加えて湖を貯水池として利用する権利を取得、電気技術の進歩に鑑み東京に至る長距離送電が確実と見込んで東京市場への供給を企画した。また、猪苗代湖の水利使用開拓者である安積疏水普通水利組合と交渉し、灌漑用水以外は電力用水として使用するという協定を結んだ。[70]そのうえで資本金二千百万円とし、起業目論見書および定款を作成、明治四四（一九一一）年七月四日に電気事業経営の許可を得て十月三〇日に創立総会を開催した。本社は東京に置いた。取締役は渋沢と波多野を除く発起人六名（ただし、豊川は三菱合資管事）と荘清次郎（三菱合資内事部長）、松方正作（もと外務官僚。岩崎弥之助の女婿）、若尾民造（若尾銀行頭取）の九名で、発起人会よりさらに三菱色が濃くなった。加えて監査役に朝田又七（もと貴族院議員。横浜の回漕店時代、三菱の荷の請負、また売炭代理店を務めて成長）、町田忠治（衆議院議員。岩崎弥之助が日本銀行総裁だった当時の部下）、各務幸一郎（実業家。三菱財閥幹部で岩崎と縁戚関係にある各務鎌吉の兄で久弥の学友）を選出し、取締役社長に仙石、専務取締役に白石が内定した。(71) 取締役および監査役報酬は年俸二万五千円という高額であった。(72) 工事施工許可が下りたのが十二月一九日、電気事業法施行直後であった。(73) 翌明治四五年三月四日、工事着工の運びとなった。

創立後間もない大正二（一九一三）年九月末の株主名簿を見ると、株式総数は四二万株。筆頭株主は岩崎久弥で六万二千株引受、あと千株以上の三菱関係株主として岩崎小弥太（三菱合資副社長）、豊川良平、近藤廉平、南部球吾（三菱合資管事）、三村君平（同銀行部長）、串田万蔵（同副長）、荘清次郎らの名を挙げることができる。その他、千株未満の株主および岩崎家や大幹部の親族まで含めると、三菱関係者の持株数は全体の四分の一を超える。結局、経営、資金、そして後述する技術、すべての面で三菱にバックアップされたスタートとなった。念のため、仙石と白石はここでいう「三菱関係者」ではない。両名はそれぞれ一万株を保有した。同株主名簿にはまた「白石系」の技術者たち――渡辺秀次郎、広沢範敏、那波光雄、石河児三郎、伊藤源治、富尾弁次郎、井上範らの名も見える。(74)

会社設立時の資本金二千百万円は、白石が関係してきたこれまでの事業と比較して圧倒的に高額なのが目を引く。明治四〇（一九〇七）年に東京電灯が駒橋発電所建設に向けて東京電力を合併した際の新資本金二千四百万円(75)に匹敵する額である。(76) 事業計画については後述するが、時代を先取りする技術、事業規模の大きさと先進性、何をとっても関係者を奮い立たせる企画であった。とりわけ、土木・電気の技術者にとっては鳥肌立つような計画であったに相違ない。

だが、想いはそれだけであっただろうか。明治の東北開発政策といえばまず思い起こされるのが大久保利通だが、その明治という元号は、未来志向の明るさの陰に戊辰の傷を引きずっている。十六橋や戸ノ口という地名は、水利事業の要である以前に、激しい内戦の跡地として人々の記憶に刻まれていたろう。三菱合資の幹部には西南雄藩出身者が多いが、とりわけ猪苗代水力電気創立時最強のキーパーソンたち――岩崎、豊川、仙石、白石はいずれも高知県士族（正確を期せば、岩崎は男爵）、すなわち土佐藩士の血を引く。戊辰戦争の際、板垣退助に率いられて東山道を駆け上った土佐藩兵が二本松、会津で大きな軍功をたてたことはよく知られているが、むろん土佐側の犠牲も伴っている。[77] かたや維新後、安積原野の士族授産入植には高知県士族も応じており、しかもその背景には自由民権運動対策という政治的意図が働いたとされる。[78] 新しい発電所はその建設地に雇用と関連需要を生み、しかしその土地の豊かな水源から生み出される電力の大半は帝都に送られる。同郷者がみな同じ思いを抱く道理はないが、この時代に活躍した人々――とりわけサムライの血を引く人々――が生まれた時、その故郷がそれぞれの〝国〟であったことを考えると、言葉にならぬ情念もまた無視できるものではない。彼らの心情を合理的に説明できるか否かは別として、この地に縁を得て始められた開発事業は、複雑な想いも手伝ってぜひとも大成すべきものとして捉えられたのではないか。そして、開発される土地に暮らしてきた人々の側の情念は、より複雑で激しさを秘めていたはずである。

（2）三菱の電機事業

前述のように、日橋川を利用した水力発電そのものは仙石や白石の発案ではなく、遅くとも明治三〇（一八九七）年頃からその可能性が模索されていた。しかし、設立に至る経過から推測できるように、これらの案を具体化し実行に移すには、相応の力量を持った技術者が必要であった。まずは土木技術者であるが、仙石、白石というこの界の大物が技術系経営者として携わる。再三述べてきたように、本書で活躍する「上級土木技術者」とは、専門の知見を活かしつつ、幅広く事業の監督指導を行い、その遂行に関するあらゆるコーディネートができる人材である。彼らに加えて三菱合資がこの新会社に自社で育っている電気技術者を送り込む。電気関係の機材については基本的に輸入で、設計・建設・監理すべてに外国人の助力を得るわけだが、むろん日本人技術者も不可欠の存在である。仙石・白石が日橋川の水力発電事業計画に遅れて参入したにもかかわらず主導権を握るに至ったのは、自らの力量に加え、資金および有能な電気技術者というバックアップを得る当てがあればこそであり、それは三菱合資＝岩崎そのものだった。

ともあれ、猪苗代水力電気の本来の仕事《ビジネス》は電力事業である。白石が主導した土木建設《ビジネス・インフラ》については後段でまとめるとして、まずは、三菱の電機事業と電気技術者、および猪苗代水力電気との関係について概観しておきたい。

三菱の電機事業は長崎の造船所で始まっている。これは内部的なもので、明治二九（一八九六）年竣工の常陸丸に始まる新造船の電灯装備、また長崎に入港する外国商船の電機装備の修理等のためであったが、ほどなく電機艤装工場としてまとまりを持った。当時、少なくとも民間では日本最初、唯一の船用電気工場であった[79]。この流れは明治三八年、船舶修繕を主眼に開業した神戸造船所にも当然引き継がれた。だがそこに、三菱では最初の上級電気技師、立原任が入所して状況が変化する。

その立原だが、帝国大学理科大学物理学科を明治二八（一八九五）年に卒業。第二高等学校教授を務めた後、明治三〇～三一年にかけて欧米に渡った。私費留学先のGE社では、技師長のチャールズ・スタインメッツ（Charles Proteus Steinmetz）から電気工学、特に電気機械について学ぶとともにその助手のような立場を務めたという。その当時から高圧送電に不可欠な交流発電の知識が豊富であった。一年半の留学の後ヨーロッパ各国の電気事業を視察して帰国、明治三一年十月に三菱合資に入職し、本社技士（月俸七〇円）として配属された。当時、三菱では数ヵ所の鉱山で動力電化をはかっており、立原はまずそれらに関わる水力発電所の建設設計や監督にあたった。神戸造船所の開所に伴い、明治三九年に技師（本社技師と兼務：月俸一七〇円）として異動し[80]、所内に開設された電機工場[81]で三菱各鉱山、炭鉱の発電所設置から諸電気機器の供給等一切をとりしきった。当時、欧米の先進的鉱山ではすでに動力電化が実施されて生産の一大革新をもたらしていた。三菱では照明用の発電機は導入したものの、まだ蒸気を動力として諸作業を行っていたため、とりわけ深部の採鉱作業に困難が生じていたのである。電機工場から出荷された最初の鉱山用製品が新入、鯰田炭鉱等に納入されたタービン・ポンプおよびその駆動用電動機一六〇台であった。[83]長崎造船所の電機工場が受注をもっぱら舶用機械に限っていたのに比べ、神戸では最初から電気機械製作を目的としており、鉱山用電動機、舶用補機に直結する電動機類は神戸で製作した。先発の芝浦製作所に対抗して製造に乗り出した一面もあったという。[84]立原は明治四三年、神戸三菱造船所副長心得に昇格（月俸二二〇円）、大正四（一九一五）年に副長となったが（月俸二七〇円→三百円）、この時期に顧問の立場で猪苗代水力電気に関わった。また、三菱合資では優秀な上級技術者に対して研究および学位の取得を奨励していたが、立原も交流発電機設計方法の考案で、明治四〇年に東京帝国大学から工学博士の学位を得た。その後三菱合資の組織改編があり、立原は三菱造船株式会社電気製作所長、その電気製作所を母体として独立した三菱電機株式会社の常務取締役と、まさに草創期三菱電機の中核として活躍し、社外で電気学会の会長も務めた。

立原の誘いで明治四一（一九〇八）年に神戸三菱造船所に入職したのが太刀川平治（技士、月俸一一〇円）である。太刀川は明治三五年に帝国大学工科大学電気工学科を卒業。逓信省電気試験所に入所後、一年志願兵として入営、日露戦争の軍役に服した後、明治三九年二月に自費で渡米してGE社に留学。その縁もあって、四一年十月の帰国直後に立原の勧誘を受けた。二年後に猪苗代の企画が始まると、三菱休職のまま猪苗代水力電気に異動し、猪苗代水力電気の技師長扱いで計画の骨子や大体の予算づくりを担当した。その後、大正二（一九一三）年および九～一〇年に欧米に出張し、八年には学位を得ている。[85]

太刀川の異動を追って、三菱から猪苗代水力電気に目を転じよう。企画の要となる送電電圧一一万五千ボルトは、建設工事進行中の大正二（一九一三）年の調査で世界第九位であったとされる。[86]だが、当初の計画段階では世界第三位という話が巷間に流れた。[87]その一方で、発電所における膨大な出力（発電技術）、供給地までの延長距離

（送電中の漏電）、当時主として電灯需要に限られていた供給地の電力需要不足等が懸念され、電力事業界から「贅沢に忸れたる財閥と、過ぎたる独善的学者の長物」と揶揄されるなど、突飛にすぎる思いつき、また破天荒な事業として捉えられた[88]。

その建設準備は、欧米からいかなる機材、そして技術を導入するかを決めるところから始められた。明治四五（一九一二）年一月末、社長の仙石が立原を伴い、アメリカ、イギリス、ドイツ、スイス、スウェーデンと七ヵ月にわたる欧米諸国視察に出立した。両名は発電所、電機工場、高圧送電線の視察や経営の調査を行い、必要な機械器具の購入契約を結んで八月に帰国した。出張中、ロンドンの仙石より岩崎久弥宛書簡によれば、「視察したところ、日本で想像した状況とはかなり異なる。したがってまず顧問の必要を感じ、米国電気界で著名な Ralph D. Mershon を雇入れ、高圧電気器械其の他総てを依頼し調査中。また、イギリスでは水車、鉄管等電機外のものを機械専門の Sir Alexander Kennedy and Jenkins を雇い目下調査中」とある[89]。ラルフ・マーションはアメリカの著名な電気技術者／発明家／電気機器製造者でアメリカ電気学会会長を務めた。アレグザンダー・ケネディはイギリスの著名な土木／電気工学者でイギリス土木学会や機械学会の会長も務め、またケネディ&ジェンキン社を興した[90]。仙石が迷わず欧米の一流処にアクセスしたことが、この短信に充分示されている。同時に、おそらく当初予定であった欧米からの機材導入のみでは成功が覚束なく、ある意味で全面的な支援を必要とした緊迫感も伝わってくる。

視察調査の結果、水車はエッシャ・ウィス（Escher Wyss & Cie., スイス）、発電機はディック・カー（Dick, Kerr & Co., イギリス）[91]、変圧器と配電盤はウェスティングハウスに発注することになった[92]。仙石がマーションに支払った顧問報酬は二五万円と伝えられる[93]。ここでの技術導入には「自前」部分に重点を置かず、当初から落差の大きな技術／機器をカネにあかせて導入するような一面がみられる。それは豊川、さらにその背後に控えた岩崎のバックアップがあってこそ可能であったろう。その成功を危ぶむ冷やかな衆目の中、仙石の意気込みには並々ならぬものがあり、「設計、工事とも当代最優秀のものとせよ。資金を惜しむべからず」と関係者の奮起を促したという[94]。

一方の立原は神戸造船所の本務を兼ねての出張であった。有能な電気技術者／工学者であった立原が仙石の海外一辺倒の技術方針をどう受け取ったかは不明だが、その影響を受けたことは確かであろう。だが、立原は発電所よりもむしろ本務の電気機器製造およびその技術向上に心を砕くことになる。前述のように、造船所時代の電機工場はまさしく造船用であって、電気機器一般の製造能力に長けていたわけではない。また、初期の電気技術者たちは電気の理論家であって機械技術者ではなかった。[95] 神戸造船所で新たなコンセプトに基づく電機工場が育ち始めたとはいえ、本格的な電気機器製造に踏み出すには、まだ積み上げるべき基礎努力が必要だった。

大正二（一九一三）年春、三菱合資は神戸造船所造機部より唐沢三省、正木良一、杉山覺一の若手三名を猪苗代水力電気技師として臨時に出向させた。名目は注文機械の製造監督である。[96] 唐沢は明治三九（一九〇六）年東京帝国大学工科大学機械工学科船用機関学専修、正木は四二年同学電気工学科、杉山は四一年東京高等工業学校電気科電気機械分科をそれぞれ卒業して入社した技術者たちであった。とりわけ唐沢の特殊専門的な学歴が目を引く。この出向人事は立原の意向であった。つまり、神戸造船所電機工場の若手技師を勉強させるため、猪苗代水力電気の技師に任命し、その地位を利用して変圧器、配電盤、水車発電機等を発注した諸外国の企業に派遣し、工場を見学させ、さらに現地における組立据付の実地経験をさせたのである。[97] 将来的に神戸造船所で水力発電用機器を大々的に製造する目論見もあった。[98]

若手三名のうち、唐沢はスイス、正木はアメリカ、杉山はイギリスに向けて発った。その中で正木の出張記録が残っている。それによると大正二（一九一三）年一月から七月までの半年間、アメリカン・ブリッジ（American Bridge Company）、ウェスティングハウス、ＧＥ、トマス＆サンズ（R. Thomas & Sons Co.）など各社を回った。なかでも三ヵ月以上滞在したウェスティングハウスでは、見るもの聞くものすべてにわたって神戸造船所の工場との落差を痛感した様子がうかがえる。[99] ちなみに、正木は後年三菱電機株式会社取締役となり、そしてまた電気学会の会長を務めた。彼らをはじめとする日本の初期電気機械技術者たちは、こうして力量を高め、幅広い分野で利用される電気機器を国産化していく。水力発電もその主たる対象の一つであった。

これらの情勢を勘案すれば、神戸三菱造船所電機工場と猪苗代水力電気は、技術面において互いの存在を利用しあう持ちつ持たれつの関係にあったことがわかる。それを可能にしているのが三菱合資である。技術から資金、組織基盤まで広範に目を配れば、猪苗代水力電気の内実は多分に三菱合資の関連事業という様相を呈していた。それまでの経緯と蓄積、そして電機事業への貢献性があったればこそ、岩崎久弥はこの新会社への支援を惜しまなかったが、しかし拙速にこれを三菱合資の直轄事業とすることもなかった。

3　建設工事の進捗

(1)　発電計画

前節では電気技術面について触れたが、本書の主たる関心は土木にある。本節では土木工事に主眼を置きつつ工事の諸相を概観しよう。

大規模水力発電は自然条件との闘いでもあり、それだけに土木の比重が大きい事業である。建設工事に関しては、事実上の指導・総監督的役割を白石が担った[100]。白石にとっては、鉄道、港湾関係の諸事業を経験した後、次代を切り拓くエネルギーと考えられる電力は大いに魅力があったことだろう。冒頭に述べた東京電灯駒橋発電所の土木系技術顧問を、旧知の古市公威と中山秀三郎が受け[101]、また中山が発電水力調査事業を主導したことなども刺激になっていたはずである。若松、神戸、長崎で港湾事業に携わった経験も、猪苗代湖・日橋川の水系開発に役立つものであったろう。

発電計画は日橋川の急流のみでなく、猪苗代湖を天然の貯水池として利用することに特徴があった。山奥の湖から遠距離を送電し、あるいは大規模なダムを建設する技術がなかった時代、発電の水源は自然流水を利用するか、堰堤を築いて小規模な調整池を設けるのが一般的であった。運良く貯水池に恵まれた例としては、すでに述べた京都市の蹴上発電所（琵琶湖）、箱根水力電気の塔之沢発電所（芦ノ湖）が挙げられるが、猪苗代湖もまさしく巨大で安定した天然のダム湖であった。[102]これによって水量調節が可能になり、発電規模も大幅に増加しうると見込まれた。だが、気象条件により水量が増減する湖から常時定量以上の水を引き落とす利用法に地域住民が容易に納得するはずはなく、この調整をいかに行うかが当初から難問であった。白石は早速過去の気象記録等を調べ始めたが、その時になって湖口に設置した量水標による日々の水位の観測記録を発見したという。「発見」というのは白石の伝記の中の表現だが、つまりは猪苗代水力電気関係者の誰一人としてそのような記録が取られ、保存されているとは想像もしていなかったということだろう。それはファン・ドールンの指導により、安積疏水の施工開始前から同疏水掛員によって取り続けられた記録であり、明治一七（一八八四）年からは日橋川を含めた数ヵ所で一日二回の観測が行われ、その日計表が作成、保存されているのであった。その記録をもとに、白石は発電に使用可能な水量、有効落差、理論馬力を計算し、先行水利権者である安積疏水普通水利組合と交渉して、灌漑期に水深四五センチメートル、非灌漑期に九七センチメートルを利用する権利を得た。[103]長年にわたる地道な記録行為があってこその成案であり、また、これによって建設計画にも確信が持てることになった。ちなみに、こうした事績に感動した仙石は最晩年に至ってファン・ドールン追慕の念を深め、東京電灯と共同で十六橋の袂にその銅像を建立した。[104]ただし、この取水可能な水量、逆にいえば取水制限は、後年事業発展の障害となり、あるいは取水量をめぐって地元住民の不満を招き、その払拭のためにさまざまな対策が必要になる。[105]

猪苗代水力電気の発電計画では、湖の落口の調整水門を改築し、日橋川に沿って四水路四発電所を建設、水路式の発電を行う。出力は、第一発電所に七千キロワット発電機、第二発電所に四千キロワット発電機をそれぞれ六台、第三発電所は二千五百キロワット発電機、第四発電所は三千三百キロワット発電機をそれぞれ五台設置、いずれも一台は予備機とする。すなわち、合計出力七万八千二百キロワット、予備機出力一万六千八百キロワットに達する。明治末（一九一二）年における東京電灯の水力発電力は合計三万八千キロワットにすぎなかったから、その二倍を超す計画であった。[106]

供給先の東京では北豊島郡田端に変電所を設け、その間二二五キロメートルを前述の通り一一万五千ボルトの高電圧で送電すると、終着地点では一〇万ボルト程度に降下すると見込まれる。[107]これを変電所で一万一千ボルトに落として各需要者に供給する。日本では桂川電力の七万七千ボルトが限界と考えられていた当時、国内技術水準を超えた世界のトップレベルへの挑戦であった。建設費の主体は電気工事費であり、一方、土木工事は天然貯水池を利用し、なおかつ水路延長が比較的短くほぼ開渠ですませられるために低く抑えられ、それで長距離送電の設備コストがカバーできるとしていた。[108]つまり、当時の国内常識からみて、この送電設備は高コストであった。

技術者陣容は仙石、白石、立原を別格として、土木課長に蔵重哲三（明治二八年帝国大学工科大学土木工学科卒業後、内務省入り）、土木設計主任に須山英次郎、電気課長に太刀川平治、電気設計主任に岡部栄一（四四年東京帝国大学工科大学電気工学科卒、後の東京電灯副社長）、発電水路土木工事主任に奥村簡二（三七年同学土木工学科卒）、送電線電気工事主任に永田与吉（三八年同学電気工学科卒）、送電線土木工事主任に広沢範敏、発電所電気工事主任に多田耕象（三七年京都帝国大学理工科大学電気工学科卒）という顔ぶれであった。[109]

土木系のうち、須山は実質白石系の技術者といえる。また、高橋元吉郎が健在であれば土木課長を任せるのが白石の意向であったと推察されるがそれは叶わぬことになり、イギリス留学経験のある内務省の蔵重を招聘した。[110]かたや、見事に帝大卒業者が居並ぶなか、ただ一人たたき上げのベテラン、広沢が白石の信頼に応えるべく気を吐いている様子がうかがえる。その他、明石太郎、石河児三郎、久森正夫など、これまで白石とともに仕事をしてきた技術者たちが新事業にも参集した。三菱合資との関係を考慮すれば、白石系技術者集団の異動という解釈も成り立つ。猪苗代水力電気のビジネス・インフラを、まずは立ち上げていったのが彼らである。ただし、着工にあたって、欧米から導入した発電設備が猪苗代（日本）の地勢でも有効かどうか、専門家に依頼して調査を行った。[111]

（2）第一期工事の諸相

会社設立の目論見書の段階では、第一期工事として第一、第二発電所建設が含まれていたが、後に第一期工事を第一水路および第一発電所とし、第二発電所は第二期工事に組み入れることとした。第一期工事の概要を表6－1にまとめた。[112]

図6-4　第1号隧道工事

図6-5　第1号隧道

繰返しになるが、猪苗代水力電気の事業の特徴は、欧米の先進技術および機材の導入である。「土と石と、水と木の他は、悉く欧米第一流製品のみ」と巷間で感嘆の声が上がったように、[113]表6－1で確認できる国産品は、電線（古河合名）と補助変圧器（芝浦製作所）のみである。発電所、変電所、送電関係の機材は、ティッセン（Thyssen AG）、フォイト（Voith GmbH）、ジーメンス（Siemens AG, 以上ドイツ）、ディック・カー（イギリス）、ウェスティングハウス、アメリカン・ブリッジ、ローブリング

表 6-1　猪苗代水力電気第 1 期工事概要

湖水調整門	湖水水量を調整するため，新十六橋下流に専用水門を設置。 総延長約 76 m，水門 16 個，うち 13 個を使用（3 個は灌漑用水路に接続）。 橋脚 15 個，水門はストーニー式鋼鉄製扉。手動および電動。
第一水路	総延長約 2400 m，勾配 2000 分の 1 および 1500 分の 1。 堰堤：長さ約 115 m，高さ約 5 m，玉石コンクリート，表面張石。 取入口：戸ノ口堰下。水門 4 個，コンクリート工，表面煉瓦および切石。 開渠：第 1～4 号総延長約 1640 m，コンクリート工，表面セメントモルタル塗。 暗渠：第 1～5 号総延長約 213 m，側壁および底部コンクリート工，アーチ上盛土約 1.2 m。 隧道：第 1～2 号総延長 364 m，側壁コンクリート工，アーチ煉瓦巻。 導水橋：第 1～2 号総延長約 124 m，箱樋および橋脚とも鉄筋コンクリート工。 水槽：長さ約 39 m，幅約 27 m，高さ約 6 m。水門 8 個，コンクリート工，水門付近には煉瓦および切石使用，餘水吐は張石工。 餘水路：延長約 425 m，うち開渠約 302 m，暗渠約 37 m，鋼鉄管約 86 m。
第一発電所 （栗畑）	平屋発電室，3 階建変電室の 2 区画よりなる。鉄骨煉瓦造。 主要鉄管：ジーメンス（独）のマルチン軟鋼板を鍛接。ティッセン（独）製。 励磁鉄管：ティッセン製。 主要水車：水平フランシス双螺旋式タービン，6 基うち 1 基予備。フォイト（独）製。 励磁水車：水平単輪インパルス・タービン，4 基うち 2 基予備。 発電機：三相交流式 7000 kW，6600 V，50 Hz。6 基うち 1 基予備。ディック・カー（英）製。 励磁機：直流 200 kW，250 V，4 基うち 2 基予備。ディッカー製。 主要変圧器：単相式 4400 kVA，高圧側電圧 11.5 万 V，低圧側電圧 6600 V，50 Hz。12 個うち 3 個予備。ウェスティングハウス（米）製。 配電諸器具等：ウェスティングハウス製，他にチリル式電圧測定器，ニコルソン式アーク・サプレッサを設備。
送電線路	約 225 km，全て鉄塔を用い架空吊線式 6 条裸銅線 2 組の電路と 2 条の地線を架設。 電線：硬銅線 6 条，各線間隔および垂直距離約 3 m，古河合名製。 地線：材料はジーメンスのマルチン亜鉛鍍鋼線，2 条，間隔約 6 m，電線との間隔約 2 m。ローブリング（米）製。 鉄塔：標準鉄塔に A 型（懸垂用），B 型（引締用），C 型（角点用）の 3 種。高さ約 22 m，底辺約 6 m，計 1405 基。河川および特殊工作物横断個所は長尺の特殊鉄塔計 30 基。塔間距離は標準約 168 m，平均約 157 m。材料は亜鉛鍍軟鋼。アメリカン・ブリッジ（米）製。 碍子：磁器。A 型鉄塔は懸垂碍子 7 個，B/C 型鉄塔はストレイン碍子 8 個。トマス & サンズ（米）製。 電路開閉所：白河，宇都宮，古河に屋外型開閉所を設置。 電話線路：架空複線式。送電線路に沿って単独に施設。
田端変電所	鉄筋コンクリート 3 階建て。 主要変圧器：単相式 4000 kVA，高圧側電圧 10 万 V，低圧側電圧 1.1 万 V，50 Hz。12 個うち 3 個予備。ウェスティングハウス製。 補助変圧器：500 kVA，高圧側電圧 1.1 万 V，低圧側電圧 3300 V。4 個うち 1 個予備。芝浦製作所製。 配電諸器具，試験用変圧器などはウェスティングハウス製。

出所）日下部金三郎編『第一期工事竣工記念帖』猪苗代水力電氣株式會社，1915 年 8 月；「猪苗代水力電氣株式會社　工事説明書」1914 年 5 月；太刀川平治『特別高壓送電線路ノ研究』丸善，1921 年より作成。

（The Roebling's Sons Co.）、トマス&サンズ（以上アメリカ）と、いずれも一流メーカーの製品である。[114] 電気機器の据付に際しては、水圧鉄管、水車、変圧器、配電盤などの組立のため、外国から専門技術者四名が招聘された。[115] こうした方法は、いわばプラントの導入と同じであって、同時期の他の近代産業よりも技術導入が実は容易であったとの指摘もある。[116] だが、機材が外国製品であって、その据付に外国人技術者の助力があったとしても、それ以前に必要なのが発送電のビジネス・インフラである。その建設工事の特徴的な局面について検討しておきたい。[117]

施工体制だが、出張所を二ヵ所、すなわち明治四五（一九一二）年二月、発電所予定地の戸ノ口、続いて翌年七月には開閉所予定地の宇都宮に設置した。戸ノ口出張所監督下では区域を四工区、宇都宮出張所監督下では第一区を南北に分割し全五工区に分けた。発電所および主要小部分は直営、請負業者は、十六橋・水路（戸ノ口）および送電線第一・第二工区が大島要三、送電線第三工区が市村丈男、第四工区が田島浅治、変電所は富樫文次であった。[118]

土木工事としては、開渠、暗渠、隧道、導水橋などを建設していくが、第一期工事で特筆すべき点といえば、まず十六橋制水門である。

図 6-6　導水橋鉄筋工事

図 6-7　第 2 号導水橋

図 6-8　十六橋制水門建設工事

図 6-9　十六橋制水門：向かって右が戸ノ口堰用水，左が布藤堰用水へ

安積疏水工事で対岸の十六橋に水門を設置したのは明治一三（一八八〇）年である。すでに述べたように、これにより日本海方面に流れる流量を調整することが可能になって、湖の東西で灌漑などの農業水利が促進された。水門建設の目的は農業、生活利水および氾濫防止であったろうが、実は将来的に工場動力や発電への利用の途をも開いたのであった。安積疏水工事の折には水門兼用の木橋として施工された十六橋だが、猪苗代水力電気ではこれを石造セメント覆工に改築して新県道橋とした。橋脚は鋳鉄柱、上部は鋼製桁梁を施工した。制水門はその二〇メートルばかり下流に新設した。橋脚一五個、一六個の拱形水閘のうち、左岸二個を戸ノ口堰用水、右岸一個を布藤堰用水に導き、中央一三個を日橋川本流の水量調節とした。[119] この配分は旧橋と同じである。本流吐水口は幅約四メートル、門扉はストーニー式鋼鉄製扉を電動開閉するものであった。旧橋よりも湖水水量調整の正確さが増したのはいうまでもない。橋梁学者である白石の面目を示す設計でもあった。

次に、第一期工事で最も画期的といわれた送電線路建設である。日本の産業史に残る猪苗代水力電気の事業は、世界のトップクラスに比肩する長距離高圧送電、すなわち電気技術の一大金字塔として注目される。しかし、「長距離の送電線路建設」という土木技術面の困難さおよびそれを乗り越えた意義という側面については見落とされがちである。

表6-2は大正四（一九一五）年度下期末、すなわち第一発電所が竣成して送電を開始した直後の事業報告書にある建設費内訳表から第二期工事に含まれるべき第二水路費、第二発電所費を差し引いたものである。差し引いた金額は計三千六百円弱と無視しうる程度で、かつ、大正二年度上期末からほとんど増加していない[120]。すなわち同表は、建設工事が各所で同時進行している可能性があるとはいえ、ほぼ第一発電所を含む第一期工事の内訳を示している。ここに見られるように、電気工事費が土木工事費の三倍以上と大きい。送電線路建設がその最たるものであり、その費目単独で全体の三割以上を占めている。

表6-2　第1期工事建設費内訳表（1915年3月末）

内訳	費　目	費用（円）	対総額割合（%）
土木工事費	仮設備費	329,584	2.7
	十六橋改築費	159,334	1.3
	第一水路費	1,748,611	14.4
	雑工事費	20,853	0.2
	測量及監督費	285,948	2.4
	（小計）	2,544,330	20.9
電気工事費	第一発電所費	2,379,738	19.6
	田端変電所費	910,588	7.5
	電路開閉所費	171,260	1.4
	送電線路費	3,662,298	30.1
	電話線路費	160,033	1.3
	配線費	15,826	0.1
	雑工事費	82,157	0.7
	測量及監督費	470,853	3.9
	（小計）	7,852,753	64.5
総係費	本社費	631,781	5.2
	水利権費	373,872	3.1
	利息配当補足金等	763,688	6.3
	（小計）	1,769,341	14.5
工事費計	合計	12,166,424	100.0

注）費用は1円未満四捨五入。割合は小数点第2位以下四捨五入。
出所）猪苗代水力電氣株式會社「第7回報告」p. 15より作成。

猪苗代水力電気では、かつてない長距離を送電する際の損失率を下げるために電圧を上げ、電気抵抗を下げ、送電容量を大幅に増加させて効率化を図る必要から、技術的にも高度でコストのかかる機材を使用せざるを得なかった。電線は太く、その重量を支える堅牢で高い鉄塔が必要だった。また、絶縁性と強度に優れた懸垂碍子の利用が求められた。[121]アメリカですでに実現している一〇万ボルト以上の長距離高圧送電は、従来のピン碍子に替わる懸垂碍子の実用化に負っていた。猪苗代水力電気では日本で初めて懸垂碍子を使用することになり、電線引留（ストレイン）碍子を含めてその購入総数が九万四千個近くに上った。[122]送電線路建設費の大きさはこうした資材コストを反映している。だが、建設の規模および難しさという点では、遠路東京までの間に地盤や風勢その他、好ましからざる地点を通過せざるを得ない条件下での多数の鉄塔建設を挙げねばならず、それは経費としては電気工事に包含されるが、実質的には土木工事なのである。

送電線路の猪苗代線は、猪苗代湖西岸から勢至峠を越え白河に南下、東北本線を超えてその東側に沿い、片岡で再度線路を横断、鬼怒川を渡って白沢で三度目の東北本線超え、また東側に沿って小山《おやま》に至り水戸線を超え、幸手《さって》の東で利根川を横断、粕壁、鳩ケ谷を経て田端に至る。[123]日本で最長の送電線を架設するという意味で、空前の大工事であった。[124]他事業者の既設高圧送電線路との交差などの問題があり、特殊鉄塔で高さを調節して接触を避け、基礎を特別に堅固にして長径間を支えた。送電線路建設工事の土木現場を主担したのが広沢である。広沢にしてみれば、猪苗代から田端まで、新時代を拓く送電線を自らの手で引っ張っていく気概であったろう。

第一期工事の送電線路建設における最大の問題は鉄塔であった。

標準鉄塔はA型（懸垂用）、B型（引留用）、C型（角点用）の三種、計一四〇五基、他の電力会社の送電線路や河川を横断する場合の特殊鉄塔三〇基、総計一四三五基を標準スパン約一六八メートル、最大スパン（利根川越え）約四六六メートルとして建設した。[125]鉄塔は猪苗代水力電気の指示する資料と安全率による仕様に基づいてアメリカン・ブリッジ社が設計製作し、力学上の大綱については顧問のマーションの確認をとった。構造力学からいえば、送電線路と橋梁には共通性がある。したがって、橋梁技術者／工学者としてプライドを持つ白石本人も鉄塔の設計に腐心し、その指導に基づいて電気設計主任の岡部栄一、また須山、広沢、明石といった土木技術者たちも設計業務に関わったという。[126]

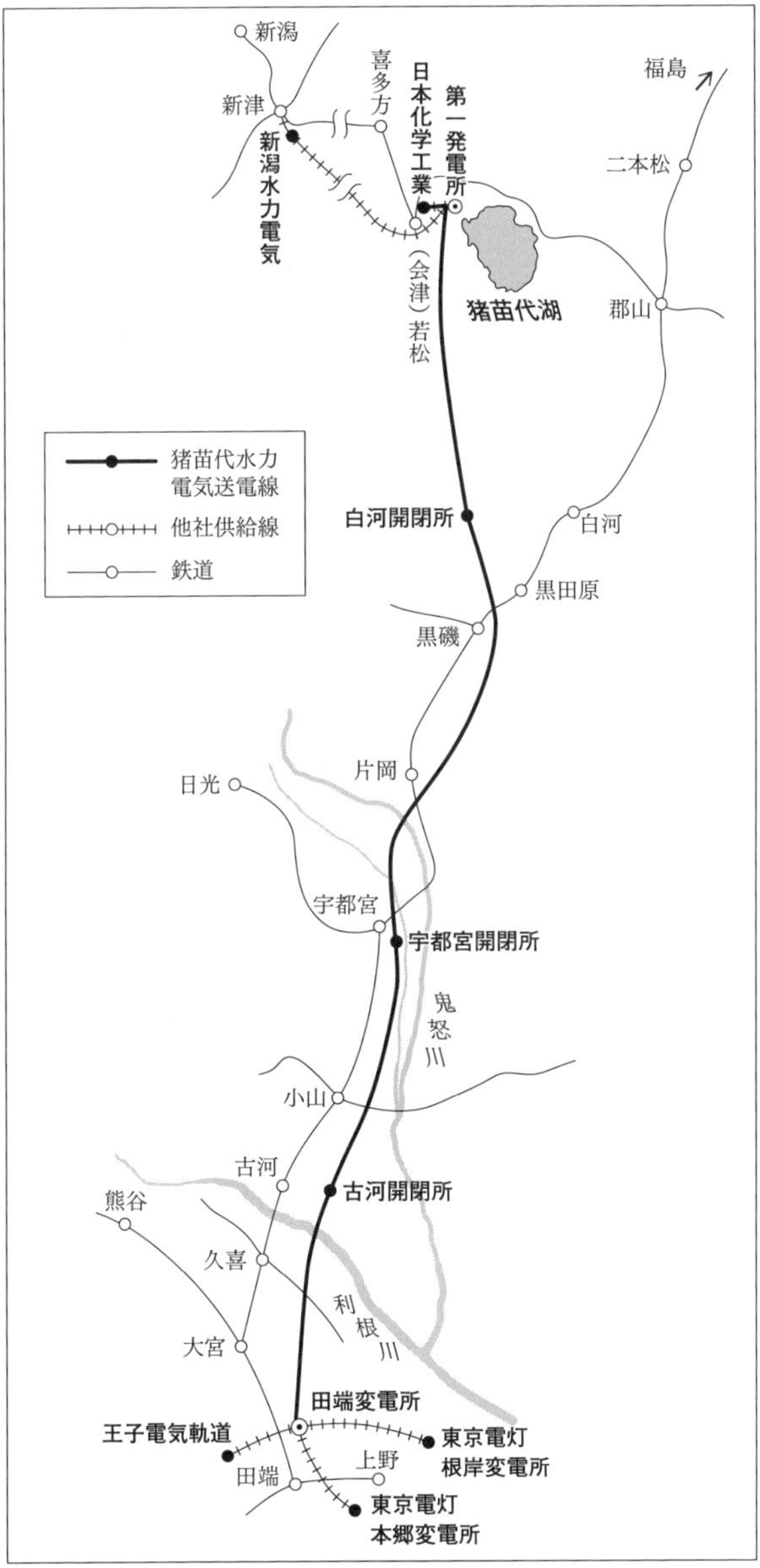

図6-10　第一発電所送電系統略図

関係者が驚いたことに、マーションの指示に基づいて作成されたアメリカン・ブリッジ社の設計仕様書では、重量の大きなC型鉄塔および特殊鉄塔について、予定の倍のコストがかかる計算結果が示されていた。将来の建設予定線を含めると、その差額は二〇万円を超える。[127] 理由はその仕様が過度の強度を求めて重量が増加しているためと考えられた。手紙のやりとりでは埒が明かないため、白石は須山英次郎を伴い、遠路ニューヨークに渡ってマーションと直接に会見、そこで両者の安全率の計算法が根本的に異なることが判明した。白石はかつての師である

① 基礎島固め

② 基礎杭打

③ 組立作業，1 分

④ 組立作業，6 分

⑤ 組立作業，9 分

⑥ 引起し作業，4 分

⑦ 引起し作業，6 分

図 6-11　鉄塔建設作業

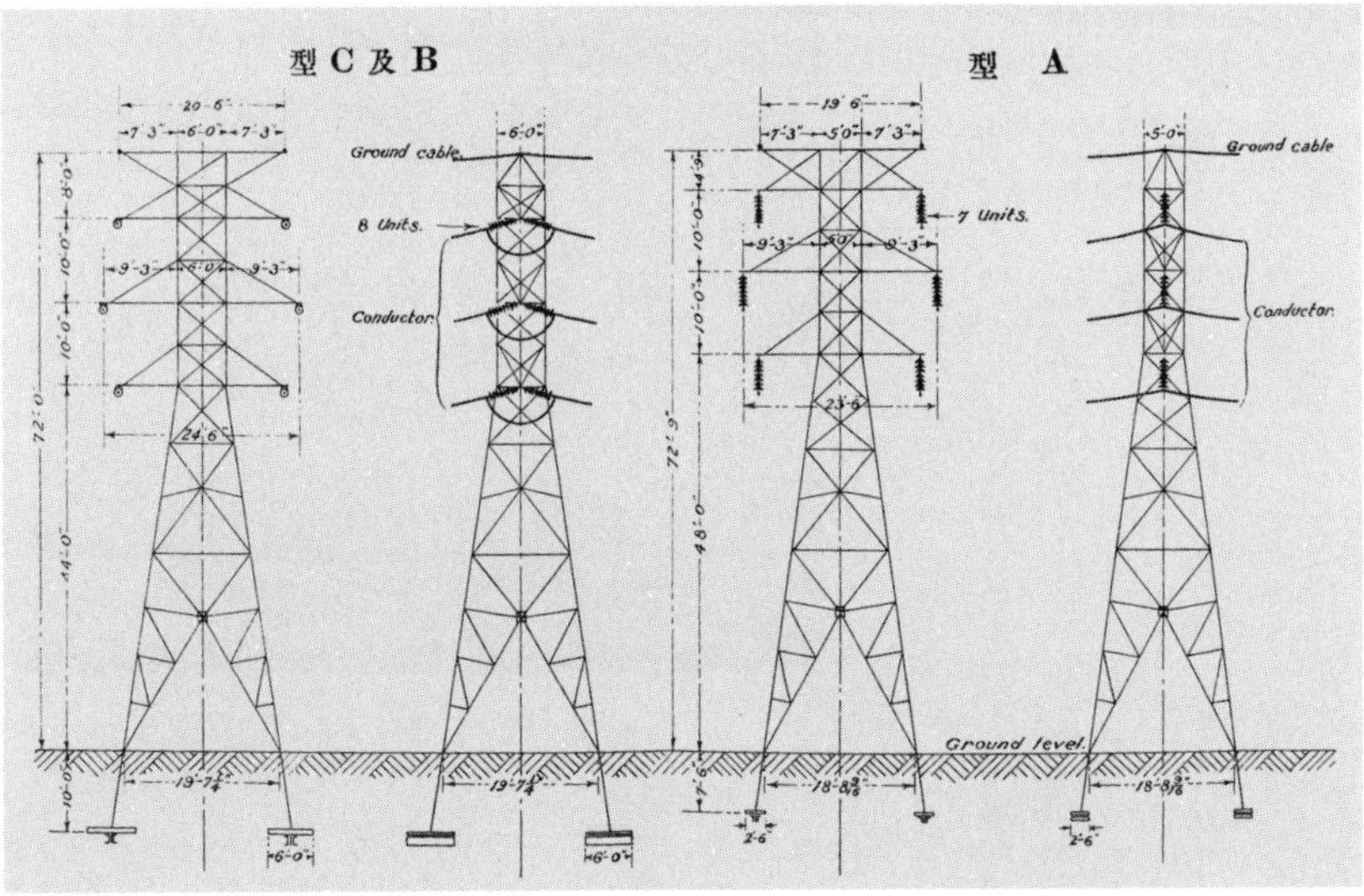

図 6-12　標準鉄塔図面：A 型鉄塔（右，懸垂碍子使用）と B・C 型鉄塔（左，ストレイン碍子使用）

バーに仲介を頼み、数名の著名な工学者が関わった検討の末、白石の意向を反映して鉄塔の設計が修正された。[128]土木工学者たちの間で論争の起こったことが影響したためか、輸入された鉄塔はきわめて品質が良く、輸送法や材料配分に至るまで巧妙に工夫されていた。建設担当者たちはみなその出来栄えに驚嘆したと、広沢が語っている。[129]ただし、これは一部広沢の思い違いで、彼らを驚嘆させた輸送や材料配分は、実のところ日本国内で行われたものだった（後述）。

鉄塔安全率事件に関わるエピソードは、仙石、白石の技術に対するアプローチの違いを表しているようにも見受けられる。世界で最高のものを購入する仙石に対し、白石は自力で対応できることにはできるだけ自力で挑戦し、また不完全な技術であってもその製品を使うことによって技術を育てるという教育者的側面を持ち合わせていた。[130]また特に資材や工法については、その経済性を合理的に詰めて考える技術＝経営者であった。この資質は、本書を通じたこれまでの検討からも明らかだろう。

鉄塔建設の基礎工には杭打を行い、根巻他、必要に応じてコンクリートを使用した。施工が灌漑期と重なり、

図 6-13　特殊鉄塔による利根川横断

湧水が多くてポンプ五台を使用しても水面が下がらず、潜水夫二組で昼夜兼行の作業を行った個所もある。B型鉄塔一基に対して掘削人夫二五〇人、潜水夫六六人、工期二四日を要した場合もあった。[131] 組立建立は、塔頂まで地表で組立完了させ、最下部材の位置に仮設木材をセットし、神楽算《かぐらさん》[132]や滑車を用いて徐々に引き起こす方法をとった。この工法はアメリカで採用されていたもので、猪苗代水力電気においてもアメリカ人技師の指導を得たという。[133] 作業開始から組立引起しまで、当初不慣れなうちは二〇名近い人夫で三日を要したが、後には人夫九人で一日一基の完工が可能になった。[134]

鉄塔のほとんどは三〜五トン（土台別）と軽量であったが、重量鉄塔もあり、最大の利根川河川越えG鉄塔は一基約四二トンであった。[135] 利根川越え特殊鉄塔については、大正二（一九一三）年十一月末に基礎着工し、基礎竣工が翌年六月中、組立竣工は七月末と、実に八ヵ月を要している。とりわけ基礎工については煉瓦積井筒を用いてあらゆる労苦を重ねたことが、須山の論文で詳細に報告されている。[136] 鉄塔一基あたり建設費が標準鉄塔の安価なケースで基礎が百円未満、組立が四五円程度であるのに対して、利根川越えG鉄塔はそれぞれ六千六百円、一二五〇円であったことからも、その工事の大変さが偲ばれる。[137]

前述の、広沢を驚かせた鉄塔工事の資材配給についても須山が書き留めている。全線を四四配給区に分けて各区に中継所を設置、横浜および南千住の倉庫から中継所に輸送、各中継所から現場までの運搬は工事請負人の責任とした。鉄塔材料は大きさ、長さ、形状ともさまざまである。組立時の煩雑を避けるため、横浜陸揚げ直後に検査を行い、合格品を数本ずつ束ね、五色の色縄で識別して中継所に輸送。中継所では同色縄別に一基分充てを配列して引き渡す。この方式で、運搬はむろんのこと、組立に至るまで材片の紛失や取り違えがなく、多大な効果を上げた。[138]アメリカ発の経営管理法の考え方が日本に導入されかけた頃であるが、この合理的な資材配給が文献的な知識に負うのか、海外就業経験者の見聞を活かしたか、あるいは日本の現場独自の発案・工夫によるものか、その辺りは不明である。各建設現場への運搬の便否についても調査を行い、少なくとも配給地点を人里近い場所にするなどの工夫をした。[139]建設現場までは荷馬車で少しずつ運んだという。[140]

〈輸送・運搬〉

ここで輸送問題に目を向けるなら、白石が鉄塔問題で渡米した大正二（一九一三）年当時、アメリカの大都市がその急速な発展の渦中にあったことにも留意すべきであろう。ニューヨーク市の公共交通機関では馬車が衰退し、さらにケーブルカーやトロリーからガソリン車のバスに重点が移った。[141]フォード社の大量生産システムが形成されつつあった時期でもあり、市内を走るガソリン自動車の数が増えた。遠距離交通ではニューヨーク・セントラル鉄道のグランド・セントラル駅が改装され、今日なお色褪せぬ威容をもって開業したのもこの年である。こうした交通インフラに象徴的に表れる都市と経済の発展が、白石をはじめとする関係者たちに新たな刺激を与えたのは想像に難くない。

都市でなくとも、大規模な建設工事においては、まさしくこの交通・輸送・運搬問題が鍵となる。すでに述べたように水力発電にはさまざまな利点があるが、最大の難点として、最も水力発電に適した場所が最も発電所建設の困難な場所だという地理的特性が挙げられよう。当時でいえば、その困難の主たる要因は資材や労働力の輸送であった。[142]その一件からしても、水力発電事業では土木工事に資金を要するというのが一般的な理解であった。

この点、猪苗代の地は恵まれていた。発電所の場所自体、人里から離れてはいるが、未開の原野や秘境の山中と

表6-3　1913年3月〜9月に認可された主たる土木工事

#	申請事項	申請先	備　考
1	戸ノ口より膳棚に至る工事用材料運搬専用鉄道敷設	内閣総理大臣	
2	岩越線大寺駅より第一発電所に至る工事用材料および諸機械運搬専用鉄道敷設	内閣総理大臣	
3	岩越線大寺駅より第一発電所に至る工事用材料および諸機械運搬用専用鉄道に沿う私設電話施設	逓信大臣	
4	福島栃木両県界より東京府下に至る送電線路中，荒川・利根川・帚川・東鬼怒川・草川および西鬼怒川の各横断箇所送電線路工事施工	逓信大臣	鉄塔構造に関する部分を除く
5	岩越線大寺駅構内に鉄管取扱用側線敷設	東武鉄道管理局	
6	福島栃木両県境より東京府下に至る送電線路中，宇都宮開閉所より茨城埼玉両県界に至る部分の工事施工	逓信大臣	#4の追加申請
7	栃木県下送電線路工事施工変更	逓信大臣	鬼怒川横断箇所鉄塔構造の部分を除く
8	戸ノ口より膳棚に至る専用鉄道に空車運行用側線増設	内閣総理大臣	
9	岩越線大寺駅より第一発電所に至る専用鉄道終端側線増設	内閣総理大臣	
10	岩越線大寺駅より第一発電所に至る専用鉄道終端よりの鉄管輸送用小軌条敷設並びに仮橋架設	福島県知事	
11	岩越線大寺駅より第一発電所に至る専用鉄道中間側線増設	内閣総理大臣	

出所）猪苗代水力電氣株式會社「第4回報告」pp. 2-4より作成。

は異なり、重要な「インフラのインフラ」部分が存在していた。前述した岩越鉄道である。明治三一（一八九八）年、日本鉄道との接点である郡山駅が開業し、三二年七月に郡山—若松間が、三七年一月には若松—喜多方間が開通したが[143]、三九年に国有化され、四二年から岩越線（大正六年から磐越西線）と改称された。岩越線は猪苗代湖北岸および日橋川に沿って敷設され、事業地域にも駅が設置されておおいに利便性があった[144]。本書のコンテクストでいうなら、このような局面にインフラ主導型の経済発展が目撃される。明治も末期になると、近代移行期的な困難さがかなり解消されてきたことを示す一例でもある。忘れてならないのは、岩越鉄道の敷設に岩崎弥之助が多大な貢献をしたという事実であり、ここにはすでに三菱の手が打たれている。弥之助は小岩井農場（岩手）の開業にも参画したが、それ以前に、日本鉄道の創業時に岩崎弥太郎の巨額出資が実施されている。それは三菱本来の事業であった海運業と東北内陸開発との将来的な連携を見越した投資であった。[145] 地域開発という視野に収めて見た場合、猪苗代水力電気は三菱にとり、決して突発的に出てきたアイデアではなかったことがあらためて確認できる。

むろん、ある程度のインフラが整備されていても、時代や地勢を考慮に入れれば土木工事が困難であることに変わりはない。表6-3は営業報告書にみる大正二（一九一三）年度上期の土木工事願届および許認可である。資材輸送のための軌道敷設から工事が始まるという、本書の縮図のような局面が注目される。これらの専用軌道は、比較的短距離ではあるが山の中、時に崖淵に建設せねばならなかった。あらゆるインフラの建設にはまずもってそのための輸送や通信のインフラが必要なのであり、その建設が最初の一大工事となるという関係性自体は、たとえ社会が近代化された後であっても継続されていく。

図6-14　変圧器の運搬（大林組の印半纏が見える）

図6-15　戸ノ口専用鉄道による資材輸送

さて、主たる機材は前述のごとく輸入品であり、横浜に陸揚げ後、鉄道で輸送した。発電所建設地への鉄道駅は岩越線の山潟

（上戸《じょうこ》）および大寺を利用した。[146] セメント、砂利、石材などコンクリート資材の運搬は、山潟から安積疏水路の南岸に沿って湖岸まで貨車運行の専用線を設け、そこから戸ノ口まで約一〇キロメートルの湖面を船で運搬した。水運については、曳船用の小蒸気「猪苗代丸」と「会津丸」の二隻（各三三トン）および湖岸で建造した団平船（艀、七七石積）三七隻を使用した。気象条件が良ければ一日二回の運航が可能であった。戸ノ口で陸揚げし、水槽予定地まで約五キロメートルは専用軌道を敷設、蒸気機関車で貨車積のまま牽引し、取入堰堤から水槽に達する水路各所の工事場に配分した。大寺駅からは岩越線から分岐して栗畑の第一発電所に至る専用軌道を敷設。日橋川には建築軌道用の木橋を架設して貨車のみを通過させ発電所に導いた。専用の機関車として、ドイツのアーサー・コッペ

図 6-16　水圧鉄管路建設作業

図 6-17　建設中の水圧鉄管路

ル社製二〇馬力の三輌を導入した。[147] ちなみに、第一、第二発電所の完工後、曳船用小蒸気は地元の汽船会社に払い下げられ、しばらくの間、上戸から湖南を結ぶ主要航路として活躍した。[148] また、岩越線から分岐させた専用軌道は、今日産業道路として整備され、利用されている。[149]

重量物が多いため、建設現場での運搬も難題であった。水圧鉄管の場合、内径約二メートル、厚さは一～二センチメートル強、平均の長さ四メートル強のものを用いた。鉄管一本当たり重量は最大の弯曲管で約八トン半、直管の平均でも六トンである。径に対して短躯に見えるが、製作上とともに重量上の理由もあった。これを急斜面に運び上げるだけで一大事であり、鉄管路を上下に分け、下部は山下から六〇馬力の電動巻揚機を用い、上部は山腹に

図6-18　水圧鉄管路

図6-19　第一発電所発電室

図 6-20　第一発電所全景

図 6-21　上方から見た第一発電所

三五馬力の電動巻揚機を据え付けて作業を進めた。鉄管路に移すには一本当たり人夫五、六名で押し転がした。接続はポンプ・ジョイントを用い、鋲接および据付は石川島造船所が請負った。[150] 急斜面における鋲接作業は、下方から鋲を投げ上げ、それを直に受け止めて行われたと伝えられる。[151]

明治の中頃まで日橋川の上流域はほとんど原野地であったが、岩越鉄道、日橋川発電所、日本化学工業会津工場などの建設によりその様相を変え始め、駅の周囲にはさまざまな店舗が建ち並んだ。それに続く猪苗代水力電気の工事区域は広範囲にわたり、仮倉庫、事務所、見張所、宿舎、セメント試験所、巡査派出所、クラブ等が建設され、山中の原野が大部落となり、十六橋付近は小都市の感があったという。近郊の村から請負や会社に雇用された者も多く、その後、親子代々発電所に勤務するケースもしばしばであった。日橋村の人口は大正年間に二割増えて約五千二百人になった。この間、工事量の多寡により千人規模で人口増減の起こった年もある。[152]

だが、地域の発展の陰で、建設労働は過酷であった。地元住民を使う場合は危険な作業に従事させない配慮があったという。かたや外部から騙されて山奥の飯場に連れてこられた者も多く、彼らの逃亡を防ぐために賃金は現金ではなく、作業場でしか通用しない金券（山札）で支払われた。請負の組の下には下請、さらに孫請もあった。第一期工事期間中の死亡者は事故死五名を含む三〇名であったが、第二期工事では一四九名もの死亡者を出し、その六割近くは脚気によるものだった。死亡者の平均年齢は第一期工事で三三・三歳、第二期工事では二六歳と若年齢化した。[153]

第一発電所は起工から二年半後の大正三（一九一四）年十月に一部竣工した。これを受けて十一月一二日に開業届を提出、十二月三日より発電機三台の運転により、王子電気軌道への送電を開始した。翌四年三月一五日には第一発電所の建設工事が完了して全機運転が可能になった。この年の供給電力は、東京電灯、王子電気軌道など東京方面へ二万キロワット弱、あと、藤田組、高田商会、新潟水力電気、日本化学工業、八田電灯所、その他を合わせて一万キロワット余であった。[154]

（3）第二期工事とその後

〈第二発電所〉

第一発電所が竣工して一年半後の大正五（一九一六）年八月、第二発電所建設を含む第二期工事が始まった。同年末の名簿を見ると、職制は庶務、営業、経理、電気の四課と新規の建設工事を担当した臨時建設所に分かれている。技術関係の電気課および臨時建設所の各部署責任者は、〈電気課〉課長・太刀川平治、設計係長・岡部栄一、工務係長・中川清、土木係長心得・明石太郎、送電線係長・小田切几彦（永田与吉後任）、田端変電所長・吉見静

図 6-22　田端変電所と専用軌道

図 6-23　第二発電所建設の雪中工事

一、第一発電所長・多田耕象。〈臨時建設所〉所長・奥村簡二、設計係長・須山英次郎、出張所長・広沢範敏[155]。白石系の技術者である明石、須山、広沢の名が挙がっている。請負については詳細不明だが、飯場には吉田、川音、白根、戸沢、三浦などの組があったという[156]。一九一八年七月に一部が竣工して送電を開始、一九年初頭に全機の運転開始となった。認可出力は二万四千キロワット。第二発電所は第一発電所の下流に位置しており、発電電力は一一万五千ボルトと六万六千ボルトの連絡送電線により第一発電所まで送られ、そこから東京方面に送電された[157]。

第一期工事は主要機材を輸入に頼ったが、第二期工事ではこれらがほぼ国産に置き換えられた。三菱を含めて、当時はよくある技術移転パターンである。水車は三菱造船神戸造船所、発電機および変圧器は芝浦製作所、懸垂碍子は日本陶器および松風《しょうふう》工業製品を用いた[158]。『関東の電気事業と東京電力』は国産品置換えの具体例として碍子を挙げているが[159]、この小さな部材には特筆するべき理由がある。当初、猪苗代水力電気の技術関係者たちが神経を尖らせていたのは、発電所の主要機器や鉄塔を含む送電線路の設計・建設であった。第一期工事が進むにつれて、彼らは優良品を購入したはずの碍子に不良品（取付前）が多いことにまず驚く。実際に送電事業が始まると、施設の運用や維持に関心が移るが、ここで碍子の補充費が電気事業全体の維持費の大半を占めることが判明する。ここに至り、太刀川平治は鋭意碍子研究を開始したが、おりしも猪苗代水力電気建設工事の経験をもとに執筆中の著書『特別高圧送電線路ノ研究』の発刊には間に合わず、追って刊行した増補版でこの問題を詳細かつ大々的に論じた。[160]その序文において送電事業の将来的発展に向けての開発研究の重要性に触れ、「此等の経験又は研究中最も有益且つ興味あるものは碍子に関することであることは茲に多言を要せない。彼の米国に於ける二十二万ヴォルト送電の成功は畢竟碍子の改良進歩の賜であると云ふても過言ではない」と人々の注意を喚起した。[161]それまで中心的な課題としては捉えられていなかった碍子改良の重要性が、日本の関係者にも強く認識されたのである。

第一期工事の際、膨大な需要を狙った揺籃期の碍子製造業者はこぞってこの市場への参入を試みた。けれども、猪苗代水力電気は国産品の品質を認めず、アメリカの一流企業製品を使用し、[162]それでも不良品が多かった。かたや日本のメーカー――たとえば日本陶器では、明治四〇（一九〇七）年から始めた高圧送電碍子（ピン碍子）の生産を増加させていたものの、送電電圧が上がるにつれて破損事故が多発していた。同社トップの大倉和親は大正四（一九一五）年のアメリカ視察で碍子製造に対する認識を根底から変え、研究開発、改良を急ピッチで進めた。新たに開発に乗り出した懸垂碍子は世界でも実用化されてまだ日が浅く、技術的落差が小さかったこともあり、アメリカ製に引けを取らない製品生産が可能になった。[163]第二期工事における国産品の使用は、第一次大戦の影響で輸入が困難になったこともあるが、電気技術者や国内メーカーが第一発電所で導入された海外先進技術から多くを学び、あるいは海外に出向いて研究を重ね、互い

図 6-24　破損碍子の一部（1915年9月）

に切磋琢磨して技術独立に努めた成果でもあった[164]。

なお、第一発電所の本館および水抵抗器室、第二発電所本館は辰野葛西事務所（辰野金吾・葛西万司）の設計による[165]。第一発電所はすでに建て替えられているが、第二発電所は、内部の機械類は更新されているものの、基本となる土木建築部分については建設当時のものが今日なお使われている。

〈経営環境の変化〉

第一発電所が一部運転を開始した大正三（一九一四）年末頃、東京では東京電灯、東京市電気局、日本電灯の三社が需要獲得競争を展開しており、なかでも東京電灯は供給に余力があった。その状況下、猪苗代水力電気の電力供給量はわずかばかりに過ぎなかったが、翌四年七月から東京電灯への大口供給が始まった。実は、前年に成立した両社の需給契約において、猪苗代水力電気がすでに取得していた東京府の電力供給権を行使しないという条件で、東京電灯が当初一万馬力から年々増加させて五年後に四万五千馬力（約三万四千キロワット）を買い取ることになっていた。つまり、第一次大戦の好況下、電力需要の伸びがみられるなかで、両社が競争を回避し、東京電灯は当面過剰気味の電力を買い取り、将来的に東京での強力な地位を確保する戦略であった。猪苗代水力電気としては、これで第二発電所が稼働しても半分以上を東京電灯への供給で消化できる見通しがつき、この卸売を事業の柱とする[166]。すなわち、特定の地域に電力供給網をめぐらすのではなく、小売事業者に対して電力を卸売することを選んだ。当時、供給区域独占を批判する世間の目もあり、それがこれ以降の電力卸売会社増加の一因にもなった[167]。

猪苗代水力電気では大正三（一九一四）年四月、仙石が鉄道院総裁就任に伴って社長を辞し、後任を豊川良平（前年に三菱合資を退社）が務めた。専務の白石は在任中の七年末、出張先で体調を崩して病臥した。その前年辺りから心臓および腎臓の疾患に冒されていたという[168]。翌年一月、土木学会会長に推され、これを受諾して学会にも出席したが、一月後《ひとつき》の二月一七日に急逝した。体調を崩したなかでの会長受諾は、白石の面目の在処を示しているようでもある。少なくとも戦前期までの歴代会長の中で、ひたすら民間事業への関わりを貫いた白石の経歴は異色中の異色といえる。(169) 白石の逝去を受け、急遽仙石が専務に就任し、四月に社長に復帰した。この間の仙石の動向の真意は不明だが、白石不在の状況を放置しておけず、かといって他人には任せられない事情と思い入れがあったと推察される。

日本における水力発電の新時代を築いた猪苗代水力電気だが、経営的にはいま一つであった。配当利回りの推移をみると、大正三（一九一四）年下期五分、四年上期五分強、同下期五分五厘強、五年上期六分強、同下期七分、六年上期七分五厘強、同下期八分、七年上期九分強、同下期一割、と順次加増されたものの、(170) 投資家を満足させられるレベルではなかったようだ。(171) 彼らが求める高配当と破格の取締役報酬が経営を圧迫した面もあながち否定できまいが、それだけではなかった。

第一発電所建設費（約一二一七万円）は東京電灯駒橋発電所（約五八五万円）の二倍以上であったが、単位出力当たりの建設単価は駒橋や八ッ沢よりも低く、第二発電所は初期コストが低いため、さらに低廉であった。それにもかかわらず経営が厳しかった理由として、猪苗代湖の使用水量が制限されていたために最大出力の規模を活かした運転が行えず、また、常に水量確保に伴う諸工事を必要としたこと、一方、供給先の確保や契約条件の面でも苦戦を強いられて販売単価が切り下げられ、電力料収入が伸び悩んでいた事情が挙げられる。(172) 第一次大戦後の反動不況の中で電気事業合同への気運が全国規模で起こり、関東では東京電灯による合併・買収が進んだ。猪苗代水力電気の合併は大正一一（一九二二）年頃から具体化し、翌一二年四月、一対一の対等条件で実現した。合併時、猪苗代水力電気の資本金は五千万円になっていた。(173) その後、三菱側資本は後退し、猪苗代水力電気の事業は名実ともに東京電灯に吸収された。(174)

合併直後の五月、太刀川平治は休職扱いであった三菱合資を退社して東京電灯に移籍した。三菱合資の退職手当（贈与金）は一千円、別途「猪苗代水電手当」として三万四七一〇円が支給された。(175) 太刀川の休職期間は一三年という異例の長期にわたった。猪苗代水力電気が三菱の事業でもあったことが、こうした人事にも示されている。後年、太刀川は東京電灯の常務取締役となり、社外で電気学会会長も務めた。

第三、第四発電所の建設工事は、東京電灯との合併により、同社が引き継いで実施した。第四発電所工事の際に建設された資材輸送用専用軌道中、日橋川架橋のトラスは、仙石の取計らいにより、九州鉄道の矢部川橋梁から移設されたものだという。(176) 切立橋《きったてばし》と呼ばれ、今日なお道路橋として使用されている。

本書でみてきた諸事業は、いずれも日本の近代史上、重要なインフラ・ビジネスであり、そのビジネス・インフラの建設に当時としては高度な近代土木技術を必要とした点で共通している。だが、猪苗代の事業は、その起業意思において他の事業とは少々趣を異にした。関西鉄道（第3章）は、維新による政治・経済地理的な大変動に対して地域を護ろうとする地元の危機感が背景にあった。若松築港（第4章）は石炭を中心とする地域全体の開発にとって肝要なインフラ建設を象徴していた。この地のインフラには補助金や中央資本の参加、その便宜を多大に反映した一面がみられるが、ともかくも地元の土着的エネルギーが地域全体を覆っていた。かたや中央資本の代表ともいうべき三菱関係の港湾事業（第5章）は、たとえ一企業とはいえ、同社の根源、すなわち創業者の見果てぬ夢をはらむ世界海運からイメージを発展させた事業展開により、その必要性が求められたインフラ建設であった。いずれも、急激な社会の変容過程の中で生まれた強烈かつ泥臭い情念とエネルギーに突き動かされて進行した。

猪苗代水力電気は、それらの事業と比較すれば、より合理的な資本主義的エネルギーの産物であった。すでに動き始めていた事業計画に地元有力者と入れ替わった中央資本家系経営陣、超高額の役員報酬、世界の先端レベルに参入せんとする技術水準、ただし、カネに糸目をつけぬ海外からの技術・機材の導入、現況では過剰かつ不要でも次世代の発展を見越した大規模発電事業への投資、本社所在地は発電所建設地ならぬ需要地の首都東京、直接供給ならぬ大口卸売という事業形態、結果として実現した東京電灯への対等合併――そこに強い意思が働いたことは確かであろうが、我武者羅な泥臭さは時とともに影をひそめた。近代移行期特有のインフラ・ビジネス起業に終止符が打たれた感がある。一一万五千ボルトの高圧送電を楔として、猪苗代の地になお蟠り続けていた複雑な情念もまた、明治という山並の彼方に追いやられたかもしれない。次の世代はこの豊富な電力というインフラを梃にして経済を拡大することになる。

白石は、彼の生涯で最大の規模となったこの事業の進行半ばで逝去した。少なくとも結果的に、彼の仕事の中心はここでもビジネス・インフラの建設であった。建設工事に関する限り、泥臭いエネルギーなしに事は進まない。土木技術者／工学者として最大の感動は、やはり第一期工事竣成時に得られるべきものだったろう。本章の最後に、その心象を映した漢詩を掲げたい。

由来學理鬼神驚
術出人為造化精
好引深湫幽竇水
電光一綫照皇城

——南岳(177)

終章　白石直治をめぐる世界とその時代

竹内綱（中央）の喜寿祝。向かって左が板垣退助。その後ろに白石。その右隣に明太郎（1915年，於東京麻布の明太郎邸）

白石直治は、本書で取り上げた諸事業の他にも幾つかの企業あるいは事業に関わりを持った。それらについて検討する余裕はない。また、明治四五（一九一二）年の第一一回衆議院議員選挙以降三回続けて高知県郡部区で当選を果たした。所属政党は立憲政友会で、第一二回総選挙以降は竹内明太郎とともに県選出の議員となって政界に身を置き、[1]その立場のまま逝去した。白石と当時の政友会との関係は、もともとの土佐人脈からして当然との見方がある一方、[2]三菱との関係からは疑問にも思える。同時期、白石と協力して猪苗代水力電気の経営にあたっていた仙石貢も、白石より一足先に高知県選出の衆議院議員となって政界入りを果たしたが、こちらの所属政党は立憲同志会から憲政会と、政界においては三菱系の加藤高明と同道した。[3]こうした政治的な視点も、加えるに越したことはないけれども、本書ではその事実を指摘するにとどめる。また、議員に選出される少し前あたりから郷里関連の事業に携わるようになり、土佐電鉄や土讃線、甫喜ヶ峰《ほきがみね》疏水、また土陽新聞、高知工業学校といったインフラ建設や教育、文化の振興に積極的な貢献あるいは協力を行った。[4]社会資本の関連では、たとえば下水道にも関心を持っていたけれど、社会のあり方や発展レベルとのバランスを重視していた。[5]白石個人の評伝であれば重要なこれらの局面についても、その事実を書き留めて終わりとしたい。

替わって本書の末尾で取り上げておきたいのは、〝実現しなかった事業〟に関わるエピソードである。まず以下は、白石の長男多士良による父直治の追憶譚である。

――神戸の東京倉庫が終って、造船所の浮船渠の仕事が一段落つくと、猪苗代水電に着手したが、此の猪苗代水電を始める前、「自分で請負業を営んで見たい」と言ふので、その計画を樹てた。広沢氏に立案させた。此れは鉄工場を初め、橋梁製作の設計や、請負をする積りであって、資本的には岩崎家からの支援を得る事になって居た。処が仙石氏に相談すると、「とても君には出来ない仕事だ。止し給え」と反対されて中止した。然し此等の仕事は、自分の専攻でもあり、最も自信を持つ処であった。父としては非常に熱意を罩め得る計画であったと思ふ。[6]――

一般論として、想い出話は必ずしも事実を正確に伝えるものではない。実現していない話の信憑性を得るために、前もって言及すべきは語り手の立場であろう。多士良は明治二〇（一八八七）年に生まれ、父の後を追って土木技術者の道を歩んだ。東京帝国大学工科大学土木工学科を卒業して鉄道院に奉職。その後、土木工事視察のために度々アメリカを訪れ、ニューマティック・ケーソン工法を日本に導入、その実践と普及で名を馳せた高名な土木技術者である。また、東京帝国大学講師、株式会社小松製作所社長、武蔵野鉄道株式会社常務取締役などを歴任し、昭和八（一九三三）年に白石基礎工業合資会社を設立した（昭和一三年、白石基礎工事株式会社に改組、株式会社白石へ改称を経て、現オリエンタル白石株式会社）。[7]戦後はアメリカ式のコンサルティング・エンジニアリングの導入に腐心し、これが日本の建設コンサルの先駆け、パシフィックコンサルタンツ株式会社として結実した。多士良も官に職を得ながら実業の世界に道を拓き、そこで生きた。白石基礎工事はその名の通り、土木のなかでも基礎工の専門請負会社として高い評価を得た。基礎は建造物の中で構造上最も重要でありながら、竣工後は人目に触れない部分である。つまり、息子にもいろいろあるが、多士良の場合はまさしく父親の仕事と生き方を継承しており、また、当該の時期、すでに土木工学を専門に研究中の身であった。それゆえ、先のコメントの内容や事実関係に、まず記憶違いなどはあるまい。

実現しなかった事業そのものには意味がない。だが、多士良の追憶譚はさまざまな意味で示唆的である。まず、何よりも工学博士で超エリートの白石が、当時、決して社会的地位の高いとはいえない「請負業」をやりたがっていたこと。それを長男が得々と語っていること。つまり、「請負」は白石の個人的かつ突飛な思いつきではなく、その価値観が家族にも浸透していた。[8] 同様の価値観は白石の教え子にも伝播した。[9] 建設請負の仕事は本来の事業からみればその起業基盤、すなわちビジネス・インフラにすぎないが、社会全体からみれば、それがインフラ建設、すなわち社会資本形成になる。白石父子の誇りは、西洋流シヴィル・エンジニアリング、すなわち市民社会のための工学／技術に加え、（国家ではなく）市民による工学／技術の実施へのこだわりのようにも思われる。また、一口に「請負」といってもさまざまあろうが、白石の構想していた請負は、設計施工のみならず、国内で調達しにくい部材を自ら製造することまで含んでいた。[10] その背景には、適切なサプライヤーの不在により、欧米に倣った設計事務所／コンサルタント方式では満足のいく仕事ができないという国内事情があったろう。[11]

新組織の立案を高学歴者ではない広沢が行ったということは、ほぼ常に白石の下で働いてきた広沢が成長したことと同時に、表に出ない〝白石組〟の存在を推測させ、白石の人材育成と人材登用術の巧みさをうかがわせる。岩崎家（久弥と考えて間違いなかろう）が経済的にバックアップするということは、久弥の人となりと同時に、久弥、白石、広沢の信頼関係が強かったことを推測させる。また、繰り返し述べてきたように、三菱は白石系の技術者たちをまとめて雇用し、時に温存までしていた。それを考え合わせれば、もし、この企画が実現していれば、三菱が直轄事業ならずとも建設業に参入したかもしれないという推測を可能にする。それ以前に、時期的に考えれば、岩崎＝白石の腹積りとして、まずは猪苗代水力電気の土木工事一括請負という算段であったかもしれない。

起業を仙石に相談し、その反対意見を容れたことには、親友としての彼らの関係が偲ばれる。だが、仙石が反対した理由について、多士良は語っていない。仙石は数々の奇行、また自己主張の強さや喧嘩早さで鳴らした剛腕かつ政治家肌の人間だった。白石はそれと比べれば協調性に富み、思考法に柔軟性があり、また学者肌の一面がある。仙石が喧嘩をすれば白石が仲裁役を務める、そのような間柄でもあった。仙石からみれば、さまざまな欲得がうごめき、気の荒い請負業者たちがぶつかり合う業界で、本質的に経営者というよりは技術者／工学者である白石には向かぬ企画と踏んだのかもしれない。[12] あるいは、猪苗代水力電気の立ち上げに際して、白石が共同経営者（実質的なビジネス・インフラ建設の総監督者）としてとどまるか否かの選択が絡んでいたからかもしれない。いずれにせよ、この世界における技術系経営者の苦悩に関しては、おそらく仙石に一日の長があった。もう一つ、白石が旗揚げに二の足を踏んだ理由は高橋元吉郎の急逝だろう。新組織の立案は、本来広沢ではなく高橋に託されるべき仕事であったとも考えられる。帝国大学時代から育まれた信頼関係が特に強かったことは、白石の伝記にも記されている。[13] また、土木技術者としての優秀さは、その業績に対する三菱合資の評価からも偲ばれる。高橋が病に倒れ、欠勤したのは明治四二（一九〇九）年九月。その後、一月《ひとつき》足らずの逝去であった。[14]

以上が〝実現しなかった事業〟からのイメージ展開だが、ここにはまた明治期の上級土木技術者とビジネス・インフラ建設、その双方のありようと悩みが示されている。白石は当時の上級土木技術者の多くが関心を寄せていた官界での栄達に目を向けず、民間の事業に関わることを善しとした。東京開成学校・東京大学の同期生で生涯の親友でもあった野村龍太郎から鉄道院入りを強く勧められた際にも、これを断っている。[15] むろん、さまざまな要素を勘案した結果ではあろう。欧米の実情を見聞した影響もあるだろう。その真意は想像する他はないが、最大の誘因は、技術面においてより自由かつ主体的に行動できる環境ではなかったか。白石が意見の対立する相手の立場を尊重する人格であったことは、関係者の証言や白石自身の論文の内容などから読み取れる。その一方で、自らが責任を持つ建設工事の技術面に関してはあくまで自己の主張を貫いていたこと、その内容が日本初の試みを含めて常に新技術への挑戦であり、また変化への対処が迅速であったことは、本書を通じて見てきたとおりである。江戸時代と機構は変われど官界に継承された権威主義や縄張り意識、事務的煩雑さや不効率、非合理的な規制などは、常に技術的フロンティアの開拓を目指す白石の性向にはおそらく合わなかった。かたや、白石本人の実力と経歴、加えて人脈や人柄は、官尊民卑の環境下においても官と互角に渡りあえる力量を形成しており、あえて反骨の精神を奮い立たせたという見方もできる。いや、白石ならずとも、当時、柔軟な思考法と合理的精神を持つ優れた技術者一人一人は、その種の垣根を取り払い、新しい技術の地平を拓いていった可能性が、本書の節々に見えてくる。ともあれ、諸般の事情を勘案すれば、この時代の独立起業は容易でなく、時機を待って歳月を重ねたことだろう。

民間事業において新技術に挑戦することには、リスクを含め、コスト的に厳しい制約がある。関西鉄道ではそれを承知であえて己が主張を貫いたようにも思われる。逆に、白石レベルの技術／工学者に満足のいく活躍の場を与えられる民間企業は限られていた。その点、三菱合資は稀有の存在であった。ビジネス・インフラを構築するための新技術採用には資金を惜しまず、個人ではアクセスの困難な海外製品や技術導入、その交渉などに関するバックアップ体制も相応に整っていた。加えて給与、人事、工事遂行への裁量権、新企画への参画など、さまざまな面で優遇策が講じられていた。さらに、通常ならプロジェクト毎に独立する建設の仕事場を連続的に準備し、白石専属に近い技術者集団を一括雇用して恒常的にそれらの業務にあたらせた。各地に分散する複数の仕事場の監理を白石が行うには、そのそれぞれに腹心の技術者が詰めていることが必要だった（表5-2は、その関係性を示唆している）。このシステムのスポンサーが三菱合資であり、企業の意思決定の在処からいうならば、岩崎久弥という三菱財閥の当主であった。それだけの待遇をもって白石という技術顧問および「白石系」の技術者群を確保して、流動的、機能的に活動させることが、成長し、あるいは多角化する企業にとって採算の合う、効率的な経営戦略だった。その基盤の上に、希少な上級土木技術者であった白石が民間事業において、おそらくは官業におけるよりもその力量を存分に発揮し、かたや民間企業側は三菱のみならず、若松築港や九州鉄道、さらには白石と三菱との雇用関係が解消された後の猪苗代水力電気を含めて、各々が必要とするビジネス・インフラ形成を首尾よく進めることができた。三菱の場合、かつて正規の雇用者である曾禰達蔵をトップに置いた丸ノ内建築所が特定プロジェクトにおける「ゼネコンの内部化」という性格を持っていたとすれば、嘱託関係の白石をトップに置き、「白石系」を核とする技術者群を流動的に各所に組織化する方法は、その変則拡大形であったともいえよう。多方面にわたる優れた知見と幅広い人脈を持つ白石の役割が単なる建設請負をはるかに越えるものであったことはいうまでもない。

だが、この種の契約関係が長期にわたって継続されるとすれば、その理由は技術者の能力とそれに対する待遇のバランスのみではなかろう。日本社会の将来像をどう捉えるかということまで含めて、事業そのものの魅力、そして人間関係が影響したはずである。事業については本書を通じて検討してきた。白石がその実力と経歴からは奇特な、民間志向の技術者であることも述べた。ここでは、最後に残ったキーパーソンである岩崎久弥についてごく簡単に触れておきたい。

岩崎久弥の三菱合資会社社長在任期間は明治二六〜大正五（一八九三〜一九一六）年。俗にいう日本一の大富豪であったけれども、三菱当主四代の中で、というよりむしろ世間一般の常識からしても、自己顕示欲や権威主義からは遠い財閥首領であった。おそらくそのことも影響して、久弥の事績の全貌は詳らかではなく、実際には残された記録よりもはるかに多くの事業に関わりを持っていたと考えられる。だが、卑見の限りでいえば、彼は他人《ひと》をして岩崎久弥個人を信頼させ、その他人《ひと》の能力を存分に発揮させることに長けた経営者であった。個人としては実直寡黙な、むしろ技術者的イメージの強い久弥だが、その経営が莫大な財力を背景とした懐深い度量と胆力、そして緻密な計算のなせる技であったことは、久弥時代の三菱合資の実績に顕かである。

白石のケースをみると、彼の三菱関係の仕事は久弥個人からの打診に端を発しているものが多い。測量等、土木関連の調査は——とりわけ未開発地域におけるインフラ建設の場合などは——往々にして危険と隣り合わせだが、さらに南韓鉄道予備調査のような剣呑な仕事まで引き受けている。晩年の政界入りでは三菱系を離れた白石だが、その死後も関係は続いた。たとえば、白石の次男、宗城（東京帝国大学工科大学電気工学科卒、日本窒素肥料）はアメリカ留学中に直治逝去の報に接して急遽帰国し、二年後にドイツへの留学を果たしたが、その際、仙石の斡旋を得て「三菱縁故の者」の扱いで海外支店等の便宜を受ける計らいを受け、さらに、すでに社長を退いていた久弥個人から留学資金として一万円を贈られた。当時の為替で百万マルク。ドイツ大統領の年俸が七万マルクの時代に、必要経費を差し引いてなおベルリンで月三万マルクの生活を意味し、この上ない学術的・経済的環境の支援であっ

たという[16]。いかにも久弥らしいエピソードである。また、多士良が立ち上げた白石基礎工業も、その揺籃期に岩崎
家から有形無形の支援を得ている[17]。
高橋元吉郎と広沢範敏の両人にとって、白石は恩師であり上司であり指導者であった。官か民かということより
も〝白石先生〟とともに、もしくは〝白石先生〟のもとで仕事のできる環境こそがかけがえのないものであったこ
とだろう。こと細かな感想が記録されているわけではないが、ひたすら白石について移動した事実が、その関係性
を物語っている。広沢の家には白石の揮毫による扁額が常に掲げられていたという[18]。同時に、後半生、つまり、三
菱合資に移籍後の彼らにとって、岩崎久弥の存在もまた巨大であった。誤解を恐れずにいえば、彼らは一方に日本
国という大義を背負いつつ、より身近な——武家社会における主家の役割を一部代替するようなニュアンスにおけ
る——精神的拠りどころを岩崎家に求めていたのかもしれない。子孫へのヒアリングからは、その久弥から目をか
けられ、厚遇されることが、われわれの想像以上に、仕事に対する重要なインセンティヴになっていたと推察され
る。高橋は高額の賞与を支給され、あるいは姉の逝去に際して久弥から見舞を送られたことに対して、丁寧な礼状
をしたためている[19]。明治期の三菱合資において、社長と技師とはそのような近しい関係にあった。後備役で日露戦
争に応召した際には、久弥の名入りの双眼鏡他を贈られ、後々家宝のように大切にしていたという。また、土木技
術者として重要な大事業に関わった高橋だが、彼が生前最も誇りにしていた仕事は、何かの折に携わった岩崎家の
邸宅工事であった。少なくとも、子孫の間では、そうした比重をもって話が伝えられてきたのである[20]。

広沢は、いったん三菱合資に入職した後、たびたび関係会社に移籍したり、特殊な海外業務に就いたりしたが、
その間、常に休職扱いとされた。三菱在籍二〇年のうち実に一一年が休職であり、最後は休職中の大正九（一九二
〇）年に依願退職して贈与金一万六千円を支給されている。このような長期の休職扱いは稀な事例といってよい[21]。
三菱退職の前年、白石逝去の数ヵ月後に、広沢は猪苗代水力電気も依願退職しており、ここでも六千円の退職金を
受け取った。三菱合資、猪苗代水力電気ともに広沢を厚遇したが、そこまでの彼の仕事は、ほぼ全面的に白石への

随従だった。師を失った後の広沢は、三菱総帥勇退後の久弥の事業に個人的に関わった。小岩井農場や末広農場（千葉）には測量や地質、水質調査などで幾度も通い、また、時期は定かでないが、青島や樺太にも赴いた。[22] 広沢にとって久弥は雲の上の存在に違いなかろうが、岩崎家との関係を通じ、六〇代半ばになってなお、往年の三菱幹部などからの依頼に応じ、日本各地を回って小規模な土木工事や機械の据付等に携わっていた様子が知れる。[23] 広沢は昭和二八（一九五三）年、八〇歳の長寿を全うした。長男の敏雄は東山農事（岩崎家庭事務所）に就職した。

すべては近代移行期――すなわち、日本が近代化の入口に立ち、人々がまず何をすべきかを理解し、しかし、やるべきことのためにはあらゆるインフラが不在または未熟であった時代のできごとであった。客観的にみれば、インフラおよびそれを構築できる人材の欠乏こそが、民間ビジネスどころか、他ならぬ日本が産業発展のために乗り越えるべき最大級のハードルだった。かたや、他ならぬ開発の当事者たちは、さまざまな方策を模索しながらこの移行期を乗り越えていった。彼らが断行した国土開発事業や建設工事のスケール感は、今日では想像しにくいほどのものだったであろう。本書は対象を民間事業に置いたが、「官」であれ「民」であれ、その希少な人材の主力は圧倒的に士族であり、彼らはその属性ともいうべき工学／技術／開発重視の積極性をいかんなく発揮した。そして、民間におけるインフラ・ビジネス、それを可能にしたビジネス・インフラの建設は、時に官業を凌ぐ規模や重要性を備え、時には技術的にきわめて進取的な試みを提示した。時代が進んで、より広い意味における民間の経済力が高まり、ハード・ソフト両面でのインフラが次第に整備され、技術者の数があらゆる場面で増加するにつれて、ビジネス・インフラ建設をめぐる状況は大きく変わっていった。ただし、越えるべきハードルの着地点は、この移行期の間に方向づけられていた。

本書の事例は、系統だって記録が残される機会の少ない民間の諸事業のほんの一部分に過ぎないが、それでも近代日本の国のかたちを決めていく流れに掉差したことは間違いがない。その理由は、「民間が自ら必要とするインフラを形成した」という事実にある。ある時代が新しいインフラを求め、そのインフラが次の時代を造る。たとえインフラの活かし方が後進に託された業であったとしても、後進はそのインフラという身の丈を基盤にして成長を始めるのである。

あとがき

『白石直治伝』は祖父の書斎にあった。年月を経て表紙が擦り切れた分厚い書物の背に白い和紙を貼り、のびやかな筆で書かれた易しい漢字の表題は、黒っぽくいかめしい書籍群の中にあって、子供の眼には唯一際立って映り、しかしその内容や人物に興味を湧かせることはなかった。明治生まれの祖父が苦学生時代に白石家の書生をしていたことを知ったのは、祖父が亡くなって二〇年も経った後の偶然のできごとである。その時再会した「白石直治」という名前に、一転、強烈に心惹かれた理由があるとするなら、それは幼い頃、脳裏に刻みつけられた背表紙の手書き文字への親近感に相違ない。

背表紙名の人物は、なんと近代化日本のトップレベルの頭脳と実践力を兼ね備えたエリート土木技術者／工学者であるという。にもかかわらず、すでに約束されている官位栄達の途を惜しげもなく捨てて、ひたすら民間事業に必要なインフラを建設する生涯を送った。明治期の土木世界が圧倒的に官上位であることは、技術や工学に疎い筆者にも想像がつく。この技術／工学者の、ことさら常識人《ひと》と異なる生き方は、いったい何を意味しているのか。その仕事流儀に、後発工業国の自助的開発力——実は、これこそが筆者の長年にわたる関心の在処——に関わるヒントが隠されている——そんな構図がふと閃いた。「開発」をキーワードとするならば、明治期の日本には、何度立ち戻っても必ず新しい発見がある。

さて、関心を持ったものの その人物には何の伝手もない。インターネットの援けを借りつつ、もしやと思えるいくつかの企業のダイヤル・ボタンを押し、そこで大当たりした直治曾孫の白石良多氏は、唐突に不躾かつ怪しげな電話をかけた当人が驚くほど、おおらかで真っ直ぐでフレンドリーな対応をしてくださった。白石家の血筋なのかと、その時思った。

——背表紙と電話——この二つのことがなかったら、この研究は始まらなかった。

いざ始めてみると、いつものことながら、それまで漠然と思い描いていたのと異なる世界が開けてきた。とりわけ印象的だったのは、白石直治の携わった事業と三菱＝岩崎との関わりである。当初、両者の仕事上の関係は、まずもって白石が三菱合資の技術顧問を引き受け、その立場で履行したプロジェクトに重なるとの思い込みがあった。つまり、本書でいえば、三菱は第5章でのみ扱うつもりであった。だが、調べれば調べるほど、あらゆるところに関係性が浮かび出てきた。関西鉄道、若松築港、猪苗代水力電気、それぞれにおいて理解しにくい事象が、三菱＝岩崎の動向を並列させることによって、すとんと腑に落ちることがしばしばであった。そのこともあって、本書では前置き的な状況説明の部分においても、極力三菱の事例を挙げることになり、結果、三菱関連の情報がほぼ全編を通して顔を出し、その一面が強調されすぎたきらいがあることは否めない。とはいえ、結局のところ、白石と三菱＝岩崎との関係性が、本書を貫く「近代移行期のビジネス・インフラ形成」というテーマの内実の一端をひもとく鍵になったと考えている。

もう一方のテーマ、「土木の世界」については、白石直治が余りに有能多才であったおかげで、鉄道、港湾、電力と、素人ながら多方面に目配りせねばならぬ事態に陥った。ご専門の方々には読みづらい個所、また工学的見地からは正確さを欠く表現もあるかと懸念する。史料によって少しずつ食い違う数字その他も、できる限り突き合わせて検証を重ねたつもりだが、完璧というにはほど遠い。あれやこれやの問題を自省しつつ行き着いた先には、ごくシンプルな心象が投影されている——明治という、〝近代〟を纏うには欠乏と障害だらけの困難な時代に、しかも民間で行われた建設工事の一つ一つが、新しい技術や来るべき社会への挑戦であり、そこに多くの人々の力と汗と、時に犠牲がはらわれてきたこと、その上にこそわれわれの便利で豊かな生活、そして歴史そのものが構築されてきたという事実へのシンパシー——その一部分でも、本書を読んでくださる方々と共有することができれば、それに勝る喜びはない。

ふとした縁で始めた研究だが、実際、多くの方々や機関のご助力がなければ首尾よく進展することはなかった。それにつけても、白石直治の足跡を訪ねて日本各地をはじめ、北米、ヨーロッパと廻ってみれば、今日と比較にならぬ交通インフラの貧弱な時代に、遠隔地の仕事を掛け持ってそのインフラを建設していた土木技術者たちの気概が、途方もないスケール感とともに伝わってくる。〝白石先生〟に導かれて近代日本の基盤形成を学ぶ旅は、万年書生の筆者にとって、わくわく感いっぱいの冒険でもあった。本書の終わりに、日本そして世界の各地でこの素敵な機会を支えてくださった方々と機関のお名前を記して、心よりの謝意を表したい（順不同）。

・ご子孫の方々

白石直治直系曾孫の白石良多氏からは、その後も多大なご協力をいただいた。良多氏がご紹介くださった竹内明太郎直系孫の竹内純一郎氏は、ありがたいことに土木技術者でもいらして、土佐人脈の世界から昔日の土木工事に至るまで、さんざんご教示を請うことになった。ものやわらかななかに武家の矜持と品格を偲ばせる、高橋元吉郎直系孫の江頭達雄氏、きっぷの良さと包容力が溢れ出るような、福田亀吉直系孫の伊藤文子氏には、それぞれ郷里の地のご案内もいただいた。広沢範敏直系孫の廣澤隆雄氏は、とりわけ早い時点で個人資料を開示してくださり、そのおかげで本書のスタイルの構想が生まれた。まずは本書執筆のイメージを豊かにしてくださったご子孫の方々に、心より厚く御礼申し上げる。

・大学・研究関係の方々

鉄道総合技術研究所の小野田滋氏、東京大学社会科学研究所の中村尚史教授、奈良大学文学部の三木理史教授、神戸大学大学院経済学研究科の浦長瀬隆教授、同じく中川聡史准教授、周防大島町教育委員会の川口智氏、同じく郷土史家の大村繁氏、浜村孝允氏、序破急出版の国分治氏には、それぞれ貴重かつ有益なご指導、またご教示をいただいた。小野田氏と三木教授には資料のお世話にもなった。本書の旅支度が整ったのは、ご指導の賜物と深謝している。

・利用機関とスタッフの方々

執筆に際しては多くの機関や企業、またスタッフの方々のお世話になった。資料利用の便宜のみならず、時に多大な時間と労力を割いてさまざまな情報をご提供くださった。特にご面倒をおかけした方のお名前を括弧内に記したが、お名前を挙げられなかった方々を含めて、ここに御礼を申し上げる。——三菱史料館（坪根明子氏）、電気の史料館（狩野雄一氏）、東京電力株式会社猪苗代電力所（庄司利則氏、小林洋子氏）、わかちく史料館（島中久和氏、古川としよ氏）、直方市石炭記念館（八尋孝司氏）、九州鉄道記念館（佐藤正昭氏）、北九州市立若松図書館、三重県生活・文化部文化振興室（服部久士氏）、伊賀市総務部（笠井賢治氏）、近江鉄道株式会社鉄道部（和田武志氏）、鉄道博物館、京都市上下水道局（白木正俊氏）、京都府立総合資料館（福島幸宏氏）、琵琶湖疏水記念館、長崎造船所史料館、京都大学工学部地球工学科図書室、神戸大学付属図書館、株式会社国書刊行会。イギリス土木学会アーカイヴズ、レンセリア工科大学フォルサム・ライブラリー（ジェニファー・J・マンガー氏）、ペンシルヴェニア大学アーカイヴズ（ナンシー・R・ミラー氏）、ニューヨーク交通博物館、ボルティモア鉄道博物館、ベルリン工科大学アーカイヴズ（ジュリア・ブッフホルツ氏）。ドイツ博物館、ドイツ技術博物館、ニュルンベルクDB博物館。その他、多くの産業遺産の見学も、本書の執筆に欠かせないイマジネーションを与えてくれた。なお、私事にわたるが、国内各地はもとより、海外調査にもナビゲータを務めてくれた建築デザイナーの夫、前田政男にも感謝している。

最後になったが、本書の出版は公益財団法人神戸大学六甲台後援会の助成および「投資信託協会・日本証券投資顧問業協会教育研究助成金」の補助を受けている。この助成・補助とともに、このうえない研究環境を与えてくださった神戸大学大学院経済学研究科の先生方およびスタッフの方々に心より御礼申し上げる。そして、名古屋大学出版会の橘宗吾氏には、今回もドラフト段階から目を通していただき、暖かいご助言とご鞭撻をいただいた。神舘健司氏には校正その他でたいへんなご面倒をおかけした。ほんとうに、深謝の至りである。

インフラは長きにわたって利用される。国の内外を問わず、本書に登場した施設や構造物のうち、相当数は未だその基本部分において現役で、それぞれの故郷の環境と景観を当たり前のように構成している。設計施工が優れ、適切な保守管理が続けられている証ともいえよう。反面、世の中にはインフラ関連、とりわけ老朽化に起因する事故が後を絶たない。あらゆる意味で、インフラはわれわれの生命と生活を左右する力を持ち、そこには突きつめられた人間の技と労働の粋、そして強靭な意思と情念の凝縮した構造物が、時に眼に見えぬ形で機能している。それらのインフラがいつ、誰の手で、どのように建設されたか——そこに人々の関心が向かうことはほとんどない。その静謐な存在は、しかし、後世に生きる人々が、その意義と安全性の評価を、ただ黙して時の流れに任せることを、強く拒んでいるのである。

著　者

二〇一四年十月

《著者略歴》

前田《まえだ》裕子《ひろこ》

愛知県に生まれる
津田塾大学学芸学部国際関係学科卒業
一橋大学大学院社会学研究科修士課程修了
民間研究所，NGO，NPO 勤務を経て
神戸大学大学院国際協力研究科博士課程修了，博士（学術）
現在　神戸大学大学院経済学研究科准教授
著書　『戦時期航空機工業と生産技術形成——三菱航空エンジンと深尾淳二』東京大学出版会，2001 年
『水洗トイレの産業史——20 世紀日本の見えざるイノベーション』名古屋大学出版会，2008 年

ビジネス・インフラの明治

2014 年 10 月 29 日　初版第 1 刷発行

定価はカバーに
表示しています

著　者　前　田　裕　子

発行者　石　井　三　記

発行所　一般財団法人　名古屋大学出版会

〒 464-0814　名古屋市千種区不老町 1 名古屋大学構内
電話(052)781-5027/ FAX(052)781-0697

Printed in Japan

印刷・製本 ㈱クイックス

ISBN978-4-8158-0788-7

乱丁・落丁はお取替えいたします。

索　引

ア　行

カ　行

サ　行

タ　行

ナ　行

ハ　行

マ　行

ヤ　行

ラ　行

ワ　行

A–Z

図表一覧

序章扉　少年期の白石直治（白石良多氏所蔵資料） …… 1
図序-1　白石直治（1857-1919）（南海洋八郎編著『工學博士　白石直治傳』工學博士白石直治傳編纂會，1943 年，口絵） …… 16
図序-2　高橋元吉郎（1867-1909）（江頭達雄氏所蔵資料） …… 24
図序-3　広沢範敏（1872-1953）（廣澤隆雄氏所蔵資料） …… 25
図序-4　土木技術者給与の推移（高橋と広沢の事例）（筆者作成） …… 27
1 章扉　レンセリア工科大学に置かれているプレート（筆者撮影［2013 年 9 月］） …… 29
図 1-1　W. H. Burr（1851-1934）（Frank Griggs, Jr., “William Hubert Burr” in *Structure*, August, 2012, p. 42） …… 58
図 1-2　ブルックリン橋。（上）全景，（下）袂部（Harper’s Weekly ; May 26, 1883［John Grafton, *New York in the Nineteenth Century*, 2nd ed., Dover Publications, Inc., 1980, pp. 31, 36-37］） …… 60
2 章扉　鉄塔建設工事の開始（明治末）（東京電力株式会社猪苗代電力所所蔵資料） …… 67
図 2-1　政府社会資本関連名目投資実績（新設改良費＋災害復旧費）の推移（経済企画庁総合計画局編『日本の社会資本──フローからストックへ』ぎょうせい，1986 年，pp. 209-219 より作成） …… 69
図 2-2　政府社会資本関連名目投資構成比の推移（沢本守幸『公共投資 100 年の歩み──日本の経済発展とともに』大成出版社，1981 年，p. 80 より作成） …… 70
図 2-3　井上勝（1843-1910）（日本国有鉄道編刊『日本国有鉄道百年史』第 1 巻，第 3 版，1971 年，中扉） …… 93
3 章扉　揖斐川橋梁完工（明治 28 年）（京都大学工学部地球工学科図書室所蔵資料） …… 107
図 3-1　関西鉄道機関車（Pittsburgh, 1898 年）。左は中央プレートを拡大したもの。車庫の壁に関西鉄道の社章が見える（鉄道博物館所蔵資料） …… 108
図 3-2　関西鉄道路線関連地図（筆者作成） …… 118
図 3-3　田辺朔郎（1861-1944）（西川正治郎編『田邊朔郎博士六十年史』内外出版，1924 年，口絵） …… 123
図 3-4　福田亀吉（1850 頃-1906）（伊藤文子氏所蔵資料） …… 127
図 3-5　加太隧道坑門工（小野田滋氏撮影・提供） …… 133
図 3-6　ねじりまんぽ（加太-柘植間のカルバート）（同上） …… 133
図 3-7　大河原大隧道（広軌対応）の工事（西口）（京都大学工学部地球工学科図書室所蔵資料） …… 135
図 3-8　大河原大隧道（広軌対応）坑門（東口）（同上） …… 135
図 3-9　関西鉄道：地方別発起人（計 50 名）と岩崎久弥の持株数推移：明治 21〜33 年（「発起人住所氏名並各自引受株数」「鐵道院文書」；「株主姓名表」老川慶喜／三木理史編『関西鉄道会社』第 5 巻；第 6 巻，日本経済評論社，2005 年より作成） …… 139
図 3-10　那波光雄（1869-1960）（大垣市かがやきライフ推進部市民活動推進課編刊『先賢展

本』2009年，p. 32）…… 142
図 3-11　揖斐川橋梁図面（那波光雄）（那波光雄「軟弱ナル地盤ニ建設セラレタル橋脚橋台構造ト竣成後二五年間ノ経過ニ就キテ」『土木學會誌』7巻1号，1921年2月，付図）…… 149
図 3-12　木曾川架橋工事（京都大学工学部地球工学科図書室所蔵資料）…… 150
図 3-13　揖斐川架橋工事（同上）…… 151
図 3-14　完工後の揖斐川橋梁（同上）…… 151
図 3-15　笠置-加茂間軌道工事。手前は笠置橋梁（同上）…… 152
図 3-16　木津川架橋工事（足場法）（同上）…… 152
図 3-17　木津川橋梁（明治30年竣工）（同上）…… 153
図 3-18　鳴谷川橋梁（明治30年竣工）（同上）…… 153
図 3-19　関西鉄道の府県別株式保有シェアの推移（「株式府県別一覧表」老川／三木編『関西鉄道会社』第5巻；第6巻より作成）…… 157
図 3-20　愛知停車場（京都大学工学部地球工学科図書室所蔵資料）…… 158
4章扉　帆檣林立。葛島から見た若松港沿岸。石炭積込の帆船によって埋め尽くされている（今村元市／宇佐美明編著『明治大正昭和　若松・戸畑』国書刊行会，1980年，p. 23）…… 165
図 4-1　国産石炭消費用途の推移（今津健治「戦前期石炭の消費地への輸送——若松港をめぐって」安場保吉／斎藤修編『プロト工業化期の経済と社会——国際比較の試み』日本経済新聞社，1983年所収，p. 258のデータより作成）…… 168
図 4-2　堀川を就航する川艜（明治30年頃）（直方市石炭記念館所蔵資料）…… 169
図 4-3　遠賀川下流を就航する川艜（同上）…… 169
図 4-4　筑豊炭田関連地図（20世紀初頭頃）（筑豊石炭礦業史年表編纂委員会『筑豊石炭礦業史年表』西日本文化協会，1973年；『筑豊本線・日田彦山線・後藤寺線・篠栗線』朝日新聞出版，2009年8月；直方市石炭記念館「筑豊炭田図」を参考に作成）…… 173
図 4-5　筑豊(興業)鉄道の株主動向：三菱系および麻生・安川：明治23〜30年（「株主人名表」各年各期，西日本文化協会編刊『福岡県史　近代資料編　筑豊興業鉄道(一)』1990年より作成）…… 174
図 4-6　明治中期の坑外運炭（三菱鯰田）（直方市石炭記念館所蔵資料）…… 175
図 4-7　大正初期の坑外運炭（三菱鯰田）（同上）…… 175
図 4-8　石炭用貨車，底開き型。中央部に九州鉄道の社章が見える（九州鉄道記念館所蔵資料）…… 175
図 4-9　筑豊4郡の諸炭鉱より搬出，輸送される石炭の量（高野江基太郎「筑豊炭鉱誌」I，1898年，明治文献資料刊行会編刊『明治前期産業発達史資料』別冊70-1，1970年所収，p. 100より作成）…… 176
図 4-10　筑豊石炭送炭量の水陸比率の推移（畑岡寛他「筑豊炭の運炭機構の形成に関する史的研究」『土木史研究』22号，2002年5月，p. 155，表4［原資料：中間市史］より作成）…… 177
図 4-11　仙石貢（1857-1931）（『土木建築工事書報』7巻12号，1931年12月，p. 3）…… 178
図 4-12　明治35年頃の若松港。汽船の姿はない（今村／宇佐美編著『明治大正昭和　若松・戸畑』pp. 6-7）…… 192-3
図 4-13　第1次拡張工事末頃の若松港。中央に浚渫船，戸畑側の工事も見える（同上

書，pp. 40–41）……………………………………………………………… 195
図 4–14　港に参集した川艜（手前側）。遠景は出炭の帆船（直方市石炭記念館所蔵資料）……………………………………………………………………………… 197
図 4–15　若松駅の水圧クレーン（鐵道省編刊『日本鐵道史』中篇，1921 年，p. 427 中扉）… 197
図 4–16　戸畑側，牧山のクレーン。貨車に九州鉄道の社章が見える（今村／宇佐美編著『明治大正昭和　若松・戸畑』p. 108）………………………………………… 198
図 4–17　若松駅・戸畑駅石炭着荷量の推移（福岡縣若松市役所編刊『若松市史』1937 年，後編，pp. 73–75 のデータより作成）………………………………………… 199
図 4–18　洞海湾の変遷（明治 18 年〜33 年〜大正 11 年）（永田隆昌／高見敞志「企業都市における住宅地の整備に関する考察——その 1・洞海湾沿岸地域における工場立地と市街地形成」『日本建築学会九州支部研究報告』26 号，1982 年 3 月，p. 333 の地図を参考に作成）……………………………………………………………… 200
図 4–19　若松港出入船舶数および港銭収入の推移（若築建設株式会社編刊『若築建設百十年史』2000 年，p. 72 より作成）………………………………………… 208
図 4–20　若松出港石炭積帆船と汽船および曳船小蒸気数の推移（『若松市史』後編，pp. 110–111 のデータより作成）…………………………………………… 209
図 4–21　明治末頃の若松港と若松駅。港には汽船，駅構内左手には工場も見える（今村／宇佐美編著『明治大正昭和　若松・戸畑』pp. 16–17）……………………… 212–3
5 章扉　和田桟橋竣工：日本最初期の海陸連絡設備（三菱史料館所蔵資料）……………… 215
図 5–1　明治期三菱：関連系図（筆者作成）……………………………………… 219
図 5–2　岩崎弥之助（1851–1908）（三菱史料館所蔵資料）………………………… 231
図 5–3　岩崎久弥（1865–1955）（同上）…………………………………………… 231
図 5–4　神戸造船所（明治 40 年）：左より防波堤，浮船渠，製缶工場，機械工場，木工場，製図場（「和田岬のあゆみ」編集係編『和田岬のあゆみ』上，三菱重工業株式会社神戸造船所，1972 年，口絵）………………………………………… 235
図 5–5　神戸造船所第二船渠工事（小木植編『THE MITSU BISHI』三菱合資會社，1910 年［三菱史料館所蔵資料］，p. 120）………………………………………… 236
図 5–6　ICE：白石の会員推挙資料（Institute of Civil Engineers, “Candidate Circulars Session, 1910–11”, ICE 所蔵資料）…………………………………………… 240
図 5–7　和田岬東京倉庫 G 号（ICE 所蔵資料）……………………………………… 241
図 5–8　明治 45 年の神戸港（「実測神戸市地図」［神戸大学付属図書館所蔵資料］の一部に加筆）……………………………………………………………………… 242
図 5–9　高浜岸壁ケーソン進水斜路図面（須山英次郎）（須山英次郎「和田岬鐵筋コンクリート，ケーソン製造工事概況」『工學會誌』31 輯 351 巻，1912 年 5 月，付図）…… 245
図 5–10　長崎造船所第三船渠。入渠船は戦艦壱岐（小木編『THE MITSU BISHI』p. 107）……………………………………………………………………………… 251
6 章扉　資材運搬軌道の除雪作業（電気の史料館所蔵資料）………………………… 255
図 6–1　製造業の原動機種類別馬力数の推移（1899–1928 年）（南亮進『動力革命と技術進歩——戦前期製造業の分析』東洋経済新報社，1973 年，p. 226 より作成）…………… 259
図 6–2　猪苗代湖周辺電源開発関連地図（筆者作成）……………………………… 265
図 6–3　猪苗代湖と磐梯山。手前右は猪苗代水力電気の小蒸気（電気の史料館所蔵資料［原資料：日下部金三郎編『第一期工事竣工記念帖』猪苗代水力電氣株式會社，1915

表 1-3　明治前半期工学系公費派遣留学者のうち，帰国後主として土木関係の指導的業務に就いた者（手塚／石島共編『幕末明治期海外渡航者人物情報事典』；石附『近代日本の海外留学史』；渡辺『近代日本海外留学生史』上；井関九郎編『大日本博士録』第 5 巻　工學博士の部，発展社，1930 年；藤井『土木人物事典』）………………… 50-1

表 2-1　明治前半期の鉄道建設作業賃金（社団法人土木工業協会／社団法人電力建設業協会編『日本土木建設業史』技報堂，1971 年，pp. 52-53；社団法人鉄道建設業協会編刊『日本鉄道請負業史』明治篇，1967 年，pp. 36-37）………………………………… 77

表 2-2　鉄道行政機構の変遷（筆者作成）……………………………………………… 87

表 3-1　関西鉄道幹線および名古屋新線の建設費内訳（関西鐵道株式會社「第 11 回報告」；「第 17 回報告」老川慶喜／三木理史編『関西鉄道会社』第 1 巻；第 2 巻，日本経済評論社，2005 年，p. 305；pp. 268-269 より作成）………………………………… 143

表 4-1　筑豊諸炭鉱から若松までの運賃：水陸比較（鉄道／川艜）（村上享一「筑豊石炭の運送附若松港」『工學會誌』14 輯 163 巻，1895 年 7 月，pp. 472-473 より作成）…… 177

表 4-2　若松築港会社工事沿革（明治年間）（若松築港株式會社編刊『若松築港誌略』1928 年を主に参照して作成）……………………………………………………………… 201

表 4-3　若松港船種別出港船舶数の推移（福岡縣若松市役所編刊『若松市史』1937 年，後編，pp. 110-111 のデータより作成）…………………………………………………… 209

表 4-4　「出入港銭収入明細表」による船種および積載量の推移（若松築港株式會社「営業報告書」各年各期［わかちく史料館所蔵資料］の「出入港銭明細表」より作成）… 210

表 5-1　明治期三菱の土木・建築関係技術系人材の入退職（三菱社誌刊行会編『三菱社誌』各巻，東京大学出版会，1979-82 年；岩崎家傳記刊行会編『岩崎彌太郎傳（下）』東京大学出版会，1967 年；三菱合資會社「使用人名簿」明治 44 年を参考に，筆者作成）……………………………………………………………………………………… 221

表 5-2　実務的「白石系」技術者集団の形成（各社社史，名簿，職制表，『帝國鐵道要鑑』等を参考に，筆者作成）……………………………………………………………… 234

表 5-3　明治期三菱の土木・建築関連年表（筆者作成）……………………………… 237

表 6-1　猪苗代水力電気第 1 期工事概要（日下部金三郎編『第一期工事竣工記念帖』猪苗代水力電氣株式會社，1915 年 8 月；「猪苗代水力電氣株式會社　工事説明書」1914 年 5 月［電気の史料館所蔵資料］；太刀川平治『特別高壓送電線路ノ研究』丸善，1921 年より作成）……………………………………………………………………………… 282

表 6-2　第 1 期工事建設費内訳表（1915 年 3 月末）（猪苗代水力電氣株式會社「第 7 回報告」［神戸大学経済経営研究所付属企業資料総合センター所蔵資料］p. 15 より作成）……………………………………………………………………………………………… 285

表 6-3　1913 年 3 月～9 月に認可された主たる土木工事（猪苗代水力電氣株式會社「第 4 回報告」［明治学院大学付属図書館所蔵資料］pp. 2-4 より作成）……………………… 292

参考文献

白石直治関連資料

白石直治のメモ帳（白石良多氏所蔵資料）。

白石直治「上水下水の話」『東洋大家論説』第 2 集，国友館，1887 年，pp. 206–214（『近代演説討論集』第 13 巻，ゆまに書房，1987 年所収，pp. 384–392）。

白石直治「関西鐵道工事略報」（演説）『工學會誌』7 輯 84 巻，1888 年 12 月，pp. 1001–1018.

白石直治「海中工事ニ於ケル鐵筋混凝土　附議」『土木學會誌』1 巻 3 号，1915 年 6 月，pp. 15–16.

白石直治「廣狹軌道比較談」野田正穂他編『広軌鉄道論集』（大正期鉄道史資料：第 2 期第 14 巻）日本経済評論社，1992 年所収（ページ番号なし）。

白石直治「鐵道國有論」野田正穂他編『鉄道国有論』（明治期鉄道史資料：第 2 期第 2 集第 22 巻）日本経済評論社，1988 年所収（ページ番号なし）。

Shiraishi, N., “A Ferro-Concrete Warehouse at Kobe”（I）;（II）『建築雑誌』26 巻 308 号，1912 年 8 月；26 巻 311 号，1912 年 11 月，いずれも付録 pp. 1–10.

Shiraishi, Naoji, “Abstract : A Reinforced-Concrete Warehouse at Kobe” in *Minutes of the Proceedings*, Part 3, Volume 185, Issue 1911, Institute of Civil Engineers, Jan., 1911（イギリス土木学会所蔵資料）。

「故工學博士　白石直治君略歴」『土木學會誌』5 巻 2 号，1919 年 4 月，pp. 1–7.

「故評議員従五位勲四等　工學博士白石直治君小傳」『帝國鐵道協會會報』20 巻 3 号，1919 年 3 月，pp. 77–78.

白石解散寄稿集発行委員会編刊『我が白石　圧縮されたそれぞれの思い』第 2 版，2009 年（竹内純一郎氏所蔵資料）。

白石基礎工事株式会社編刊『追憶　白石多士良』1965 年。

白石俊多『回顧録』（非売品）1992 年（白石良多氏所蔵資料）。

白石俊多『白石多士良略伝――技術開発とケーソン工法の先駆者』多士不動産株式会社，1994 年。

白石俊多「土木四百余年の回想」『建設業界』38 巻 12 号，1989 年 12 月，pp. 46–47.

パシフィックリプロサービス株式会社編『白石宗城』「白石宗城」刊行会，1978 年。

南海洋八郎編著『工學博士　白石直治傳』工學博士白石直治傳編纂會，1943 年（非売品）。

Matrikelbücher Gasthörer Band I, 1883–1899.（ベルリン工科大学所蔵資料）

Register of the Rensselaer Polytechnic Institute, 1883–84.（レンセリア工科大学所蔵資料）

未公刊資料・パンフレット等

〈神戸大学経済経営研究所付属企業資料総合センター所蔵資料〉

猪苗代水力電氣株式會社「営業報告書」第 7 回～第 16 回。

若松築港株式會社「営業報告書」第 4 回～第 10 回，第 43 回～第 59 回。

〈財団法人三菱経済研究所付属三菱史料館所蔵資料〉

「英文書簡コピー」1886-1893 年。

小木植編「THE MITSU BISHI」三菱合資会社，1910 年。

「神戸建築所日誌」。

「他向来翰」明治 22～33 年（1889～1900 年）。

「太刀川平治氏談」［インタビュー記録］1956 年 5 月 2 日。

「松本健次郎氏談」［インタビュー記録］1956 年 2 月 9 日，於工業倶楽部。

「三菱合資會社及三菱事業所使用人名簿」各年。

三菱合資會社営業部神戸支店編纂「和田沿革史」1912 年。

三菱合資會社「和田建築所月報」。

「明治廿九年諸支払高」（丸の内三菱 3 号館関係）。

「和田建築所日誌」。

〈東京電力株式会社電気の史料館所蔵資料〉

「猪苗代水力電氣株式會社　工事説明書」1914 年 5 月。

正木良一「猪苗代水電　第一期工事　1912-14」（本人メモ）。

正木良一「米国出張日誌」（報告書等複写）1913 年 1 月～7 月。

「工事写真帖」第 2 輯～第 8 輯。

〈東京電力株式会社猪苗代電力所所蔵資料〉

「係員名簿」1916 年／ 1921 年。

「工事写真帖」。

「猪苗代電力所のご紹介／豊かな水資源を活かして」（同所パンフレット）。

〈若築建設株式会社わかちく史料館所蔵資料〉

「諸願其他往復文書」各年。

若松築港株式會社「営業報告書」各年各期。

〈京都大学工学部地球工学科図書室所蔵資料〉

関西鐵道株式會社編「関西鐵道株式會社職制」1905 年。

京都帝国大学理工科大学土木工学教室「関西鉄道工事写真帳」(1) (2)。

〈明治学院大学付属図書館所蔵資料〉

猪苗代水力電氣株式會社「事業案内」1915 年 3 月。

猪苗代水力電氣株式會社「第 4 回報告」1913 年 4 月 1 日～9 月 30 日。

〈その他〉

石野寛平「若松築港経済に関する意見書」1899 年 1 月（九州大学附属図書館・伊都図書館所蔵資料）。

今川喜久治「若松港と石炭」1937 年 12 月（北九州市立若松図書館所蔵資料）。

「近江鉄道の歴史」他（近江鉄道株式会社資料）。

高橋元吉郎：履歴書，辞令，家系図等（江頭達雄氏所蔵資料）。

「鐵道院文書」（鉄道博物館所蔵資料）。

広沢範敏：辞令，戸籍謄本，メモ等（廣澤隆雄氏所蔵資料）。

琵琶湖疏水事務所文書（京都府立総合資料館所蔵資料）。

機関史／団体史
〈校史〉

金沢大学 50 年史編纂委員会『金澤大學五十年史』通史編，金沢大学創立 50 周年記念事業後援会，2001 年。

攻玉社・創立九十周年記念誌編纂委員編『攻玉社九十年史』攻玉社，1953 年。

攻玉社学園編刊『攻玉社百年史』1963 年。

『工手學校一覽』（二十五年記念）1913 年。

『第四高等中學校一覧』自明治 26 年至明治 27 年。

東京大学百年史編集委員会編『東京大學百年史』通史 1，1984 年；資料 1，1984 年；部局史 3，1987 年，東京大学出版会。

『東京帝國大學一覧』従明治 31 年至明治 32 年。

『東京帝國大學卒業生氏名録』大正 14 年版，1926 年。

〈社史〉

老川慶喜／中村尚史編『日本鉄道会社』第 5 巻（明治期私鉄営業報告書集成 (1)）日本経済評論社，2004 年。

老川慶喜／三木理史編『関西鉄道会社』第 1 巻〜第 6 巻（明治期私鉄営業報告書集成 (3)）日本経済評論社，2005 年。

奥田晴彦『関西鉄道史』鉄道史資料保存会，2006 年。

九州鐵道株式會社『九州鐵道株式會社小史』九州鐵道総務課，1904 年（野田正穂他編『明治期鉄道史資料』第 2 集第 3 巻 2：社史，日本経済評論社，1980 年所収）。

日下部金三郎編『第一期工事竣工記念帖』猪苗代水力電氣株式會社，1915 年 8 月（非売品）。

財団法人日本経営史研究所編『日本ガイシ 75 年史』日本ガイシ株式会社，1995 年。

社史発刊準備委員会編著『大成建設社史』大成建設株式会社，1963 年。

白石基礎工事株式会社編刊『創立四十五年』1978 年（非売品）。

神船 75 年史編集委員会編『三菱神戸造船所七十五年史』三菱重工業株式会社神戸造船所，1981 年。

新三菱重工業株式会社神戸造船所五十年史編纂委員会編刊『新三菱神戸造船所五十年史』1957 年。

東京電燈會社史編纂委員会編『東京電燈株式會社史』東京電燈株式會社，1956 年。

東京電燈株式會社編刊『東京電燈株式會社開業五十年史』1936 年。

東京電力株式会社編刊『関東の電気事業と東京電力——電気事業の創始から東京電力 50 年への軌跡』2002 年。

東京電力社史編集委員会編『東京電力三十年史』東京電力株式会社，1983 年。

西日本文化協会編刊『福岡県史　近代資料編　筑豊興業鉄道』（一）1990 年；（二）1997 年。

日本社史全集刊行会編纂『清水建設　百七十年』常盤書院，1977 年。

日本社史全集刊行会編纂『竹中工務店　七十五年の歩み』常盤書院，1977 年。

パシフィック　コンサルタンツ株式会社編刊『パシフィック　コンサルタンツ 25 年史』1976 年。

三菱銀行史編纂委員会編刊『三菱銀行史』1954 年。

三菱地所株式会社社誌編纂室編『丸の内百年のあゆみ——三菱地所社史』上巻；下巻；資料・年表・索引，三菱地所株式会社，1993 年。

三菱社誌刊行会編『三菱社誌』1-40 巻，東京大学出版会，1979-82 年（復刊）。

三菱倉庫株式会社編刊『三菱倉庫七十五年史』1962 年。

三菱倉庫株式会社編刊『三菱倉庫百年史』通史；編年史・資料，1988年。

三菱造船株式會社長崎造船所職工課編刊『三菱長崎造船所史』(1)，1928年。

三菱電機株式会社編刊『建業回顧』1951年。

善積三郎編『京城電氣株式會社二十年沿革史』京城電氣株式會社，1929年（波形昭一／木村健二／須永徳武監修『京城電気株式会社二十年沿革史／伸び行く京城電気／開城電気株式会社沿革史』[社史で見る日本経済史 植民地編，第17巻]，ゆまに書房，2003年所収)。

若築建設株式会社編刊『若築建設百十年史』2000年。

若松築港株式會社編刊『若松築港株式會社五拾年史』1941年。

若松築港株式會社編刊『若松築港誌略』1928年（非売品)。

若松築港株式会社七十年史編集委員会編『七十年史　若松築港株式會社』若松築港株式会社，1960年。

「和田岬のあゆみ編集係」編『和田岬のあゆみ』上，三菱重工業株式会社神戸造船所，1972年（非売品)。

地域史／郷土史

石崎敏行著刊『若松を語る』1934年（非売品)。

伊賀町役場編刊『伊賀町史』2004年。

今村元市／宇佐美明編著『明治大正昭和　若松・戸畑』(ふるさとの想い出写真集114）国書刊行会，1980年。

王寺町史編集委員会編『新訂　王寺町史　資料編』王寺町，2000年。

大垣市かがやきライフ推進部市民活動推進課編刊『先賢展本』2009年。

河東町史編さん委員会編『河東町史下巻』河東町教育委員会，1983年。

久賀町誌編集委員会編『山口県久賀町誌』山口県大島郡久賀町役場，1954年（非売品)。

久保文武監修　伊賀の歴史刊行会編『図説　伊賀の歴史』下巻，郷土出版社，1992年。

国分理編『猪苗代湖利水史』福島県土木部砂防電力課，1962年。

越水武夫編『戸畑郷土誌』街頭新聞社，1957年（非売品)。

小塚参三郎編刊『若松繁昌誌』1896年（永田栄一郎による復刻補遺版，2004年)。

新修名古屋市史編集委員会編『新修　名古屋市史』第5巻，名古屋市，2000年。

関町教育委員会編『鈴鹿　関町史』下巻，関町役場，1984年。

高野江基太郎「筑豊炭鉱誌」I～III，1898年（明治文献資料刊行会編刊『明治前期産業発達史資料』別冊70-1～3，1970年所収)。

筑豊石炭礦業史年表編纂委員会『筑豊石炭礦業史年表』西日本文化協会，1973年。

戸畑郷土会編刊『郷土戸畑――特集「牧山」』1983年。

中田乙一『縮刷　丸ノ内今と昔』三菱地所株式会社，1952年（非売品)。

福岡縣若松市役所編刊『若松市史』1937年。

三重県教育委員会編刊『三重県の近代化遺産』1996年。

宮本常一『周防大島を中心としたる　海の生活誌』(アチック　ミューゼアム彙報11）アチック　ミューゼアム，1936年。

宮本常一『私の日本地図　瀬戸内海III　周防大島』同友館，1971年。

山口県大島郡久賀町教育委員会『周防久賀の諸職　石工等諸職調査報告書（二)』1981年。

山口県大島郡久賀町役場編刊『町制90周年記念　写真でみる久賀町』1994年。

山口県大島郡東和町役場編刊『東和町誌　各論編　第四巻　石造物』1985年。

若松駅史編集委員会編刊『石炭と若松驛』1986年。

評伝／個人史

麻生太吉翁伝刊行会編『麻生太吉翁伝』（伝記叢書336）大空社，2000年。

井上馨侯傳記編纂会編『世外井上公傳』（明治百年史叢書）第4巻，原書房，1978年。

岩崎家傳記刊行会編『岩崎彌太郎傳（下）』（岩崎家傳記・二）東京大学出版会，1967年。

岩崎家傳記刊行会編『岩崎彌之助傳（上）』（岩崎家傳記・三）東京大学出版会，1971年。

岩崎家傳記刊行会編『岩崎彌之助傳（下）』（岩崎家傳記・四）東京大学出版会，1971年。

岩崎家傳記刊行会編『岩崎久彌傳』（岩崎家傳記・五）東京大学出版会，1961年。

鵜崎熊吉『豊川良平』豊川良平傳記編纂會，1923年。

大滝忠夫編『嘉納治五郎　私の生涯と柔道』人物往来社，1972年。

嘉納治五郎『私の生涯と柔道』（人間の記録2）日本図書センター，1997年。

上林好之『日本の川を甦らせた技師デ・レイケ』草思社，1999年。

北政巳『御雇外国人ヘンリー・ダイアー――近代（工業）技術教育の父・初代東大都検（教頭）の生涯』文生書院，2007年。

高知県高知工業高等学校同窓会／高知新聞企業出版部製作発行『工業ハ富国ノ基――竹内綱と明太郎の伝記』1997年。

小松商工会議所機械金属業部会編『沈黙の巨星――コマツ創業の人・竹内明太郎伝』北國新聞社出版局，1996年。

『塩田泰介氏　自叙傳』1938年（口述伝：内山正居筆記）。

渋沢青淵記念財団竜門社編『渋澤栄一傳記資料』渋沢栄一伝記資料刊行会，第9巻，1956年；第10巻，1956年；第13巻，1957年；第53巻，1964年；第54巻，1964年；別巻第一・日記，1966年。

高崎哲郎『評伝　山に向かいて目を挙《あ》ぐ――工学博士・広井勇《いさみ》の生涯』鹿島出版会，2003年。

高梨光司編『野口遵翁追懐録』野口遵翁追懐録編纂会，1952年。

土木学会編刊『古市公威とその時代』2004年。

中村孝也『日下義雄傳』長谷井千代松，1928年（非売品）。

西川正治郎編『田邊朔郎博士六十年史』内外出版，1924年（非売品）。

松田順吉「松田武一郎小伝」（稿本）九州大学石炭研究資料センター編刊『石炭研究資料叢書』第18輯，1997年所収。

松本健次郎述　清宮一郎編『松本健次郎懐舊談』鱒書房，1952年。

三菱史料館編「岩崎家伝記総索引」三菱経済研究所，2013年。

村上享一著　速水太郎編刊『南清傳』1909年。

安川撫松『撫松余韻』松本健次郎，1935年（非売品）。

宿利重一『荘田平五郎』對胸舎，1932年。

山口正一郎『博士長谷川芳之助』政教社，1913年。

吉岡喜一『野口遵』フジ・インターナショナル・コンサルタント出版部，1962年。

教育／産業・技術／近代化

阿部武司／中村尚史編著『産業革命と企業経営　1882～1914』（講座　日本経営史2）ミネ

ルヴァ書房，2010 年。

天野郁夫『学歴の社会史――教育と日本の近代』新潮選書，1992 年。

天野郁夫『教育と近代化――日本の経験』玉川大学出版部，1997 年。

石附実『近代日本の海外留学史』ミネルヴァ書房，1972 年。

猪木武徳『学校と工場――日本の人的資源』（20 世紀の日本 7）読売新聞社，1996 年。

内田星美『産業技術史入門』日本経済新聞社，1974 年。

大江志乃夫『徴兵制』岩波新書，1981 年。

大隈重信撰／副島八十六編『開國五十年史』上巻，開國五十年史発行所，1907 年。

柏原宏紀『工部省の研究――明治初年の技術官僚と殖産興業政策』慶応義塾大学出版会，2009 年。

加藤陽子『徴兵制と日本――1868-1945』吉川弘文館，1996 年。

茅原健『工手学校――旧幕臣たちの技術者教育』中公新書ラクレ，2007 年。

「工部省沿革報告」（大蔵省編『明治前期財政経済史料集成』第 17 巻，改造社，1931 年所収）。

小林正彬『八幡製鉄所』教育社歴史新書，1977 年。

三枝一雄『明治商法の成立と変遷』三省堂，1992 年。

鈴木淳編『工部省とその時代』山川出版社，2002 年。

隅谷三喜男『日本石炭産業分析』岩波書店，1968 年。

ダイアー，ヘンリー著　平野勇夫訳『大日本――技術立国日本の恩人が描いた明治日本の実像』実業之日本社，1999 年。

高根正昭『日本の政治エリート――近代化の数量分析』中公新書，1976 年。

高村直助『会社の誕生』（歴史文化ライブラリー 5）吉川弘文館，1996 年。

高村直助編著『企業勃興――日本資本主義の形成』ミネルヴァ書房，1992 年。

中岡哲郎『日本近代技術の形成――〈伝統〉と〈近代〉のダイナミズム』朝日選書，2006 年。

中岡哲郎／鈴木淳／堤一郎／宮地正人編『産業技術史』（新体系日本史 11）山川出版社，2001 年。

長野暹編著『八幡製鐵所史の研究』日本経済評論社，2003 年。

中村尚史『地方からの産業革命――日本における企業勃興の原動力』名古屋大学出版会，2010 年。

西川俊作／阿部武司編『産業化の時代・上』（日本経済史 4）岩波書店，1990 年。

広瀬隆『持丸長者――日本を動かした怪物たち』幕末・維新篇；国家狂乱篇，ダイヤモンド社，2007 年。

福地重孝『士族と士族《さむらい》意識――近代日本を興せるもの・亡ぼすもの』春秋社，1956 年。

藤森照信『明治の東京計画』岩波書店，1982 年。

堀博／小出石史郎訳『ジャパン・クロニクル紙　ジュビリーナンバー　神戸外国人居留地』神戸新聞出版センター，1980 年。

松下芳男『徴兵令制定史』内外書房，1943 年。

三島康雄編『三菱財閥』（日本財閥経営史）日本経済新聞社，1981 年。

宮地正人他執筆『維新変革と近代日本』（坂野潤治他編　シリーズ日本近現代史：構造と変動 1）岩波書店，1993 年。

宮本又郎『企業家たちの挑戦』（日本の近代　11）中央公論社，1999 年。

三好信浩『日本工業教育成立史の研究——近代日本の工業化と教育』風間書房，1979 年。

三好信浩『明治のエンジニア教育——日本とイギリスのちがい』中公新書，1983 年。

明治文献資料刊行会編刊『明治前期産業発達史資料』第三回勧業博覧会各巻，1975 年。

森川潤『明治期のドイツ留学生——ドイツ大学日本人学籍登録者の研究』雄松堂出版，2008 年。

横浜近代史研究会／横浜開港史料館編『横浜の近代——都市の形成と展開』日本経済評論社，1997 年。

渡辺實『近代日本海外留学生史』上，1977 年；下，1978 年，講談社。

土木／建設／交通／公共事業

稲垣栄三『日本の近代建築——その成立過程』（上）鹿島出版会，1979 年。

NHK「テクノパワー」プロジェクト『長大橋への挑戦』日本放送出版協会，1993 年。

近江榮『光と影——蘇る近代建築史の先駆者たち』相模書房，1998 年。

小川功『民間活力による社会資本整備』鹿島出版会，1987 年。

小川博三『日本土木概説』共立出版，1975 年。

鹿島研究所出版会編刊『アメリカの設計組織と建設会社』（海外の建築技術　第 2 集）1966 年。

橘川武郎／粕谷誠編『日本不動産業史——産業形成からポストバブル期まで』名古屋大学出版会，2007 年。

経済企画庁総合計画局編『日本の社会資本——フローからストックへ』ぎょうせい，1986 年。

建設業を考える会『にっぽん建設業物語——近代日本建設業史』講談社，1992 年。

工學會／啓明會編刊『明治工業史』建築篇，1927 年；化學工業篇，1929 年；土木篇，1929 年。

国土政策機構編『国土を創った土木技術者たち』鹿島出版会，2000 年。

後藤清『井筒の設計と施工』第 3 版，理工図書，1958 年。

三枝博音／飯田賢一編『日本近代製鉄技術発達史——八幡製鉄所の確立過程』東洋経済新報社，1957 年。

沢本守幸『公共投資 100 年の歩み——日本の経済発展とともに』大成出版社，1981 年。

社団法人土木工業協会／社団法人電力建設業協会編『日本土木建設業史』技報堂，1971 年。

高橋裕『現代日本土木史』第 2 版，彰国社，2007 年。

高村直助編『道と川の近代』山川出版社，1996 年。

高村直助編著『明治の産業発展と社会資本』ミネルヴァ書房，1997 年。

田中亮三／増田彰久『イギリスの近代化遺産』小学館，2006 年。

津田靖志編『建設業団体史』建設人社，1997 年。

土木学会誌編集委員会編『技術者たちの近代——図面と写真が語る国土の歴史』（土木学会叢書 4）土木学会，2005 年。

土木学会土木計画学研究委員会交通施設整備事業制度研究分科会編『交通整備制度——仕組と課題』（改訂版）土木学会，1991 年。

土木学会日本土木史研究委員会編刊『近代土木技術の黎明期：日本土木史研究委員会シンポジウム記録集』1982 年。

トラクテンバーグ，アラン著　大井浩二訳『ブルックリン橋——事実と象徴』研究社出版，

1977 年。

中村孫一編『明治以後本邦土木と外人』土木學會，1942 年（非売品）。

永原慶二／山口啓二編『講座・日本技術の社会史』第 6 巻　土木，1984 年；第 7 巻　建築，1983 年；第 8 巻　交通・運輸，1985 年，日本評論社。

日本科学史学会編『日本科学技術史大系』第 16 巻：土木技術，第一法規出版，1970 年。

日本橋梁建設協会編『日本の橋（増訂版）――多彩な鋼橋の百余年史』朝倉書店，1994 年。

日本橋梁建設協会編『新版　日本の橋――鉄・鋼橋のあゆみ』朝倉書店，2004 年。

ハインリッヒ，ベルト編著　宮本裕／小林英信訳『橋の文化史――桁からアーチへ』鹿島出版会，1991 年。

平山復二郎『工事と請負』全・改定増補版，日本工人倶楽部／日本文化協会，1934 年。

平山復二郎『地底に基礎を掘る――日本に於ける空気ケーソン工事の歴史』パシフィック・コンサルタンツ株式会社，1955 年（非売品）。

藤森照信『日本の近代建築』上：幕末・明治篇，岩波新書，1993 年。

『別冊新建築――三菱地所』（日本現代建築家シリーズ⑮）新建築社，1992 年 4 月。

古川修／永井規男／江口禎著『建築生産システム』（新建築学体系編集委員会編　新建築学大系 44）彰国社，1982 年。

三木理史『近代日本の地域交通体系』大明堂，1999 年。

水野信太郎『日本煉瓦史の研究』法政大学出版局，1999 年。

矢部洋三『安積開墾政策史――明治 10 年代の殖産興業政策の一環として』日本経済評論社，1997 年。

山口学治／神代雄一郎／阿部公正／浜口隆一『近代建築史』（建築学大系 6）彰国社，1968 年。

山本弘文編『交通・運輸の発達と技術革新――歴史的考察』国際連合大学，1986 年。

山本弘文編『近代交通成立史の研究』法政大学出版局，1994 年。

鉄道

今尾恵介監修『日本鉄道旅行地図帳　全線全駅全廃線　8 号　関西 1』新潮旅ムック，2009 年 11 月。

今尾恵介／原武史監修『日本鉄道旅行地図帳　歴史編成　朝鮮台湾』新潮旅ムック，2009 年 11 月。

ウォルマー，クリスティアン著　平岡緑訳『鉄道と戦争の世界史』中央公論新社，2013 年。

宇田正『近代日本と鉄道史の展開』（鉄道史叢書 9）日本経済評論社，1995 年。

宇都宮照信編『九州　鉄道の記憶　III――心に残る駅の風景』西日本新聞社，2004 年。

老川慶喜『近代日本の鉄道構想』（近代日本の社会と交通 3）日本経済評論社，2008 年。

小野田滋『鉄道構造物探見――トンネル，橋梁の見方・調べ方』JTB，2003 年。

小野田滋『鉄道と煉瓦――その歴史とデザイン』鹿島出版会，2004 年。

小野田滋『高架鉄道と東京駅――レッドカーペットと中央停車場の源流』上・下，交通新聞社新書，2012 年。

小野田滋『東京鉄道遺産――「鉄道技術の歴史」をめぐる』講談社，2013 年。

工學會／啓明會編刊『明治工業史　鐵道篇』1926 年。

沢和哉『日本の鉄道　こぼれ話』築地書館，1998 年。

清水啓次郎『私鐵物語』春秋社，1930 年（復刻鉄道名著集成：アテネ書房，1993 年）。

社団法人鉄道建設業協会編刊『日本鉄道請負業史』明治篇，1967 年。

白石俊多『昔の鉄道とトンネル建設の話』総合土木研究所，1997 年。

田中真人／宇田正／西藤二郎『京都滋賀　鉄道の歴史』京都新聞社，1998 年。

辻良樹『関西鉄道考古学探見』JTB パブリッシング，2007 年。

鐵道院編刊『本邦鐵道の社会及経済に及ほせる影響』上・中巻，1916 年。

鐵道省編刊『日本鐵道史』上篇・中篇，1921 年。

独立行政法人国立文化財機構監修『日本の美術』545 号（近代化遺産　交通編）至文堂，2011 年 10 月。

中西健一『日本私有鉄道史研究　増補版――都市交通の発展とその構造』ミネルヴァ書房，1979 年（復刻版：2009 年）。

中村尚史『日本鉄道業の形成　1869～1894 年』日本経済評論社，1998 年。

日本国有鉄道編刊『日本国有鉄道百年史』第 1 巻，第 3 版，1971 年。

原田勝正『鉄道史研究試論』日本経済評論社，1989 年。

彦根商工会議所事業委員会編『近江鉄道コレクションブック』国宝・彦根城築城 400 年祭実行委員会，2007 年。

松下孝昭『近代日本の鉄道政策　1890～1922 年』日本経済評論社，2004 年。

三木理史『地域交通体系と局地鉄道――その史的展開』日本経済評論社，2000 年。

三木理史『近・現代交通史調査ハンドブック』古今書院，2004 年。

『歴史で巡る鉄道全路線　国鉄・JR』（週刊朝日百科）「No. 02　肥薩線・吉都線・三角線」2009 年 7 月；「No. 04　筑豊本線・日田彦山線・後藤寺線・篠栗線」2009 年 8 月；「No. 08　関西本線・草津線・奈良線・おおさか東線」同；「No. 11　信越本線」2009 年 9 月；「No. 18　鹿児島本線・香椎線」2009 年 11 月；「No. 43　土讃線・徳島線・鳴門線・牟岐線・高徳線」2010 年 5 月，朝日新聞出版。

港湾／倉庫／河川／運河

運輸省港湾局編纂『日本港湾修築史』港湾協会，1951 年。

織田完之「安積疏水志　巻之一」（明治文献資料刊行会編刊『明治前期産業発達史資料』別冊 11(1)，1965 年所収）。

京都新聞社編『琵琶湖疏水の 100 年』叙述編；資料編，京都市水道局，1990 年。

新保博／安場保吉編『近代移行期の日本経済』（数量経済史論集 2）日本経済新聞社，1979 年。

洞海港務局編刊『洞海港小史』1963 年（非売品）。

中澤勇雄「若松港出入船舶案内」若松築港株式會社，1915 年 1 月。

日本倉庫業史編纂委員會編『日本倉庫業史』日本倉庫協會，1941 年。

廣井勇『日本築港史』丸善，1927 年。

細田徳壽『土木行政叢書　港湾・運河編』好文館書店，1941 年。

松浦茂樹『明治の国土開発史――近代土木技術の礎』鹿島出版会，1992 年。

松村博『大井川に橋がなかった理由』創元社，2001 年。

安場保吉／斎藤修編『プロト工業化期の経済と社会――国際比較の試み』（数量経済史論集 3）日本経済新聞社，1983 年。

横浜近代史研究会／横浜開港資料館編『横浜の近代――都市の形成と展開』日本経済評論社，1997 年。

若松市港湾課「若松港案内」1950年6月。

若松築港株式會社編刊『若松港要覧』1931年。

電力

加藤木重教『日本電氣事業發達史』前編，電友社，1916年。

橘川武郎『日本電力業の発展と松永安左ヱ門』名古屋大学出版会，1995年。

橘川武郎『日本電力業発展のダイナミズム』名古屋大学出版会，2004年。

木村彌蔵／丸山壽『電力』ダイヤモンド産業全書，1949年。

工學會／啓明會編刊『明治工業史　電氣篇』1929年。

小竹即一編『電力百年史』前篇，政経社，1980年。

末男至行『水力開発＝利用の歴史地理』大明堂，1980年。

太刀川平治『特別高壓送電線路ノ研究』丸善，1921年。

太刀川平治『特別高壓送電線路ノ研究』増補2版，丸善，1924年。

逓信省編刊『發電水力調査書』第1巻；第2巻，1914年。

南亮進『鉄道と電力』（大川一司／篠原三代平／梅村又次編「長期経済統計――推計と分析」12巻）東洋経済新報社，1965年。

南亮進『動力革命と技術進歩――戦前期製造業の分析』東洋経済新報社，1973年。

吉村和昭／倉持内武／安居院猛『電波と周波数の基本と仕組み』秀和システム，2004年。

その他／一般

全錫淡／崔潤奎著　梶村秀樹／むくげの会訳『朝鮮近代社会経済史』龍溪書舎，1978年。

木原溥幸『幕末期佐賀藩の藩政史研究』九州大学出版会，1997年。

高乗雲『近代朝鮮経済史の研究』雄山閣，1978年。

高阪勇雄『修行物語控』金光教大津教会，1975年（非売品）。

杉本苑子『孤愁の岸』（上・下）講談社文庫，1982年。

鄭在貞著　三橋広夫訳『帝国日本の植民地支配と韓国鉄道　1892～1945』明石書店，2008年。

村松郁栄『濃尾震災――明治24年内陸最大の地震』（シリーズ日本の歴史災害3）古今書院，2006年。

吉村昭『高熱隧道』新潮文庫，1975年。

吉村昭『闇を裂く道』文芸春秋，1987年。

事典／統計／年鑑／新聞

井関九郎編『大日本博士録』第5巻　工學博士の部，発展社，1930年。

上田正昭他監修『講談社日本人名大辞典』講談社，2001年。

木下立安『帝國鐵道要鑑』鐵道時報局，第1版，1900年；第2版，1903年；第3版，1906年。

木村礎／藤野保／村上直編『藩史大事典』第7巻　九州編，雄山閣出版，1988年。

衆議院，参議院編『衆議院議員名鑑』（議会制度七十年史）大蔵省印刷局，1962年。

手塚晃／国立教育会館編『幕末明治海外渡航者総覧』第1巻～第3巻，柏書房，1992年。

手塚晃／石島利男共編『幕末明治期海外渡航者人物情報事典』金沢工業大学，2003年（CD）。

「鐵道局年報」各年（明治文献資料刊行会編刊『明治前期産業発達史資料』別冊 36-1〜4，1968 年所収）。

鉄道史学会編『鉄道史人物事典』日本経済評論社，2013 年。

内務省編纂『国勢調査以前　日本人口統計集成』（復刻版）第 I 期 1 巻，明治 5-18 年，原書房，1992 年。

内務省編『日本全国戸籍表（明治 5 年—9 年）／日本全国戸口表（明治 10 年—11 年）』（統計古書シリーズ・第 4 輯）日本統計協会，1965 年。

日本交通協会編『鉄道先人録』日本停車場，1972 年。

花房吉太郎／山本源太『日本博士全伝』（日本人物誌叢書③）日本図書センター，1990 年（『日本博士全傳』博文館，1892 年版の復刻版）。

藤井肇男『土木人物事典』アテネ書房，2004 年。

明治ニュース事典編纂委員会／毎日コミュニケーションズ出版部編集制作『明治ニュース事典』第 4 巻，1984 年。

『人事興信録』第 5 版，1918 年；第 11 版，1937 年。

『朝日新聞』

『伊勢新聞』（三重県環境生活部文化振興課所蔵資料）

『大阪毎日新聞』

『東京時事新報』

『日本経済新聞』

『日出新聞』

『福岡日日新聞』

『読売新聞』

英語文献

Burr, William Hubert, “An Address” at the lecture-meeting held by the Civil Engineering Society on May 14, 1929（『土木學會誌』15 巻 7 号，1929 年 7 月，pp. 469-477）.
Grafton, John, *New York in the Nineteenth Century : 317 Engravings from Jarper's Weekly and Other Contemporary Sources*, 2nd ed., Dover Publications, Inc., New York, 1980.
Griggs, Frank, Jr., “William Hubert Burr” in *Structure*, August, 2012 (Online), pp. 42-43.
Griscom, Lloyd C., “Willingly to School” in *The General Magazine and Historical Chronicle*, Autumn, 1944, pp. 3-12.
Kemper, F., “The Origins of Orenstein & Koppel” in *The Industrial Railway Record*, No. 40, Dec., 1971 (PDF), pp. 156-161.
Kurrer, Karl-Eugen, *The History of the Theory of Structures : From Arch Analysis to Computational Mechanics* (Published Online : 22 April, 2009).
Mann, Elizabeth, *The Brooklyn Bridge*, Mikaya Press, New York, 1996.
Mosk, Carl, *Japanese Industrial History : Technology, Urbanization, and Economic Growth*, M. E. Sharpe, New York, 2001.
University of Pennsylvania, Catalogue and Announcements, 1885-86 (Online).
Weingardt, Richard G., “John Alexander Low Waddell : Genius of Moveable Bridges” in *Structure*, Feb., 2007 (Online), pp. 61-64.

雑誌論文

天野郁夫「日本のアカデミック・プロフェッション——帝国大学における教授集団の形成と講座制」『大学研究ノート』（広島大学大学教育研究センター）30 号，1977 年 6 月，pp. 1-45.

石黒五十二／長崎桂「若松浚渫工事」『工學會誌』8 輯 96 巻，1889 年 12 月，pp. 721-723.

市瀬恭次郎「神戸港の岸壁築造」『港湾』2 巻 1 号，1914 年 1 月，pp. 55-67.

「猪苗代水力電氣工事設計概要」『工學會誌』33 輯 379 巻，1914 年 12 月，pp. 587-595.

井上聖／樋口輝久／馬場俊介「近代日本の港湾における欧米諸国からの技術導入」『土木史研究　講演集』24 巻，2004 年，pp. 281-291.

井上琢智「小野義真と日本鉄道株式会社」『経済学論究』（関西学院大学）63 巻 3 号，2009 年 12 月，pp. 687-708.

井上徳次郎「三重県下伊勢伊賀両国ニ跨ル関西鐵道会社線路中加太隧道西口竪坑間貫通ニ就キ」『工學會誌』8 輯 93 巻，1889 年 9 月，pp. 582-584.

井上徳次郎「三重県伊勢加太隧道東口竪坑間貫通報告」『工學會誌』8 輯 96 巻，1889 年 12 月，pp. 723-724.

今津健治「明治期における蒸気力と水力の利用について」『エネルギー史研究ノート』8 号，1977 年 6 月，pp. 543-561.

今津健治「若松港の石炭積出——大阪港への輸送」『エネルギー史研究ノート』11 号，1981 年，pp. 1-18.

「岩崎男爵の美挙」『建築雑誌』19 巻 217 号，1905 年 1 月，pp. 52-53.

宇田正「国有化前夜の関西鉄道における経営姿勢の位置展開——城河短絡新線計画に関する覚書」『追手門経済論集』19 巻 2 号，1984 年 12 月，pp. 109-138.

内田星美「初期留学技術者と欧米の工学教育機関」『東京経済大学人文自然科学論集』71 号，1985 年 12 月，pp. 111-144.

遠藤徹也「明治の近代港湾都市『三角西港』」『Civil Engineering Consultant』Vol. 238，2008 年 1 月，pp. 20-23.

遠藤徹也「筑豊炭田の隆盛を見届けた『若松港石積護岸』」『Civil Engineering Consultant』Vol. 254，2012 年 1 月，pp. 28-31.

逵邑容吉「工學士　太田六郎君之傳」『工學會誌』19 輯 219 巻，1900 年 5 月，pp. 371-382.

岡本直樹「機械化土工のあゆみ」（土工機械の話：2）『Journal for Civil Engineers』2009 年 8 月，66-71.

小川功「関西鉄道の国有化反対運動の再評価——片岡直温の所論紹介」『運輸と経済』42 巻 10 号，1982 年 10 月，pp. 48-62.

小川功「関西鉄道の創立と近江商人の投資行動」『滋賀大学経済学部付属史料館研究紀要』32 号，1999 年 3 月，pp. 23-83.

小川功「関西鉄道会社建設期の地元重役による経営改善推進——明治二三年恐慌下の京浜資本家の蹉跌と地元資本家の焦燥」『滋賀大学経済学部付属史料館研究紀要』33 号，2000 年 3 月，pp. 25-80.

小野田滋「わが国における鉄道トンネルの沿革と現状——旧・関西鉄道をめぐって」『土木史研究』8 号，1988 年 6 月，pp. 113-124.

小野田滋「新幹線への道標」『RRR』1994 年 10 月，pp. 16-25.

小野田滋／菊池保孝／須貝清行／古寺貞夫「近畿圏の鉄道トンネルにおける坑門の意匠設計

とその特徴」『土木史研究』13号，1993年6月，pp. 1-16.
加地美佐保／樋口輝久／馬場俊介「近代日本の港湾整備における2種類のケーソン技術の導入と展開」『土木史研究　講演集』25巻，2005年，pp. 89-100.
加藤武男「もと三菱財閥の柱石　岩崎久彌さんをめぐりて」『実業の世界』1952年9月，pp. 46-49.
金関義則「古市公威の偉さ・4」『みすず』20巻222号，1978年9月，pp. 12, 21-39.
「巻末付図三菱合資會社第十二号十三号両館設計説明」『建築雑誌』25巻295号，1911年7月，pp. 400-402.
川合等「製鉄業における輸送技術の系統化調査」『技術の系統化調査報告』共同研究編・第2集，国立科学博物館北九州産業技術保存継承センター，2008年3月。
「幹部職員」『土木建築工事畫報』1巻6号，1925年7月，p. 24.
北原聡「明治後期・大正期における交通インフラストラクチュアの形成――兵庫県における海陸連絡機能の発展」『経済論集』（関西大学）49巻2号，1999年9月，pp. 43-64.
蔵重哲三「課長會議の逐條審議――仙谷博士猪苗代水電時代」『土木建築工事畫報』7巻12号，1931年12月，pp. 11, 13.
栗原東洋「水と闘った人たち(6)――白石直治の人と生涯」（資源開発小史―18）『資源』57号，1957年9月，pp. 22-26.
小泉実「世界初，営業用水力発電所の琵琶湖疏水工事を担当した福田亀吉の周辺」『照明学会誌』87巻6号，2003年5月，pp. 428-432.
「神戸三菱船渠の設計」『建築雑誌』15巻172号，1901年4月，p. 133.
「故工學士菅村弓三君小傳」『工學會誌』19輯218巻，1900年4月，pp. 271-272.
小西純一／西野保行／渕上龍雄「明治時代に製作された鉄道トラス橋の歴史と現状（第1報）――200フィートダブルワーレントラスを中心として」『土木史研究』5号，1985年6月，pp. 207-214；（第2報）――英国系トラスその2，6号，1986年6月，pp. 48-57；（第6報）――国内設計桁，11号，1991年6月，pp. 131-142.
小西純一／西野保行／渕上龍雄「わが国における英国系鉄道トラス桁の歴史」『土木史研究』10号，1990年6月，pp. 53-64.
小西純一「明治時代における鉄道橋梁下部工　序説」『土木史研究』15号，1995年6月，pp. 145-158.
小林正彬「財閥と炭鉱業――三菱を中心に」『エネルギー史研究ノート』8号，1977年6月，pp. 62-73.
嶋田勝次「神戸和田岬における鉄筋コンクリート造旧『東京倉庫』について」『日本建築学会近畿支部研究報告集』1962年4月，pp. 1-6.
清水憲一「『安川敬一郎日記』と地域経済の興業化について(1)――若松築港会社の拡張工事を事例として」『社会文化研究所紀要』（九州国際大学）38号，1996年，pp. 88-52 (121-157).
清水憲一「『安川敬一郎日記』と地域経済の興業化について(2)――若松築港会社の拡張工事を事例として」『九州国際大学経営経済論集』3巻2号，1996年12月，pp. 1-20.
鈴木良隆「三菱の『使用人』明治19～大正6年」『三菱史料館論集』3号，2002年，pp. 111-154.
鈴木良隆「三菱の技術者　明治19～40年」『三菱史料館論集』5号，2004年，pp. 1-40.
須山英次郎「和田岬鐵筋コンクリート，ケーソン製造工事概況」『工學會誌』31輯351巻，

1912年5月，pp. 233–250.
須山英次郎「猪苗代水力電氣株式會社土木工事」『土木學會誌』1巻4号，1915年8月，pp. 1–119.
武上真理子「シヴィル・エンジニアリングの語と概念の翻訳――『市民の技術』とは何か」石川禎浩／狭間直樹編『近代東アジアにおける翻訳概念の展開』（京都大学人文科学研究所附属現代中国研究センター研究報告）京都大学人文科学研究所，2013年1月，pp. 217–251.
多田耕象（懐旧記）『洛友会会報』52号，1966年3月。
田中邦博／長弘雄次「北部九州における筑豊興業鉄道に関する史的研究」『土木史研究』17号，1997年6月，pp. 475–486.
田中邦博／長弘雄次「創生期における若松港・洞海湾の開発に関する史的研究」『土木史研究』18号，1998年5月，pp. 579–594.
田中豊「故名誉員工学博士那波光雄先生の追憶」『土木学会誌』45巻4号，1960年4月。
月岡康一／小西純一「THE JAPAN MAIL 米英橋梁論争」『土木史研究』13号，1993年6月，pp. 309–320.
中住健二郎「明治期における技能者（技手）の教育機関の考察――攻玉社の土木技術教育について」『技術・教育学研究室研究報告：技術教育学の探求』4号，2007年9月，pp. 46–54.
中山秀三郎「日本最初のケーソン工事」『土木建築工事畵報』4巻1号，1928年1月，p.14.
永田隆昌／高見敞志「企業都市における住宅地の整備に関する考察――その1・洞海湾沿岸地域における工場立地と市街地形成」『日本建築学会九州支部研究報告』26号，1982年3月，pp. 333–336.
長弘雄次「遠賀川の水運交通に関する研究」『土木史研究』13号，1993年6月，pp. 437–449.
灘谷和嘉士／梅原徳昭「猪苗代湖利水の変遷――猪苗代第一発電所をとおして」『発電水力』No. 139，1975年11月，pp. 77–80.
那波光雄「軟弱ナル地盤ニ建設セラレタル橋脚橋台構造ト竣成後二五年間ノ経過ニ就キテ」『土木學會誌』7巻1号，1921年2月，pp. 35–54付図。
那波光雄「蘭人ファン・ドールン氏銅像の建立と仙石工學博士」『土木建築工事畵報』7巻12号，1931年12月，pp. 14–15.
長谷川博／天ヶ瀬恭三「明治期の攻玉社の土木教育」『土木史研究』11号，1991年6月，pp. 289–299.
畑岡寛／田中邦博／市川紀一／亀田伸裕「筑豊炭の運炭機構の形成に関する史的研究」『土木史研究』22号，2002年5月，pp. 149–159.
畠山秀樹「進出期三菱筑豊石炭礦業の動向」『三菱史料館論集』創刊号，2000年，pp. 39–92.
畠山秀樹「創業期の三菱合資神戸支店――三菱商事の源流に関する一考察」『三菱史料館論集』4号，2003年，pp. 117–177.
畠山秀樹「三菱合資会社設立後の筑豊炭販売」『三菱史料館論集』10号，2009年，pp. 159–195.
秀村選三「明治中期若松築港に関する一資料　高橋達『若松築港大計画ノ必要ヲ論ズ』紹介」『エネルギー史研究ノート』6号，1976年3月，pp. 28–34.

日向祥子「1900 年以前における三菱合資会社の九州地域管理」『三菱史料館論集』9 号，2008 年，pp. 85-190.
藤田龍之「“Civil Engineering” の語義および日本語訳の歴史的経過について」『土木史研究』8 号，1988 年 6 月，pp. 9-12.
藤田龍之「猪苗代湖疏水（安積疏水）の建設に活躍した南一郎平について——南は事務官であり技術者ではなかった」『土木史研究』13 号，1993 年 6 月，pp. 355-361.
藤田龍之「『土木の語義』の歴史的経緯についての再検討」『土木史研究』20 号，2000 年 5 月，pp. 399-400.
丸尾佳二「明治時代の私設鉄道建設——城河鉄道と関西鉄道」『大阪商業大学商業史博物館紀要』2002 年 12 月，pp. 185-196.
三木理史「近代瀬戸内海地域における地域交通体系の変容——海陸連絡機能を中心として」『歴史地理学』37 巻 4 号，1995 年 9 月，pp. 1-21.
宮地英敏「猪苗代水力電気と輸入碍子——近代日本における碍子国産化の背景」『化学史研究』39 巻 1 号，2012 年，pp. 41-49.
宮地英敏「猪苗代水力電気設立の諸相——経営者層の転換を中心にして」『歴史評論』745 号，2012 年 5 月，pp. 80-98.
宮地英敏「20 世紀初頭における三菱と電力業に関する覚書——猪苗代水力電気の事例を踏まえて」『経済学研究』79 巻 2 号，2012 年 9 月，pp. 69-79.
村上享一「筑豊炭の運送附若松港」『工學會誌』14 輯 163 巻，1895 年 7 月，pp. 462-482.
森田貴子「三菱の土地投資——新潟県中蒲原郡・西蒲原郡・南蒲原郡・北蒲原郡における土地買入と経営」『三菱史料館論集』4 号，2003 年，pp. 19-72.
安場保吉「外航海運と経済発展——石炭との関連を中心に」『エネルギー史研究ノート』8 号，1977 年 6 月，pp. 43-53.
「山口県の土木遺産——久賀の波止を訪ねて（後編）」『建設技術センター情報』Vol. 41，2011 年 2 月，pp. 3-4.
米津三郎「筑豊石炭坑業組合初代総長石野寛平略歴書（手記）」『エネルギー史研究ノート』6 号，1976 年 3 月，pp. 35-38.
若松築港會社「若松築港概況」『工學會誌』12 輯 134 巻，1893 年 2 月，pp. 89-92.
Sone Tatsuzo, “Notes on the New Office Buildings, Maru-no-uchi, Tokyo, Japan,”『建築雑誌』10 巻 115 号，1896 年 7 月，pp. 158-161.
Tanabe, S.（バー教授の土木学会講演挨拶）『土木學會誌』15 巻 7 号，1929 年 7 月，p. 477.

ホームページ等

アメリカ土木学会（ASCE）：http://www.asce.org/（2011 年 8 月現在）
イギリス土木学会（ICE）：http://www.ice.org.uk/（2010 年 2 月現在）
架空送電線：http://www015.upp.so-net.ne.jp/overhead-TML/（2013 年 5 月現在）
鹿背隧道：http://www.sujet.co.jp/mizube/abugawa（2009 年 4 月現在）
http://hagi.jp/~y-kaji/modules/xfsection（2011 年 12 月現在，萩市）
ケネディ：http://en.wikipedia.org/wiki/Alexander_Kennedy（2013 年 2 月現在）
公益社団法人土木学会：http://www.jsce.or.jp/（2014 年 8 月現在）
攻玉社：http://www.kogyokusha.ed.jp（2014 年 2 月現在）
神戸大学電子図書館　デジタル版「神戸大学経済経営研究所編：新聞記事文庫」

ペンシルヴェニア大学（PENN）：http://www.upenn.edu/（2013 年 1 月現在）
マーション：http://www.ieeeghn.org/wiki/index.php/Ralph_Mershon（2013 年 2 月現在）
門司税関：http://www.customs.go.jp/moji/（2013 年 5 月現在）
リンダ・ホール図書館（LHL）：http://www.lindahall.org/（2013 年 1 月現在）
レンセリア工科大学（RPI）：http://rpi.edu/（2013 年 1 月現在）
B.C.C Shipping and Shipbuilding Limited：http://bccshipping.com/jvpartner.htm（2012 年 9 月現在）

初出論文（本書第 3 章および第 5 章のそれぞれ一部分）

・「関西鉄道の草津―四日市間幹線建設をめぐる考察」『国民経済雑誌』207 巻 4 号，2013 年 4 月，pp. 87-106.
・「明治期三菱の建築所――ビジネス・インフラストラクチュア形成と人材登用」『国民経済雑誌』203 巻 3 号，2011 年 3 月，pp. 79-97.

注

序　章　明治期日本のインフラ・ビジネス／ビジネス・インフラと技術者

（1）　小川功『民間活力による社会資本整備』鹿島出版会，1987年，pp. 127–141参照。

（2）　軍事費を除く。沢本守幸『公共投資100年の歩み――日本の経済発展とともに』大成出版社，1981年，pp. 62–63.

（3）　同上書，p. 66.

（4）　小川，前掲書を参照。

（5）　同上書，pp. 3–4参照。

（6）　三木理史『近代日本の地域交通体系』大明堂，1999年，pp. 23–25および第5章参照。

（7）　中村尚史『地方からの産業革命――日本における企業勃興の原動力』名古屋大学出版会，2010年，序章および第1章参照。

（8）　以上，Carl Mosk, *Japanese Industrial History : Technology, Urbanization, and Economic Growth*, M. E. Sharpe, New York, 2001, Part I参考。

（9）　小川，前掲書，pp. 9–10, 52参照。

（10）　同上書，p. 53.

（11）　ただし，最初期の近代的インフラ建設は，直接的には渡日する外国人もしくは諸外国の便宜のために外国人の指導により日本の経済的負担で行われた（内田星美「技術移転」西川俊作／阿部武司編『産業化の時代・上』岩波書店，1990年所収，pp. 269–270参照）。

（12）　以下，中岡哲郎『日本近代技術の形成――〈伝統〉と〈近代〉のダイナミズム』朝日選書，2006年，pp. 446–448参照。

（13）　三好信浩『明治のエンジニア教育――日本とイギリスのちがい』中公新書，1983年，p. 196.

（14）　同上。

（15）　高根正昭『日本の政治エリート――近代化の数量分析』中公新書，1976年参照。

（16）　内務省編纂『国勢調査以前　日本人口統計集成』（復刻版）第I期1巻，明治5–18年，原書房，1992年，p. 84より算出。なお，「華族」は文脈によっては重要だが，国全体の人口比では無視しうるほど少ない。

（17）　東京大学百年史編集委員会編『東京大學百年史』通史1，東京大学出版会，1984年，pp. 471–472；三好，前掲書，pp. 196–198参考。なお，平民の中には士族からの転族者も多かったというが，むしろ卒族からの転族が多かったとも考えられる。

（18）『第四高等中學校一覧』自明治26年至明治27年，pp. 81–91, 116–122より算出。

（19）　三好，前掲書，pp. 198–199.

（20）　以上，天野郁夫『学歴の社会史――教育と日本の近代』新潮選書，1992年，pp. 28–29, 47 50参照。

（21）　前掲『国勢調査以前　日本人口統計集成』pp. 85–89より算出。なお，廃藩置県の詔勅は明治4年だが，県制が落ち着くのは22年である。ここでみた西南の5地域も現

在の県域とは必ずしも一致しない。佐賀は長崎地域に含まれている。

(22)　以下，白石直治の経歴等について，特に断りのない場合は，南海洋八郎編著『工學博士　白石直治傳』工學博士白石直治傳編纂會，1943 年，また，白石良多氏のご教示による。

(23)　岩崎，豊川，徳弘はともに後年の三菱関係者。後段の章で再述する。

(24)　鵜崎熊吉『豊川良平』豊川良平傳記編纂會，1923 年，p. 59.

(25)　当時の高知県人で，大御所である竹内綱（実業家／政治家／自由民権運動家）を中心に親しい関係を築いていたグループがあり，宿毛出身者や板垣退助など土佐自由民権派がそこに加わっていた。白石も緩やかな意味でその一員であったという（竹内純一郎氏へのヒアリング：2010 年 3 月，於東京）。ちなみに，当該時期の高知県宿毛出身者としては竹内父子をはじめ岩村通俊・高俊・林有造，小野義真・梓，大江卓など，自由民権派では大石正巳，馬場辰猪などが著名である。

(26)　木村礎／藤野保／村上直編『藩史大事典』第 7 巻　九州編，雄山閣出版，1988 年，pp. 101, 114 参照。

(27)　木原溥幸『幕末期佐賀藩の藩政史研究』九州大学出版会，1997 年，pp. 476-477.

(28)　以上，高橋の履歴には，武家社会の制度・慣習の影響が認められるようでもある。高橋関連の情報については，ご子孫である江頭達雄氏へのヒアリング（2009 年 10 月，於諫早）および江頭氏所蔵の諸資料による。

(29)　『藩史大事典』九州編，p. 178.

(30)　同上書，p. 194. なお，御厨（松浦）から兵庫に至る船路もあった。

(31)　鐵道院編刊『本邦鐵道の社会及経済に及ほせる影響』上巻，1916 年，p. 146. なお，原田勝正によれば，東京—横浜間 1 等運賃が 1980 年代の東京—大阪間の運賃＋特急料金に匹敵した。1 等運賃は 3 等の 3 倍で，2 等は 3 等の 2 倍であったが，この 2 等運賃が駕籠，3 等運賃が汽船の運賃とほぼ同額程度に設定されていた（「移行期の交通・運輸事情」（鉄道）山本弘文編『交通・運輸の発達と技術革新——歴史的考察』国際連合大学，1986 年所収，pp. 25-26）。なお，維新後，横浜—神戸間の蒸気船航路が開設されている。ちなみに，広沢の旅行日数は不明である。

(32)　以上，広沢関連情報については，ご子孫である廣澤隆雄氏へのヒアリング（2008 年 7 月，於名古屋）および廣澤氏所蔵の諸資料による。

(33)　凡例（p. viii）を参照。

(34)　退職時以外の賞与は表にも記載していない。高橋の場合，賞与の記録も残されており，その多くは若い時代に職務勉励につき支給された 20〜70 円程度であるが，今回明らかになった賞与最高額は 1,500 円であった（第 5 章参照）。

第 1 章　近代土木技術者と教育

(1)　三好信浩『日本工業教育成立史の研究——近代日本の工業化と教育』風間書房，1979 年，p. 197.

(2)　同上書，pp. 206-208 参照。

(3)　本書では “industrialization” の概念を表す日本語として「工業化」と「産業化」を併用している。明らかに工業（第 2 次産業）以外の分野を含むときには「産業化」を用いた。

(4)　「工部省沿革報告」大蔵省編『明治前期財政経済史料集成』第 17 巻，改造社，1931

年所収，pp. 165–169 参照。工部省雇の最高額は，技術者ではないが，明治5年に入職したW・カーギル（William Walter Cargill，鉄道差配役）の月俸2千円で，これは当時の官僚最高額，すなわち太政大臣三条実美の月俸800円の実に2.5倍であった。工部省の俸給は年を追って昇給し，住居費も別途支給された（中村孫一編『明治以後本邦土木と外人』土木學會，1942年，p. 85)。ただ，超高給雇は別として，国際的には，給与として渡されていた日本の銀価値の下落により，彼らの生活が逼迫した一面もあるという（ヘンリー・ダイアー著　平野勇夫訳『大日本——技術立国日本の恩人が描いた明治日本の実像』実業之日本社，1999年，p. 005 参照)。

（5） 三好，前掲書，p. 220.

（6） 工部大學校學課並諸規則「工部省沿革報告」p. 362.

（7） 渡辺實『近代日本海外留学生史』上，講談社，1977年，p. 409.

（8） 東京大学百年史編集委員会編『東京大學百年史』通史1，東京大学出版会，1984年，p. 650.

（9） 「工部省沿革報告」p. 352.

(10) 同上書，pp. 352–353, 379–380.

(11) 武上真理子「シヴィル・エンジニアリングの語と概念の翻訳——『市民の技術』とは何か」石川禎浩／狭間直樹編『近代東アジアにおける翻訳概念の展開』京都大学人文科学研究所，2013年，p. 229 参考。

(12) 同上参照。すなわち，「土木」とはもともと幅広く排他性のない概念である。逆に，実際よりも狭い意味で捉えられたのが “architecture” の訳語である「造家学」であった。

(13) 田中亮三／増田彰久『イギリスの近代化遺産』小学館，2006年，p. 110；ICEホームページ（http://www.ice.org.uk/：2010年2月）また，高橋裕『現代日本土木史』第2版，彰国社，2007年，pp. 60–65；藤田龍之「“Civil Engineering” の語義および日本語訳の歴史的経過について」『土木史研究』8号，1988年6月，pp. 9–12；武上，前掲論文，pp. 219–222 を参照。ただし，18〜19世紀のヨーロッパでは，土木技術，また土木工学教育の分野の最先進国はフランスであった。ちなみに，当時のフランスにおける “ingénieur civil” とはエコール・サントラルで学位を取った民間技術者を指し，その仕事の範囲は土木をはじめ機械，冶金，化学など幅広い分野に及んでいた（土木学会編刊『古市公威とその時代』2004年，pp. 19–33 参照)。

(14) 高橋裕，同上書，p. 65；ICEホームページ。

(15) ただし，ここでいう市民社会は，その経済を支え，発展させるために，植民地（＝市民社会とはみなされない）を擁していたことも忘れてはならないだろう。また，堀勇良によれば，まちづくり，すなわち市政レベルの公共的事業＝public works を実現する技術が本来の civil engineering であるが，近代日本においては public works department を政府機関の工部省に対応させ，公共事業を政府の事業とする通念が定着した（「都市経営の技術——横浜のまちづくり」中岡哲郎／鈴木淳／堤一郎／宮地正人編『産業技術史』山川出版社，2001年所収，pp. 361–365 参照)。

(16) 武上，前掲論文，p. 229.

(17) 就任時月俸200円（「工部省沿革報告」p. 328)。

(18) ダイアー（1848–1918）は職工の家に生まれて機械製作者の徒弟となり，働きながらアンダーソン・カレッジ（Anderson’s College : Glasgow and West of Scotland Technical

College）の夜学で実学としての工業教育を受け，その後，グラスゴー大学に進学して土木学と機械学を習得したという経歴を持つ（三好信浩『明治のエンジニア教育――日本とイギリスのちがい』中公新書，1983 年，pp. 32-33）。

（19）三好『日本工業教育成立史の研究』p. 299 より算出。

（20）三好『明治のエンジニア教育』pp. 201-202.

（21）『東京大學百年史』通史 1，p. 666.

（22）大学南校の外国語教育は英，独，仏の 3ヵ国語体制であったが，主として財政的理由から英語に一本化した（同上書，p. 286）。

（23）明治 7 年，東京外国語学校の英語科が分離独立した。

（24）実際にはあと 16 名が当該年度中に入学した（同上書，p. 302）。

（25）南海洋八郎編著『工學博士　白石直治傳』工學博士白石直治傳編纂會，1943 年（以下，『白石直治傳』と表記）に仙石貢，野村龍太郎他の証言がある（pp. 24-25, 41-42）。別の一例だが，教育者としても知られる柔道家の嘉納治五郎は，東京開成学校で白石と同期であった。嘉納は，白石がよく眠り，運動もし，いわゆるガリ勉タイプではないのに非常に成績が良いことに驚き，その様子を観察してみると，わずかな空き時間を有効に使っていることを発見したという。これが著名な「精力善用」のヒントであったらしい（嘉納治五郎『私の生涯と柔道』日本図書センター，1997 年，pp. 30-31 参照）。このエピソードは白石のバランスのとれた人柄や，後年，複数の，それも遠隔地の大事業を掛け持ちしながら完成させていった力量を考える際にきわめて示唆的である。

（26）『白石直治傳』pp. 44, 47.

（27）『東京大學百年史』通史 1，pp. 452-453.

（28）同上書，pp. 500-504 参照。

（29）内田星美「初期留学技術者と欧米の工学教育機関」『東京経済大学人文自然科学論集』71 号，1985 年 12 月，p. 115.

（30）花房吉太郎／山本源太『日本博士全傳』博文館，1892 年，pp. 315, 331.

（31）天野郁夫『教育と近代化――日本の経験』玉川大学出版部，1997 年，p. 297.

（32）井関九郎編『大日本博士録』第 5 巻　工學博士の部，発展社，1930 年，p. 31.

（33）野村の移籍は明治 19 年 9 月で，当時鉄道局少技長であった原口要に懇請されてのことだという（日本交通協会編『鉄道先人録』日本停車場，1972 年，p. 276）。鉄道局は長年懸案であった東海道線建設のため，技術者を鋭意招聘していた。また，原口も同年 7 月，横浜―沼津間の担当に任ぜられたばかりであった（社団法人鉄道建設業協会編刊『日本鉄道請負業史』明治篇，1967 年，p. 68）。

（34）序章（注 25）参照。なお，竹内明太郎は唐津鉄工所や小松製作所の創業者でもあるが，唐津は芳谷炭坑，コマツも遊泉寺銅山の経営が先行し，そこで利用する機械類の製造に端を発している。そして，鉱山資源には限りがあるが，機械工業はあらゆる産業の基盤となるとの思想を持ち，日本の発展のために本格的な機械工業を興そうとした。当時においてはビジネス・インフラ建設と思想的に共通するものがあり，白石と響き合うところも多かったと推察される。なお，明太郎の事業には白石の長男，多士良が経営者として多く関わっている。快進社もその一つである（小松商工会議所機械金属業部会編『沈黙の巨星――コマツ創業の人・竹内明太郎伝』北國新聞社出版局，1996 年，pp. 98-154；高知県高知工業高等学校同窓会／高知新聞企業出版部製作発行

『工業ハ富国ノ基――竹内綱と明太郎の伝記』1997年，pp. 181–240参照)。

(35)　『東京帝國大學卒業生氏名録』大正14年版，1926年参照。

(36)　三好『日本工業教育成立史の研究』pp. 356–357；天野，前掲書，pp. 113–114.

(37)　こんなエピソードもある。明治18年頃，工部省鉄道局から日本鉄道工事に出ていた古川阪次郎は大宮―栗橋間を担当。栗橋から先の担当は仙石貢であった。だが，この時期の両人はめったに顔を合わすことがなかった。古川は工部大学校，仙石は東京大学出身であったためである（『土木建築工事畫報』7巻12号，1931年12月，p. 5)。また，野村龍太郎は両校の関係を，後年の陸／海軍大学校にたとえている（『白石直治傳』p. 41)。

(38)　ちなみに，司法省が設置した法学校も明治17年に文部省に移管され，東京大学法学部および予備門に吸収合併されている。

(39)　「工部省沿革報告」pp. 408–411；注45参照。

(40)　『明治以後本邦土木と外人』p. 65；『古市公威とその時代』p. 101. 工部大学校で土木学を担当した外国人では，H. Dyer（都検兼土木及機械学教師：明治6–15年)，J. Perry（土木学助教師：同8–14年）がすでに帰国し，T. Alexander（土木学教師：同12–19年7月）のみが残留していた（『東京大學百年史』通史1，p. 683参照)。

(41)　『古市公威とその時代』p. 92.

(42)　『東京大學百年史』（編刊同前）部局史3，1987年，pp. 6–7；天野，前掲書，p. 296参照。

(43)　『東京大學百年史』通史1，pp. 939–940.

(44)　柿原泰「工部省の技術者養成――電信の事例を中心として」鈴木淳編『工部省とその時代』山川出版社，2002年所収，p. 76参照。

(45)　5名はワグネル，ダイヴァース（化学)，ウェスト（機械学)，ミルン（地質・鉱山学)，コンドル（造家学）で，ワグネルはほどなく東京大学と兼任していた東京職工学校に移籍。他の4名はもと工部大学校の教員だった（『東京大學百年史』通史1，p. 940)。

(46)　同上；『東京大學百年史』部局史3，pp. 8–9；天野郁夫「日本のアカデミック・プロフェッション――帝国大学における教授集団の形成と講座制」『大学研究ノート』（広島大学大学教育研究センター）30号，1977年6月，pp. 22–24参照。ただし，両資料を突き合わせても確定的な情報は得られない。

(47)　古市がフランスで学んだ土木学も工学系の総合的な学問であった（『古市公威とその時代』pp. 46–49)。

(48)　これが工科大学長抜擢の要因であることが示唆されている（『古市公威とその時代』p. 88)。開成学校は東京大学の前身だが，諸芸学科は明治8年に廃止された（『東京大學百年史』通史1，pp. 303–305, 329参照)。

(49)　日本初の衛生工学の講義のため，明治20年にイギリスからW. K. バートンを招請し（内務省兼務)，助教授を務めていた中島は留学，参謀本部と兼業していた二見も留学（私費）した。21年からは倉田吉嗣（講師兼務）や小川梅三郎（助教授）も教鞭をとった（『古市公威とその時代』p. 102；『大日本博士録』第5巻，pp. 42, 57, 62)。

(50)　『古市公威とその時代』巻頭年表参照。なお，古市の官位は，土木局長就任により，内務省が本務で「工科大学教授兼工科大学長」が兼務扱いとなった。

(51)　『東京帝國大學一覧』従明治31年至明治32年，pp. 156–158.

(52)　『東京帝國大學卒業生氏名録』大正14年版参照。
(53)　明治20年卒の井上の名前については，徳次郎と徳治郎の両方が頻繁に資料に現れる。比較的若い時期に徳次郎，後（明治37〜38年頃を境）に徳治郎が使われているようでもあるが，詳細は不明。本書本文では徳治郎に表記を統一した。
(54)　明治初期の土木行政機構は，紆余曲折を経て工部省廃省後に鉄道部門が独立し，港湾，河川，道路などは内務省所管となったが，官庁工事に絡めて大蔵省臨時建築部が設置され，建設にあたるケースもあった。
(55)　天野『教育と近代化』p. 179.
(56)　攻玉社・創立九十周年記念誌編纂委員編『攻玉社九十年史』攻玉社，1953年，pp. 1-2.
(57)　『攻玉社九十年史』『攻玉社百年史』に明瞭な校名改称の記述はないが，掲載の諸資料から「社」という表現が使われ始めたことがわかる。攻玉社（中・高等学校）のホームページでは1972年に攻玉社として再開学したとされている（http: //www.kogyokusha.ed.jp：2014年2月）。
(58)　攻玉社学園編刊『攻玉社百年史』1963年，pp. 28-29参照。
(59)　中住健二郎「明治期における技能者（技手）の教育機関の考察――攻玉社の土木技術教育について」『技術・教育学研究室研究報告：技術教育学の探求』4号，2007年9月，p. 48参照。
(60)　測量の歴史の中で，測量者の地位および待遇が最も劣悪だったのが江戸時代だったという（木全敬蔵「測量技術」永原慶二／山口啓二編『講座・日本技術の社会史』第6巻　土木，日本評論社，1984年所収，p. 344）。
(61)　中住，同上論文，p. 50；『攻玉社百年史』pp. 60-62による。
(62)　『攻玉社百年史』p. 63.
(63)　『白石直治傳』pp. 51-52.
(64)　『攻玉社百年史』p. 61を参照。
(65)　『攻玉社九十年史』pp. 74-75. 攻玉社卒業生は特に地方庁で重んじられ，新卒なら工手で月給15円であったが，工手学校卒業生は工手補（傭）で日給50銭であったという。この回顧談を提供した明治34年卒業生はその理由として，両校とも就学は2年だが，工手学校は高等小学校2年修了で入学できたのに対して攻玉社は4年卒業を要求しており，教育レベルが高かったためという。しかし，両校とも建前としては学歴を入学条件にしていない。むしろ，攻玉社の英語教育に加えて，工手学校の就学年限が1年半で攻玉社よりも短かったことが，待遇差に影響していたかもしれない。
(66)　染織，窯業といった伝統産業部門の近代化分野においては，東京職工学校が最高学府であり，その卒業生が各産業の中枢を占めるようになる。
(67)　茅原健『工手学校――旧幕臣たちの技術者教育』中公新書ラクレ，2007年，pp. 35-36.
(68)　『工手學校一覽』（二十五年記念）1913年，pp. 2-4参照。
(69)　同上書，p. 5.
(70)　同上書，pp. 27-32.
(71)　同上書，p. 24.
(72)　以上，同上書，pp. 50-54.
(73)　同上書，pp. 72-73.

(74) 明治24年8月まで31名。工部大学校卒業生9名。明治8，9年の東京開成学校選抜留学生9名，東京大学理学部卒業生10名，その他3名（三好『日本工業教育成立史の研究』p. 299)。

(75) ちなみに，明治前半期の留学者数（公費，私費，重複者を含む）の地域性について，第1位：東京404名，第2位：鹿児島・山口161名，第4位：京都97名，次いで佐賀91名，高知56名，石川50名，と続く。

(76) 以上，手塚晃／石島利男共編『幕末明治期海外渡航者人物情報事典』金沢工業大学，2003年で検索した。同資料において「留学」と「視察」は別のカテゴリーである。ただし，「留学」は必ずしも教育機関に滞在することを意味しない。

(77) ただし，かれらの随員として優秀な人材が留学したケースも多い。

(78) 福地重孝『士族と士《さむらい》族意識――近代日本を興せるもの・亡ぼすもの』春秋社，1956年，pp. 164-165；猪木武徳『学校と工場――日本の人的資源』読売新聞社，1996年，p. 44.

(79) 東京開成学校生以外にも，全国的に公募し，東京開成学校で選抜試験を施行するとしたが，学外からの応募はなかった（『東京大學百年史』通史1，p. 330)。より正確には，東京開成学校における専門科目の中級課程を修める学力があるかどうか試験を行い，合格者はいったん入学後9週間の在籍中に人物学力を評価して派遣する制度であったが，募集の結果，東京開成学校に入学できる学力のあるものがいなかった（渡辺實，前掲書，p. 360)。

(80) 天野，前掲書，p. 268.

(81) 後年，選考対象を少し広げた。

(82) 天野「日本のアカデミック・プロフェッション」p. 3.

(83) 天野『教育と近代化』p. 270参考。

(84) 渡辺實，前掲書，pp. 365-366.

(85) 『東京大學百年史』通史1，pp. 330-332. なお，三菱は同時期（明治14～16年），東京大学理学部採鉱・冶金学科の卒業生を入職させている（『東京帝國大學卒業生氏名録』大正14年版)。給与は高島炭鉱に配属された大谷木喬粱，大木良直，松田武一郎が40円，吉岡鉱山技術係の掘田連太郎が80円であった。

(86) 長谷川はPh. D.，南部はEngineer of Mines. 両名とも日本の工学博士である。

(87) 長谷川芳之助（1855-1912)：父親は唐津藩士。経歴は『大日本博士録』第5巻，pp. 4-5；『日本博士全傳』p. 265；山口正一郎『博士長谷川芳之助』政教社，1913年，p. 12；森川潤『明治期のドイツ留学生――ドイツ大学日本人学籍登録者の研究』雄松堂出版，2008年，p. 282；渡辺，前掲書，p. 366による。独断のドイツ留学は物議をかもしたという。長谷川にはその他，奇行，乱行の逸話も多いが，頭脳の優秀さは驚嘆すべきものであったらしい。

(88) 南部球吾（1855-1928)：父親は福井藩士。経歴は『大日本博士録』第5巻，p. 16；『日本博士全傳』p. 311による。

(89) 本書でいう三菱の「職員」とは，管理職および技術系・事務系のホワイトカラーを指す。三菱の人事用語について，詳しくは，鈴木良隆「三菱の『使用人』明治19～大正6年」『三菱史料館論集』3号，2002年を参照のこと。

(90) 三菱社誌刊行会編『三菱社誌』14巻，東京大学出版会，1980年，pp. 625-632.

(91) 山口半六（1858-1900)：父親は松江藩士。エコール・サントラルでは古市公威，沖野

忠雄と同期である。経歴は『東京大學百年史』通史 1，pp. 331-332；『古市公威とその時代』pp. 34-50；土木学会誌編集委員会編『技術者たちの近代――図面と写真が語る国土の歴史』土木学会，2005 年，p. 120；藤森照信『日本の近代建築』上：幕末・明治篇，岩波新書，1993 年，pp. 257-260 参照。

(92)　『東京大學百年史』（編刊同前）資料 1，1984 年，pp. 399, 401.

(93)　三菱は海運会社時代の一時期，400 名近くの外国人を雇用していた。高給者をみると，明治 6 年入社のクレブスは月俸 300 円，17 年入社の造船技師コルダーは 350 円（無期限）。一方，日本人では「技師」として継続的に在籍した者の退職時給与が月俸 300 円程度であった。高給のみが外国人雇用のコストでないことはすでに述べたとおりである。三菱技術系職員の給与については，第 5 章第 1 節も参照。

(94)　『博士長谷川芳之助』p. 16.

(95)　岩崎家傳記刊行会編『岩崎彌之助傳（上）』東京大学出版会，1971 年，p. 284.

(96)　『東京大學百年史』通史 1，pp. 664-665.

(97)　ただし，明治 18 年以降，卒業生でもある教官の中から毎年 1 名を官費で留学させた（渡辺實，前掲書，p. 411）。

(98)　明治 29 年までは同時に 22 名までであった（同上書，pp. 699, 752-753）。

(99)　同上書，p. 410，付録第 1 表，第 4 表参照。

(100)　内田星美「技術移転」西川俊作／阿部武司編『産業化の時代・上』岩波書店，1990 年所収，pp. 274-275.

(101)　内田「初期留学技術者と欧米の工学教育機関」pp. 127-129. 時期的にはイギリスに引けをとらない。表 1-3 に見るように，白石の前にアメリカに官選留学した土木技術者，松本荘一郎，毛利（山本）重輔，平井晴二郎，原口要の 4 名もすべてレンセリア工学校で学んでいたのである。

(102)　同学ホームページ（http://www.seas.upenn.edu/：2013 年 1 月）。大学創立は 1740 年。

(103)　内田「初期留学技術者と欧米の工学教育機関」pp. 127-129.

(104)　同前ホームページ。工学・科学のコースは 1875 年に工学部，“Towne Scientific School” としてカレッジに開設された。

(105)　南北戦争開始前の 19 世紀中頃，アメリカにおける鉄道延長は，その他の世界すべてを合わせたよりも長大であった。南部と比較して北部では，鉄道が広範な交通運輸システムと有機的につながり，軌道の大半に標準ゲージが使われ，鉄道会社の数も少なくて企業間の無駄な争いがなかった。機械工業が発展して優秀な技術者が多く，鉄道の破壊工作も，逆に修復作業においても優位に立った。軍部が鉄道を掌握し，兵站作戦で圧倒的に南部を凌駕した。この「史上初の鉄道戦争」については，クリスティアン・ウォルマー著　平岡緑訳『鉄道と戦争の世界史』中央公論新社，2013 年，第 3 章を参照のこと。

(106)　以上，アラン・トラクテンバーグ著　大井浩二訳『ブルックリン橋――事実と象徴』研究社出版，1977 年，pp. 17-18, 69 参照。

(107)　以上，内田「技術移転」p. 275 参照。

(108)　現レンセリア工科大学所蔵の資料によれば，白石は正規の入学，卒業をしておらず，卒業レポートの提出もない。1883 年の “Special Students” の名簿にのみ名前が掲載されている。ちなみに，同時期に在籍していた “Special Students” 25 名のうち外国人は 5 名，一方，正規生を含む全学生数は 218 名で，うち外国人が 20 名。白石を除く全

員が南中北アメリカ地域の出身者であった（*Register of the Rensselaer Polytechnic Institute, 1883-84*）。

(109)　Phoenix Bridge Company（ペンシルヴェニア）：フェニックス製鉄会社の一部が1864年に分立。

(110)　『白石直治傳』pp. 55-56.

(111)　バー（1851-1934）については，Frank Griggs, Jr., “William Hubert Burr” in *Structure*, August, 2012（Online）, pp. 42-43を参照。

(112)　S. Tanabe（バー教授の土木学会講演挨拶）『土木學會誌』15巻7号，1929年7月，p. 477.

(113)　ワデル（1854-1938）については，Richard G. Weingardt, “John Alexander Low Waddell : Genius of Moveable Bridges” in *Structure*, Feb., 2007（Online）, pp. 61-64；『明治以後本邦土木と外人』pp. 41-48を参照。

(114)　日本橋梁建設協会編『日本の橋（増訂版）――多彩な鋼橋の百余年史』朝倉書店，1994年，pp. 38-39；月岡康一／小西純一「THE JAPAN MAIL　米英橋梁論争」『土木史研究』13号，1993年6月，pp. 309-320参照。

(115)　『白石直治傳』p. 63.

(116)　白石俊多『白石多士良略伝――技術開発とケーソン工法の先駆者』多士不動産株式会社，1994年，p. 210参照。

(117)　『白石多士良略伝』p. 17.

(118)　今日では片側三車線の車道と上層の歩道。ニューヨークの一大観光名所である。

(119)　ニューマティック・ケーソン（潜函工法）とは，たとえばコップを逆さにして水中に沈めていくと，内部の空気圧が高まり水の浸入を防ぐ，という原理を利用した工法で，水中や地下水のある地中の基礎工事に用いられる。コップならぬケーソンを沈め，圧縮空気を送り込んで水の浸入を排し，その中で掘削作業を行い，作業終了後は中にコンクリートや瓦礫を詰めてそのまま基礎とする。当時は気圧差の大きな場所を移動するリスク（ケーソン病）に対する知識がなく，多くの犠牲者を出した。なお，「ケーソン」は「箱」というほどの意味だが，「ニューマティック・ケーソン」という場合にはその「工法」を意味している。

(120)　トラクテンバーグ『ブルックリン橋』pp. 124-128；Elizabeth Mann, *The Brooklyn Bridge*, Mikaya Press, New York, 1996. ブルックリン橋のマスター・プランはワシントンの父親，ジョン・ローブリングによる。彼はこの橋の測量時の怪我がもとで死亡し，その後を息子が継いで，ケーソン病により身体の自由を失いながらも妻エミリの助力を得て橋を完成に導いた。なお，『白石多士良略伝』では，この橋の設計施工に，白石の恩師であるバーが関わっていたという（p. 17）。

(121)　『白石直治傳』pp. 60-62参照。

(122)　当時，ペンシルヴェニア大学工学部では “special student” および “partial student” が制度化されていた（*University of Pennsylvania, Catalogue and Announcements, 1885-86*（Online））参照。したがって，そこに登録のない研究目的であれば，個人レベルでの聴講もしくは指導を受けた可能性が残される。

(123)　*Matrikelbücher Gasthörer Band I, 1883-1899*, S. 49（ベルリン工科大学所蔵資料）。白石の身分は “guest student”. 白石はこの登録で出生地を “Tosa” としており，当時の郷土感覚が偲ばれる。ヴィンクラー師事については，『白石直治傳』p. 65およびICE資

料。

(124)　ヴィンクラー（1835–1888）については，Karl-Eugen Kurrer, *The History of the Theory of Structures : From Arch Analysis to Computational Mechanics*（Published Online : April 22, 2009), pp. 101–105, 774 を参照。

(125)　白石の帝国大学工科大学教授辞令は明治 20 年 2 月，四等上級俸（『白石直治傳』p. 73)。明治 19 年 3 月の「高等官官等俸給令」によれば，奏任官四等上級は年俸 1,200 円（『東京大學百年史』資料 1，p. 387)。

(126)　『東京大學百年史』資料 1，p. 899.

(127)　天野，前掲書，p. 274.

(128)　同上書，p. 334.

(129)　天野はこうした弊害への対処，また，システマティックな教育を行うための教授陣の再生産機構として明治 26 年の「講座制」導入を位置づけている。

(130)　*University of Pennsylvania, Catalogue and Announcements* 各年版（Online)。経営学部では “partial student” で，“bachelor of philosophy” の学位を取得した。

(131)　Lloyd C. Griscom, “Willingly to School”, in *The General Magazine and Historical Chronicle*, Autumn, 1944, pp. 5–10. 留学時代の久弥を知る貴重な一文である。

(132)　『白石直治傳』pp. 63–64.

(133)　ただし，高等中学校としては 5 校の他，鹿児島と山口，すなわち薩長にも 1 校ずつ設置された。いわゆる旧制高等学校としては，最終的に 39 校が設置された。

(134)　金沢大学 50 年史編纂委員会『金澤大學五十年史』通史編，金沢大学創立 50 周年記念事業後援会，2001 年，p. 17.

(135)　同上書，pp. 45–49 参照。

(136)　土佐出身の政治家。通俊，林有造，高俊の岩村三兄弟として著名。高俊の七女，嵯峨が白石の長男，多士良の妻。また，嵯峨の妹，かつが那波光雄（第 3 章参照）の妻である。

(137)　『金澤大學五十年史』通史編，pp. 28–45.

(138)　『第四高等中學校一覧』自明治 26 年至明治 27 年，pp. 15–16, 41.

(139)　同上書，pp. 58–61. ただし，明治 26 年度は 9 月開始。

(140)　同上書，pp. 49–50, 63–66.

(141)　同上書，pp. 82–84.

第 2 章　近代移行期の土木事業

(1)　経済企画庁総合計画局編『日本の社会資本――フローからストックへ』ぎょうせい，1986 年，pp. 202, 206 より算出。

(2)　同上書，p. 322；小風秀雅「起業公債事業と内陸交通網の整備――政策構想を中心に」；山崎有恒「内務省の河川政策」高村直助編『道と川の近代』山川出版社，1996 年所収，p. 62；pp. 71–88 参考。

(3)　沢本守幸『公共投資 100 年の歩み――日本の経済発展とともに』大成出版社，1981 年，pp. 78–79 参照。

(4)　黒崎千晴「明治前期の内陸水運」新保博／安場保吉編『近代移行期の日本経済』日本経済新聞社，1979 年所収，p. 87 参照。

(5)　松浦茂樹『明治の国土開発史――近代土木技術の礎』鹿島出版会，1992 年，pp.

12-22；山崎有恒「日本近代化手法をめぐる相克」鈴木淳編『工部省とその時代』山川出版社，2002 年所収，pp. 123-129；上林好之『日本の川を甦らせた技師デ・レイケ』草思社，1999 年参照。

（6） 小風秀雅「日本沿岸航路網の形成」宮地正人他執筆『維新変革と近代日本』岩波書店，1993 年所収，p. 267.

（7） 沢本，前掲書，pp. 147-150.

（8） 同上書，p. 152.

（9） 同上書，p. 127；小風「起業公債事業と内陸交通網の整備」pp. 56-61。

（10） 増田廣實「移行期の交通・運輸事情（政策）」山本弘文編『交通・運輸の発達と技術革新——歴史的考察』国際連合大学，1986 年所収，p. 13. なお，1866 年になって五街道の宿駅荷物運送に関わる馬車の使用が認められた（小林茂「荷車」永原慶二／山口啓二編『講座・日本技術の社会史』第 8 巻　交通・運輸，日本評論社，1985 年所収，p. 301）。

（11） 小林「荷車」pp. 299-304 参照。なお，狭隘な道路は都市防災上も問題であった。

（12） 堀博／小出石史郎訳『ジャパン・クロニクル紙　ジュビリーナンバー　神戸外国人居留地』神戸新聞出版センター，1980 年，p. 128.

（13） 以上，社団法人土木工業協会／社団法人電力建設業協会編『日本土木建設業史』技報堂，1971 年，pp. 8-14；建設業を考える会『にっぽん建設業物語——近代日本建設業史』講談社，1992 年，pp. 13-16 参照。

（14） 都筑敏人「知多の『黒鍬』天下につち音」『日本経済新聞』2002 年 3 月 18 日付参照。

（15） 『日本土木建設業史』pp. 15-16 参照。

（16） 以上，『にっぽん建設業物語』pp. 21-23.

（17） 欧米系外国人およびその使用人として渡日した中国人もいた。上海や香港で欧風建築技術を会得したという。大工やペンキ職の他，ゼネコン業者（general contractor）もいたらしい（同上書，p. 24 参照）。

（18） 古川修／永井規男／江口禎著『建築生産システム』彰国社，1982 年，pp. 113-114 参照。

（19） 同上書，p. 152 参照。

（20） 『にっぽん建設業物語』p. 31.

（21） 社史発刊準備委員会編著『大成建設社史』大成建設株式会社，1963 年，p. 32.

（22） 『日本土木建設業史』pp. 80-81 参照。

（23） 同上書，pp. 16, 56.

（24） 同上書，pp. 55-56.

（25） 同上書，pp. 19-20.

（26） 建設土工の労働事情は，鉄道，また後述する発電所など，とりわけ世間から隔離された僻地の作業現場において過酷であったと考えられる。炭鉱や鉱山と同様の条件ながら，作業現場自体の存続期間が短いために労働問題化しにくい一面もあったろう。かたや，「鉄道建設初期には，一般に労働者の気が荒く，喧嘩の早い鳶人足あり，乱暴な物凄い土方あり，石工，煉瓦工，隧道坑夫などにも反噬的不良漢あり，又其の上に立つ親方が中には博徒上りの荒くれものが居て，大きな顔して横行闊歩し，縄張り争ひなどから大喧嘩の起こることもあった。彼等は気にくわぬとゲン固を振り上げ，怒り出すと“ドス”を抜くと云う物騒な連中で，請負業者が之を操縦するには，何と

いっても度胸が必要であった。そして一旦之を圧し，次で之を懐柔し，更に之を教育すれば結果上々なれどかかる剛のものは十人に一人も居らず，多くは消極的姑息主義を取るの外なかったやうである」（社団法人鉄道建設業協会編刊『日本鉄道請負業史』明治篇，1967年［以下，『日本鉄道請負業史』と表記］，序文）と，請負業者側の苦労も事欠かなかったらしい。いずれにせよ，問題の背景には，急速に近代化していく部分と前近代の暗部を引きずる部分とが複雑に絡み合う社会情勢が存在すると考えられる。建設労働事情については，『日本土木建設業史』pp. 620–634；東條由紀彦「道路建設労働者集団と地域社会——北海道の場合」高村直助編著『明治の産業発展と社会資本』ミネルヴァ書房，1997年所収，pp. 65–101を参考。

（27）　本書後段では，第4章（注69）および第6章3節2項末でこの問題に触れた。

（28）　『日本土木建設業史』pp. 52–53, 79参照。

（29）　尾高煌之助「産業の担い手」西川俊作／阿部武司編『産業化の時代・上』岩波書店，1990年所収，pp. 327, 329, 334参照。

（30）　『日本土木建設業史』p. 19；『日本鉄道請負業史』p. 57。

（31）　以上，『日本土木建設業史』pp. 30–47；『にっぽん建設業物語』pp. 19–20.

（32）　本項については，特に断りのない限り『大成建設社史』pp. 43–71を参照。

（33）　大倉，藤田の協定に一役買ったのは渋沢栄一であった。日本土木会社の発起人総代は筆頭が渋沢，続いて大倉，藤田の3名である（「青淵先生六十年史」第2巻，1900年，p. 319；「願伺届録」［渋沢青淵記念財団竜門社編『渋澤栄一傳記資料』13巻，渋沢栄一伝記資料刊行会，1957年所収，p. 73］参照）。

（34）　明治22年末，日本土木を上回る公称資本金を表明していたのは，日本鉄道，山陽鉄道，日本郵船，北海道炭礦鉄道，内国通運のみ（銀行を除く）。ただし，払込資本金でみると，日本土木は50万円で14位であった（高村直助『会社の誕生』吉川弘文館，1996年，p. 78）。

（35）　国土政策機構編『国土を創った土木技術者たち』鹿島出版会，2000年，p. 312参照。山田の経歴については，井関九郎編『大日本博士録』第5巻　工學博士の部，発展社，1930年，pp. 43–44参照。

（36）　中村尚史『日本鉄道業の形成　1869～1894年』日本経済評論社，1998年，p. 152参照。

（37）　たとえば，後段で登場する渡辺嘉一は，工部大学校を優秀な成績で卒業して鉄道局に入ったものの公費留学の機会に恵まれず，私費でイギリスに留学し，帰国後日本土木に入職した（中村尚史「鉄道技術者集団の形成と工部大学校」鈴木編『工部省とその時代』所収，p. 107参照）。

（38）　中村，同上論文，p. 114参照。また，当時の鉄道局長井上勝と工部大学校長山尾庸三との人間関係のもつれから，一部工学士に鉄道局への反感が醸成されたという話もある（『日本鉄道請負業史』p. 106）。

（39）　中村，同上論文，pp. 111–112参照。

（40）　うち1名は工部大学校と東京大学の合併による帝国大学工科大学卒業生であった。

（41）　中村『日本鉄道業の形成』p. 152より算出。

（42）　『大成建設社史』p. 108.

（43）　一説には，日本土木の資金力，組織力，技術力が強力になりすぎたことが官僚の反発を買い，会計法公布へ拍車をかけたともいう（同上書，p. 109）。

(44)　『日本土木建設業史』pp. 46–47.
(45)　同上書，pp. 36–37.
(46)　ただし，これらの業務に法整備がなされ，また業界団体が設立されるのは20世紀初頭である（パシフィック　コンサルタンツ株式会社編刊『パシフィック　コンサルタンツ25年史』1976年，pp. 22–23）。
(47)　太田については，逵邑容吉「工學士　太田六郎君之傳」『工學會誌』19輯219巻，1900年5月，pp. 372–373；『日本鉄道請負業史』p. 109.
(48)　『日本鉄道請負業史』p. 323.
(49)　村上享一著　速水太郎編刊『南清傳』1909年，p. 98.
(50)　同上書，pp. 98–100より要約。
(51)　鉄道史学会編『鉄道史人物事典』日本経済評論社，2013年，p. 242.
(52)　以上，『日本鉄道請負業史』pp. 137, 317–322.
(53)　『国土を創った土木技術者たち』pp. 298–303.
(54)　平山復二郎『工事と請負』全・改定増補版，日本工人倶楽部／日本文化協会，1934年，pp. 3–4参照。
(55)　ベルト・ハインリッヒ編著　宮本裕／小林英信訳『橋の文化史——桁からアーチへ』鹿島出版会，1991年，p. 191.
(56)　旧商法は明治23年公布。うち，会社法に相当する部分が明治26年7月に施行された。包括的な商法の施行は明治32年の改正法（新商法）による。
(57)　東京府の事例。三枝一雄『明治商法の成立と変遷』三省堂，1992年，pp. 32–34, 40–49.
(58)　高村直助「松方デフレから企業勃興へ」高村直助編著『企業勃興——日本資本主義の形成』ミネルヴァ書房，1992年所収，pp. 2–3.
(59)　中村尚史『地方からの産業革命——日本における企業勃興の原動力』名古屋大学出版会，2010年，p. 105；小風秀雅「交通資本の形成」高村編著『企業勃興』所収，pp. 85–89参照。
(60)　勅令第12号→明治33年3月公布の私設鉄道法（後述）に吸収される。
(61)　「鉄道政略ニ関スル議」（鐵道省編刊『日本鐵道史』上篇，1921年，pp. 915–939参照）。
(62)　井上と彼の側近はこれを不服として鉄道局を去ったという。なお，鉄道敷設法成立に至る状況は『日本鐵道史』上篇，pp. 955–961をはじめ，老川慶喜『近代日本の鉄道構想』日本経済評論社，2008年，pp. 85–109；中村『日本鉄道業の形成』pp. 169–220；松下孝昭『近代日本の鉄道政策　1890～1922年』日本経済評論社，2004年，pp. 25–72など参考。
(63)　土木学会編刊『古市公威とその時代』2004年，p. 118.
(64)　白石直治「鐵道國有論」野田正穂他編『鉄道国有論』日本経済評論社，1988年所収参照。
(65)　以上，老川，前掲書，pp. 49–52参照。
(66)　以上，原田勝正『鉄道史研究試論』日本経済評論社，1989年，pp. 111–112.
(67)　小風「交通資本の形成」p. 89.
(68)　中村『日本鉄道業の形成』pp. 77, 120–121.
(69)　同上書，pp. 75, 123. 明治14年の特許条約書によるもの。

（70） 小風「交通資本の形成」pp. 84–85；資本金については，「鐵道局年報」明治 20 年，明治文献資料刊行会編刊『明治前期産業発達史資料』別冊 36–1，1968 年所収，pp. 38–40.
（71） 小風，同上論文，pp. 83–85.
（72） 中村『日本鉄道業の形成』pp. 63–64 参照。
（73） 同上書，pp. 54–55 参照。工技生養成所については，中村「鉄道技術者集団の形成と工部大学校」pp. 95–116 参照。
（74） 井上勝「鐵道誌」大隈重信撰／副島八十六編『開國五十年史』上巻，開國五十年史発行所，1907 年所収，pp. 582, 585 参照；沢本守幸，前掲書，pp. 10–11 参考。
（75） 『日本鉄道請負業史』p. 29.
（76） 「東海道線」の名称は明治 28 年からで，明治 42 年の国有鉄道線路名称制定により幹線を「東海道本線」に改称。「東海道線」は幹線以外の支線も含む。
（77） 『日本鐵道史』上篇，p. 491.
（78） 井上「鐵道誌」pp. 590–593 参照。
（79） 宇田正『近代日本と鉄道史の展開』日本経済評論社，1995 年，pp. 15–49. また，宇田正「湖東線」田中真人／宇田正／西藤二郎『京都滋賀　鉄道の歴史』京都新聞社，1998 年所収，pp. 59–75 参照。
（80） 以上，中村『日本鉄道業の形成』pp. 97–102；同「鉄道技術者集団の形成と工部大学校」pp. 103–107.
（81） 中村『日本鉄道業の形成』pp. 148–149.
（82） 同上書，pp. 148–154, 170–176 参照。
（83） ルムシュッテルはその後日本鉄道の顧問となり，東京市区改正による市街高架鉄道の計画に参画，この時，官設新橋側の調査を担当したのが当時鉄道庁の仙石貢であった（小野田滋『高架鉄道と東京駅――レッドカーペットと中央停車場の源流』上，交通新聞社新書，2012 年，pp. 110–124 参照）。
（84） 中村『日本鉄道業の形成』p. 150.
（85） 『大成建設社史』p. 69；『日本鉄道請負業史』pp. 108–109.
（86） 『日本鉄道請負業史』p. 106.
（87） 同上書，p. 106.
（88） 『日本土木建設業史』pp. 86–87.
（89） 中村『日本鉄道業の形成』p. 334. 九州鉄道の設立過程については，同書に詳しい。
（90） 以上，『日本鐵道史』上篇，pp. 846–866；『日本鉄道請負業史』pp. 134–135；中村『日本鉄道業の形成』pp. 332–333, 360.
（91） 明治 22 年に設立された筑豊興業鉄道が 27 年に社名変更。若松から臼井まで，港と筑豊各地の炭鉱とを結んだ。合併は 30 年。同鉄道については第 4 章で詳述する。
（92） 『伊勢新聞』明治 22 年 7 月 25 日。第 1 章注 85 に三菱社の給与事例がある。
（93） 『日本鐵道史』上篇，pp. 850–860.
（94） 宇都宮照信編『九州　鉄道の記憶　III――心に残る駅の風景』西日本新聞社，2004 年，p. 81；『古市公威とその時代』pp. 114–115 参照。
（95） 着任時の月給は 475 円で長工師ファン・ドールンの 500 円に次ぐ高給であった。以上，『国土を創った土木技術者たち』pp. 90–91.
（96） 『肥薩線・吉都線・三角線』朝日新聞出版，2009 年 7 月，p. 25.

(97)　「鐵道院文書」（九州鉄道）（鉄道博物館所蔵資料）。他に，宇土―三角間の難工事による工区変更願書（明治26年5月20日付）も収録されている。

(98)　高橋元吉郎の履歴書（江頭達雄氏所蔵資料）による。表序-2に同じ。

(99)　なお，現在はその存在意義が見直され，観光地として再興されている。以上，遠藤徹也「明治の近代港湾都市『三角西港』」『Civil Engineering Consultant』Vol. 238，2008年1月，pp. 20–23を参照。

(100)　クリスティアン・ウォルマー著　平岡緑訳『鉄道と戦争の世界史』中央公論新社，2013年，序章／第1章参考。

(101)　清水啓次郎『私鐵物語』春秋社，1930年，p. 57.

(102)　江頭達雄氏へのヒアリング（2009年10月，於諫早）。

(103)　福地重孝『士族と士族《さむらい》意識――近代日本を興せるもの・亡ぼすもの』春秋社，1956年，pp. 43–45.

(104)　同上書，pp. 48–50.

(105)　加藤陽子『徴兵制と日本――1868–1945』吉川弘文館，1996年，p. 20のデータより。

(106)　松下芳男『徴兵令制定史』内外書房，1943年，pp. 492, 545–547.

(107)　大江志乃夫『徴兵制』岩波新書，1981年，p. 85.

(108)　『大日本博士録』第5巻，p. 104. 市瀬は内務省に奉職した後，日清戦争に従軍した。高橋と同じく明治28年1月に応召し，3月に歩兵中尉となっている。

(109)　大江によれば，日清戦争後（明治28年）の法改正で予備役が6年4ヵ月に延長されたという（『徴兵制』p. 85）。この時点で高橋はすでに後備役に編入されているが，それを勘定に入れても明治36年4月には退役になるはずである。

(110)　「筑豊御三家」の一角，安川敬一郎の次男。安川とともに炭鉱や学校経営，また，安川電機や黒崎窯業，若松築港など北九州の企業経営に関わった。時期的に岩崎久弥と入替わるようにペンシルヴェニア大学に留学している。なお，技術者では，第6章の太刀川平治も1年志願兵に応募し，入営している。

(111)　松本健次郎述　清宮一郎編『松本健次郎懐舊談』鱒書房，1952年，pp. 50–52, 82, 113, 120.

第3章　関西鉄道

(1)　図3-1は白石在籍最後の年に導入されたPittsburgh Locomotive and Car Works（米）製の蒸気機関車（鉄道博物館所蔵資料）。電報発信名は「カンセイテツドウカブシキガイシャ」（電報は三菱史料館に多数保存）。英文履歴については第5章図5-6参照。

(2)　『伊勢新聞』明治21年3月23日；同24日。これに準ずる内容が複数の新聞（読売，朝日，東京日日，いずれも3月24日付）で確認できる。また，小川功が第1回の営業報告で確認している（「関西鉄道の創立と近江商人の投資行動」『滋賀大学経済学部付属史料館研究紀要』32号，1999年3月，p. 27）。

(3)　創立に至る地元の状況については，小川功，同上論文，pp. 23–83；宇田正「近畿・東海を股にかけた関西鉄道――関西線・草津線」田中真人／宇田正／西藤二郎『京都滋賀　鉄道の歴史』京都新聞社，1998年所収，pp. 97–104に詳しい。

(4)　「発起人住所氏名並各自引受株数」「鐵道院文書」（関西鉄道）（鉄道博物館所蔵資料）。

(5)　以上，特に断りのない部分の事実関係については，鐵道省編刊『日本鐵道史』上篇，1921年，pp. 812–819による。

（6）小川功「関西鉄道会社建設期の地元重役による経営改善推進――明治二三年恐慌下の京浜資本家の蹉跌と地元資本家の焦燥」『滋賀大学経済学部付属史料館研究紀要』33号，2000年3月，pp. 70-73参照。『鉄道先人録』（日本交通協会編，日本停車場，1972年，p. 226）で経歴をみる限り，竹田は井上勝に招かれて創生期の鉄道事業の数々に関わり，事務方や輸送面での貢献は著しかったようだが，技術面での実績は不明である。
（7）小川功「関西鉄道の創立――」p. 43；南海洋八郎編著『工學博士　白石直治傳』工學博士白石直治傳編纂會，1943年（以下，『白石直治傳』と表記），p. 94.
（8）逵邑容吉「工學士　太田六郎君之傳」『工學會誌』19輯219巻，1900年5月，pp. 372-373.
（9）「関西鐵道会社鐵道線路収支予算調」「鐵道院文書」（関西鉄道）。
（10）実際の就任は明治21年9月。なお，井上，渡辺ともに帝国大学工科大学において白石と接点がある（表1-2参照）。
（11）『白石直治傳』pp. 81-82参照。
（12）以上，『白石直治傳』pp. 78-80.
（13）奥田晴彦『関西鉄道史』鉄道史資料保存会，2006年，p. 7.
（14）白石直治「関西鐵道工事略報」（演説）『工學會誌』7輯84巻，1888年12月，pp. 1002-1005より抜粋して要約。
（15）『伊勢新聞』明治21年3月23日；同24日。新聞では「株主総会」や「発起人総会」の語が使われているが，小川によれば，第1回の営業報告書では「発起人会」となっている（小川「関西鉄道会社建設期――」p. 27）。
（16）『伊勢新聞』明治21年3月29日；同31日。関西鉄道会社の「設立日」が華やかに喧伝された様子がないのは，この，総会における社長不在が原因かもしれない。かたや，一日も早い起工を望む発起人たちの焦燥感，高揚感が見て取れるようでもある。
（17）老川慶喜『近代日本の鉄道構想』日本経済評論社，2008年，pp. 6-7.
（18）『伊勢新聞』明治21年3月23日。
（19）草津―四日市幹線：約78.2 km。うち第1区：約28.4 km，第2区：約16.0 km，第3区：約33.8 km。ただし，距離は関西鉄道会社の営業報告書（老川慶喜／三木理史編『関西鉄道会社』第1巻，日本経済評論社，2005年所収），「第3回報告」「第4回報告」の数字を換算した。「第5回報告」以降，草津―四日市間の距離が約79.4 kmとなり，『日本鐵道史』の数字と一致する。なお，五反田に南接した地名が柘植である。当初，この付近の用地買収に手間取っていたことが報じられており（『伊勢新聞』明治22年6月19日参考），2区と3区の境界駅の位置確定が遅れたとも考えられる。
（20）『白石直治傳』p. 131.
（21）『伊勢新聞』明治21年9月26日。
（22）『読売新聞』明治23年9月28日；『伊勢新聞』明治23年9月25日。
（23）『伊勢新聞』明治23年9月27日。
（24）『白石直治傳』p. 107.
（25）ちなみに，第3回内国勧業博覧会は明治23年4～7月，東京上野で開催された。白石の審査官辞令は第1部（工業）および第7部（機械）兼任であったが，博覧会開会後に急遽，第5部（教育及学芸）も兼任となった（『白石直治傳』p. 106；明治文献資料刊行会編刊『明治前期産業発達史資料』第三回勧業博覧会各巻，1975年）。

(26)　『白石直治傳』pp. 107–108. 本書第1章参照。なお，明治26年3月から32年12月まで家族とともに四日市に居住した（白石俊多『白石多士良略伝――技術開発とケーソン工法の先駆者』多士不動産株式会社，1994年，pp. 203–204）。
(27)　第1期工事：明治18年6月～23年4月。
(28)　京都では明治21年に発足した京都電灯（火力発電）が22年より市内への一般供給を開始していた。京都電灯初代社長の田中源太郎は関西鉄道の大株主でもあった。
(29)　土木学会編刊『古市公威とその時代』2004年，pp. 100–102 参照。
(30)　『工手學校一覧』（二十五年記念）1913年，pp. 52–53；西川正治郎編『田邊朔郎博士六十年史』内外出版，1924年，年譜8.
(31)　『古市公威とその時代』pp. 102–103 参照。
(32)　東京大学百年史編集委員会編『東京大學百年史』部局史3，東京大学出版会，1987年，p. 92.
(33)　『日本鐵道史』上篇，p. 817. 亀山―津間は約15.4 km.
(34)　同上書，p. 906 参照。
(35)　『伊勢新聞』明治22年6月19日。
(36)　『関西鉄道会社』第1巻，p. vii. 明治27年1月，渡辺洪基が取締役に就任している。なお，白石は26年7月，全国行脚中の板垣退助に関西鉄道路線乗降自由切符を贈呈している（『読売新聞』7月22日）。白石と板垣の直接の接点を示すエピソードである。
(37)　『日本鐵道史』中篇，pp. 351–352.
(38)　本書では「隧道」と「トンネル」という基本用語を併用している。その意図は，固有名詞を含めて，できるだけ今日，人口に膾炙した表現を使用したいということで，言葉の意味に違いはない。また，明治期における鉄道駅の公称は「停車場」だが，一般には「駅」という呼称も使われていた。これについても併用している。
(39)　本書では土木工学的な説明を加える余裕がない。解説書として1冊を挙げるとすれば，小野田滋『鉄道構造物探見――トンネル，橋梁の見方・調べ方』JTB，2003年。
(40)　野沢太三「明治の鉄道土木技術について」土木学会日本土木史研究委員会編刊『近代土木技術の黎明期：日本土木史研究委員会シンポジウム記録集』1982年所収，p. 144. 先進国レベルの技術に追いつくという意味では橋梁の方が困難であったが，そのレベルの橋梁はまだ建設されていない段階だったと理解できる。
(41)　約662メートル。明治11年10月起工，13年6月竣工。
(42)　約1,344メートル。明治14年5月起工，17年2月竣工。
(43)　鉄道のトンネル工事は一度に掘りぬくのではなく，まず小さな導坑を掘り，その周囲に支保工と呼ばれる，周囲の崩れを防ぐための木枠を設置しつつ，穴を掘り広げ，また掘り進めていく。当時は大体3段階で掘りぬき，その後支保工をはずして仕上工を施した。
(44)　松浦茂樹『明治の国土開発史――近代土木技術の礎』鹿島出版会，1992年，p. 121. なお，覆工にコンクリートを用いたり，シールド工法を取り入れたりしたのは大正期になってからである（社団法人土木工業協会／社団法人電力建設業協会編『日本土木建設業史』技報堂，1971年，pp. 901–902）。
(45)　以上，高橋裕『現代日本土木史』第2版，彰国社，2007年，p. 88 参照。
(46)　京都新聞社編『琵琶湖疏水の100年』叙述編，京都市水道局，1990年，p. 64；『田邊

朔郎博士六十年史』年譜 2.
(47)　『琵琶湖疏水の 100 年』叙述編，pp. 88–89. 松浦茂樹は，この調査に山田寅吉や南一郎平も関わったと推測している（松浦，前掲書，pp. 114–115)。
(48)　『琵琶湖疏水の 100 年』叙述編，pp. 129–132.
(49)　爆破の電気導火は，田辺が藤岡市助の指導を受けて自家製で行った（同上書，p. 132)。
(50)　琵琶湖疏水第 1 トンネルの建設費は 432,956 円（同上書，p. 156)。
(51)　『田邊朔郎博士六十年史』年譜 8.
(52)　『琵琶湖疏水の 100 年』叙述編，pp. 137–138.
(53)　国土政策機構編『国土を創った土木技術者たち』鹿島出版会，2000 年，p. 313 参照。そもそも，安積疏水の工事設計は山田が主担した（第 6 章参照)。
(54)　『琵琶湖疏水の 100 年』叙述編，p. 133 参照。
(55)　社団法人鉄道建設業協会編刊『日本鉄道請負業史』明治篇，1967 年（以下，『日本鉄道請負業史』と表記)，p. 129. 日本土木については，『伊勢新聞』明治 23 年 2 月 27 日。
(56)　南の経歴については，藤田龍之「猪苗代湖疏水（安積疏水）の建設に活躍した南一郎平について――南は事務官であり技術者ではなかった」『土木史研究』13 号，1993 年 6 月，p. 358.
(57)　『琵琶湖疏水の 100 年』資料編，pp. 7–8. なお，竪坑の数は第 1 トンネルに前後 2 口，第 2 トンネルに 1 口とされている。
(58)　織田完之「安積疏水志　巻之一」明治文献資料刊行会編刊『明治前期産業発達史資料』別冊 11(1)，1965 年所収，pp. 403–405 参照。沼上隧道（明治 12 年 12 月起工，14 年 7 月竣工）は竪坑，斜坑各 1 本を利用した。掘削工事そのものについてはきわめて困難だったとされている。なお，第 6 章参照のこと。
(59)　小野田滋氏（鉄道総合技術研究所）のご教示を参考。
(60)　『田邊朔郎博士六十年史』p. 81 参照。
(61)　『琵琶湖疏水の 100 年』叙述編，pp. 145–149.
(62)　『田邊朔郎博士六十年史』pp. 81–84.
(63)　『琵琶湖疏水の 100 年』叙述編，p. 157.
(64)　同上書，pp. 133, 145, 155. なお，「6 名常雇工夫雇入」その他，当時の「琵琶湖疏水事務所文書」（京都府立総合資料館所蔵資料）で確認可能である。
(65)　煉瓦工を担当したことは「琵琶湖疏水事務所文書」No. 110 で確認できる。
(66)　『琵琶湖疏水の 100 年』叙述編，pp. 151–152. 落盤事故そのものについては，当時，新聞などで大きく取り上げられた。
(67)　出所：後述（注 74）参照。一説に 270 名ともいうが，請負がどのような形で行われたのか，また福田が彼らを何処で集めたのか，など不明な点も多い。なお，「琵琶湖疏水事務所文書」では明治 19 年から「福田組」という表現が出てくるが，その請負工事記録を見つけることはできなかった。
(68)　久賀の石積は農業の傍ら自然発生的に生まれ，農閑期の出稼ぎ兼業からさらに専業化したと考えられる。石工の仕事は①石割（切出し)，②石積，③石彫，に分類できるが，属人的に必ずしも分かれているわけではない。全てが近代土木事業にも有用である。

(69)　棚田の崩落を防ぐために堅固な石垣が築かれ，また耕作面積を少しでも増やすために用水路（水道，または横井戸と呼ばれている）を暗渠にし，その上に盛り土をして利用していた。今日なお棚田の石垣は健在であるし，用水路の遺構も見ることができる。いずれも高度な石積技術なしにはできないことで，特に用水路は久賀で生まれた特異な技術だといわれている。久賀の石工や石積技術については，宮本常一『私の日本地図　瀬戸内海 III　周防大島』同友館，1971 年，p. 264；同『周防大島を中心としたる　海の生活誌』アチック　ミューゼアム，1936 年，pp. 237, 261；久賀町誌編集委員会編『山口県久賀町誌』山口県大島郡久賀町役場，1954 年，pp. 196–197, 277–279；山口県大島郡久賀町教育委員会『周防久賀の諸職　石工等諸職調査報告書（二）』1981 年，pp. 84–85, 134–135, 141–143 参照。

(70)　地元では勝坂《かっさか》トンネルと呼ばれている。

(71)　鹿背隧道については，http://www.sujet.co.jp/mizube/abugawa（2009 年 4 月現在）；http://hagi.jp/~y-kaji/modules/xfsection（2011 年 12 月現在）参照。

(72)　大村繁氏へのヒアリング（2012 年 1 月，於周防大島）。

(73)　和船ではなく，洋式船舶だったのであろう。詳細は不明。

(74)　山口県大島郡久賀町役場編刊『町制 90 周年記念　写真でみる久賀町』1994 年，pp. 39–40（原資料は郷土史家，故松田国雄氏による聞書き原稿＝大村繁氏のご厚意による）；小泉実「世界初，営業用水力発電所の琵琶湖疏水工事を担当した福田亀吉の周辺」『照明学会誌』87 巻 6 号，2003 年 5 月，pp. 428–432；高阪勇雄『修行物語控』金光教大津教会，1975 年，pp. 59–71；福田亀吉のご子孫，伊藤文子氏へのヒアリング（2012 年 1 月，於周防大島）。

(75)　『琵琶湖疏水の 100 年』叙述編，p. 155。疏水事務所の日誌には，見学者として中島信行をはじめ関係者と考えられる人々の名前が散見される（「琵琶湖疏水事務所文書—日誌」）。

(76)　『伊勢新聞』明治 21 年 9 月 26 日。先に引用した白石の工学会講演原稿は，琵琶湖疏水の落盤事故後に書かれたものだが，すでに掘削支枠組や煉瓦巻の請負業者を決定済みであると記されている（白石「関西鐵道工事略報」pp. 1008–1009）。

(77)　白石，同上論文，p. 1006 参照。

(78)　明治 33 年 8 月の「逓信省令第 33 号」である。木下立安『帝國鐵道要鑑』鐵道時報局，第 1 版，1900 年，中編，p. 192；日本科学史学会編『日本科学技術史大系』第 16 巻：土木技術，第一法規出版，1970 年，p. 202 参照。

(79)　明治 22 年に開通した東海道線の御殿場線の最急勾配も 40 分の 1 であったが，後年，丹那トンネルの建設により熱海経由に路線変更された。また，アプト式で有名な当時日本の最急勾配路線，碓氷線（明治 24 年着工，25 年竣工）は 15 分の 1。この工事の一部を，独立開業した太田六郎が請負っている。

(80)　関西鐵道會社「第 3 回報告」p. 13 参照。

(81)　官設鉄道では，明治 27 年着工，29 年竣工の奥羽線板谷第 2 号隧道建設で竪坑を利用した記録が残っている（工學會／啓明會編刊『明治工業史　鐵道篇』1926 年，p. 247，隧道延長約 1,620 メートル）。

(82)　白石，前掲論文，p. 1008 参照。

(83)　『琵琶湖疏水の 100 年』叙述編，p. 146.

(84)　以上，白石，前掲論文，pp. 1008–1009；『日本鉄道請負業史』p. 129.

(85)　「第 3 回報告」p. 13. 第二区出張所の場所は市場《いちば》（地名）。
(86)　『伊勢新聞』明治 22 年 4 月 22 日；6 月 19 日；10 月 10 日。
(87)　同上，明治 22 年 1 月 19 日；同 25 日。
(88)　同上，明治 22 年 3 月 28 日。
(89)　井上徳次《ママ》郎「三重県下伊勢伊賀両国ニ跨ル関西鐵道会社線路中加太隧道西口竪坑間貫通ニ就キ」『工學會誌』8 輯 93 巻，1889 年 9 月，p. 583；同「三重県伊勢加太隧道東口竪坑間貫通報告」同 96 巻，1889 年 12 月，p. 723.
(90)　『伊勢新聞』明治 22 年 10 月 10 日；同 19 日；同 22 日。なお，『読売新聞』（10 月 26 日）では出席者 140 名。
(91)　『伊勢新聞』明治 22 年 12 月 17 日。
(92)　隧道工事については，「第 3 回報告」「第 4 回報告」pp. 12–14, 51–52.
(93)　明治期の標準単価は 70 円内外（『明治工業史　鐵道篇』p. 520 のデータより)。「第 8 回報告」老川／三木編『関西鉄道会社』第 1 巻所収，p. 210 のデータより，加太が約 62 円。幹線全体も同程度である。建設時期と物価変動を考えれば，安価とはいえないだろう。
(94)　『琵琶湖疏水の 100 年』叙述編，p. 156.
(95)　『伊勢新聞』明治 21 年 9 月 26 日。
(96)　「琵琶湖疏水事務所文書」43–2（明治 22 年 2 月 27 日；6 月 27 日)；72–5（同 7 月 19 日）参照。
(97)　「第 4 回報告」p. 52. ただし，トンネルの長さは資料によりまちまちで，計画と実際とのずれや後日の補修工事の影響が想定される。小野田滋氏の推計によれば，金場，坊谷，加太それぞれ約 235，163，930 メートル（小野田滋「わが国における鉄道トンネルの沿革と現状――旧・関西鉄道をめぐって」『土木史研究』8 号，1988 年 6 月，p. 123)。
(98)　「第 4 回報告」p. 52.
(99)　以上，『日本鉄道請負業史』p. 129.
(100)　同上。
(101)　「第 4 回報告」p. 52.
(102)　久保文武監修　伊賀の歴史刊行会編『図説　伊賀の歴史』下巻，郷土出版社，1992 年，pp. 26–27；伊賀町役場編刊『伊賀町史』2004 年，pp. 200–201. 両資料では，加太隧道建設に多くの犠牲者が出たとし，その証左として後年柘植駅西側（隧道は駅の東側なのでかなり離れている）に建立された「殉職駅員之碑」を挙げているが，これを建設工事の犠牲者の弔碑とする根拠は示されていない。ただ，地元ではそのような伝聞もあるという（笠井賢治氏［伊賀市役所］へのヒアリング［2012 年 11 月］)。なお，筆者が行った当該時期の伊勢新聞の調査では，いくつかの事故記録があったものの，加太越え 3 隧道工事の人身事故記事は見つけられなかった。
(103)　「第 3 回報告」「第 4 回報告」pp. 17, 60. なお，ゼリグナイトはノーベルの発明した世界初のプラスチック爆薬で，ニトログリセリンが染み出さず使い勝手が良いとされる。
(104)　『日本鉄道請負業史』p. 11；また，小野田滋『鉄道と煉瓦――その歴史とデザイン』鹿島出版会，2004 年，pp. 22–24 参照。
(105)　同上書，pp. 17–18；水野信太郎『日本煉瓦史の研究』法政大学出版局，1999 年，p.

76.

(106)　工場の設置されていた3年間に約1370万個，約12万7千円。第1トンネル（竪坑別）だけで約6万4千円。工費総額の15.5%を占めた（『琵琶湖疏水の100年』叙述編，pp. 129–130, 156）。

(107)　『琵琶湖疏水の100年』叙述編，pp. 89–93；『日本土木建設業史』p. 58参照。

(108)　以上，『田邊朔郎博士六十年史』pp. 77–78. さざれ石が巌となることはあろうが，その逆は考えられないという者もいたらしい。なお，琵琶湖疏水の煉瓦については，水野，前掲書，pp. 87–92に詳しい。

(109)　白石，前掲論文，p. 1009.

(110)　『伊勢新聞』明治22年2月27日；同10月10日。なお，関西煉瓦製造所については，関西鉄道が企画通り加太近辺で独自に立ち上げた煉瓦工場を指すと考えられるが詳細不明。似た名称のものに関西煉瓦会社（明治21年3月，堺で設立）があるが（水野，前掲書，p. 52），これとは別件であろう。

(111)　三重県教育委員会編刊『三重県の近代化遺産』1996年，p. 121.

(112)　営業報告書の数字から試算が可能なのは，（明治22年度上期：繰越数＋購入数）＋(22年度下期：購入数)＋(23年度上期：購入額÷推定単価)。明治21年度および23年度下期は不明。

(113)　軌道高架の通り抜け。構造物としては「橋梁」に分類される。

(114)　「第3回報告」〜「第6回報告」pp. 10–18, 54–55, 133–134より算出。トンネルについては，小野田「わが国における鉄道トンネルの沿革と現状」pp. 114–116参照。こうした構造物には煉瓦の他，石材も多く使用されている。一方，当初限定的な利用を考えていたものを，琵琶湖疏水の事例などから全面的な巻立に変更したことも推測される。

(115)　『伊勢新聞』明治22年1月13日。

(116)　同1月25日。明治の初期，農業用水や下水用に造られ始めた近代土管だが，鉄道が建設されると線路が田畑を分断するため，その下をくぐる土管には厚手で堅固なものが求められるようになった。この種の土管の著名な特産地が常滑であった。

(117)　小野田『鉄道と煉瓦』pp. 19–20.

(118)　小野田滋氏のご教示による。“ねじりまんぽ”については同上書，pp. 113–121に詳しい。

(119)　水野，前掲書，p. 90参照。

(120)　『明治工業史　鐵道篇』pp. 518–520；小野田「わが国における鉄道トンネルの沿革と現状」p. 116.

(121)　『明治工業史　鐵道編』p. 520参照。

(122)　白石直治「廣狭軌道比較談」野田正穂他編『広軌鉄道論集』日本経済評論社，1992年所収。白石は明治44年に設置された広軌改築準備委員会委員を務めており（「故評議員従五位勲四等　工學博士白石直治君小傳」『帝國鐵道協會會報』20巻3号，1919年3月，p. 78），その頃の執筆と思われる。

(123)　小野田滋／菊池保孝／須貝清行／古寺貞夫「近畿圏の鉄道トンネルにおける坑門の意匠設計とその特徴」『土木史研究』13号，1993年6月，p. 12. なお，関西鉄道のトンネルについては，小野田「わが国における鉄道トンネルの沿革と現状」に詳しい。

(124)　小風秀雅「交通資本の形成」高村直助編著『企業勃興——日本資本主義の形成』ミネ

ルヴァ書房，1992年所収，p. 83（表3-1参照）；小川「関西鉄道会社建設期――」pp. 58-67.

(125)『伊勢新聞』明治23年10月19日；「第6回報告」pp. 128-129.

(126)『伊勢新聞』明治23年12月14日；17日；18日。

(127) 同11月28日。

(128) 同12月17日。

(129) 同12月24日。

(130)『図説　伊賀の歴史』下巻，pp. 25-26.

(131) 白石より鉄道庁長官井上勝宛の稟請書が数通残っている（「鐵道院文書」[関西鉄道]）。

(132)『國民新聞』明治24年1月9日（『明治ニュース事典』p. 129参照）。

(133) 関町教育委員会編『鈴鹿　関町史』下巻，関町役場，1984年，p. 234.

(134) 以上，小川「関西鉄道会社建設期――」pp. 58-61. 当時の経営状況は同論文に詳しい。また，浜岡光哲，諸戸清六，馬場新三は，それまで継続して務めていた常議員をこの時期に辞した（「第7回報告」「第8回報告」pp. 163, 193, 195）参照。

(135)「営業報告書」各回。

(136) 住所別発起人の内訳は，三重20名，滋賀14名，京都8名，東京圏：東京7名，神奈川1名の計8名。東京圏はいずれも地元と関係の深いことが推測され，なかでも井伊直憲は諸戸清六に次ぐ500株を引き受けている。

(137) 社名は明治8年に三菱汽船会社，次いで郵便汽船三菱会社に改称されている。為替店は東京を本店とし，開業年に開設された支店は函館，横浜，大阪，神戸，境，伏木，新潟，野蒜，根室，四日市の10ヵ所となった（三菱銀行史編纂委員会編刊『三菱銀行史』1954年，p. 25)。

(138) 三木理史『地域交通体系と局地鉄道――その史的展開』日本経済評論社，2000年，pp. 126-132；武知京三「四日市港をめぐる海運の動向」山本弘文編『近代交通成立史の研究』法政大学出版局，1994年所収，pp. 339-349参考。

(139) 中西健一『日本私有鉄道史研究　増補版――都市交通の発展とその構造』ミネルヴァ書房，1979年，pp. 66-67. 日本鉄道については，第6章注45を参照のこと。

(140)『伊勢新聞』明治22年6月19日；小川「関西鉄道会社建設期――」pp. 79-80. 小川は，「ローカル私鉄の域を出なかった関鉄にとって，一大飛躍となる名阪直結への道は当然に試行錯誤の連続であり，権謀術数をもめぐらした結果の傷だらけの栄光という見方も」可能であって，関西鉄道側の犠牲も大きかったであろうことを指摘している。

(141)「第11回報告」老川／三木編『関西鉄道会社』第1巻所収，p. 292参照。

(142)『日本鐵道史』上篇，p. 812.

(143) この間の事情および渡辺による「亀瀬隧道改築工事法方書」については，王寺町史編集委員会編『新訂　王寺町史　資料編』王寺町，2000年，pp. 820-830掲載の諸資料を参照。

(144)『日本鐵道史』中篇，pp. 349, 513.

(145)「鐵道院文書」(関西鉄道)。

(146) 以上，「第13回報告」「第14回報告」「第15回報告」老川／三木編『関西鉄道会社』第2巻所収，pp. 13, 90, 124参照。

（147）距離は『日本鐵道史』上篇，p. 817；中篇，pp. 350–351より算出（注19参照）。

（148）『明治工業史　鐵道篇』p. 231；中村孫一編『明治以後本邦土木と外人』土木學會，1942年，p. 87.

（149）設計者のジョン・ローブリングは1840年代から，鉄道橋を含めて各地に吊橋を建設していた。ちなみに2013年現在，世界最長の吊橋は明石海峡大橋で，全長3,911メートル，中央スパン1,991メートルである。

（150）白石はアメリカ留学時の経験からブルックリン橋のニューマティック・ケーソンをよく理解していたはずだが，その適用はできなかった。日本における類似の工法としては，横浜港第2期修築工事の際，中山秀三郎の発案で岸壁の基礎工事に移動式ケーソンを利用することになり，石川島造船所で製造して明治35年着工，故障のため一時中断して3年後に完成したのが最初である。だが，この工法はその後1930年代になるまで使われることがなかった。利用したケーソンをそのまま基礎として沈下する方法では，明治42年着工，翌年竣工の朝鮮鴨緑江の鉄道橋梁の事例がある。本格的，またその後に続く工法の嚆矢としては，関東大震災後の隅田川永代橋復興架橋の際，白石の長男，多士良がアメリカから技術者を招いて導入したニューマティック・ケーソン工事（1925年）が知られている（中山秀三郎「日本最初のケーソン工事」『土木建築工事書報』4巻1号，1928年1月，p. 14；加地美佐保／樋口輝久／馬場俊介「近代日本の港湾整備における2種類のケーソン技術の導入と展開」『土木史研究　講演集』25巻，2005年，pp. 98–99；平山復二郎『地底に基礎を掘る——日本に於ける空気ケーソン工事の歴史』パシフィック・コンサルタンツ株式会社，1955年，pp. 1, 22–33参照）。また，第1章注119参照。

（151）渡辺嘉一については第1章および第2章注37でも触れた。工部大学校卒業後，鉄道局に奉職したが退職し，私費でグラスゴー大学に留学，卒業後，フォース橋（エディンバラ：現存）の建設工事に参画した。ベンジャミン・ベイカー，ジョン・ファウラーとともにカンチレバー構造原理を実演した写真が，スコットランド紙幣にも採用されて有名である。

（152）井上勝「鐵道誌」大隈重信撰／副島八十六編『開國五十年史』上巻，開國五十年史発行所，1907年所収，p. 590.

（153）日本橋梁建設協会編『日本の橋（増訂版）——多彩な鋼橋の百余年史』朝倉書店，1994年，p. 32.

（154）日本の鋼鉄橋は，明治20年6月着工，21年11月竣工の天竜川橋梁が最初である。

（155）村松郁栄『濃尾震災——明治24年内陸最大の地震』古今書院，2006年，pp. 1–3. 濃尾大地震はマグニチュード8.0。岐阜，愛知，特に美濃，尾張を中心に死者7,273名，負傷者17,175名，全壊家屋142,177棟，半壊80,324棟，橋梁損落10,392ヵ所（同書，p. 24）。なお，長良川橋梁の改修は，楕円形煉瓦井筒を用いて基礎を築いた。

（156）松村博は大井川に橋がなかった理由として，技術的・環境的要因（流量，河床変動の大きな急流で川全体に堅橋を架けるのは至難の業だが，1年の3分の2は浅瀬を伝って比較的容易に人力で渡れる），経済的・行政的要因（当時の地域経済からみて架橋に大規模投資をするのは不合理。一方，強大化した川越人足の組織やそこから刎銭を得る行政が既得権益に固執した）を挙げ，江戸幕府防衛論を棄却している（松村博『大井川に橋がなかった理由』創元社，2001年）。

（157）以上，那波光雄「軟弱ナル地盤ニ建設セラレタル橋脚橋台構造ト竣成後二五年間ノ経

過ニ就キテ」『土木學會誌』7巻1号，1921年2月，p. 36；『白石直治傳』p. 264.

(158)　「故工學士菅村弓三君小傳」『工學會誌』19輯218巻，1900年4月，p. 271；「鐵道院文書」（関西鉄道）；奥田『関西鉄道史』pp. 14–17など参照。

(159)　以上，那波，前掲論文，pp. 36–37.

(160)　『明治工業史　鐵道篇』p. 231参照。

(161)　小西純一／西野保行／渕上龍雄「明治時代に製作された鉄道トラス橋の歴史と現状（第6報）――国内設計桁」『土木史研究』11号，1991年6月，p. 132.

(162)　白石「関西鐵道工事略報」pp. 1014–1015.

(163)　小西純一／西野保行／渕上龍雄「明治時代に製作された鉄道トラス橋の歴史と現状（第2報）――英国系トラスその2」『土木史研究』6号，1986年6月，p. 50.

(164)　『明治工業史　鐵道篇』p. 516. 実際にはこれより早い設計もあるようだが，設計・架設が明確なのはこの事例であるらしい（小西／西野／渕上，前掲論文［第6報］，pp. 131–133）。ちなみに，トラス構造のワーレン型とは平行弦の間に正三角形を並べたような形状。プラット型は橋の中央から両端にかけて逆ハの字型に斜材を並べ，垂直材と組み合わせていくものである。

(165)　Patent Shaft and Axeltree Company：那波，前掲論文，p. 41.

(166)　白石「関西鐵道工事略報」p. 1015参考。

(167)　『明治工業史　鐵道篇』p. 241.

(168)　白石「関西鐵道工事略報」p. 1014. ちなみに，コンクリート杭は大正期になってから必要に応じて施工されるようになった（『日本土木建設業史』p. 914）。

(169)　『明治工業史　鐵道篇』p. 516. ちなみに，『日本土木建設業史』では，1930年施工の隅田川橋梁において，水深が大きいため築島を廃し，井筒の第1ロットを鉄製として船による吊下げ工法を用いたことが特筆されている（p. 916）。巨流揖斐川の工事はその35年前である。同様に，築島を廃し，井筒第1ロットを鉄製型枠に置き換え，これを現場に曳航し，沈置してコンクリートを充塡する方法が，後藤清により1950年に提案され，その後実施されている（後藤清『井筒の設計と施工』第3版，理工図書，1958年，p. 104）。

(170)　また，那波は明治42年，日豊線の柳浦―長洲間の水路橋を鉄筋コンクリートで建設し，44年には大分線において橋梁の井筒をコンクリートで製造したが，後者は日本で初めての試みであったという（野沢「明治の鉄道土木技術について」p. 156）。

(171)　以上，前パラグラフより，那波，前掲論文，pp. 38–41；小西純一「明治時代における鉄道橋梁下部工　序説」『土木史研究』15号，1995年6月，pp. 145–158. なお，井筒施工については，後藤，同上書，pp. 1–10, 98–120参照。

(172)　平山『地底に基礎を掘る』pp. 44–45.

(173)　那波，前掲論文，p. 42. ただし，沈下は常に垂直で全く歪みがなかったという。時代を経て，列車の運行本数，積載量とも激増したことも影響したと考えられる。

(174)　明治7年，土木建築請負業を創業。現在の西松建設株式会社。

(175)　『日本鉄道請負業史』p. 130.

(176)　小野田滋氏のご教示を参考。

(177)　小西「明治時代における鉄道橋梁下部工　序説」p. 149. 当時の鉄道省が建設した新橋梁も，基礎は粘土層内にとどめるほかなかった。施工にはニューマティック・ケーソンを採用した（平山，前掲書，pp. 45–49）。

(178) 「第 15 回報告」p. 126.
(179) 「第 16 回報告」「第 17 回報告」pp. 178–180, 243–244.
(180) 宇田「近畿・東海を股にかけた関西鉄道」pp. 113–114.
(181) 以上，『日本鉄道請負業史』pp. 130–131.
(182) 小西／西野／渕上，前掲論文（第 6 報），p. 133.
(183) 工学博士。第 19 代土木学会会長。第 1 章の表 1-2 および注 136 参照。
(184) 『日本鐵道史』中篇，p. 611.
(185) 「故工學士菅村弓三君小傳」pp. 271–272；宇田正「近江商人の鉄道——近江鉄道」『京都滋賀　鉄道の歴史』所収，p. 368.
(186) 和田武志氏（近江鉄道株式会社）へのヒアリング（2012 年 10 月，於彦根）。
(187) 関西鐵道株式會社「第 25 回営業報告」老川／三木編『関西鉄道会社』第 3 巻所収，pp. 345–346.
(188) 小西／西野／渕上，前掲論文（第 6 報），p. 133.
(189) Andrew Handyside & Co. Ltd. 辻良樹『関西鉄道考古学探見』JTB パブリッシング，2007 年，pp. 74–75.
(190) 図面は近江鉄道株式会社所蔵。愛知川—八日市間は明治 31 年 6 月竣工。日野—貴生川間は明治 33 年 12 月竣工で，菅村，富尾の肩書はいずれも「主任技術者」である。
(191) 「故工學士菅村弓三君小傳」pp. 271–272；『鉄道先人録』p. 191.
(192) 『日本鐵道史』中篇，p. 613.
(193) 明治 36〜39 年，設計掛兼戸畑建築事務所（木下立安『帝國鐵道要鑑』鐵道時報局，第 2 版，1903 年，内 110–111；第 3 版，1906 年，蒸 140）。
(194) 若松築港株式會社編刊『若松築港株式會社五拾年史』1941 年，p. 197.
(195) 鉄道会議とは明治 25 年公布の鉄道敷設法で設置された鉄道政策決定のための諮問機関である。白石も明治 32 年に臨時議員を務めている（「工學博士白石直治君小傳」p. 78）。
(196) 以上，城河鉄道については，丸尾佳二「明治時代の私設鉄道建設——城河鉄道と関西鉄道」『大阪商業大学商業史博物館紀要』2002 年 12 月，pp. 186–188.
(197) 三木理史「解題——関西鉄道会社」老川／三木編『関西鉄道会社』第 1 巻所収，p. vii.
(198) 宇田正は関西鉄道について，都市間連絡幹線の役割を担っていたことを認めたうえで，長期的，平均的な旅客分析の結果として，第一義的には「巡礼本位」の鉄道という評価をしている（「鉄道経営の成立・展開と『巡礼』文化」山本編『近代交通成立史の研究』所収，pp. 407–414 参照）。
(199) 武知「四日市港をめぐる海運の動向」p. 340. 熱田—桑名間の“渡し”は 4 時間程度かかったという。むろん，天候にも左右される。
(200) 新修名古屋市史編集委員会編『新修　名古屋市史』第 5 巻，名古屋市，2000 年，p. 532. なお，駅の廃止後，駅舎は東海道線の岐阜駅に移築された。
(201) 明治 37 年に至り，西成鉄道は官鉄による借上という状況になった。これは鉄道局が関西鉄道との競争上実施した措置だという（『日本鐵道史』中篇，pp. 213–221；小川功『民間活力による社会資本整備』鹿島出版会，1987 年，p. 86）。なお，株主配当実施については，前述の明治 26 年上期の後，28 年下期，29 年上期にそれぞれ跳んで，30 年上期からようやく毎期連続の実施となった（「営業報告書」各期，『関西鉄道会

社』第 2 巻；第 3 巻所収）。

(202)　『白石直治傳』p. 139.

(203)　『日本鐵道史』中篇，pp. 355–356.

(204)　三木，前掲論文，p. xiv.

(205)　帝国大学教授から民間鉄道会社への移籍，およびこれ以降の彼の事業への関わり方は，白石の「官よりも民」を是とする性向を表しているかもしれない。だが一方で，経営者としては鉄道国有論の支持者であったことを考えると，白石の関西鉄道での挑戦は「官」に対抗するというより，当時の「官」側の技術的権威であった井上勝に対するアンチテーゼであったとも考えられる。これについては小野田滋氏のご教示を得た。

(206)　当時の職制の基本は，内部事務の庶務課・会計課，事業担当の運輸課，技術担当の汽車課，建築・土木工事担当の建築課・建築部・修繕部となっていた。人員配置から，建築課は設計等事務的な業務，建築・修繕部は工事担当と考えられる。

(207)　このパラグラフの職制および人員配置については各年の営業報告書を参照。

(208)　『白石直治傳』p. 132.

(209)　広沢範敏の戸籍謄本（廣澤隆雄氏所蔵）および廣澤隆雄氏へのヒアリング（同前）。

(210)　木下立安『帝國鐵道要鑑』第 1 版，1900 年，上編，pp. 85–86.

(211)　ただし，新潟側は沼垂が起点。新潟市街地への延伸は明治 37 年。

(212)　関西鉄道と城河鉄道の地理的関係性，また，第 1 章末で述べた石川県知事岩村高俊との関係性を含め，高橋の人事には白石が関わったと考えるのが合理的推測ではある。

(213)　高橋への辞令（江頭達雄氏所蔵資料）。

(214)　後任は井上徳治郎：人事関係情報は『日本鐵道史』中篇，pp. 371–372. この間の高橋の去就についての憶測だが，白石と同道する予定でいったん退職したものの，白石の都合が変わったため（長期外遊。次章参照），関西鉄道に残ることになった可能性が高い。

(215)　関西鉄道の企業合同戦略については，老川『近代日本の鉄道構想』pp. 241–260 に詳しい。

(216)　官鉄対関鉄の歴史上有名な競争劇については，たとえば宇田正『近代日本と鉄道史の展開』日本経済評論社，1995 年，pp. 280–288 を参照。

(217)　島は安次郎，秀雄，隆と 3 代続く著名な鉄道技術者一家である。ちなみに，安次郎は工科大学で土木工学科の田辺朔郎の講義にも出席していた（『田邊朔郎博士六十年史』p. 143）。

(218)　三木，前掲論文，p. xiv. 当時，実際に外貨社債の発行を実行したのは北海道炭礦鉄道と関西鉄道のみ，また受託会社が外国企業であったのは関西鉄道のみであった。

(219)　小川功「関西鉄道の国有化反対運動の再評価——片岡直温の所論紹介」『運輸と経済』42 巻 10 号，1982 年 10 月，pp. 53–62.

(220)　国有化問題については，上記小川論文の他，中西『日本私有鉄道史研究　増補版』pp. 86–125；老川『近代日本の鉄道構想』pp. 209–263；清水啓次郎『私鐵物語』春秋社，1930 年，pp. 59–66；宇田『近代日本と鉄道史の展開』pp. 289–290 などを参照。

(221)　『日本鐵道史』中篇，p. 862. 明治 39 年 10 月 1 日から翌年 10 月 1 日までの間に買収が行われたが，関西鉄道および参宮鉄道が最後であった。

第4章　若松築港

（1）　以上，南海洋八郎編著『工學博士　白石直治傳』工學博士白石直治傳編纂會，1943年（以下，『白石直治傳』と表記），pp. 138–140, 152 参照。

（2）　パシフィックリプロサービス株式会社編『白石宗城』「白石宗城」刊行会，1978年，p. 36.

（3）　田中邦博／長弘雄次「創生期における若松港・洞海湾の開発に関する史的研究」『土木史研究』18号，1998年5月，p. 581 参照。

（4）　中澤勇雄「若松港出入船舶案内」若松築港株式會社，1915年。「洞海湾口水域」については厳密な定義がなされている。

（5）　今津健治「若松港の石炭積出——大阪港への輸送」『エネルギー史研究』11号，1981年。

（6）　今津健治「戦前期石炭の消費地への輸送——若松港をめぐって」安場保吉／斎藤修編『プロト工業化期の経済と社会——国際比較の試み』日本経済新聞社，1983年所収，p. 257.

（7）　資料では「鉱」「坑」「礦」その他の文字が使われている。本書本文では固有名詞を除き，できるだけ「鉱」で統一した。

（8）　隅谷三喜男『日本石炭産業分析』岩波書店，1968年，pp. 4–5.

（9）　川艜は喫水が浅く舟底が平らで，浅瀬での物資の運搬に適し，主として河川・運河で用いられた。別名五平太船，より一般的に団平船と呼ばれるものの一種。

（10）　筑豊の運炭問題については，畑岡寛／田中邦博／市川紀一／亀田伸裕「筑豊炭の運炭機構の形成に関する史的研究」『土木史研究』22号，2002年5月が史的，包括的に論じている。

（11）　福岡縣若松市役所編刊『若松市史』1937年，後編，p. 24.

（12）　若松築港株式会社七十年史編集委員会編『七十年史　若松築港株式會社』若松築港株式会社，1960年，p. 2.

（13）　『若松市史』後編，p. 23.

（14）　高野江基太郎「筑豊炭鉱誌」I，1898年（明治文献資料刊行会編刊『明治前期産業発達史資料』別冊70–1，1970年所収）p. 5. 芦屋の焚石会所も松本平内が幕末に創設してその業務を担当していた（松本健次郎述　清宮一郎編『松本健次郎懐舊談』鱒書房，1952年，pp. 25–27）。

（15）　隅谷，前掲書，pp. 212–214.

（16）　同上書，pp. 101–102, 229–230.

（17）　西日本文化協会編刊『福岡県史　近代資料編　筑豊興業鉄道（二）』1997年（以下，『筑豊興業鉄道（二）』と表記）p. 43.

（18）　『七十年史　若松築港株式會社』p. 13；『若松市史』後編，p. 107；村上享一「筑豊炭の運送附若松港」『工學會誌』14輯163巻，1895年7月，p. 466.

（19）　社団法人鉄道建設業協会編刊『日本鉄道請負業史』明治篇，1967年（以下，『日本鉄道請負業史』と表記），p. 165.

（20）　村上，前掲論文，p. 465.

（21）　隅谷，前掲書，p. 74；洞海港務局編刊『洞海港小史』1963年，p. 7. 嘉穂辺りから若松まで，順調にいって4，5日，時に2週間程度もかかった。

（22）　川艜は各地の資産家が所有し，舟子に貸与した。舟子は部落ごとに集まって組を作

り，家族のような団結力を持った。この仕事には契約や規則もなく，暴挙に対する社会的制裁もなかったため，彼らは目前の利益によってどうにでも動き，積荷を勝手に米穀酒肴と交換したり定約金を詐取することもあった。後述する炭鉱業者の組合は，この悪弊への対抗手段の意味合いが大きかったという（村上，前掲論文，pp. 469-470；隅谷，前掲書，pp. 225-226 参照。なお，村上は工科大学明治 21 年卒業，白石の教え子であり，当時は筑豊鉄道技師長）。

(23) 畑岡他「筑豊炭の運炭機構の形成に関する史的研究」表—4（p. 155）参照。

(24) 中村尚史「炭鉱業の発達と鉄道企業——筑豊の場合」高村直助編著『明治の産業発展と社会資本』ミネルヴァ書房，1997 年所収，pp. 226-227.

(25) 『筑豊興業鉄道（二）』p. 41.

(26) 同上書，pp. 42-45.

(27) 筑豊興業鉄道については，田中邦博／長弘雄次「北部九州における筑豊興業鉄道に関する史的研究」『土木史研究』17 号，1997 年 6 月にまとめられている。

(28) 『七十年史　若松築港株式會社』p. 32.

(29) 発起人 35 名のうち 3 名が筑豊坑業組合関係者であった（『筑豊興業鉄道（二）』pp. 46-47）。

(30) 平岡浩太郎（1851-1906）：自由民権運動家，玄洋社初代社長。明治 27 年より衆議院議員。

(31) 隅谷，前掲書，pp. 244-247. 輸出先は東アジア各地で，欧米諸国の東洋航路における船舶焚料として重要だった（同書，pp. 348-349）。

(32) 今津「若松港の石炭積出」p. 3.

(33) 「支線敷設出願ノ趣意書」（明治 22 年 8 月付）「鐵道院文書」（九州鉄道）（鉄道博物館所蔵資料）参照。

(34) 『日本鉄道請負業史』p. 165.

(35) 「第 3 回報告」「第 4 回報告」西日本文化協会編刊『福岡県史　近代資料編　筑豊興業鉄道（一）』1990 年（以下，『筑豊興業鉄道（一）』と表記）所収，pp. 42, 56.

(36) 株主名簿各年各期参照（同上資料）。図 4-5 参照。当初（明治 24）年中の岩崎の持株数は 19〜22.5％の間で変動がみられる。なお，この時の株券買収価格は極端に安かったという（『松本健次郎懐舊談』p. 108）。ちなみに，明治 27 年には本文記載以外にも多人数の三菱幹部による株式持合が実現している。関係者の持株数は均等割されており，三菱側の戦略性が推測される。

(37) 「第 5 回報告」『筑豊興業鉄道（一）』pp. 70-72. 専務取締役は社長なしの取締役互選による。

(38) 「明治廿四年十二月五日重役会決議録」『筑豊興業鉄道（二）』p. 347. 表 4-1 においても，三菱の新入，鯰田からの鉄道運賃が割安なことが見て取れる。

(39) 「第 5 回報告」『筑豊興業鉄道（一）』pp. 78-79.

(40) 以上，安川撫松『撫松余韻』松本健次郎，1935 年，p. 559；隅谷，前掲書，pp. 238-239, 252-255 参考。

(41) 中村「炭鉱業の発達と鉄道企業」p. 231 参照。

(42) 「第 6 回報告」『筑豊興業鉄道（一）』p. 110；『撫松余韻』p. 559；『七十年史　若松築港株式會社』p. 67.

(43) 『日本鉄道請負業史』p. 166.

（44） 「第6回報告」『筑豊興業鉄道（一）』p. 108. ちなみに，三井は当時三池で産炭活動していたために，支援に消極的だったという（「松本健次郎談［インタビュー・メモ］」1956年2月9日，於工業倶楽部［三菱史料館所蔵資料］）。三井鉱山の筑豊進出は明治30年代以降のことだが，田川の大鉱区他を入手して甚大な生産を誇り，筑豊での影響力を強めていく。

（45） 明治28年11月に九州鉄道と筑豊鉄道共通の折尾駅が設置された。

（46） 『日本鉄道請負業史』p. 166.

（47） 「第10回報告」『筑豊興業鉄道（一）』pp. 272–273 参照。勝野（近藤廉平＝日本郵船），鯰田（三菱）両炭鉱からの門司直送が多かった。同年，安川敬一郎と松本健次郎は門司に安川松本商店を設立して石炭の外国取引を開始，外国商会との大口契約を取り付けたが，送炭能力不足で失敗した（筑豊石炭礦業史年表編纂委員会『筑豊石炭礦業史年表』西日本文化協会，1973年，p. 169）。

（48） 旧九州旅客鉄道上山田線＝1988年に廃線，飯塚と田川（豊前川崎）を結んでいた。

（49） 中村，前掲論文，pp. 230–234 参照。

（50） 若松駅史編集委員会編刊『石炭と若松驛』1986年，p. 12；「第6回報告」『筑豊興業鉄道（一）』pp. 115–116.

（51） 以上，安場保吉「明治期海運における運賃と生産性」新保博／安場保吉編『近代移行期の日本経済』日本経済新聞社，1979年所収，pp. 122, 127.

（52） 『七十年史　若松築港株式會社』p. 20 参照。

（53） 『松本健次郎懐舊談』p. 109；高野江「筑豊炭鉱誌」I，p. 100 より。

（54） 中村尚史『地方からの産業革命――日本における企業勃興の原動力』名古屋大学出版会，2010年，p. 223；株主名簿各年各期，『筑豊興業鉄道（一）』参照。

（55） この経歴については『土木建築工事畫報』7巻12号，p. 13. この間の異動は一時的。

（56） 『時事新報』5653号，明治32年8月24日（渋沢青淵記念財団竜門社編『渋澤栄一傳記資料』渋沢栄一伝記資料刊行会，第9巻，1956年所収，p. 6 参照）。

（57） 大田黒重五郎監修『麻生太吉伝』1934年，pp. 344–349（同上書所収，p. 10）では，三菱が資金援助を行った意図は初めからこの鉄道の支配権を手中に収めて石炭の陸上運輸を掌握することであり，三菱側から社長を出すことが主張されて仙石の就任をみた，としている。仙石と三菱との関係については，岩崎との個人的また同郷土佐の人的ネットワークとの交誼が考えられる。

（58） 岩崎家傳記刊行会編『岩崎彌之助傳（下）』東京大学出版会，1971年，p. 253.

（59） 九鉄改革問題については，中村「炭鉱業の発達と鉄道企業」pp. 238–242；『渋澤栄一傳記資料』第9巻，pp. 238–302. なお，関西鉄道で高配当を求める株主の対応に苦慮した経験を持つ白石だが，九鉄問題の調整に一役買ったと伝えられる（『白石直治傳』pp. 206–209）。

（60） 中村尚史『日本鉄道業の形成　1869～1894年』日本経済評論社，1998年，pp. 357–358.

（61） 以上，中村「炭鉱業の発達と鉄道企業」pp. 239–244.

（62） 他にも外国船排除による高島からの石炭直輸出等，実務的に数々のメリットがあったという（小林正彬「財閥と炭鉱業――三菱を中心に」『エネルギー史研究ノート』8号，1977年6月，p. 64 参照）。

（63） 『岩崎彌之助傳（下）』p. 146.

（64）　高島炭坑通信及曳船：明治18年11月起工，20年5月竣工。鋼製汽船，206トン，33,550円：注文主：三菱炭坑事務所（三菱社誌刊行会編『三菱社誌』東京大学出版会，14巻，1980年，pp. 15–20参照）。

（65）　『岩崎彌之助傳（下)』pp. 108–109；『三菱社誌』16巻，pp. 244–250. 明治21年11月，長崎造船所支配人兼高島炭坑事務長の山脇を管事に任じて，九州全炭坑と造船所を支配させた。

（66）　同上書，p. 38. 瓜生は1853年，福井藩士の家に生まれ，長崎で英学を修めて工部省鉄道寮に出仕，留学生に選抜されて岩倉使節団に随行，帰国後官を辞して後藤象二郎経営の高島炭鉱に移った。実兄は神戸で売炭事業を営み，安川・松本商店とも縁が深かった。

（67）　松田武一郎（1862–1911）：父親は岡崎藩士。第1章注85で言及した。明治16年三菱入社：高島炭坑事務（月俸40円），23年新入炭坑支配人（100円），29年鯰田炭坑支配人（200円→炭坑長400円）。

（68）　『松本健次郎懐舊談』pp. 30–31.

（69）　同上書，pp. 99–100；松田順吉「松田武一郎小伝」（稿本）九州大学石炭研究資料センター編刊『石炭研究資料叢書』第18輯，1997年所収，pp. 104–105. ところで，炭鉱，鉱山といえば，過酷な労働事情が目を引く。いわゆる「高島炭鉱事件」が世間の注目を集めたのは内部の労働事情が公にされた明治21年だが，労働事件自体は三菱が経営する前から起こっている。本書のコンテクストからみれば，ここでの問題は，経営側が労働を「直営できなかった」こと，その一方で争奪戦が起きるほど労働力需要が高まった状況にあるともいえる。人道的観点をひとまず措くとして，近代化・産業化を牽引する立場の経営者や技術者が，経済的合理性から，労働現場の状況改革を試みたことは充分に察しがつく。

（70）　松田への委嘱は，満鉄初代総裁に推挙された後藤新平が八方手を尽くして適材を探したうえの人選であったという（「松田武一郎小伝」p. 108）。三菱は休職扱いのままの異動だったが，当時委嘱されていた若松築港の監査役は辞した。ちなみに，松田の撫順入りと同時期に，白石もまた同地に赴いたことが若松築港の資料から読み取れる（明治41年3月の業務書簡「明治41年諸願其他往復文書」［わかちく史料館所蔵資料］）。

（71）　『岩崎彌之助傳（下)』pp. 149–151.

（72）　『三菱社誌』16巻，pp. 135, 223, 243.

（73）　『松本健次郎懐舊談』pp. 72–73；『岩崎彌之助傳（下)』pp. 152–160. 松本がいう「今日」は，すでに60年以上前のことである。明治半ばの様相は推して知るべしといえよう。

（74）　『三菱社誌』16巻，p. 370；17巻，p. 208；19巻，p. 124；岩崎家傳記刊行会編『岩崎久彌傳』東京大学出版会，1961年，pp. 445–446.

（75）　隅谷，前掲書，pp. 240–241；畠山秀樹「進出期三菱筑豊石炭礦業の動向」『三菱史料館論集』創刊号，2000年，p. 71参考。隅谷引用では明治25年下期に26%，畠山引用では28〜30年平均で17%と，数字はかなり異なる。

（76）　「1万斤以上出炭坑別表」（明治25年7〜12月）筑豊石炭礦業組合取締所，明治26年2月（三菱史料館所蔵資料）より算出。ただし，勝野（炭鉱主：近藤廉平＝日本郵船）は29年に古河市兵衛に譲渡（『筑豊石炭礦業史年表』p. 180）。

(77)　『岩崎彌之助傳（下）』pp. 251–252.

(78)　「鉄道線路変更願」（明治 24 年 4 月 7 日付）『筑豊興業鉄道（二）』pp. 129–130 参照；「第 7 回報告」『筑豊興業鉄道（一）』p. 148. ちなみに，元の路線は小竹から幸袋まで明治 27 年末に延伸開業した（「第 12 回報告」『筑豊興業鉄道（一）』p. 357）。

(79)　「第 9 回報告」～「第 14 回報告」『筑豊興業鉄道（一）』pp. 199, 303–304, 361, 475. ここでいう「遠賀川」は，九州鉄道の駅名ではなく，河川との接点を指す。なお，植木（駅）は，九州鉄道に合併後（明治 30 年），筑前植木と改称される。

(80)　「社債券引受人名表」『筑豊興業鉄道（一）』pp. 293, 530 参照。

(81)　『岩崎彌之助傳（下）』pp. 252–253. 世論は九州鉄道が三菱支配下にあると評したという。

(82)　以上，細田徳壽『土木行政叢書　港湾・運河編』好文館書店，1941 年，pp. 30–33.

(83)　同上書，pp. 185–187 参照。

(84)　小川功『民間活力による社会資本整備』鹿島出版会，1987 年，pp. 7–11, 31–32. この太政官布告（第 648 号）の適用対象は社会資本全般に及んでいたが，鉄道をはじめとして次第に固有の法律が制定され，太政官布告の制約から脱却していった。だが，とりわけ法整備の遅れた港湾に関しては，最初の基本法（1950 年成立）に至るまで，この太政官布告が基本的法令として尊重された（同書，pp. 11, 32–36）。

(85)　松浦茂樹『明治の国土開発史——近代土木技術の礎』鹿島出版会，1992 年，p. 44（原注：土木学会編『土木技術の発展と社会資本に関する研究』総合開発研究機構，1985 年，p. 203）。

(86)　筑豊（興業）鉄道の配当利回りは，明治 26 年上期：旧株 3%，新株 8%，同年下期：旧株 6%，新株 8%，27 年上期：8%，28 年上下期：10%（営業報告書各年各期参照）。

(87)　若松築港株式會社編刊『若松築港株式會社五拾年史』1941 年，pp. 27, 40。創業時は明治 23 年 5 月 23 日付の「若松港修築浚疏ニ付免許命令書」；拡張時は明治 32 年 4 月 21 日付の「命令書」による。

(88)　『七十年史　若松築港株式會社』p. 2；『松本健次郎懐舊談』p. 29.

(89)　以上，『若松築港株式會社五拾年史』pp. 7–10；『七十年史　若松築港株式會社』pp. 30–37；米津三郎「筑豊石炭坑業組合初代総長石野寛平略歴書（手記）」『エネルギー史研究ノート』6 号，1976 年 3 月，pp. 36–37.

(90)　「青淵先生六十年史」第 2 巻，pp. 145–148,『渋澤栄一傳記資料』（編刊同前）第 13 巻，1957 年所収，p. 208. 門司築港は福岡県令安場保和の主唱により，渋沢，浅野などの中央資本を呼び込んで明治 21 年末に門司築港株式会社を設立，32 年 7 月着工，門司港沖は水深が深く港の地形も良好なため，海面埋立のみを行った。着工とほぼ同時に特別輸出港の指定を受けた（門司税関ホームページ：http://www.customs.go.jp/moji/：2013 年 5 月現在）。

(91)　長崎桂は明治 15 年東京大学理学部土木工学科卒で白石の 1 年後輩。明治 19，24 年には土木監督署第 6 区（久留米）に出仕していた（金関義則「古市公威の偉さ・4」『みすず』20 巻 222 号，1978 年 9 月，pp. 26–28 参照）。

(92)　石黒五十二／長崎桂「若松浚渫工事」『工學會誌』8 輯 96 巻，1889 年 12 月，p. 721.

(93)　『若松築港株式會社五拾年史』pp. 7–26；『七十年史　若松築港株式會社』pp. 32–35；米津，前掲論文参照。

(94)　『若松築港株式會社五拾年史』pp. 11-14. 一方，港外防波堤の石材については，大きくて堅固なものが必要なので中国地方産を使いたい，という記述がある（同書，p. 13）。瀬戸内の島々は良質石材の産地でもある。前章で触れた福田組を生んだ久賀の石工がこの工事に関わったかどうかは不明だが，可能性は高いと考えられる。

(95)　『七十年史　若松築港株式會社』p. 21.

(96)　同上書，p. 34. 小川功によれば，当局が埋立計画の許可に難色を示したのは，明治 21 年に内務省雇技師のデ・レイケが行った調査で，洞海湾埋立が不可とされた経緯があったためである（小川，前掲書，p. 195）。

(97)　『若松築港株式會社五拾年史』p. 32；『七十年史　若松築港株式會社』pp. 39-40. ただし，現在の若築建設株式会社においては，創立日を免許下付の明治 23 年 5 月 23 日としている（若築建設株式会社編刊『若築建設百十年史』2000 年，p. 10）。

(98)　「株主人名表」各年各期；『七十年史　若松築港株式會社』pp. 40-41. ちなみに，三菱関係者の持株シェアは，明治 29 年 3 月で約 14%（筑豊鉄道㈱所有分を加えると 20% 強），大正元年 9 月時点で 17% 強であった。なお，若松築港（株式）会社の「営業（事業）報告書」および各期添付の「株主人名表」について，第 4〜10 回，第 43 回以降は神戸大学経済経営研究所付属企業資料総合センター，それ以外はわかちく史料館の所蔵資料。

(99)　『若松築港株式會社五拾年史』pp. 30-34；『七十年史　若松築港株式會社』pp. 38-40.

(100)　『七十年史　若松築港株式會社』p. 39.

(101)　同上。

(102)　同上書，p. 43. この人工島は後年埋設により戸畑地先と一体化し，一文字埠頭となった。

(103)　川合等「製鉄業における輸送技術の系統化調査」『技術の系統化調査報告』共同研究編・第 2 集，国立科学博物館北九州産業技術保存継承センター，2008 年 3 月，p. 3.

(104)　小林正彬『八幡製鉄所』教育社歴史新書，1977 年，pp. 128-129.

(105)　明治 26 年の臨時製鉄事業調査委員会においてである（同上書，p. 116）。

(106)　同上。

(107)　『日本鉄道請負業史』pp. 24-25；小林，同上書，p. 120.

(108)　『岩崎彌之助傳（下）』pp. 156-157；『三菱社誌』16 巻，1980 年，p. 135.

(109)　『岩崎彌之助傳（下）』pp. 159-168.

(110)　同上書，pp. 165-168；小林，前掲書，pp. 138-142.

(111)　小林，同上書，pp. 154-155, 162-164, 171-172.

(112)　長島修「製鉄事業の調査委員会と製鉄所建設構想」長野暹編著『八幡製鐵所史の研究』日本経済評論社，2003 年所収，pp. 53, 58, 85.

(113)　清水憲一／松尾宗次「創立期の官営八幡製鉄所――第二代長官和田維四郎を通して」同上書所収，p. 108.

(114)　小林，前掲書，pp. 173-175.

(115)　同上書，p. 177. 当時，若松築港の社長は安川敬一郎であった。

(116)　大冶鉱の利用が可能になったのには，長谷川芳之助の貢献が大きいという（『岩崎彌之助傳（下）』p. 41）。

(117)　「青淵先生六十年史」第 2 巻，pp. 148-150（『渋澤栄一傳記資料』第 13 巻所収，p. 211）参考。

(118)　清水憲一「『安川敬一郎日記』と地域経済の興業化について(2)――若松築港会社の拡張工事を事例として」『九州国際大学経営経済論集』3巻2号，1996年12月，p. 5参照。

(119)　荘田は日本郵船の設立時に創立委員となったが，翌年，三菱社の再結成の際に復帰し，本社支配人から幹部最高位の管事を務めた。一方，日本郵船にも取締役として関わり続けた。造船／航海奨励法の制定にも影響を与えたとされる（宿利重一『荘田平五郎』對胸舎，1932年，pp. 499-501参照）。

(120)　以上，『岩崎彌之助傳（下）』pp. 260-262；『塩田泰介氏　自叙傳』1938年，pp. 165-166. 一連の動きには荘田の貢献が大きかったという。

(121)　『岩崎久彌傳』p. 376. 三菱の石油化学事業の原点である。

(122)　鐵道省編刊『日本鐵道史』中篇，1921年，p. 411.

(123)　清水／松尾，前掲論文，p. 108.

(124)　内田星美「技術移転」西川俊作／阿部武司編『産業化の時代・上』岩波書店，1990年所収，p. 287参照。

(125)　村上，前掲論文，p. 481参照。

(126)　『若松築港株式會社五拾年史』p. 34.

(127)　『松本健次郎懐舊談』p. 138；『七十年史　若松築港株式會社』p. 67.

(128)　『若築建設百十年史』p. 17. 計画時の航路幅について，『若松築港誌略』（若松築港株式會社編刊，1928年），『若松築港株式會社五拾年史』では70間となっているが，他の諸資料との突き合わせで75間を採用した。

(129)　たとえば，同時期の神戸港で艀を利用する場合，汽船が2,500トンの鉄材を陸揚げするとして，荷役設備が完備していれば2日で済むところ，11日を要した（北原聡「明治後期・大正期における交通インフラストラクチュアの形成――兵庫県における海陸連絡機能の発展」『経済論集』（関西大学）49巻2号，1999年9月，p. 47）。

(130)　以上，『七十年史　若松築港株式會社』pp. 66-67；『若松築港株式會社五拾年史』pp. 44-45参照。

(131)　「松本健次郎談（インタビュー・メモ）」。

(132)　井上馨侯傳記編纂会編『世外井上公傳』第4巻，原書房，1978年，p. 711.

(133)　以上，『若松築港株式會社五拾年史』pp. 44-45；『七十年史　若松築港株式會社』pp. 46-51.

(134)　『七十年史　若松築港株式會社』p. 65.

(135)　同上書，p. 55。異常ともいうべきこの事態の背景となる政治的過程については，清水憲一が詳細に検討している（「『安川敬一郎日記』と地域経済の興業化について(1)――若松築港会社の拡張工事を事例として」『社会文化研究所紀要』38号，1996年，pp. 88-52）。

(136)　『若松築港株式會社五拾年史』pp. 45-46.

(137)　『松本健次郎懐舊談』pp. 139-140.

(138)　『若松築港株式會社五拾年史』p. 46.

(139)　以上，同上書，pp. 46-47.

(140)　同上書，pp. 71-72.

(141)　バケット式，プリストマン式は海底の土砂を掴み取る形式で，中小規模の浚渫に適し，また小回りが利く。サンド・ポンプ式は吸い込んだ土砂を管路で送り込み，その

まま埋立てていく方式で，大規模な浚渫埋立に利用する。

(142)　三菱造船株式會社長崎造船所職工課編刊『三菱長崎造船所史』(1)，1928年，p. 100.

(143)　若松築港株式會社「第19回事業報告書」「第20回事業報告書」;『七十年史　若松築港株式會社』p. 58；田中／長弘「創生期における若松港——」p. 587.

(144)　『撫松余韻』p. 563. 同時期，弥之助は南部球吾を伴って北九州各地を視察していた(『岩崎彌之助傳（下)』p. 248)。白石はこの後，諸準備のため欧米視察に出立する(次節参照)。

(145)　若松築港株式會社「第20回事業報告書」。

(146)　若松築港株式會社「第21回事業報告書」「第23回事業報告書」。

(147)　渡邉恵一「京浜工業地帯の埋立」橘川武郎／粕谷誠編『日本不動産業史——産業形成からポストバブル期まで』名古屋大学出版会，2007年「第2章　都市化・重化学工業化と不動産業の展開：1914-1936」所収，p. 103.

(148)　同上。

(149)　『若松築港株式會社五拾年史』p. 34.

(150)　輸送技術である船舶と若松港からの石炭積出との関係については，今津健治「戦前期石炭の消費地への輸送」および「若松港の石炭積出」を参照。

(151)　生卵，米籾，大麦，小麦，燕麦，玉蜀黍および豆類。その後，徐々に規制が緩和されて，1917年に至り輸入品目制限も撤廃された（後述参照)。背景に日本政府の大陸政策が絡んでいる。

(152)　『七十年史　若松築港株式會社』p. 77 参照。

(153)　1955年にこの記録を残した徳田文作は，明治35年，東京帝国大学工科大学卒業後内務省に入り，海外の港湾技術を視察し帰国後，関門海峡浚渫工事を担当した。若松築港会社に技師長として入職後，支配人，取締役となり，戦後1951年に退任した(『七十年史　若松築港株式會社』pp. 115, 121)。

(154)　「第6回報告」〜「第7回報告」;「第9回報告」〜「第12回報告」『筑豊興業鉄道（一)』pp. 114, 154, 198, 246, 302, 359-360.

(155)　「第4回報告」『筑豊興業鉄道（一)』p. 56.

(156)　「明治廿五年九月六日重役会決議録」『筑豊興業鉄道（二)』p. 358.

(157)　「若松駅到着ノ石炭夥シク従来ノ時間ニテハ日々ノ着炭荷卸出来難キヲ以テ……」(「第9回報告」『筑豊興業鉄道（一)』p. 198)。

(158)　「第14回報告」「第17回報告」『筑豊興業鉄道（一)』pp. 481-482，615；『七十年史　若松築港株式會社』pp. 29-30；『日本鐵道史』中篇，pp. 426-427. 明治30年に筑豊鉄道が九州鉄道となっていることに留意。

(159)　「若松港頭空前ノ壮観ヲ呈シ石炭ノ積卸意ノ如クナルヲ得ルハソレ近キニアラン」(「第17回報告」『筑豊興業鉄道（一)』p. 615)。

(160)　『日本鐵道史』中篇，pp. 410-411.

(161)　田中／長広「創生期における若松港——」pp. 590-592.

(162)　『若松築港株式會社五拾年史』pp. 73-74.

(163)　越水武夫編『戸畑郷土誌』街頭新聞社，1957年，pp. 44-49 参照。

(164)　『白石直治傳』pp. 210-211.

(165)　『撫松余韻』pp. 571-576 参照。『白石直治傳』には石炭積込機の購入につき，白石が渡欧した旨が記されているが（pp. 204, 211)，この詳細は不明。ただし，明治32年

の渡欧の際には炭積機の研究を行っていた（「故評議員従五位勲四等　工學博士白石直治君小傳」『帝國鐵道協會會報』20巻3号，1919年3月，p. 78参照）。

(166)　若松築港株式會社「第41回営業報告書」「第42回営業報告書」。

(167)　同上資料，第39回；第41回；第42回；第46回参照。

(168)　今津健治「戦前期石炭の消費地への輸送」p. 260.

(169)　「筑豊炭と戸畑駅」『福岡日日新聞』1913年3月7日。

(170)　畑岡他「筑豊炭の運炭機構の形成に関する史的研究」p. 156参照。

(171)　明治初年には官設の洋式灯台建設が思うように進まず，私設灯台も認められていた。しかし明治18年になって，従来認められていた私設灯台を禁止，経過措置として既設灯台のうち灯費を徴収しないものを期限付きで認許し，ただし問題がある場合は変更撤去できることとした。私設航路標識も政府が買収できることとした（小川功，前掲書，pp. 21–22）。

(172)　『若松築港株式會社五拾年史』pp. 47–48.

(173)　同上書，pp. 47–49, 66–67.

(174)　同上書，pp. 48–49.

(175)　土木工事の技術面については，田中／長弘「創生期における若松港——」に詳しい。

(176)　『松本健次郎懐舊談』pp. 107–108. 同書は1952年刊行であるが，筑豊炭田の最盛期は1940年前後とみられる。

(177)　戸畑郷土会編刊『郷土戸畑——特集「牧山」』1983年，pp. 56–62参照。

(178)　たとえば，「九州鉄道会社調査報告書」『渋澤栄一傳記資料』第9巻，p. 287参照。

(179)　『白石直治傳』pp. 141–142.

(180)　以上，『撫松余韻』pp. 561–565；『七十年史　若松築港株式會社』pp. 55–58. 明治32年以降の同種の会合については，渋沢の日記でも確認できる（『渋澤栄一傳記資料』［編刊同前］別巻第一・日記，1966年）。

(181)　『白石直治傳』pp. 152–153. おりしも前述の「九鉄改革問題」が水面下で沸き起こりつつあった時期でもある。

(182)　「諸願其他往復文書」各年（わかちく史料館所蔵資料）。ちなみに，明治34年の例で，支配人（高橋達）は月俸125円，技師（横井鋼太）は月俸100円であった。

(183)　秀村選三「明治中期若松築港に関する一資料　高橋達『若松築港大計画ノ必要ヲ論ズ』紹介」『エネルギー史研究ノート』6号，1976年3月，pp. 28–30. 高橋は福岡出身で維新後黒田長成に随伴して在京のち渡英，ケンブリッジ大学で理財学を修めたという。筑豊鉄道，若松築港への就任は，三菱の意向が働いたと考えられる（石崎敏行著刊『若松を語る』1934年，p. 116参照）。専従については，『撫松余韻』p. 563.

(184)　『若松築港株式會社五拾年史』p. 350；『岩崎彌之助傳（下）』pp. 249–250. 各人の若松築港会社における在籍年および就任当時の三菱での配属は以下の通り。徳弘為章（明治26–29年：若松支店長），松田武一郎（32–34，38–41年：鯰田炭坑長），伴野雄七郎（33–38年：若松支店長），青木菊雄（41–44年：大阪支店長），松木鼎三郎（41–44年：神戸支店長），木村久寿弥太（45–大正9年：庶務課長）。

(185)　若松築港株式會社「株主人名表」各年各期参照。明治42年から安田銀行が筆頭株主となり，その後両社の持株が拮抗する状態がしばらく続く。また，株主表からは地元の主要炭鉱主たちが次第に力をつけていく様子も見て取れる。

(186)　『若松築港株式會社五拾年史』p. 157参照。

(187) 藤井肇男『土木人物事典』アテネ書房，2004年，p. 43. 教授就任は1924年。

(188) 「和田建築所日誌」（三菱史料館所蔵資料，次章参照）。

(189) 若松築港株式會社「第33回事業報告書」「第34回営業報告書」参照。なお，3隻の浚渫船は第二〜第四洞海丸（『若築建設百十年史』p. 38）。

(190) 以上，「第34回営業報告書」〜「第39回営業報告書」。組立には神戸造船所の協力があったと推察される。なお，浚渫船の名前は新船に対して処分済の旧船の名称を充てている。

(191) 「和田建築所日誌」参照。

(192) 若松築港株式會社「第25回事業報告書」〜「第36回営業報告書」参照。

(193) 村上享一著　速水太郎編刊『南清傳』1909年，pp. 71-72.

(194) 『七十年史　若松築港株式會社』p. 68；『松本健次郎懐舊談』p. 140.

(195) 『白石直治傳』pp. 146-147.

(196) 『若築建設百十年史』p. 38；清水憲一「『安川敬一郎日記』と地域経済の興業化について(2)」p. 7；配当は「事業（営業）報告書」各年各期。

(197) 以下，「第34回株主定時総會及臨時総會」；「折尾税務所俸給調」（「明治41年諸願其他往復文書」わかちく史料館所蔵資料）。白石は専務取締役を退任するにあたり功労金3万円を贈与された。なお，白石（会長）の報酬は1914年前後に年俸2千円に昇給するが，これについては第3次拡張計画との関わりが推察されるものの，詳細不明である。

(198) 『若築建設百十年史』p. 38. 井上馨にも感謝状が贈られた（『世外井上公傳』第4巻，p. 712）。

(199) 橘川武郎『日本電力業の発展と松永安左ヱ門』名古屋大学出版会，1995年，pp. 40-42参考。

(200) 「第52回営業報告書」以降，各年各期参照。1920年上期から8分配当に戻った。

(201) 官船，製鉄所関連船舶はデータに含まれず，空船は登録トン数により規程の5分の1を徴収している。なお，港銭率は明治32年に一度改正されている（『若松築港株式會社五拾年史』pp. 87-89参照）。ちなみに，製鉄所所用品積載船舶数の事例として，1912年上期（4〜9月）に汽船158隻という数字がある（「出入港銭収入明細表」「第43回営業報告書」）。

(202) 『若築建設百十年史』p. 37参照。

(203) 徳田文作による調査（『七十年史　若松築港株式會社』p. 114）。阪神，瀬戸内沿岸向け石炭帆船が集団曳船で潮流の適否を見て出港するために密集したという。

(204) 『若築建設百十年史』p. 42.

(205) 注153参照。

(206) 『七十年史　若松築港株式會社』pp. 101-102.

(207) 港銭徴収の満年限は明治23年5月の免許下付の際に50年間（1940年まで），明治25年開業の際に60年間（1952年まで，ただし会社の存続期間），明治32年の拡張工事許可の際には1952年までとされていた（『若松築港株式會社五拾年史』pp. 28, 40）。特許期限まで14年を残しての退場で，若松築港として納得のいくものではなかったかもしれないが，時局の官営化の波には逆らえなかった（『松本健次郎懐舊談』p. 141参考）。

第5章　三菱の建築所

（1）　山本弘文「伝統的交通・運輸体系」山本弘文編『交通・運輸の発達と技術革新――歴史的考察』国際連合大学，1986年所収，pp. 11-12参照。

（2）　岩崎家傳記刊行会編『岩崎彌之助傳（上）』東京大学出版会，1971年，pp. 196-197.

（3）　藤森照信「丸の内をつくった建築家たち――むかし・いま」『別冊新建築――三菱地所』新建築社，1992年所収，p. 194参照。

（4）　三菱社誌刊行会編『三菱社誌』1-40巻，東京大学出版会，1979-82年。

（5）　第1章でみた明治前期のケースでは鉱山関係で40円であったから，少々引き上げられている。なお，明治期三菱の技術系使用人の処遇他については，鈴木良隆「三菱の技術者　明治19〜40年」『三菱史料館論集』5号，2004年；市原博「人的資源の形成と身分制度」阿部武司／中村尚史編著『産業革命と企業経営　1882〜1914』ミネルヴァ書房，2010年所収，pp. 230-239を参照のこと。

（6）　那波光雄「軟弱ナル地盤ニ建設セラレタル橋脚橋台構造ト竣成後二五年間ノ経過ニ就キテ」『土木學會誌』7巻1号，1921年2月，pp. 37, 44. その後，富尾が近江鉄道および九州鉄道で，伊藤は若松築港で仕事をしたことは，それぞれ第3章，第4章で述べた。

（7）　本書第1章第2節第2項参照。

（8）　本書第2章第1節第2項参照。

（9）　岩崎家傳記刊行会編『岩崎彌太郎傳（下）』東京大学出版会，1967年，p. 376.

（10）　三菱銀行史編纂委員会編刊『三菱銀行史』1954年，pp. 20-23；三菱倉庫株式会社編刊『三菱倉庫七十五年史』1962年，pp. 10-11. なお，明治初年の汽船会社は積載貨物の集荷から持届に至るまでの小運送および倉庫保管，その間のリスク保証も負担する慣行であった（岩崎家傳記刊行会編『岩崎久彌傳』東京大学出版会，1961年，p. 458)。

（11）　第3章注137，また『三菱倉庫七十五年史』p. 26参照。

（12）　「工部省沿革報告」大蔵省編『明治前期財政経済史料集成』17巻，改造社，1931年所収，p. 92. レスカスの工部省での職名は「土質家」であった。

（13）　藤森，前掲論文，p. 196. なお，レスカスはこの倉庫群以前にも三菱関係で横浜支店や函館支店を手掛けたようだが，建築的にはさほど重要な仕事ではなかった（同上)。

（14）　三菱では明治11年に外国人の雇用規定が変わり，それ以降『三菱社誌』に外国人の入退職記録が掲載されていない。

（15）　『三菱倉庫七十五年史』p. 12.

（16）　同社は1918年に改組かつ商号を変更して三菱倉庫株式会社となり，現在に至っている。

（17）　日本倉庫業史編纂委員會編『日本倉庫業史』日本倉庫協會，1941年，pp. 15-44参照。銀行貸付も倉庫保管品を担保とするのが通例であった（『三菱倉庫七十五年史』p. 8)。

（18）　名義は岩崎久弥総代理人岩崎弥之助（個人）で，三菱の法人所有になったのは明治27年。

（19）　三菱地所株式会社社誌編纂室編『丸の内百年のあゆみ――三菱地所社史』上巻，三菱地所株式会社，1993年（以下，『丸の内百年のあゆみ』と表記)，pp. 92-93参照。荘田と丸の内開発の関係については，宿利重一『荘田平五郎』對胸舍，1932年，pp.

463-477 参照。

(20)　以上，藤森照信『明治の東京計画』岩波書店，1982年，pp. 177-187, 196-214 参照。

(21)　藤森照信『日本の近代建築』上：幕末・明治篇，岩波新書，1993年，pp. 169-171 参照。

(22)　「工部省沿革報告」pp. 343, 409.

(23)　井上馨が主導した官庁集中計画推進のために新設された。

(24)　藤森「丸の内をつくった建築家たち」p. 198.

(25)　同上論文，pp. 197-199.

(26)　明治25年4月の営繕方築造本社会計定規には，「各邸ノ小破営繕ハ本社営繕方事務ノ範囲外」との文言がある。それ以前は“小破”に至るまで本社がカバーする場合があったことを示す（『三菱社誌』19巻，p. 28 参照）。丸ノ内建築所設置後は，これら私邸の施工も建築所の直営工事になったと考えられる（藤森，前掲論文，p. 207 参照）。

(27)　1890年9月27日付，荘田の連署がある（三菱史料館所蔵資料，後述の小切手の送付状，受取状についても同様）。

(28)　組織としての丸ノ内建築所のトップであった曾禰の立場からすれば，3館ともにコンドルの助言を得ながら遂行した曾禰＝建築所の仕事といえよう（Tatsuzo Sone, “Notes on the New Office Buildings, Maru-no-uchi, Tokyo, Japan,”『建築雑誌』10巻115号，1896年7月，p. 158 参照）。

(29)　井関九郎編『大日本博士録』第5巻　工學博士の部，発展社，1930年，p. 39.

(30)　第1章で触れたが，工部大学校官費生の場合，卒業後7年間官に奉職する義務があった。

(31)　藤森照信によれば，曾禰は海外留学の機会を狙っていたが，この希望が海軍省ではかなえられず，三菱に期待した面があったのではないかという（前掲論文，p. 211）。

(32)　卑見の限りでも，建築所，丸ノ内建築所，丸の内建築所，丸之内建築所，丸之内三菱建築所，丸之内建築事務所，三菱建築場，丸ノ内建築場，がある。明治期の三菱では，この建築所に限らず，「三菱」と場所名の順序が入れ換わる（たとえば，神戸三菱／三菱神戸）など，正式名称が判別できない場合がしばしばあることを断っておく。

(33)　『丸の内百年のあゆみ』pp. 109-111.

(34)　『三菱社誌』19巻，pp. 26-27.

(35)　『丸の内百年のあゆみ』pp. 112-113.

(36)　水洗式便器を備えてはいたが，排泄物は後工程で汲み取る方式であった（同上書，p. 119）。

(37)　1〜3号館の概要については『丸の内百年のあゆみ』pp. 119-127；曾禰，前掲論文，pp. 158-161 による。ちなみに，2009年より，復元の三菱1号館が都心型美術館併設の商業施設として丸の内にオープンしている。

(38)　『丸の内百年のあゆみ』p. 132.

(39)　同上書，pp. 132, 135. 6，7号館は低層で工期が短く，4，5号館に先行して竣工した。

(40)　長崎造船所に隣接した場所で造船所長の社宅として建設されたが，竣工翌年に占勝閣と名付けられて以後，もっぱら迎賓館として利用された。立地の岬は風光明媚で建物の内装・調度に至るまで贅をつくし，今日なお長崎の観光名所としてその麗姿をとど

めている。
(41) 「明治廿九年諸支払高」（三菱3号館関係の請求／支払の文書，三菱史料館所蔵資料）。
(42) 「巻末付図三菱合資會社第十二号十三号両館設計説明」『建築雑誌』25巻295号，1911年7月，p. 402.
(43) 竣工明治27年で，三菱1号館とともに丸の内最初期の近代建築。設計者の妻木頼黄は工部大学校造家学科でコンドルに師事した。東京商業会議所（32年竣工）も妻木の設計である。
(44) 『丸の内百年のあゆみ』pp. 138, 170参照。三菱合資会社が土地家屋賃貸営業の認可を受けるのは明治32年である（後述）。
(45) 『三菱社誌』19巻，pp. 161, 172参照。神戸建築所事務所の仮竣工は明治30年4月。
(46) 廣井勇『日本築港史』丸善，1927年，pp. 201-203.
(47) この事業の産業史的な分析については，以下に詳しい。北原聡「明治後期・大正期における交通インフラストラクチュアの形成――兵庫県における海陸連絡機能の発展」『経済論集』（関西大学）49巻2号，1999年9月。
(48) 廣井，前掲書，pp. 206-207；運輸省港湾局編纂『日本港湾修築史』港湾協会，1951年，pp. 99-101参照。
(49) 『三菱社誌』19巻，pp. 83-86参照。
(50) 『三菱銀行史』p. 88参照。
(51) 改正国立銀行条例に基づき，明治11年に大分県旧臼杵藩士等が発起人となって創立。経営難のため，債権者でもあった郵便汽船三菱会社が明治18年に業務を継承した。
(52) 『三菱銀行史』pp. 40-49, 64-65.
(53) 『三菱倉庫七十五年史』pp. 186-189. 三菱合資会社銀行部長の豊川良平が新社長となった。
(54) 鉱物の委託販売も神戸支店の重要な業務であった。銅の外商への売込みおよび直輸出が神戸支店開設の目的だったという指摘もある（畠山秀樹「創業期の三菱合資神戸支店――三菱商事の源流に関する一考察」『三菱史料館論集』4号，2003年，pp. 118-120）。
(55) 神戸市兵庫相生町（現中央区）。第2次大戦後に神戸西支店となり，現在もファミリアホールとして利用されている。
(56) 神戸市兵庫島上町（現兵庫区）。現在，石川株式会社社屋として利用されている。この建物は東京倉庫兵庫出張所の新築という説もある（『建築雑誌』20巻229号，1906年1月，p. 70）。なお，『三菱倉庫七十五年史』では明治32年の新築となっており（p. 139），曾禰＝神戸建築所の活動期間からはこちらの信憑性が高いが，本書では建築史の通説に準じた。
(57) 明治24年に設置された宮内省御料局の精錬所が29年，三菱合資会社に払い下げられた。現大阪市北区天馬橋。
(58) 『丸の内百年のあゆみ』pp. 138-139；『三菱倉庫七十五年史』pp. 139, 907；『三菱銀行史』p. 94.
(59) 岩崎家傳記刊行会編『岩崎彌之助傳（下）』東京大学出版会，1971年，pp. 328-332.
(60) 以上，三菱合資會社営業部神戸支店編纂「和田沿革史」1912年（三菱史料館所蔵資料），pp. 1-9参照。
(61) 同上資料，pp. 2, 40.

(62)　石河は後年，猪苗代水力電気，横浜港の震災復旧工事（内務省嘱託）に関わり（「幹部職員」『土木建築工事畫報』1巻6号，1925年7月，p. 24），また白石基礎工事にも参画した。
(63)　この表には掲載されないが，たとえば，筑豊（興業）鉄道の村上享一のように，別組織に属してはいても協働の可能性のある関係性は多々みられる。
(64)　「和田沿革史」pp. 45–46.
(65)　同上資料，pp. 40–43.
(66)　南海洋八郎編著『工學博士　白石直治傳』工學博士白石直治傳編纂會，1943年（以下，『白石直治傳』と表記），p. 166.
(67)　以上，新三菱重工業株式会社神戸造船所五十年史編纂委員会編刊『新三菱神戸造船所五十年史』1957年，p. 7. なお，船渠の建造工事は日露戦争で一時中断した。
(68)　『三菱社誌』20巻，p. 487（明治34年4月7日）；『白石直治傳』pp. 159–160.
(69)　Clark & Stanfield Ltd.：1870年頃に創業。浮船渠のアイデアを発明。この分野のリーディング企業として現代に至る。現在はLobnitzグループの一員である（B.C.C. Shipping and Shipbuilding Limitedのホームページ：http://bccshipping.com/jvpartner.htm：2012年9月）。
(70)　神船75年史編集委員会編『三菱神戸造船所七十五年史』三菱重工業株式会社神戸造船所，1981年，p. 3.
(71)　『新三菱神戸造船所五十年史』pp. 6, 12.
(72)　同上書，pp. 12–13.
(73)　高橋から岩崎久弥宛，賞与に対する礼状（三菱史料館所蔵資料）。
(74)　以上，『新三菱神戸造船所五十年史』pp. 9–11.
(75)　『岩崎彌之助傳（下）』p. 334.
(76)　『三菱社誌』20巻，p. 808.
(77)　明治31年，神戸三宮でウォルシュ兄弟が経営していた洋紙製造会社を岩崎久弥が買収，合資会社神戸製紙所とする。明治34年，高砂市に工場を移転，37年に合資会社三菱製紙所と改称。現在の三菱製紙株式会社である。
(78)　『三菱社誌』21巻，p. 862. 神戸建築所の設置は1月22日。おそらくこの時に若松築港の請負工事も許可されたと思われる（「神戸建築所日誌」［三菱史料館所蔵資料］参照）。
(79)　以上，『三菱倉庫七十五年史』pp. 254–258.
(80)　『白石直治傳』pp. 162–163；『日本倉庫業史』pp. 530–531. G号のクレーン動力を電気にしたのも耐火性を考慮したためという。
(81)　嶋田勝次「神戸和田岬における鉄筋コンクリート造旧『東京倉庫』について」『日本建築学会近畿支部研究報告集』1962年4月，pp. 3–4参考。なお，最初期の鉄筋コンクリート構造物として，明治36年に竣工した田辺朔郎設計による琵琶湖疏水橋が挙げられる。小さな橋だが，今日なおその姿をとどめている。田辺が鉄筋コンクリートに着目し，試験を開始したのは明治29年で，最初の作品がこの橋であった（西川正治郎編『田邊朔郎博士六十年史』内外出版，1924年，p. 141）。また，『明治工業史　土木篇』（工學會／啓明會編刊，1929年，pp. 880–883）は海軍技師，真島健三郎の設計による佐世保軍港の船渠付属設備（ポンプ室他：明治37年竣工）を日本初の建造物として挙げており，近江榮はそれに加えて，同じく真島設計で，より実態の明らか

な同所の烹水所および潜水器具格納庫（明治38年竣工）を特筆している（『光と影——蘇る近代建築史の先駆者たち』相模書房，1998年，pp. 90-97）。ただし，これらはいずれも規模の小さなものであった。東京帝国大学工学部土木工学科に鉄筋コンクリートの講座が開設されたのは1920年だが，工科大学時代の明治35年から広井勇が橋梁工学の一部において，44年から柴田畦作が独立した1科目で講義を始めた（東京大学百年史編集委員会編『東京大學百年史』部局史3，東京大学出版会，1987年，p. 97）。官設鉄道工事では，明治39～40年の山陰線の島田川暗渠で初めて鉄筋コンクリートを用いた。請負，監督ともに経験者がおらず，鉄筋を磨き油を塗り，少しでも錆がでたら磨きなおしを命じられたという（社団法人鉄道建設業協会編刊『日本鉄道請負業史』明治篇，1967年，pp. 396-399）。

(82) 建設業を考える会『にっぽん建設業物語——近代日本建設業史』講談社，1992年，p. 66；小野田滋『高架鉄道と東京駅——レッドカーペットと中央停車場の源流』下，交通新聞社新書，2012年，pp. 188-189. なお，東京駅には，砂利の代わりに煉瓦片を粗骨材として用いた「煉瓦片コンクリート」が一部用いられている（小野田滋『東京鉄道遺産——「鉄道技術の歴史」をめぐる』講談社，2013年，p. 23）。

(83) 『三菱倉庫七十五年史』pp. 258-261.

(84) Naoji Shiraishi, “Abstract：A Reinforced-Concrete Warehouse at Kobe” in *Minutes of the Proceedings*, Part 3, Volume 185, Issue 1911, Institute of Civil Engineers, Jan., 1911.（イギリス土木学会＝ICE所蔵資料）；N. Shiraishi, “A Ferro-Concrete Warehouse at Kobe”（I）/（II）『建築雑誌』26巻308号／311号，1912年8月／11月，いずれも付録pp. 1-10；『白石直治傳』pp. 167, 170-172.

(85) ICE所蔵資料より。石黒のみが正会員で他の5名は準会員であった。

(86) *Excerpt Minutes of Proceedings of the Institution of Civil Engineers*, Vol. clXXXV, Session 1910-1911, Part iii（ICE所蔵資料）。論文提出時（1910年8月）および1年後の論文訂正時の白石の書簡も所蔵されている。

(87) William Hubert Burr, “An Address” at the lecture-meeting held by the Civil Engineering Society on May 14, 1929（『土木學會誌』15巻7号，1929年7月所収），pp. 469-470.

(88) 以上，『丸の内百年のあゆみ』pp. 140-141.

(89) 明治43年度／44年度「三菱合資會社及三菱事業所使用人名簿」（三菱史料館所蔵資料）を参照。

(90) 同上資料，大正4～8年参照。

(91) 須山の妻は白石の妹，関野ちかの娘にあたる（白石良多氏へのヒアリング，2014年4月）。

(92) 『日本港湾修築史』pp. 100-101. 三井銀行倉庫部（明治42年に東神倉庫株式会社として独立）も神戸港内に専用の岸壁，桟橋を持っていた。

(93) 以上，『三菱倉庫七十五年史』pp. 264-270；『岩崎久彌傳』pp. 463-464；『大阪毎日新聞』1913年10月1日。

(94) 市瀬恭次郎「神戸港の岸壁築造」『港湾』2巻1号，1914年1月，pp. 55-56.

(95) 須山英次郎「和田岬鐵筋コンクリート，ケーソン製造工事概況」『工學會誌』31輯351巻，1912年5月，pp. 233-234.

(96) 帝国大学工科大学土木工学科明治31年卒業。神戸港第一期修築工事竣工後，神戸市に異動。この岸壁工事に関する論文で学位を得た（『大日本博士録』第5巻，p.

238)。

(97)　市瀬，前掲論文，p. 58.

(98)　以上，井上聖／樋口輝久／馬場俊介「近代日本の港湾における欧米諸国からの技術導入」『土木史研究　講演集』24巻，2004年，p. 288；加地美佐保／樋口輝久／馬場俊介「近代日本の港湾整備における2種類のケーソン技術の導入と展開」『土木史研究講演集』25巻，2005年，pp. 90-91. なお，ロッテルダム港の完工は1908年。

(99)　白石直治「海中工事ニ於ケル鐵筋混凝土　附議」『土木學會誌』1巻3号，1915年6月，pp. 15-16参照。

(100)　以上，須山，前掲論文，pp. 234-235.

(101)　本章第4節2項参照。「方塊」は無筋のコンクリート・ブロックであろう。

(102)　明治45年1月である。『工手學校一覽』（二十五年記念）1913年，p. 19.

(103)　『丸の内百年のあゆみ』pp. 140-141.

(104)　こうした人材活用について，『三菱倉庫七十五年史』に当時を偲ばせる以下の記述がある。「建築事項については，本店では，小修繕は出入の大工にさせていたが，大工事については臨時に三菱社の技士に事務を嘱託した。大阪支店でも，中之島の倉庫新築のため26年2月から翌年6月まで臨時建築方1名を三菱社から派遣してもらい，28年12月から30年4月まで，また同人を兵庫の倉庫新築のため大阪支店で臨時に雇い，さらに，木津川の工事のため30年9月から3度目に同人を雇い，33年10月には事務にしたが，翌年1月合資会社へ復帰している。その後，本店においては建築事務が多端となったので，36年5月に至り，技術者1名を傭使として雇入れた」(p. 203)。

(105)　『白石直治傳』p. 153参照。

(106)　高橋元吉郎から社長（岩崎久弥）宛書簡，明治36年7月2日付他（三菱史料館所蔵資料）。

(107)　一具体例として，明治39年，神戸建築所による若松築港会社牧山桟橋施工が三菱合資本社認可の上で進められている。若松築港会社の技術員，横井鋼太がしばしば来神し，それに合わせて広沢範敏が大阪に出張して若松で使用する金物検査を行い，後日若松に出向して工事監督を務める，といった様子が資料より読み取れる。工事会計は三菱合資の若松支店扱とみられる（「神戸建築所日誌」明治39年）。

(108)　以上，『三菱社誌』各巻。ただし，休職扱いの者は除く。

(109)　『岩崎彌之助伝（下）』p. 341参照。

(110)　『白石直治傳』p. 212.

(111)　『日本鉄道請負業史』明治篇，pp. 369-377, 419-457参照。

(112)　同上書，pp. 213-215. 丁度同じ時期に建設の進んでいた北部の京元鉄道では工事現場の日本人が韓国人義兵に攻撃される事態を招き，日本人は憲兵護衛のもと，韓国人と同じ装いで業務に当たったという（鄭在貞著　三橋広夫訳『帝国日本の植民地支配と韓国鉄道　1892〜1945』明石書店，2008年，p. 166)。

(113)　以上，『白石直治傳』pp. 212-223参照。なお，三菱史料館にも調査報告書のコピーが保存されている。

(114)　全錫淡／崔潤奎著　梶村秀樹／むくげの会訳『朝鮮近代社会経済史』龍溪書舎，1978年，pp. 84-87；鄭在貞，前掲書，pp. 166, 604-605参照。

(115)　漢城電気には技術者がいなかったため，京都電気鉄道（第3章で触れた琵琶湖疏水に

付帯した発電事業により，明治27年，日本初の営業用電気鉄道を建設開業）の技術者や運転士を招聘し，その後，電灯事業についても日本人技術者を採用した（善積三郎編『京城電氣株式會社二十年沿革史』京城電気株式会社，1929年［波形昭一／木村健二／須永徳武監修『京城電気株式会社二十年沿革史／伸び行く京城電気／開城電気株式会社沿革史』ゆまに書房，2003年所収］，pp. 54–58）。

（116）京仁，京釜両鉄道は，明治27年に日本が敷設権を獲得。開通開業は京仁鉄道が明治33年，京釜鉄道が38年。ちなみに，両鉄道の測量調査を担当したのは仙石貢である（『日本鉄道請負業史』明治篇，pp. 370, 419）。また，次章で取り上げる日下義雄も京釜鉄道の建設に多大な熱意を示した（中村孝也『日下義雄傳』長谷井千代松，1928年，pp. 258–271）。

（117）明治42年5月から6月にかけて白石はたびたび渋沢を訪れ，あるいは渋沢の伊藤博文訪問に同道して韓国事業について相談している（渋沢青淵記念財団竜門社編『渋澤栄一傳記資料』渋沢栄一伝記資料刊行会，別巻第一・日記，1966年，pp. 567, 572, 574, 577）。

（118）以上（前パラグラフを含む），日韓瓦斯電気設立までの経緯については，『白石直治傳』pp. 225–245；『渋澤栄一傳記資料』（編刊同前）54巻，1964年，pp. 321–337；『京城電氣株式會社二十年沿革史』pp. 1–3, 31–32, 43–45, 69–74；高知県高知工業高等学校同窓会／高知新聞企業出版部製作発行『工業ハ富国ノ基――竹内綱と明太郎の伝記』1997年，pp. 121–122を参照。

（119）『白石直治傳』pp. 245–246.

（120）同上書，p. 185.

（121）同上書，pp. 190, 683.

（122）三菱造船株式會社長崎造船所職工課編刊『三菱長崎造船所史』(1)，1928年，pp. 89–90.

（123）同上書，p. 19.

（124）同上書，p. 43.

（125）以上，『白石直治傳』pp. 184–185. ミネソタ号は日露戦争後のポーツマス講和会議に出席する小村寿太郎全権大使が乗船し，その際，太平洋を12日足らずで横断した。

（126）“A New Graving Dock at Nagasaki, Japan” in *ASCE Transactions*, Vol. 56, 1906.（『白石直治傳』pp. 183–190の日本語版を参照。）

（127）『白石直治傳』p. 187. 本章注101参照。コンクリート・ブロックの積畳は，横浜港修築第1期工事で試みられ，また，白石と同郷の港湾工学者，広井勇が明治30年起工，41年竣工の小樽港防波堤工事で採用した方法が有名である。ポゾランの混合利用も同工事での広井の提唱による（高崎哲郎『評伝　山に向かいて目を挙《あ》ぐ――工学博士・広井勇《いさみ》の生涯』鹿島出版会，2003年，pp. 160–172；『明治工業史　土木篇』pp. 410–411）。白石がその大略の情報を得ていたことは充分に考えられる。ちなみに，今日，寿命の長いコンクリート開発のために，ポゾランをセメントに混ぜる工法が見直され，研究中であるという（「火山灰で長寿コンクリ――古代ローマの技術ヒントに」『日本経済新聞』2014年6月4日）。

（128）『明治工業史　土木篇』p. 881；近江『光と影』pp. 90–97. 近江は，真島と白石が間接的にせよ交流をもっていたのではないかと推察している。

（129）本章注81を参照。なお，真島は札幌農学校（明治29年卒業）において広井勇に師事

しており（高崎，前掲書，p. 151），師弟間で順当に技術移転がなされたと考えられる。

(130)　国土政策機構編『国土を創った土木技術者たち』鹿島出版会，2000 年，p. 4.

(131)　白石の建設行為を追跡する本書では，白石が後追いの立場の技術交流が発見される。当然存在したと思われる逆の事例を発見するには，また別の研究視角が必要となろう。

(132)　Institution of Civil Engineers 所蔵の白石関連資料（図 5-6 参照）。なお，ここでいう “consulting engineer” は特定企業の「技術顧問」の意味である。社会の分業化が進むと，一般化されたエンジニアリング，とりわけ生産技術や品質管理に関するアドヴァイスをする機関／団体が現れてきて，彼らアドヴァイザーをコンサルティング・エンジニアと呼ぶようになる。日本でこうした職種が現れるのは 1930 年代以降と考えてよいだろう。

第 6 章　猪苗代水力電気

(1)　橘川武郎『日本電力業発展のダイナミズム』名古屋大学出版会，2004 年，pp. 8-9；小川功『民間活力による社会資本整備』鹿島出版会，1987 年，pp. 81-83 参照。

(2)　中村尚史『地方からの産業革命——日本における企業勃興の原動力』名古屋大学出版会，2010 年，pp. 244-245 参照。

(3)　以上，東京電力社史編集委員会編『東京電力三十年史』東京電力株式会社，1983 年，pp. 3-6；東京電燈株式會社編刊『東京電燈株式會社開業五十年史』1936 年，pp. 1-2.

(4)　吉村和昭／倉持内武／安居院猛『電波と周波数の基本と仕組み』秀和システム，2004 年，p. 26.

(5)　以上，『東京電力三十年史』pp. 8-19 参照。

(6)　同上書，p. 21.

(7)　小竹即一編『電力百年史』前篇，政経社，1980 年（以下，『電力百年史』と表記），pp. 273-274 参照。

(8)　以上，『東京電力三十年史』pp. 21-25.

(9)　『電力百年史』p. 275 参照。

(10)　南亮進『動力革命と技術進歩——戦前期製造業の分析』東洋経済新報社，1973 年，第 6 章参照。

(11)　東京電力株式会社編刊『関東の電気事業と東京電力——電気事業の創始から東京電力 50 年への軌跡』2002 年，p. 4. アップルトンはエジソン電灯会社の第二発電所。

(12)　『電力百年史』p. 185.

(13)　『東京電力三十年史』p. 33；『関東の電気事業と東京電力』p. 209.

(14)　以上，『東京電力三十年史』p. 35；『電力百年史』p. 167.

(15)　東京電燈會社史編纂委員会編『東京電燈株式會社史』東京電燈株式會社，1956 年，pp. 10-13.

(16)　『東京電力三十年史』p. 43；『電力百年史』pp. 248-249.

(17)　『電力百年史』pp. 212, 258, 261-265.

(18)　須山英次郎「猪苗代水力電氣株式會社土木工事」『土木學會誌』1 巻 4 号，1915 年 8 月，p. 8.

(19)　猪苗代水力電氣株式會社「事業案内」1915 年 3 月，pp. 6-9；「猪苗代水力電氣工事設

計概要」『工學會誌』33 輯 379 巻，1914 年 12 月，pp. 587–588.

(20)　灘谷和嘉士／梅原徳昭「猪苗代湖利水の変遷——猪苗代第一発電所をとおして」『発電水力』No. 139，1975 年 11 月，p. 78.

(21)　大久保の構想において，安積疏水は安積原野の灌漑という閉じられた開発計画ではなく，東北地方を縦断する水運大整備計画の一部となるべきものであった（松浦茂樹『明治の国土開発史——近代土木技術の礎』鹿島出版会，1992 年，pp. 85–87；山崎有恒「日本近代化手法をめぐる相克」鈴木淳編『工部省とその時代』山川出版社，2002 年所収，pp. 139–142）。

(22)　松浦，前掲書，pp. 85–93 参照。

(23)　南と安積疏水の関係については，同上書，pp. 98–104 参照。

(24)　織田完之「安積疏水志　巻之一」明治文献資料刊行会編刊『明治前期産業発達史資料』別冊 11(1)，1965 年所収，pp. 403–404；松浦，前掲書，p. 96 参考。

(25)　「安積疏水誌　巻之一」pp. 139–142, 403–404. なお，同書においては，空気抜きの直坑に「天間風」，斜坑に「勾配間風」，竪坑に「井戸間風」という用語を充てている。

(26)　松浦，前掲書，p. 100.

(27)　同上書，pp. 96–102 参照。ところで，南は有能であったが，近代的高等教育機関の修了者ではなかった。時を経て内務省に工科大学卒の技術者が増えてくると省内で疎外されるようになり，移籍後の鉄道局でも同様の思いをしたらしい。井上長官の勧めもあって明治 18 年に官職を退き，鉄道土木請負の現業社を開業，とりわけ隧道工事で活躍した（社団法人土木工業協会／社団法人電力建設業協会編『日本土木建設業史』技報堂，1971 年，p. 38）。山田もまた内務省を去り，日本土木会社の設立と同時に技術部長として移籍したことは第 2 章で述べた。なお，藤田龍之は，南を「技術者」と捉えることに異議を唱えている（「猪苗代湖疏水（安積疏水）の建設に活躍した南一郎平について——南は事務官であり技術者ではなかった」『土木史研究』13 号，1993 年 6 月）。

(28)　矢部洋三『安積開墾政策史——明治 10 年代の殖産興業政策の一環として』日本経済評論社，1997 年，p. 239 参照。

(29)　『関東の電気事業と東京電力』p. 213.

(30)　『電力百年史』p. 189.

(31)　吉岡喜一『野口遵』フジ・インターナショナル・コンサルタント出版部，1962 年，pp. 42–43；橋本万右衛門「商工都市『郡山』の今昔を語る」1931 年 10 月，pp. 12–14（渋沢青淵記念財団竜門社編『渋澤栄一傳記資料』第 10 巻，渋沢栄一伝記資料刊行会，1956 年所収，p. 643）。橋本万右衛門は郡山電灯の創業者である。

(32)　『電力百年史』pp. 188–189；工學會／啓明會編刊『明治工業史　電氣篇』1929 年，pp. 337–338.

(33)　加藤木重教『日本電氣事業發達史』前編，電友社，1916 年，p. 543. ちなみに，白石は明治 41 年に野口が創業した日本窒素肥料株式会社に取締役として参画している。白石を推したのは近藤廉平（日本郵船社長）で，日本窒素もまた三菱と深い関わりを持っている（南海洋八郎編著『工學博士　白石直治傳』工學博士白石直治傳編纂會，1943 年（以下，『白石直治傳』と表記），p. 251 参照）。

(34)　『電力百年史』p. 186.

(35)　同上書，p. 188.

(36)　中村孝也『日下義雄傳』長谷井千代松，1928年，p. 215.

(37)　「橋本万右衛門氏報告」『渋澤栄一傳記資料』第10巻所収，pp. 642–643.

(38)　木村彌蔵／丸山壽『電力』ダイヤモンド産業全書，1949年，pp. 23–25. 阿賀野川水系の本流は阿賀川および阿賀野川。流域に豪雪地帯を含み流量が豊かである。秋元湖—長瀬川—猪苗代湖—日橋川はその水系の一つである。

(39)　遞信省編刊『發電水力調査書』第2巻，1914年，pp. 107, 109.

(40)　同上書，pp. 109, 193.

(41)　本節に関連する近年の研究として，宮地英敏の以下の論文がある。「猪苗代水力電気設立の諸相——経営者層の転換を中心にして」『歴史評論』745号，2012年5月；「20世紀初頭における三菱と電力業に関する覚書——猪苗代水力電気の事例を踏まえて」『経済学研究』79巻2号，2012年9月。

(42)　河東町史編さん委員会編『河東町史下巻』河東町教育委員会，1983年，pp. 195–197.

(43)　『渋澤栄一傳記資料』（編刊同前）別巻第一・日記［慶応4年～大正3年]，1966年，p. 354.

(44)　日下の経歴については，『日下義雄傳』年譜その他による。日下の実弟は会津藩白虎隊の一員となり，飯盛山で自刃したとされる。

(45)　日本鉄道の設立時，岩崎弥太郎，弥之助で40万円，その他三菱関係者を加えると50万円以上（総額の1割近く）を引き受けている。明治19年には岩崎久弥が筆頭株主で弥之助も1万株の大株主。久弥は27～29年にも筆頭株主で，弥之助はこの間持株を手放している。34年には久弥が第3位（個人筆頭），弥之助第8位（同第5位）の大株主であった（「日本鐵道會社出金人名」「株主姓名簿」老川慶喜／中村尚史編『日本鉄道会社』第5巻，日本経済評論社，2004年，pp. 442–541)。なお，小野義真は土佐出身の三菱系で，岩崎弥太郎の意向を受けて日本鉄道の設立に関わったとされる。内務省設置時には，内務卿大久保利通直下の土木寮頭を務めた（中村孫一編『明治以後本邦土木と外人』土木學會，1942年，p. 147)。

(46)　以上，『日下義雄傳』pp. 188–214；岩崎家傳記刊行会編『岩崎彌之助傳（下)』東京大学出版会，1971年，pp. 525–529；『河東町史下巻』pp. 134–135；鐵道省編刊『日本鐵道史』中篇，1921年，p. 621参照。ちなみに，岩越鉄道計画時の調査を行ったのが白石の帝国大学時代の教え子で高知県士族でもある国沢新兵衛（『日下義雄傳』p. 204)，また建設請負人の一人に第3章で触れた太田六郎の名が挙がっている（社団法人鉄道建設業協会編刊『日本鉄道請負業史』明治篇，1967年，p. 327)。なお，岩越線は郡山から若松，喜多方を経て新津方面に抜ける。今日のJR磐越西線の一部。

(47)　三菱社誌刊行会編『三菱社誌』東京大学出版会，各巻，1979–82年；森田貴子「三菱の土地投資——新潟県中蒲原郡・西蒲原郡・南蒲原郡・北蒲原郡における土地買入と経営」『三菱史料館論集』4号，2003年，pp. 19–72参考。

(48)　『日下義雄傳』pp. 225–226.

(49)　『渋澤栄一傳記資料』（編刊同前）第53巻，1964年，p. 315の注記で示唆されている。双方に佐治幸平が関わっていることからも，その可能性が高いと思われる。

(50)　国分理編『猪苗代湖利水史』福島県土木部砂防電力課，1962年，pp. 46–47；『河東町史下巻』p. 197. 許可は明治40年4月4日「福島県指令土第12号」。

(51)　許可は明治40年4月19日「福島県指令土第831号」（『猪苗代湖利水史』p. 47；『河東町史下巻』p. 197)。なお，東北電力と日本水力電気出願年月について，本書で利

用した猪苗代水力電気刊行資料は本書本文と同じであるが，『日下義雄傳』では逆になっている（宮地の前掲論文［歴史評論，p. 97］もこの齟齬を指摘している）。齟齬の詳細は不明だが，『猪苗代湖利水史』によれば出願人がほぼ同じなので，さしたる問題とは思われない。だが，『日下義雄傳』では日本水力電気につき，「渋沢子爵を筆頭に，日下義雄氏・八田吉太《ママ》氏外三百余名の発起人が連署して」出願したとされる（p. 240,「福島県庁所蔵記録」の原注あり）。とすると，本書本文で挙げた5名は発起人代表もしくは出願人か。『日下義雄傳』の当該部分は『渋澤栄一傳記資料』にも収録されて，「日本水力電気に関する資料は他にない」との注記がある（第53巻，p. 314)。渋沢筆頭に大々的に呼びかけられた事業の記録がないというのも不思議である。他方，『猪苗代湖利水史』には両事業の申請書や協定書等も収録されており，本書では基本的にその立場を取りたい（注53；注67参照）。

(52)　『白石直治傳』pp. 285-286.

(53)　『日下義雄傳』p. 241（注51参照）。同書は脱退の理由について，後述する三菱系勢力の拡張を仄めかしているようでもある。ただし，日下はその後も渋沢と日橋川水利権について話し合いの機会を持ち（『渋澤栄一傳記資料』別巻第一・日記，p. 675)，また，猪苗代水力電気の大口株主として名を連ねている。

(54)　『河東町史下巻』pp. 199-200.

(55)　『関東の電気事業と東京電力』pp. 207-208；日下部金三郎編『第一期工事竣工記念帖』猪苗代水力電氣株式會社，1915年8月，pp. 1-3.

(56)　木村／丸山『電力』pp. 63-64.

(57)　岩崎家傳記刊行会編『岩崎久彌傳』東京大学出版会，1961年，p. 547.『白石直治傳』によれば，明治42年。

(58)　同上；『白石直治傳』pp. 279-280, 286参照。白石の長男，多士良によれば，直接話を持ち込んだのは元岡山県選出代議士（第6回および7回衆議院議員選挙で当選）の野間五造（『白石直治傳』p. 280)。野間が接触した相手は特定されていないが，『岩崎久弥傳』p. 547；『白石直治傳』p. 286では三菱関係者と読み取れる。

(59)　多田耕象の懐旧記「洛友会会報」52号，1966年3月；『白石直治傳』p. 280.

(60)　『岩崎久弥傳』p. 547.

(61)　鵜崎熊吉『豊川良平』豊川良平傳記編纂會，1923年，p. 84. なお，豊川は土佐自由民権派の啓蒙思想家である馬場辰猪とも縁戚関係にあった。

(62)　『岩崎久彌傳』pp. 239-241.

(63)　弥太郎の時代からのことであり，荘田平五郎，近藤廉平，加藤高明，荘清次郎，長谷川芳之助など，豊川の紹介や推薦で入職したという（『豊川良平』pp. 129-148；『岩崎彌之助傳（下)』pp. 381-384)。初期には慶応の学窓関係が多い。また，長谷川が教師代りをしていた大阪英語学校（開成所）の学習仲間に日下義雄がいたという（山口正一郎『博士長谷川芳之助』政教社，1913年，p. 10；『豊川良平』pp. 70-71)。

(64)　『豊川良平』pp. 66, 89, 138, 157. 高知県人懇親会はいわゆる全国の県人会の嚆矢のような存在であったらしい。

(65)　その様子は渋沢の日記からも確認できる（『渋澤栄一傳記資料』別巻第一・日記)。

(66)　同上書，pp. 649-650. なお，日記の表現から，関係者の間ではすでに猪苗代水力電気の名称が使われていたと考えられる。

(67)　発起人に加わり，取締役からは降りた三井銀行理事の波多野承五郎は，三菱に在職

（慶応義塾卒業後の明治11〜12年）経験がある。事業者側が，三菱色が強すぎることへのカムフラージュのために三井の看板を背負う波多野を誘い，その状況に関して益田が渋沢に注意を喚起したというのが自然な流れに思えるが，これはあくまでも憶測にすぎない。

(68)　以上，「合併協定書」「水路新設並水車建設ノ儀ニ付変更御願」「同申請書」『猪苗代湖利水史』pp. 46–50；『河東町史下巻』pp. 197–198（注51参照）。

(69)　ただし，岩崎久弥は慶応義塾に入塾したものの，途中で三菱商業学校が設立されてそこに転校したために卒業はしていない。なお，近藤は岩崎家，豊川家双方と縁戚関係を持つ。

(70)　以上，『岩崎久弥傳』pp. 547–548；『白石直治傳』pp. 279–288参照。

(71)　朝田，町田，各務については，『講談社日本人名大辞典』（上田正昭他監修，2001年）；『岩崎久彌傳』pp. 440, 548, 573を参照。

(72)　以上，このパラグラフについては，「第1回報告書」；「竜門雑誌」285号『渋澤栄一傳記資料』第53巻所収，pp. 311–312；『関東の電気事業と東京電力』pp. 207–208；『第一期工事竣工記念帖』pp. 1–3を参照。なお，渋沢は明治44年7月，事業許可が下りた直後の猪苗代水力電気発起人会，および同年末の同社宴会に出席している（『渋澤栄一傳記資料』別巻第一・日記，pp. 684, 713）。

(73)　『猪苗代湖利水史』p. 50. 電気事業法は明治44年3月30日公布，同年10月1日施行。宮地，前掲論文（歴史評論，pp. 80–81）は，猪苗代水力電気が電気事業法と並行して始動していた（公布直後に営業許可を得た）ことを指摘している。

(74)　1,000株以上株主と白石系株主の姓名は株数順に挙げた。「第4回報告」付属資料。なお，岩崎久弥は第7回〜15回の営業報告書資料では63,000株，ちょうど15%のシェアとなっている。ちなみに，最初岩崎に話を持ちかけたとされる野間五造は，久弥に次ぐ大株主として名を連ねた（営業報告書について，第4回は明治学院大学付属図書館，第7回以降は神戸大学経済経営研究所付属企業資料総合センターの所蔵資料）。

(75)　この「東京電力」とは，駒橋発電所下流の水利権を獲得して上野原に発電所建設計画を立てた企業だが，東京電灯が明治40年7月に吸収合併した（『東京電力三十年史』p. 26）。

(76)　同上書，p. 1057.

(77)　発起人・取締役に名を連ねた原六郎も倒幕の志士であり，戊辰戦争で上野から東北，箱館まで歴戦の経歴を持つ。

(78)　矢部『安積開墾政策史』pp. 256, 273–283.

(79)　三菱電機株式会社編刊『建業回顧』1951年，pp. 10–11.

(80)　以上，立原（1873–1931）については，手塚晃／石島利雄共編『幕末明治期海外渡航者人物情報事典』金沢工業大学，2003年；『三菱社誌』各巻；井関九郎編『大日本博士録』第5巻　工學博士の部，発展社，1930年，pp. 90–91；『人事興信録』第5版，1918年，p. た70；『建業回顧』pp. 14–15, 28–32. なお，渡航期間が明治30年4月から翌年12月，三菱合資への入社は明治31年10月なので，在米中に入社が決まり，その関係業務を含めてヨーロッパに渡ったことも考えられる。

(81)　関係する社史類を見ると，長崎も神戸も「電機工場」と「電気工場」両方の表現が使われている。本書では「電機工場」に統一した。

(82)　たとえば筑豊では，明治36年に鯰田，方城それぞれに交流，直流発電機1台を導入

し，点灯を行った（筑豊石炭礦業史年表編纂委員会『筑豊石炭礦業史年表』西日本文化協会，1973 年，p. 208）。
(83)　『建業回顧』pp. 14–15, 28.
(84)　同上書，p. 36.
(85)　太刀川（1877–1966）については，手塚晃／国立教育会館編『幕末明治海外渡航者総覧』第 2 巻，柏書房，1992 年，p. 43；『三菱社誌』各巻；『大日本博士録』第 5 巻，p. 209；「太刀川平治氏談」昭和 31 年 5 月 2 日（三菱史料館所蔵資料）；『建業回顧』pp. 23, 29；『人事興信録』第 11 版，1937 年，p. タ 1；渡辺實『近代日本海外留学生史』下，講談社，1978 年，pp. 948–949.
(86)　「猪苗代水力電氣株式會社　工事説明書」1914 年 5 月（電気の史料館所蔵資料）p. 4；『関東の電気事業と東京電力』p. 209.
(87)　『東京電燈株式會社開業五十年史』p. 125 参照。
(88)　『白石直治傳』pp. 272, 278–279, 296；「高圧送電について」『東京時事新報』1912 年 5 月 17 日。なお，当時の『朝日新聞』，また特に『読売新聞』に批判的な記事が多い。
(89)　仙石貢より岩崎久弥宛書簡（明治 45 年 5 月 4 日ロンドン付：三菱史料館所蔵資料）を要約。
(90)　以下を参照。マーション：http://www.ieeeghn.org/wiki/index.php/Ralph_Mershon；ケネディ：http://en.wikipedia.org/wiki/Alexander_Kennedy（2013 年 2 月現在）。
(91)　通称ディッカー社。1918 年，他社を吸収合併して English Electric Co. Ltd. を設立。
(92)　『建業回顧』p. 29.
(93)　『白石直治傳』pp. 276–277.
(94)　『関東の電気事業と東京電力』p. 209；多田耕象の懐旧記にも同様のエピソードが綴られている。多田の長い技術者生活の中で，工事にカネを惜しむなと言われたのはそれが最初で最後であったという（「洛友会会報」52 号，1966 年 3 月）。
(95)　『建業回顧』pp. 41–42.
(96)　『岩崎久彌傳』p. 549.
(97)　『建業回顧』p. 36.
(98)　同上書，p. 29.
(99)　正木の出張記録については，正木良一「米国出張日誌」1913 年 1 月～7 月（電気の史料館所蔵資料）。
(100)　「太刀川平治氏談」。
(101)　中村『地方からの産業革命』p. 257 参照。
(102)　『電力百年史』pp. 63–64.
(103)　『白石直治傳』pp. 289–292；『関東の電気事業と東京電力』p. 208.
(104)　那波光雄「蘭人ファン・ドールン氏銅像の建立と仙石工學博士」『土木建築工事畫報』7 巻 12 号，1931 年 12 月，pp. 14–15；『猪苗代湖利水史』pp. 90–92.
(105)　1918 年，猪苗代湖の高度利用の一つとして湖面低下工事に着目。沿岸民の強い反対があったために完工は 1934 年に至ったが，利用水深は一挙に 3 倍に増えた（灘谷／梅原，前掲論文，pp. 79–80；『関東の電気事業と東京電力』p. 214）。
(106)　『関東の電気事業と東京電力』p. 208.
(107)　須山，前掲論文，p. 15.
(108)　「猪苗代水力電氣工事設計概要」p. 588.

(109)　『白石直治傳』pp. 295–296. なお，工事担当の電気技術者として，本文に記した他，吉見静一，原辰司，有川愛治，安蔵弥輔，小田柄，佐藤穏徳（以上，工学士），中川清，矢野信（以上，高工），正木，唐沢，杉山（以上，三菱造船所）の名が挙がっている（加藤木重教『日本電氣事業發達史』前編，pp. 600–601 参照）。
(110)　蔵重哲三「課長會議の逐條審議——仙石博士猪苗代水電時代」『土木建築工事書報』7巻12号，1931年12月，p. 11.
(111)　同上。
(112)　第1期工事，とりわけ電気技術面については，太刀川平治『特別高壓送電線路ノ研究』丸善，1921年，および同書増補2版，1924年に詳しい。
(113)　『白石直治傳』p. 296 参照。
(114)　水車について，前段でエッシャ・ウィス製の購入を決めたとあるが，第一発電所ではフォイト製を用いたようである。どちらも著名なメーカーで，同時期，日本の他の発電所にも導入されていた。
(115)　『関東の電気事業と東京電力』pp. 209–210；『岩崎久彌傳』p. 549.
(116)　南亮進『動力革命と技術進歩』pp. 213–214 参照。
(117)　工事の土木面について，基本は須山「猪苗代水力電氣株式會社土木工事」に依拠している。
(118)　須山，同上論文，pp. 16–17.
(119)　『白石直治傳』pp. 293–294.
(120)　「第4回報告」p. 14；「第7回報告」p. 15 参照。
(121)　以上，『関東の電気事業と東京電力』pp. 211–212 参照。
(122)　財団法人日本経営史研究所編『日本ガイシ75年史』日本ガイシ株式会社，1995年，pp. 29–38；太刀川『特別高壓送電線路ノ研究』pp. 12, 112–113. 懸垂碍子は吊下げ（A型鉄塔），またストレイン碍子として電線引留個所（B型およびC型鉄塔）で使用する。太刀川によれば，猪苗代水力電気の場合，使用法が異なるが個々の碍子自体は同種のものであった。懸垂碍子として7個，ストレイン碍子として8個を一連にして使用した（図6-12参照）。なお，ピン碍子は電圧上昇とともに構造が複雑になり，重量が増加する欠点があった。高電圧になればなるほど，対価格・重量性能比で懸垂碍子が優位になる。
(123)　須山，前掲論文，p. 75.
(124)　『岩崎久彌傳』pp. 549–550.
(125)　鉄塔設計については，須山，前掲論文，pp. 75–98 に詳しい。また『白石直治傳』p. 309 参照。標準鉄塔の型は碍子の使用法と連動している（注122参照）。標準スパンは当初諸外国の例や専門の論文などを参考に，経済性の高い約160 m で計画していたが，地表から電力線までの間隔の関係上，鉄塔位置の改測を行った結果，少し延長された。ただし，実際に建設されたものの平均スパンは約157 m で，多くの鉄塔スパンはそれより短くなっている（太刀川，前掲書，pp. 9, 112–113, 168 も参照）。
(126)　『白石直治傳』pp. 312–313；「架空送電線の話——歴史に残る送電線：猪苗代旧幹線」ホームページ（http://www015.upp.so-net.ne.jp/overhead-TML/：2012年9月）参考。
(127)　須山，前掲論文，p. 79.
(128)　鉄塔問題については，『白石直治傳』pp. 311–330. 白石の渡米時期は1913年4月19日〜7月26日。米国の後，英，仏，独，露経由で帰国した（同書，p. 687）。

(129) 同上書，p. 331.
(130) 同上書，pp. 274–277 参考。
(131) 須山，前掲論文，pp. 94, 104.
(132) 十字梶の支柱にロープを巻きつけて重量物を引き上げる道具。図 6–11–⑦参照。
(133) 「架空送電線の話――歴史に残る送電線：猪苗代旧幹線」（前掲ホームページ）。
(134) 須山，前掲論文，pp. 105–106.
(135) 同上論文，pp. 95–98.
(136) 同上論文，pp. 95, 109–111.
(137) 同上論文，pp. 107–113. 鉄塔建設費は工区の平均。標準鉄塔の高価なケースでは，1基当たり基礎 289 円，組立 58.5 円（p. 107）。
(138) 同上論文，pp. 100–101.
(139) 同上論文，p. 101.
(140) 灘谷／梅原，前掲論文，p. 79.
(141) New York Transit Museum（Brooklyn）展示資料より（2013 年 9 月）。
(142) その悪条件にもかかわらず，あえて難工事に挑んだ人々の営みは，たとえば，吉村昭『高熱隧道』（新潮文庫，1975 年）に強烈に表現されている。
(143) 『日本鐵道史』中篇，p. 619；『渋澤栄一傳記資料』（編刊同前）第 9 巻，1956 年，p. 145. なお，日本鉄道は明治 20 年に上野から郡山まで延伸している。
(144) 「事業案内」p. 11 参照。
(145) 『岩崎彌之助傳（下）』p. 522. 日本鉄道との関わりについては，注 45 参照。また，増田廣實「明治前期における全国的運輸機構の再編――内航海運から鉄道へ」山本弘文編『近代交通成立史の研究』法政大学出版局，1994 年所収，pp. 172–177 参考。
(146) 駅名も変更されている。山潟は 1915 年 6 月に上戸，若松は 1917 年 5 月に会津若松，大寺は 1965 年に至り磐梯町となった。
(147) 以上，須山，前掲論文，pp. 17–18；『白石直治傳』pp. 297–299；灘谷／梅原，前掲論文，p. 79. ちなみに，アーサー・コッペル社は蒸気機関車，鉄道資材の著名メーカー。1876 年に Arthur Koppel と Benno Orenstein の協働関係が始まり，世界的に知られる “Orenstein & Koppel” の成立は 1908 年以降という（F. Kemper, “The Origins of Orenstein & Koppel” in *The Industrial Railway Record*, No. 40, Dec., 1971, pp. 156–161 : PDF 版）。日本では「アーサー・コッペル」が通称となっている。図 6–16 参照。
(148) 『白石直治傳』pp. 297–299；灘谷／梅原，同上。
(149) 庄司利則氏（東京電力株式会社猪苗代電力所）へのヒアリング（2013 年 10 月，於会津若松）。
(150) 以上，須山，前掲論文，pp. 38, 48–49.
(151) 庄司利則氏へのヒアリング（同前）。
(152) 『河東町史下巻』pp. 201–203；灘谷／梅原，前掲論文，p. 79.
(153) 以上，『河東町史下巻』pp. 225–229. なお，第 2 期工事の頃から朝鮮人労働者もみられ，その後（第三・第四発電所建設時）増加していったようだが，詳細は不明である。
(154) 『河東町史下巻』p. 199. 他に，田端変電所付近の小口電力需要にも応じていたと考えられる。同変電所の補助変圧器はその目的で設置されていた（「工事説明書」p. 26）。
(155) 猪苗代水力電氣株式會社「係員名簿」大正 5 年 12 月 18 日現在（東京電力株式会社猪

苗代電力所所蔵資料）。

(156)　『河東町史下巻』p. 228.

(157)　同上書，p. 212.

(158)　同上書，pp. 226–227；『関東の電気事業と東京電力』p. 210. なお，1917年，三菱合資会社の改組により三菱造船株式会社が分立している。

(159)　『関東の電気事業と東京電力』pp. 210–213. なお，猪苗代水力電気と碍子の問題について，宮地英敏「猪苗代水力電気と輸入碍子――近代日本における碍子国産化の背景」『化学史研究』39巻1号，2012年がある。

(160)　以上，太刀川，前掲書，pp. 112–114参照。同書および1924年刊行の『特別高壓送電線路ノ研究』増補2版（丸善）とも同一の図版や100ページ近い英文の論文が収録されているが，基本となる日本語論文の本文は，第1版が249ページ，増補2版では528ページと2倍以上に増え，増補された279ページのうち，実に230ページが碍子研究の1章に充てられている。太刀川の研究姿勢と危機感，また短期間に急速に認識が変わったことがうかがわれよう。なお，この2冊は猪苗代水力電気の，とりわけ電気技術に関する基本文献でもある（国分治氏のご教示を参考）。『日本ガイシ75年史』（p. 29）は，「猪苗代送電線の事例をもとに，送電線路および碍子破損に関する著名な研究」と，太刀川の業績を評価している。

(161)　太刀川『特別高壓送電線路ノ研究』増補2版，p. 7.

(162)　『日本ガイシ75年史』pp. 29–30, 35–38, 73.

(163)　同上書，pp. 35–39参照。なお，1919年に日本陶器株式会社より碍子部門が日本碍子株式会社として分立した。

(164)　『関東地方の電気事業と東京電力』p. 213；『日本ガイシ75年史』pp. 35–40, 73–74参照。

(165)　『白石直治傳』p. 303.

(166)　以上，『関東の電気事業と東京電力』pp. 214–215；「契約書案」1914年2月24日付（三菱史料館所蔵資料）参照。

(167)　『東京電燈株式會社開業五十年史』pp. 125–126.

(168)　パシフィックリプロサービス株式会社編『白石宗城』「白石宗城」刊行会，1978年，p. 61；白石俊多『白石多士良略伝――技術開発とケーソン工法の先駆者』多士不動産株式会社，1994年，p. 15.

(169)　「土木学会歴代会長紹介」土木学会ホームページ：http://www.jsce.or.jp/president/index.shtml（2014年8月）参考。

(170)　「営業報告書」各年各期。これ以降，1割配当が続いた。

(171)　明治44年の「起業目論見書」では利回り1割3分を見込んでいた（『渋澤栄一傳記資料』第53巻，pp. 306, 308)。また，『関東の電気事業と東京電力』p. 217参照。

(172)　『関東の電気事業と東京電力』pp. 217–218.

(173)　同上書，pp. 217–219.

(174)　『岩崎久彌傳』pp. 552–553.

(175)　『三菱社誌』32巻，1981年，p. 6484.

(176)　東京電力株式会社猪苗代電力所案内板（同所庄司利則氏へのヒアリング）による。同トラスはプレファブリックの組立式でドイツのハーコート社製。ちなみに，日本におけるドイツ製橋梁の導入は九州鉄道が最初で，顧問技師のヘルマン・ルムシュッテル

の影響だという（小野田滋『東京鉄道遺産――「鉄道技術の歴史」をめぐる』講談社，2013 年，p. 65）。鉄道橋梁については，第 2 章，第 3 章を参照。

(177)　『白石直治傳』p. 265. 南岳は白石の雅号である。白石は父親が漢学者であり本人も幼い頃から漢籍に親しんだこともあり，しばしば漢詩を詠んでいる。その時代の教養人として，折に触れ，特別な心境あるいは事績をこのような形で後世に残した。鉄管や電線などの工業製品は，たとえば数学者にとってある種の数式が“美しい”と表現されるように，技術者にとって詩魂を揺らす対象になる。以下に記した現代語訳には，釜谷武志教授（神戸大学大学院人文学研究科）のご助言を得たが，文責はむろん引用者にある。
「新しい学理は鬼神をも驚嘆させる。科学技術が従来の人の技を超えてこの世の本質を造り出す。溝渠を深く掘り，水管を巧みに造る。電気が一筋の線を伝って帝都を照らす。」

終　章　白石直治をめぐる世界とその時代

（1）　竹内明太郎は第 12 回～14 回の衆議院議員選挙に当選。竹内綱は第 1 回の衆議院議員選挙に当選し，土佐自由党を率いたが，1 回限りで身を引いている。なお，本書中の選挙および議員活動時期に関わる情報は，衆議院，参議院編『衆議院議員名鑑』1962 年による。

（2）　白石の郷里における人脈だが，政治的にみれば，いわゆる土佐自由民権派と関わりが深い。ただし，この時代の高知県人にみられる“民権”重視の潮流が，たとえば白石の民間志向とどのように関わるか，といった問題は，本書の範囲を超えている。

（3）　仙石は第 10 回衆議院議員選挙では無所属で当選したが，第 11 回では落選。その後 12，13 回と続けて当選を果たした。加藤高明は貴族院議員で後の首相。岩崎弥太郎の女婿である。白石とは東京大学の同期卒業であり，個人的には親しい間柄であったという（南海洋八郎編著『工學博士　白石直治傳』工學博士白石直治傳編纂會，1943 年［以下，『白石直治傳』と表記］，p. 52）。

（4）　白石直治のメモ帳（白石良多氏所蔵資料）参考。本書の関連でいえば，立原任と伊藤源治を伴って土佐電鉄の測量調査を行った（『白石直治傳』p. 384）。高知工業高校は竹内綱および明太郎が設立した。なお，「陸の孤島」といわれた高知を瀬戸内地方へ陸路で繋ぐ土讃線の建設にも骨身を削ったが，生前には実現しなかった。

（5）　白石直治「上水下水の話」『東洋大家論説』第 2 集，国友館，1887 年，pp. 206-214（『近代演説討論集』第 13 巻，ゆまに書房，1987 年所収）参照。

（6）　『白石直治傳』p. 182（行替を省略）。

（7）　以上，白石多士良については，白石俊多『白石多士良略伝――技術開発とケーソン工法の先駆者』多士不動産株式会社，1994 年；白石基礎工事株式会社編刊『追憶　白石多士良』1965 年。

（8）　多士良はまた中学校時代に，「職人からたたき上げた方が将来のためになるから，学校をやめてはどうか」というようなことを父親から言われたと記憶している（『白石直治傳』p. 50）。次男宗城は東京帝国大学工科大学卒業時，大学に残ることを指導教授に勧められたが，日本の産業発展に貢献するつもりなら賢明ではない，と父親から明確に反対されて実業界入りしたという（パシフィックリプロサービス株式会社編『白石宗城』「白石宗城」刊行会，1978 年，p. 45）。

（9）　たとえば，帝国大学時代の教え子の一人である門野重九郎は，「外国から帰って，山陽鉄道株式会社に入社し，明治三十年山陽鉄道を出て大倉組に転向した時である。ある先輩は，私の転業に大変反対の意見を述べた。然し，白石先生は非常に賛成して呉れた。結局私は，先生の意を躰し，勇を鼓して敢然大倉組に転職した」と語っている（『白石直治傳』p. 2）。

（10）　白石自身の言葉による「請負」の説明はない。諸般の状況から推察するに，恩師のバー等にみられるアメリカの土木設計事務所に構想の基本を置き，国内サポーティング・インダストリーの不足部分を補うような機能も備えたものと考えられる。

（11）　戦前期の橋梁のトラス組立架設工事などでは，トラス製作の良否が施工の難易に影響するので，トラス製作者に施工を請負わせる方が便利だという状況もあった（平山復二郎『工事と請負』全・改定増補版，日本工人倶楽部／日本文化協会，1934 年，p. 57）。

（12）　仙石は若い時，名うての鉄道請負人，大島要三と相撲を取って投げ倒され，以後，大島に目をかけて使ったというエピソードもある（社団法人鉄道建設業協会編刊『日本鉄道請負業史』明治篇，1967 年，p. 77）。かたや白石も，幕末以来，強烈なエネルギーの渦巻く荒々しい土地と時代の空気を吸って育っており，竹内綱との関わりから推測するだけでも，業界を御するに相応しい胆力を備えていた（竹内純一郎氏へのヒアリング，2010 年 3 月，於東京）。残る問題は政治性であろうか。これについては，本書の及ぶ範囲ではない。

（13）　『白石直治傳』p. 153.

（14）　「神戸建築所日誌」（三菱史料館所蔵資料）。9 月 6 日から欠勤。10 月 2 日に逝去。

（15）　『白石直治傳』p. 685. 鉄道院設置（明治 41 年 12 月）の際の話で，野村はその鉄道院技監に就任した。

（16）　『白石宗城』pp. 63-65, 306-308.

（17）　白石基礎工事株式会社編刊『創立四十五年』1978 年，pp. 16, 68-71.

（18）　故金丸晃子氏（広沢範敏次女）の覚書（2008 年 1 月 28 日付）。

（19）　高橋元吉郎より社長（岩崎久弥）宛書簡（三菱史料館所蔵資料）。

（20）　江頭達雄氏へのヒアリング（2009 年 10 月，於諫早）。

（21）　前章の太刀川のケースも同じである。三菱側から見た猪苗代水力電気の特別扱いが影響していると考えられる。

（22）　故金丸晃子氏の覚書（同前）。

（23）　広沢範敏の手帳（日記：1937 年）より（廣澤隆雄氏所蔵資料）。

関連年表

和暦年	日本国内情勢	国内インフラ関連事項	国際問題 / 世界情勢	西暦年
慶応 3	⑩大政奉還　⑫王政復古宣言	⑫兵庫開港；大阪開市	①パリ万博	1867
明治元	①〜戊辰戦争　⑨明治改元　⑩東京遷都			1868
2	⑥版籍奉還；華族・士族制	②最初の洋式灯台（観音崎）⑫東京横浜間電信開通	④大陸横断鉄道完成（米）⑪スエズ運河開通	1869
3	⑩工部省設置		⑦〜普仏戦争　⑨仏第 3 共和制　⑩伊国土統一	1870
4	⑦廃藩置県詔書　⑩岩倉遣欧使節団出発	①郵便開始	①ドイツ帝国成立　⑨日清修好条約・通商協定締結	1871
5	⑧学制公布　⑪国立銀行条例制定	⑨新橋横浜間鉄道開通		1872
6	①徴兵令公布　⑥第一国立銀行設立　⑪内務省設置			1873
7	②佐賀の乱　④立志社創立	⑤阪神間鉄道開通	⑤台湾出兵	1874
8		②三菱商会，上海横浜航路開業	⑤日露：千島樺太交換条約調印	1875
9	⑦三井物産設立　⑧秩禄処分　⑩士族の乱		②日朝修好条規調印	1876
10	②〜西南戦争　④東京大学設置		①英領インド植民地化	1877
11	④工部大学校開校　⑥東京株式取引所開業			1878
12		⑩安積疏水工事着工	○エジソン，白熱電球を実用化	1879
13	⑪工場払下規則			1880
14	⑩大隈下野（14 年政変）；松方財政　⑤東京職工学校設立	⑪日本鉄道設立		1881
15	⑥日本銀行条例		⑤独墺伊 3 国同盟　○米世界初の水力発電所一般送電	1882
16	⑫徴兵令改正		①英エジプト属領化	1883
17	⑦華族令	⑤大阪商船開業		1884
18	⑫内閣制度採用；逓信省設置；工部省廃止	⑩日本郵船開業		1885
19	③帝国大学令　○〜企業勃興期	⑤川崎正蔵に兵庫造船所払下　⑦東京電灯開業	①英ビルマ植民地化	1886
20	⑤私設鉄道条例　⑩工手学校設立	③日本土木設立　⑥三菱に長崎造船所払下	⑩仏領インドシナ連邦成立	1887
21		①山陽；③関西・大阪；⑥九州鉄道設立認可		1888
22	①徴兵令改正　②大日本帝国憲法発布	⑦東海道線全通；筑豊興業・⑪北海道炭礦鉄道設立　○横浜港第 1 期築港工事起工	⑦第 2 インターナショナル結成	1889

和暦年	日本国内情勢	国内インフラ関連事項	国際問題 / 世界情勢	西暦年
23	○～恐慌　④商法公布　⑦第1回総選挙	④琵琶湖疏水開通　⑤若松築港免許　⑫関西鉄道：草津四日市間開通	⑤欧米各地で第1回メーデー	1890
24	⑫足尾鉱毒事件議会へ	⑨日本鉄道：上野青森間全通	⑤シベリア鉄道起工	1891
25	⑥鉄道敷設法公布	⑦若松築港創業		1892
26	⑫三菱合資設立			1893
27		⑥丸の内三菱1号館竣工	⑧～日清戦争；日韓暫定合同条約調印	1894
28	○～企業勃興期	⑪関西鉄道：名古屋四日市間開通開業	④日清講和条約調印；三国干渉	1895
29	③航海奨励法；造船奨励法；製鉄所官制　⑤電気事業取締規則	⑤横浜港第1期築港工事竣工	④第1回オリンピック（アテネ）	1896
30	③貨幣法（金本位制）　⑥京都帝国大学設立	⑩大阪港第1次修築工事起工　⑩九州鉄道：筑豊鉄道を合併	⑩大韓帝国成立	1897
31	⑧長崎造船所，常陸丸竣工		④～米西戦争，フィリピン併合　⑨戊戌の政変	1898
32		⑤関西鉄道：柘植奈良間開業	⑩～ボーア戦争	1899
33	③私設鉄道法公布　⑨立憲政友会結成	（⑪京仁鉄道開通）⑫近江鉄道開通	⑥～義和団の乱	1900
34	②八幡製鉄所操業開始			1901
35			①日英同盟調印；シベリア鉄道完成	1902
36			⑥フォード社設立　⑫ライト兄弟初飛行	1903
37			②～日露戦争；日韓議定書	1904
38		（①京釜鉄道全通）⑦三菱神戸造船所開所	①血の日曜日　⑧日露講和会議　⑫韓国総督府設置	1905
39	③鉄道国有法公布　⑪南満州鉄道設立	③若松第1・2次拡張工事完工　⑨神戸港第1期修築工事起工		1906
40		⑫東京電灯駒橋発電所送電開始	○韓国の抗日義兵運動激化	1907
41	⑤第10回総選挙			1908
42				1909
43	④臨時発電水力調査局設置　⑥大逆事件		⑧韓国併合　⑨朝鮮総督府設置	1910
44	③工場法；電気事業法公布　⑫三井鉱山設立	⑩猪苗代水力電気設立	⑪辛亥革命	1911
45	⑤第11回総選挙	④戸畑地先繋船壁工事竣成	①中華民国成立　⑧～第1次バルカン戦争	1912
大正2	○東北・北海道大凶作			1913
3	○株価大暴落	⑫東京駅開業；猪苗代水力電気送電開始	⑦～第1次世界大戦　⑧パナマ運河開通	1914
4	③第12回総選挙　○～戦争景気	③猪苗代水力電気第1発電所完工	①対華21ヵ条の要求提出	1915